职业教育建筑类专业系列教材

建筑 CAD

第 2 版

李 丽 王 威 编著

机 械 工 业 出 版 社

本书主要为满足职业院校建筑类专业CAD教学实际需要编写。本书从最基础的命令到建筑施工图的绘制技巧进行层层递进的讲解，可实现因材施教、分层教学。本书使用的操作软件为AutoCAD 2016，鉴于各种版本CAD软件在操作上大同小异，因此对于其他版本的CAD软件，本书也同样适用。

为了便于教学，本书配有丰富的二维码视频、图纸、习题答案和电子课件等资源。凡使用本书作为授课教材的教师，均可登录www.cmpedu.com，以教师身份免费注册下载，或加入机工社职教建筑QQ群221010660免费索取。编辑咨询电话：010-88379373。

图书在版编目（CIP）数据

建筑CAD/李丽，王威编著．—2版．—北京：机械工业出版社，2023.12（2025.2重印）

职业教育建筑类专业系列教材

ISBN 978-7-111-74089-6

Ⅰ．①建…　Ⅱ．①李…　②王…　Ⅲ．①建筑设计—计算机辅助设计—AutoCAD软件—职业教育—教材　Ⅳ．①TU201.4

中国国家版本馆CIP数据核字（2023）第197157号

机械工业出版社（北京市百万庄大街22号　邮政编码 100037）

策划编辑：陈紫青　　　　责任编辑：陈紫青

责任校对：肖　琳　陈　越　　封面设计：马精明

责任印制：刘　媛

涿州市京南印刷厂印刷

2025年2月第2版第4次印刷

210mm×285mm・13.5印张・422千字

标准书号：ISBN 978-7-111-74089-6

定价：45.00元

电话服务　　　　　　　　网络服务

客服电话：010-88361066　　机　工　官　网：www.cmpbook.com

010-88379833　　机　工　官　博：weibo.com/cmp1952

010-68326294　　金　　书　　网：www.golden-book.com

机工教育服务网：www.cmpedu.com

前言

一、编写背景

本书主要为满足职业院校建筑类专业 CAD 教学实际需要编写。职业院校学生普遍喜欢实践性较强的课程，但是每个人的接受能力不同，动手能力不同，对计算机操作的熟悉程度不同，上课注意力集中的时间也不同。基于以上各方面的考虑，本书从最基础的命令讲起，到轴测图的绘制，再到建筑施工图的绘制技巧，层层递进，讲解详细，可实现因材施教、分层教学。

二、本书特点

本书基于 AutoCAD 2016 进行讲解，共分九个项目。鉴于各版本的 CAD 软件在操作上大同小异，因此对于其他版本的 CAD 软件，本书也同样适用。本书特点如下：

1．每个命令从激活到操作解析，讲解详细，语言通俗易懂，版面布置简洁大方。

2．部分命令采用情景引入，容易激发学习兴趣。

3．对于 CAD 中常用的基本命令，都附有“实战练习”讲解；对于不常用的命令，则仅作介绍，详略结合、避免拖沓。

4．坚持问题导向。除了“实战练习”外，本书还设置了课后练习“考考你吧”，用于巩固知识点。此外，为了与建筑专业相结合，项目末尾还配有建筑专业相关图纸的练习题，让学生有的放矢，避免盲目学习。

5．为提高学习者的绘图速度，本书特设置“温馨提示”专栏，对绘图中的注意事项、绘图技巧、容易混淆的知识点等进行详细阐述。

6．书中加入了《房屋建筑制图统一标准》（GB/T 50001—2017）的相关规定，使学习者在绘图时有据可依。同时，对在 CAD 中如何运用此规范也进行了具体的阐述，使绘图者绘制出的建筑图更加规范。

7．本书对往届 CAD 技能比赛试题进行了摘录和讲解，旨在开阔视野。

8．为了更好地融会贯通，本书特设置了有助于能力提升的“案例实操”部分，该部分也可作为课程设计的学习指导。

9．每个项目末尾设置了“工匠人物”版块，通过介绍建筑领域内的先进人物，培养学生的爱国情怀，提升民族自豪感，学习先进人物身上的工匠精神，落实党的二十大报告中关于“立德树人”的要求。

三、编写团队

李丽——全国一级建造师，成都市双流区学科带头人，双流工匠，四川省双流建设职业技术学校建筑专业教师，从事建筑 CAD 教学多年，曾多次指导学生参加省、市级中职学生 CAD 大赛，并获得一等奖、二等奖、三等奖等多个奖项。

王威——四川长园工程勘察设计有限公司专业负责人，土建工程师，主任工程师。长期从事电力工程建筑、结构设计，积累了丰富的 CAD 实操经验与项目经验。

本书中使用的方法均经过反复实践总结而来，尽量做到最快、最便捷，但由于 AutoCAD 软件的功能强大，同一幅图会有不同的画法，如您有更好的方法或发现本书中的纰漏，欢迎批评指正。

编　者

二维码视频列表

序号	章号	节号	题目	内容	二维码	页码
1	项目二	任务一	实战	利用【LIMITS】命令设定绘图界限范围		22
2	项目二	任务二	实战 1	利用【直线】命令的绝对直角坐标输入法绘图		24
3	项目二	任务二	实战 2	利用【直线】命令的相对极坐标输入法绘图		25
4	项目二	任务二	实战 3	利用【直线】命令并结合正交功能绘图		25
5	项目二	任务二	实战 4	利用【直线】命令并结合【对象捕捉】【极轴追踪】等辅助命令绘图		26
6	项目二	任务三	实战	利用【射线】命令绘图		28
7	项目二	任务四	实战 2	利用【构造线】命令绘制角平分线		30
8	项目二	任务五	实战 1	利用【圆】命令绘图		32
9	项目二	任务六	实战 1	采用多种方式绘制圆弧		34
10	项目二	任务六	实战 2	绘制单开门		35

（续）

序号	章号	节号	题目	内容	二维码	页码
11	项目二	任务七	实战 1	利用【椭圆】命令绘图		37
12	项目二	任务七	实战 2	绘制脸盆示意图		38
13	项目二	任务八	实战 1	利用【点样式】以及【直线】命令绘图		40
14	项目二	任务八	实战 2	利用【定数等分】命令绘图		41
15	项目二	任务九	实战 3	利用【二维多段线】命令绘制箭头		46
16	项目二	任务十	实战 2	利用【矩形】命令绘制带倒角的矩形		48
17	项目二	任务十	实战 3	利用【矩形】命令绘制带圆角的矩形		48
18	项目二	任务十一	实战 1	利用【正多边形】命令和【圆弧】命令绘图		50
19	项目二	任务十二	实战 1	绘制圆，并利用【图案填充】的图案样例进行填充		55
20	项目二	任务十二	实战 5	利用【矩形】和【区域填充】命令绘图		58
21	项目二	任务十三	实战	利用【多线】命令绘制墙体和窗户		62
22	项目二	任务十五	实战	绘制正方形，并修改线型比例		66

（续）

序号	章号	节号	题目	内容	二维码	页码
23	项目三	任务一	实战	采用 4 种方法选取圆		71
24	项目三	任务二	实战	利用【删除】命令删图		73
25	项目三	任务三	实战 2	利用【移动】命令移动图形		75
26	项目三	任务三	实战 3	利用【旋转】命令旋转图形		75
27	项目三	任务四	实战 2	利用【镜像】命令对图形进行镜像		80
28	项目三	任务四	实战 3	利用【阵列】命令对图形进行阵列		80
29	项目三	任务五	实战 1	绘制圆并偏移		84
30	项目三	任务六	实战 1	利用【拉伸】命令对图形进行拉伸		87
31	项目三	任务六	实战 2	利用【缩放】命令对图形进行缩放		88
32	项目三	任务六	实战 3	绘制直线，并利用【拉长】命令将其拉长		88
33	项目三	任务七	实战 1	利用【修剪】和【延伸】命令编辑图形		91
34	项目三	任务七	实战 2	利用【修剪】命令编辑图形		92

(续)

序号	章号	节号	题目	内容	二维码	页码
35	项目三	任务八	实战	利用夹点编辑功能编辑图形		95
36	项目三	任务九	实战 1	利用【圆角】命令对图形进行圆角操作		97
37	项目三	任务十一	实战 1	绘制图形，并查询距离、角度、相对坐标值、周长、面积等		100
38	项目三	任务十二	实战 2	创建门窗表		106
39	项目五	任务二	实战 1	绘制圆，并分别利用【单行文字】和【多行文字】命令输入文字		124
40	项目五	任务五	实战	利用【尺寸标注】命令对图形进行标注		136
41	项目五	任务七	实战	动态显示椭圆的面积		142
42	项目六	任务一	实战 1	创建外部块并插入新的 DWG 文件中		148
43	项目六	任务一	实战 2	创建属性块并插入新的 DWG 文件中		149
44	项目七	任务二	实战	在模型空间中对图纸进行 PDF 虚拟打印		157
45	项目七	任务三	实战	在布局空间中对图纸进行 PDF 虚拟打印		160
46	项目八	任务一	实战 1	绘制等轴测图		165

（续）

序号	章号	节号	题目	内容	二维码	页码
47	项目八	任务一	实战 3	绘制圆柱		166
48	项目九	任务一	—	建立样板文件		178
49	项目九	任务二	—	建筑平面图的绘制		189
50	项目九	任务三	—	建筑立面图的绘制		195
51	项目九	任务四	—	建筑剖面图的绘制		200
52	项目九	任务五	—	建筑详图的绘制		201

本书相关操作术语说明

单击：按一下鼠标左键。

右击：按一下鼠标右键。

双击：连续快按两下鼠标左键。

滚轮拖拽：按住鼠标滚轮不放再移动鼠标。

按住鼠标中键：按住鼠标滚轮不放（按住鼠标中键），再移动鼠标，可实现视图平移。

回车：按键盘上的 <Enter> 键。

ESC：按键盘上的 <Esc> 键。

单（点）选：用光标单（点）选目标（在目标处单击）。

框选：单击左键，然后用光标在界面中拖拽出一个范围框，用来选择目标。框选目标时，光标拖拽轨迹为矩形框的对角线。框选分为左拉框选和右拉框选。

左拉框选：用鼠标框选时，光标从左到右拖拽，形成矩形框的框选方式。

右拉框选：用鼠标框选时，光标从右到左拖拽，形成矩形框的框选方式。

目 录

项目一　初识 AutoCAD

任务一　了解 AutoCAD 的功能

AutoCAD 软件是由美国欧特克（Autodesk）有限公司出品的一款计算机辅助设计软件，可用于二维绘图、详细绘制、设计文档和三维设计。它可以在各种操作系统的计算机和工作站上运行，可用于土木建筑、装饰装潢、制造业、电子业等多个专业领域。其主要功能如下：

一、绘图功能

通过输入命令及参数、单击【工具】按钮或执行菜单命令等方法，可以绘制各种图形，AutoCAD 会根据命令的具体情况给出相应的提示和可供选择的子命令。

二、编辑功能

AutoCAD 提供各种方式对单一对象或一组图形进行修改，可进行移动、复制、旋转、镜像等操作，还可以改变图形的颜色、线宽等特性。熟练掌握并运用各种命令，可以成倍地提高绘图速度。

三、打印输出功能

AutoCAD 具有打印及输出各种格式图形文件的功能，并且可以调整打印或输出图形的比例、颜色等特征。

四、三维功能

AutoCAD 提供三维绘图功能，可用多种方法按尺寸精确绘制生成三维图形，并支持动态观察三维对象，本书不予介绍。

五、高级扩展功能

AutoCAD 是一个全开放式的软件，可以在此基础上进行二次开发，得到更专业的 CAD，如建筑 CAD、机械 CAD、服装 CAD 等。不仅如此，二次开发程序也可以轻松移植到 AutoCAD 上来。

温馨提示：

在建筑领域中，用于计算机辅助绘图的软件不仅有 AutoCAD，还有中望 CAD、浩辰 CAD、绘易 CAD、天喻 CAD、天正 CAD 等，其操作大同小异，本教程也同样适用。

任务二　启动、新建、打开、保存与关闭 AutoCAD

一、启动

AutoCAD 2016 安装成功后电脑桌面上会出现启动图标。与 Windows 操作系统上安装的其他软件一样，AutoCAD 2016 可通过以下 3 种方式启动：

1）双击启动图标。

2）右击启动图标，在弹出的快捷菜单中选择【打开】。

3）单击【开始】菜单，单击图标。

软件启动后，即进入如图 1-1 所示的界面。

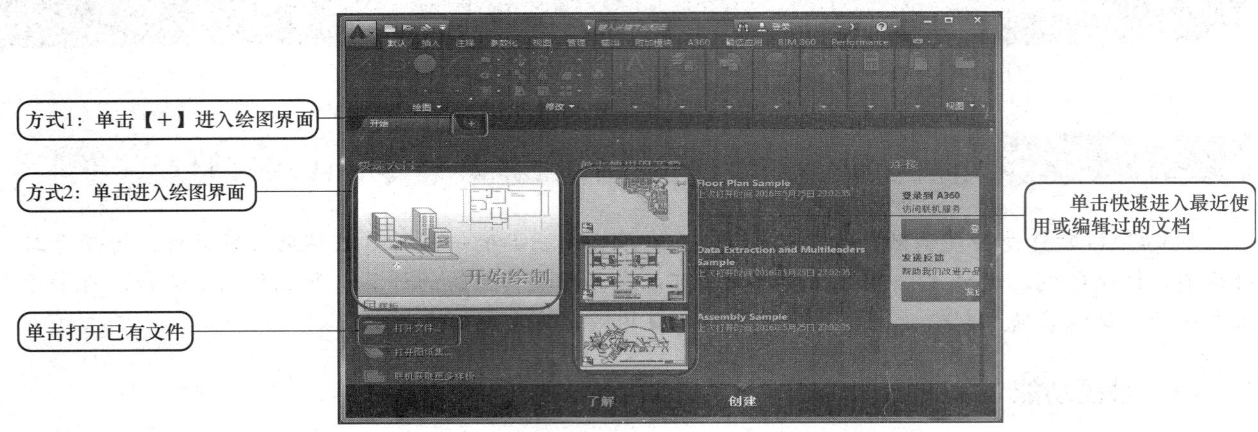

图 1-1

注意：无论采用方式 1 还是方式 2 进入绘图界面，系统都会自动打开一个默认的文件窗口，名为 Drawing1.dwg，绘图完成后可以对其进行保存、打印出图以及重命名等操作。

二、新建

启动 AutoCAD 2016 后，如果不想在系统自动打开的 Drawing1.dwg 中绘图，则可通过以下两种方式重新创建绘图文件：

1）快速访问工具栏：单击【新建】图标。

2）命令提示区：输入【NEW】或【QNEW】，或按组合键 <Ctrl+N>。

执行命令后，系统会弹出【选择样板】对话框，如图 1-2 所示。

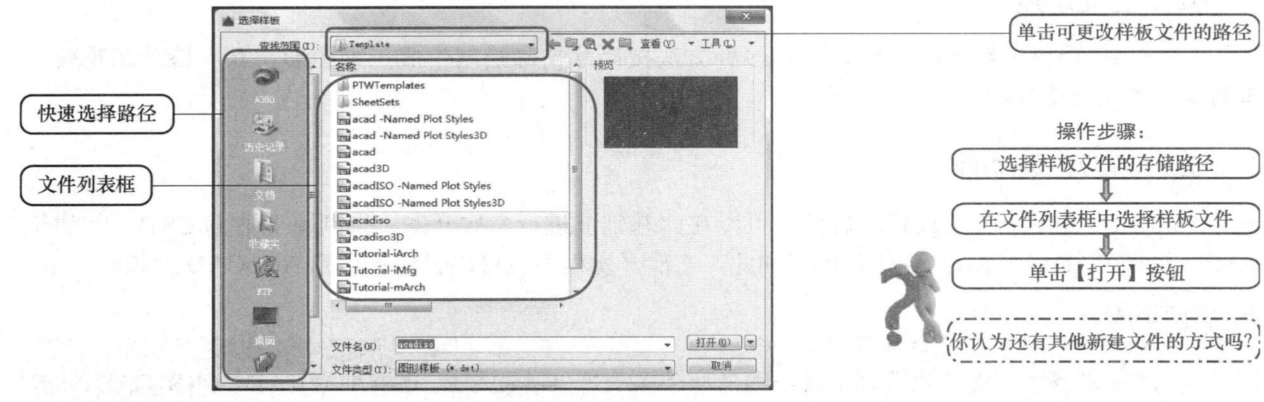

图 1-2

AutoCAD 中有预先设置好的样板文件（样板文件中可预先设置绘图单位、文字尺寸及绘图区域等，以避免下次重复设置，浪费时间）供使用，也可以自己创建样板。

三、打开已有文件

1. 打开方式

1）快速访问工具栏：单击【打开】图标。

2）命令提示区：输入【OPEN】或按组合键 <Ctrl+O>。

2．选择文件

执行【打开】命令后，系统将弹出【选择文件】对话框，如图 1-3 所示。

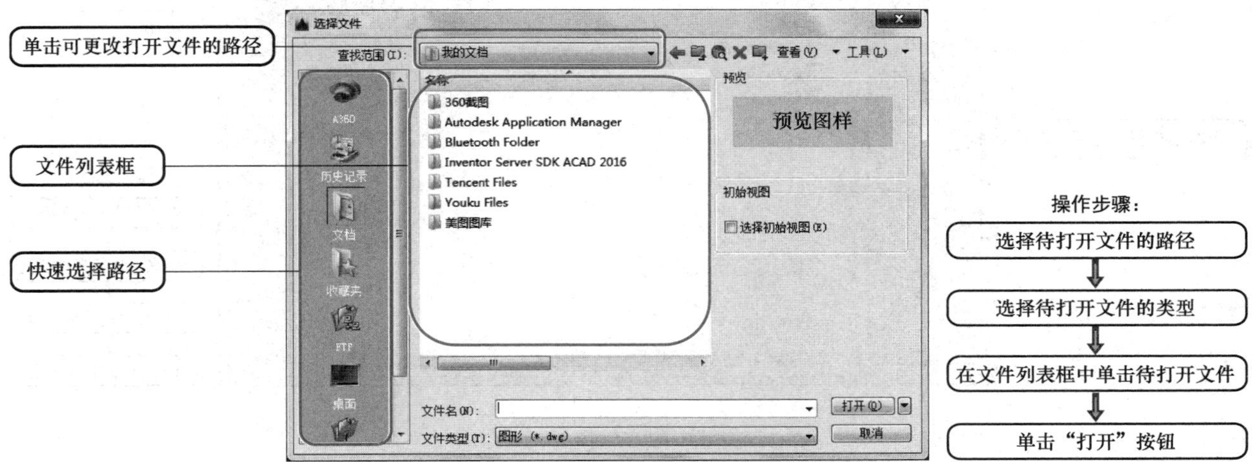

图 1-3

1)【文件名（N)】：当在文件列表框中点取某一图样文件时，图样的文件名称会自动出现在“文件名(N)”后的对话框中，也可以直接在对话框中输入文件名称，最后单击【打开】按钮，打开已有文件。

2)【文件类型（T)】：单击▾可展开下拉列表，AutoCAD 中可选择的文件类型有：图形文件（.dwg)、标准文件（.dws)、图形交换格式文件（.dxf)、图形样板（.dwt）四种。选中其中一种文件类型，则在文件列表框中只显示这种文件类型的所有文件。

3)【预览】：选择图样后，可以从预览窗口预览将要打开的图样。

4)【以只读方式打开】：单击【打开】按钮旁的黑色向下倒三角箭头，在弹出的快捷菜单中选择【以只读方式打开】，表明打开文件后，不允许对文件做任何修改。如想编辑该文件，则可以用另一文件名存盘。

5)【局部打开】：单击【打开】按钮旁的黑色向下倒三角箭头，在弹出的快捷菜单中选择【局部打开】，可通过此方式有选择性地打开图形对象。

温馨提示：

除了从软件中打开文件之外，还可以通过在待打开的 CAD 文件上单击鼠标右键选择“打开”或双击鼠标左键来打开文件。

四、保存文件

文件的保存在所有软件操作中都是最基本和最常用的。在绘图过程中，为了防止意外情况发生（如死机、突然停电等）而造成图纸或数据丢失，必须养成随时将已绘制的图形文件存盘的好习惯，常用【保存】【另存为】等命令存储图形文件。

1．保存

CAD 文件可通过以下两种方式进行保存：

1）快速访问工具栏：单击【保存】图标。

2）命令提示区：输入【QSAVE】或按组合键 <Ctrl+S>。

如果图样已经命名存储过，则此操作会以最快的方式用原名存储图形，而不显示任何对话框。如果将从未保存过的图样存盘，这时 AutoCAD 将弹出【图形另存为】对话框，如图 1-4 所示。

图 1-4

2．另存为

【另存为】实际上就是以新名称或新格式另外保存当前的图形文件。可通过以下两种方式激活该命令。

1）快速访问工具栏：单击【另存为】图标。

2）命令提示区：输入【SAVE】或【SAVEAS】或按组合键 <Ctrl+Shift+S>。

温馨提示：

在保存 CAD 文件时，需留意“文件类型”中所含的年份信息，因为无论是哪款 CAD 软件，都是向下兼容的，即高版本能打开低版本，而低版本打不开高版本。所以存盘时尽量选择低版本，例如 2000、2004 等。

五、关闭文件

通过在命令提示区输入【CLOSE】或单击标题栏最右侧的【关闭】按钮（也可能位于绘图区右上角），可关闭当前图形文件。关闭文件之前若未进行保存，系统会提示是否保存。但是关闭文件并不等于退出软件，如想退出，可在命令提示区输入【QUIT】或【EXIT】，也可直接单击软件窗口右上角的【关闭】按钮。同样地，退出之前如未保存，系统会提示是否保存。

任务三 认识 AutoCAD 的操作界面

AutoCAD 2016 的二维界面采用美观、灵活的草图与注释，类似于 Office 界面，如图 1-5 所示。

一、标题栏区域

标题栏区域包括 4 个部分：菜单浏览器、快速访问工具栏、帮助及登录按钮和窗口控制按钮。

1．菜单浏览器

单击左上角 AutoCAD 2016 的图标即可进入菜单浏览器界面（图 1-6），此处功能类似于 Office 系列软件。

2．快速访问工具栏

AutoCAD 2016 图标的右侧即为快速访问工具栏，如图 1-7 所示。

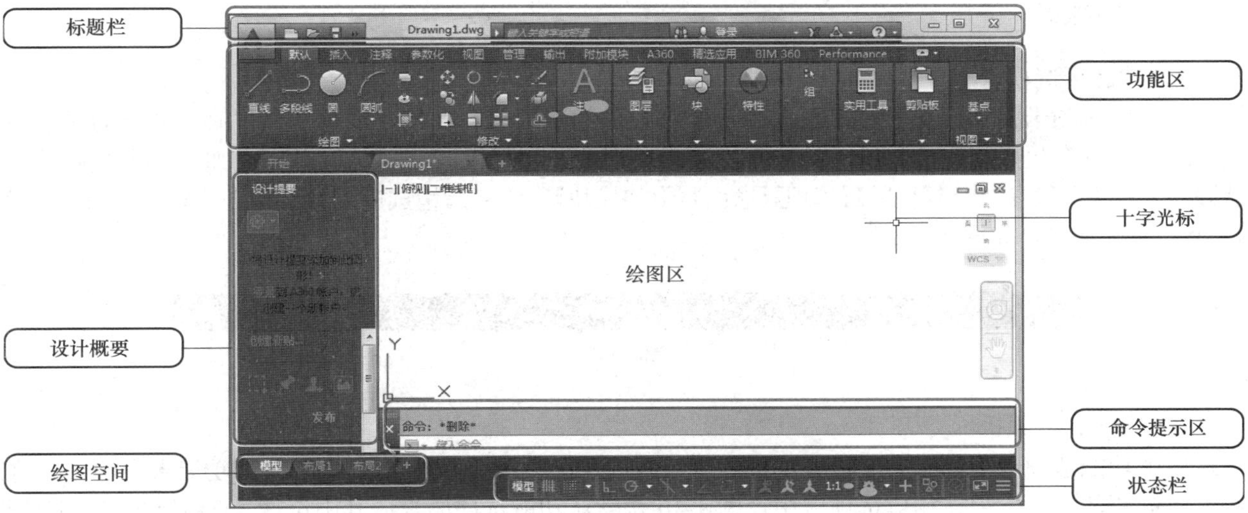

标题栏
功能区
十字光标
绘图区
设计概要
命令提示区
绘图空间
状态栏

图 1-5

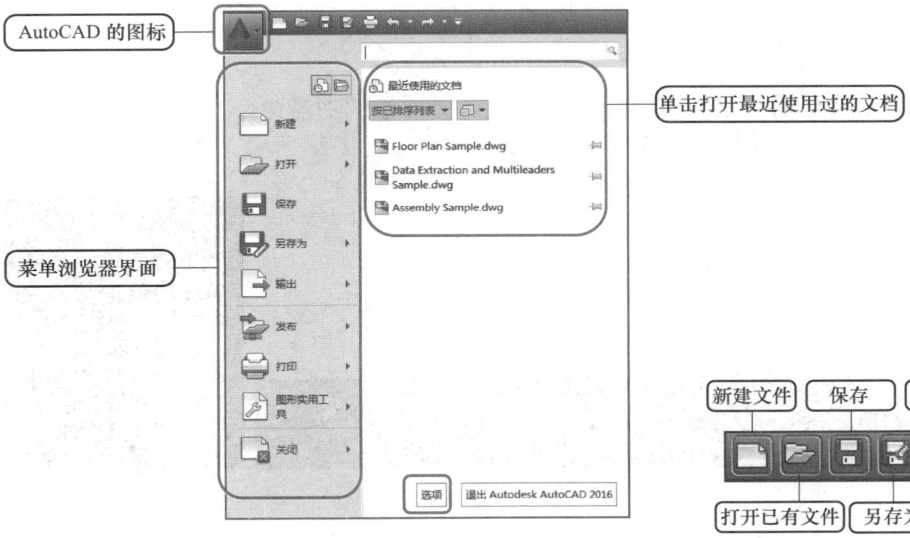

AutoCAD 的图标
单击打开最近使用过的文档
菜单浏览器界面

图 1-6

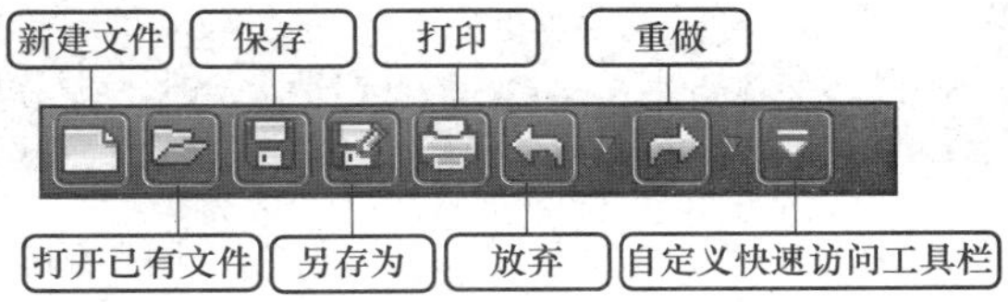

新建文件 保存 打印 重做
打开已有文件 另存为 放弃 自定义快速访问工具栏

图 1-7

温馨提示：

快速访问工具栏中的工具可以根据需要进行调整，方法：单击自定义快速访问工具栏按钮展开面板，勾选需要添加的工具，取消勾选不需要的工具。例如：添加特性匹配，单击勾选呈✓特性匹配状态即可；如不需要这个工具，再次单击取消勾选，呈特性匹配状态即可。

3．帮助及登录按钮

帮助及登录按钮位于界面右上角位置，如图 1-8 所示。如果在软件的操作过程中遇到无法解决的难题，可以通过输入关键字或短语来获取帮助，当然也可以单击?或按 <F1> 获取联机帮助。

图 1-8

4．窗口控制按钮

该按钮可以将整个软件界面最小化、最大化或关闭。

二、功能区

1. 功能区选项卡

功能区选项卡是用以显示基于任务的命令和控件的选项卡。在创建或打开文件时，会自动显示功能区，提供一个包括创建文件所需的所有工具的小模型选项面板。AutoCAD 2016 二维界面共包括【默认】【插入】【注释】【参数化】【视图】【管理】【输出】【附加模块】【A360】【精选应用】【BIM 360】【Performance】12 个功能选项卡，如图 1-9 所示。

图 1-9

2. 功能选项面板

每个功能选项卡下都有一个展开的面板（可通过在选项卡上单击进行切换），即功能选项面板。这些面板依照其功能标记在相应选项卡中。图 1-10 是默认功能选项面板，其中包括【直线】【多段线】【圆】【圆弧】等命令图标，只要将光标移至任意命令图标上稍作停留，就会出现此命令的简单介绍。在图标上单击，即可快速激活此命令。

3. 功能面板下拉菜单

在功能选项面板中，很多命令还有可展开的下拉菜单，包含更详细的功能命令，例如：单击圆下方白色倒三角形标记，即显示圆的下拉菜单，如图 1-11 所示。

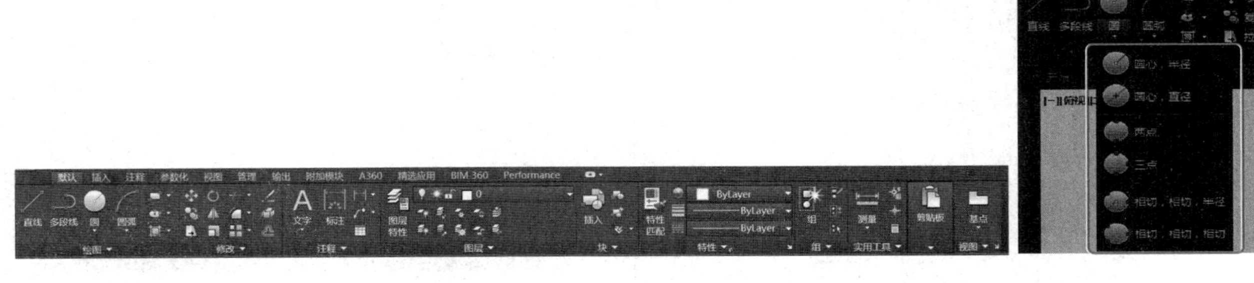

图 1-10

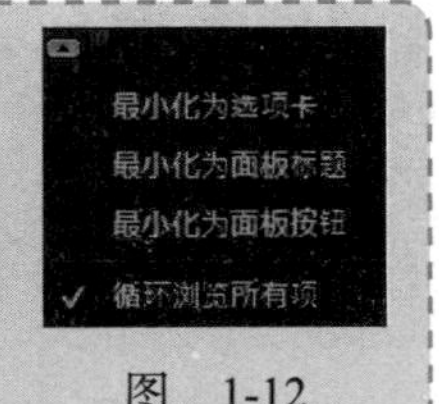

图 1-11

温馨提示：

功能选项面板和面板下方的标题可以进行隐藏，从而增大绘图区域，方法：单击功能区选项卡最右侧的按钮中的向下三角形展开面板（图 1-12），勾选要隐藏的部分。如想取消隐藏，需再次单击中第一个向下的三角形，显示完整的功能区。

最小化为选项卡
最小化为面板标题
最小化为面板按钮
✓ 循环浏览所有项

图 1-12

三、绘图区

绘图区（图 1-13）位于屏幕中央的空白区域（默认为黑色，可进行修改），所有的绘图操作都是在该区域中完成的。

在绘图区域的左下角显示了当前坐标系图标，图 1-13 中显示的是默认坐标系，即向右为 X 轴正方向，向上为 Y 轴正方向。绘图区没有边界，无论多大的图形都可置于其中。鼠标移动到绘图区中，会变为十字光标+，选择对象的时候，鼠标会变成一个方形的拾取框□。

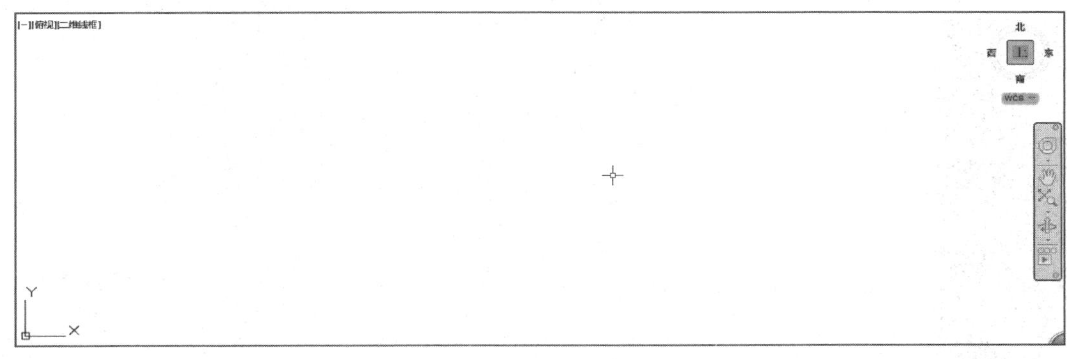

图 1-13

四、命令提示区

命令提示区位于绘图区的下方，此处显示了曾执行过的操作信息以及 AutoCAD 对命令操作所进行的提示，如图 1-14 所示。如想查看更多历史操作信息，可按 <F2> 键，调出【AutoCAD 文本窗口】进行查看。

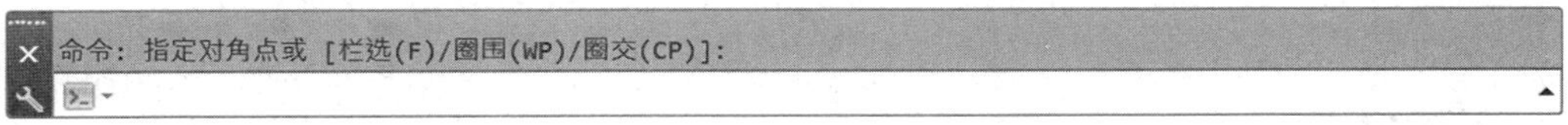

命令：指定对角点或 [栏选(F)/圈围(WP)/圈交(CP)]:

图 1-14

温馨提示：

1. 当命令提示区中显示“键入命令”提示时，表明软件等待我们输入命令；当软件处于命令执行过程中，命令提示区中将显示各种操作提示。在绘图的整个过程中，密切留意命令提示区中的提示内容，这对于初学者十分重要。

2. 自 AutoCAD 2013 开始，命令提示区的位置可以进行移动，方法：单击位置不放，进行拖拽。如不小心将命令提示区关闭，可通过 <Ctrl+9> 调出。

五、状态栏区

状态栏区显示了常用辅助功能的控制按钮，如【捕捉】【栅格】【正交】等。单击一次，图标呈蓝色或彩色，表示启用该功能，再单击一次，图标呈白色，则关闭该功能。需要指出的是，状态栏上默认显示的只是一部分辅助功能按钮，如想添加其他辅助功能按钮，可单击状态栏最右侧按钮展开面板进行勾选，如图 1-15 所示。

图 1-15

六、工具选项板

AutoCAD 中提供了一个非常方便的工具：工具选项板（图 1-16），它包含【命令】【表格】【图案】【结构】【土木工程】【电力】【机械】【建筑】【注释】【约束】以及【建模】11 个部分。在相应的图标上单击可以将其直接拖动到绘图区使用。注意：在插入块参照后，还可对插入的图块作进一步的调整。例如：拖动到绘图区，效果如图 1-17 所示。

插入一个图块并选中后，会出现一些蓝色的夹点（图 1-18），可通过其对图块进行调整。不同的夹点作用不同，如图 1-19 ～图 1-21 所示。

夹点可用于整体图块的移动。另外，工具选项板的位置可以通过拖拽选择固定或悬浮在绘图区域左侧或右侧。工具选项板上的按钮可控制其是否自动隐藏，隐藏后按钮变成，再次单击将取消隐藏。工具选项板可通过 <Ctrl+3> 来调出，当然也可以单击功能区面板【视图】中的图标。

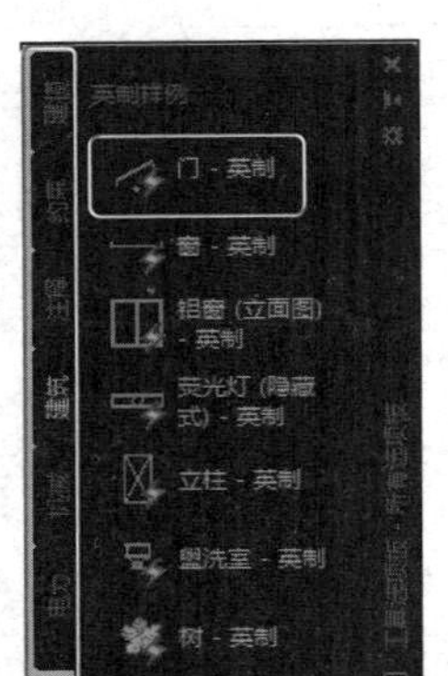

图 1-16

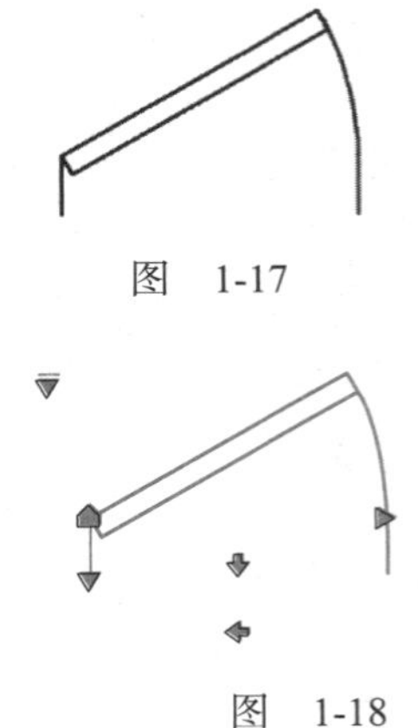

图 1-17

图 1-18

图 1-19 单击▼选择角度

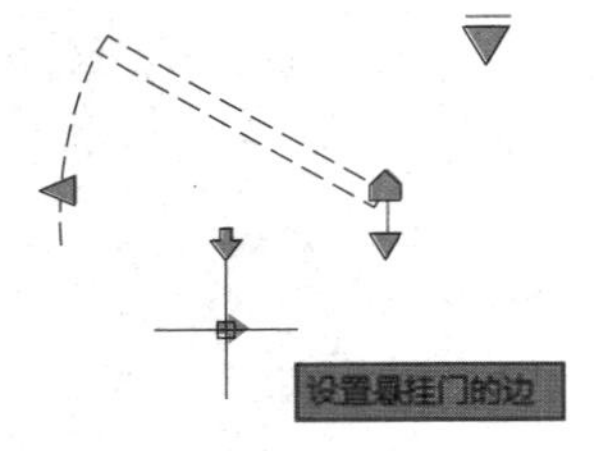

图 1-20 单击◆或◆变换方向

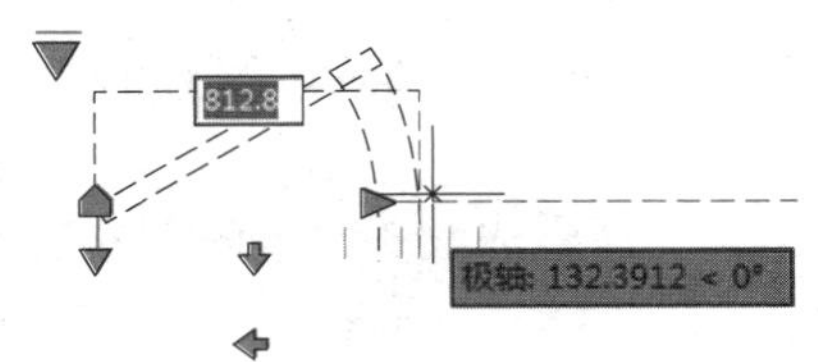

图 1-21 单击▶进行拉伸

七、【模型】空间和【布局】空间

在绘图区的左下侧，默认存在两种绘图空间，即【模型】和【布局】，单击右侧的【+】可增加【布局】空间（图 1-22）。

【模型】空间和【布局】空间的具体区别如下：

图 1-22

1）【模型】空间：可以绘制二维图形和三维模型，并带有尺寸标注。如打印出图，只能打印激活的视口。

2）【布局】空间：提供了真实的打印环境，可以即时预览到打印出图前的整体效果，【布局】空间只能是二维显示。在【布局】空间中可以创建一个或多个浮动视口，每个视口的边界是实体，可以进行删除、移动、缩放、拉伸等编辑操作，并且可以同时打印多个视口及其内容。

绘图通常在【模型】空间中进行，待打印时转到【布局】空间进行出图设置。

八、可自行设定的工具栏

除上述区域外，AutoCAD 2016 中还提供了一些好用的工具栏，但需用户调用，例如调用【对象捕捉】工具栏，步骤如下：

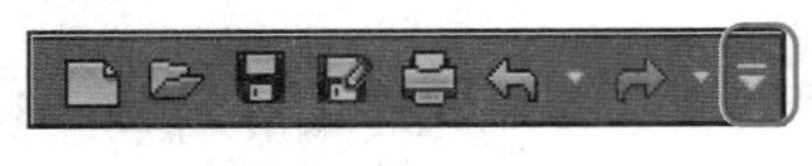

图 1-23

1）单击快速访问工具栏中的向下三角形按钮（图 1-23），在展开的下拉菜单中选择【显示菜单栏】，这时，菜单栏会显示在功能区的上方。

2）单击菜单栏中的工具展开下拉菜单（图 1-24），单击【工具栏】后再单击【AutoCAD】，勾选【对象捕捉】，调出【临时对象捕捉】工具栏，如图 1-25 所示。

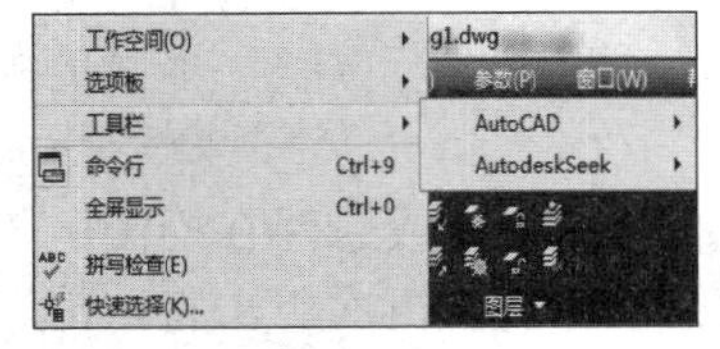

图 1-24

图 1-25

温馨提示：

1．调用工具栏后，如果不需要这个工具栏，可单击右侧的，或取消勾选。

2．AutoCAD 中还有很多实用的工具栏，调用方法都是一样的。此外，如果已经调出一个工具栏，想再调用其他工具栏时，可在已调出的工具栏上右击进行勾选。

3．命令提示区也可以在工具的下拉菜单中调用。

4．如果功能区面板不见了，同样可以在工具下拉菜单中调用（工具→选项板→功能区）。

任务四 调用并执行命令

在 AutoCAD 2016 中，图形的绘制是通过调用并执行命令一步步完成的。命令的执行方式有多种，要想快速调用并执行命令，就要熟练掌握鼠标的三种形态，如图 1-26 所示。

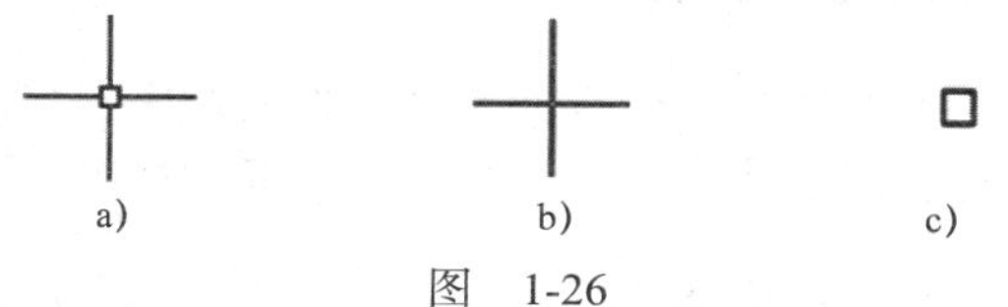

图 1-26

a）默认状态，此时没有执行任何命令 b）执行绘图工具命令的形态 c）等待选择图形对象的形态

在 AutoCAD 2016 中，可通过单击选项面板上的命令按钮、快捷菜单或在命令提示区输入等方法调用命令。绘图时，应根据实际情况选择最佳的命令执行方式，提高工作效率。

1．以命令按钮的方式执行

在选项面板或工具栏上单击（左键）要执行的命令所对应的图标，然后按照提示完成绘图工作。此方法虽然不用识记大量命令的英文方式和快捷键，但对提高绘图速度不利。

2．以快捷菜单的方式执行

AutoCAD 提供了鼠标右键快捷菜单，在快捷菜单中会根据绘图的状态提示一些常用的命令。图 1-27 为未选中任何图形对象时，单击鼠标右键的效果。

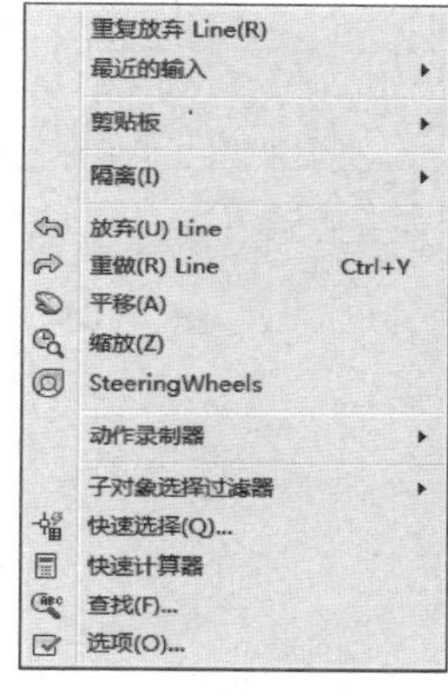

图 1-27

3．以命令提示区输入方式执行

这是最常用的一种方法。想要使用某个命令进行绘图时，只需在命令提示区中输入该命令的英文表达方式或快捷键，按空格键或 <Enter> 键确认执行，然后根据命令提示区中的提示一步一步完成即可。

温馨提示：

1．十字光标在绘图区任何位置，都可以直接在键盘输入要执行的命令，这是快速绘图的一项基本要求。

2．输入命令或快捷键后，或按命令提示区进行操作时，都需要按空格键或 <Enter> 键来确认执行这个操作。

3．用键盘输入命令的英文方式或快捷键时，均不用区分大小写。

另外，AutoCAD 2016 还提供了动态输入的功能（需在状态栏中自己添加），单击按钮即可实现此功能的开启和关闭。

温馨提示：

开启动态输入功能后，在执行命令时，键盘输入的内容会显示在十字光标附近，例如：输入【直线】命令快捷键 <L>，则在绘图区的十字光标附近会显示如图 1-28 所示的内容，操作者可通过鼠标或键盘上的上、下方向键选取自己要执行的命令，然后单击空格键或 <Enter> 键执行命令。

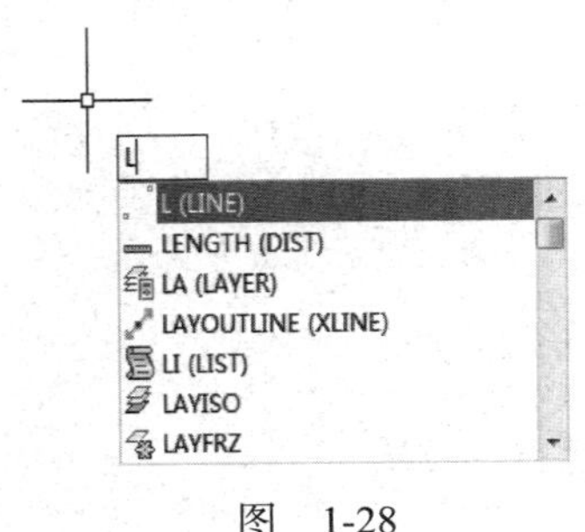

图 1-28

温馨提示：

选中不同的图形对象，右击所显示的常用命令是不同的，感兴趣的同学可在后续的学习中多多摸索。

任务五 熟知绘图小技巧

看到别人画图又快又准，你羡慕吗？看到别人画的图整洁、美观、大方，你羡慕吗？现在就让我们一起来学习几个在正式画图前需掌握的小技巧吧！

一、【栅格】

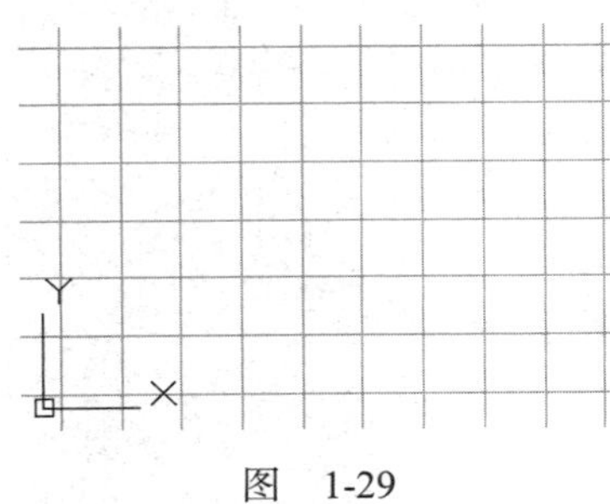

图 1-29

进入 AutoCAD 2016 绘图界面后，可以发现绘图区被水平线和竖直线分成方格（图 1-29），这就是栅格。虽然栅格在屏幕上可见，但它既不会被打印到图形文件上，也不影响绘图位置。栅格可以为绘图者提供直观的距离和位置参照，绘图时可以根据需要打开或关闭它，也可以随时改变相邻栅格线的间距。

在运用【栅格】命令之前，可先对栅格模式进行设置。栅格模式的开启方式如下：

1）状态栏：在【显示图形栅格】图标上右击，在弹出的菜单中选择【网格设置】。

2）命令提示区：输入快捷键 <DS>。

3）命令提示区：输入【GRID】。

通过前两种方式，都会弹出【草图设置】对话框，如图 1-30 所示。

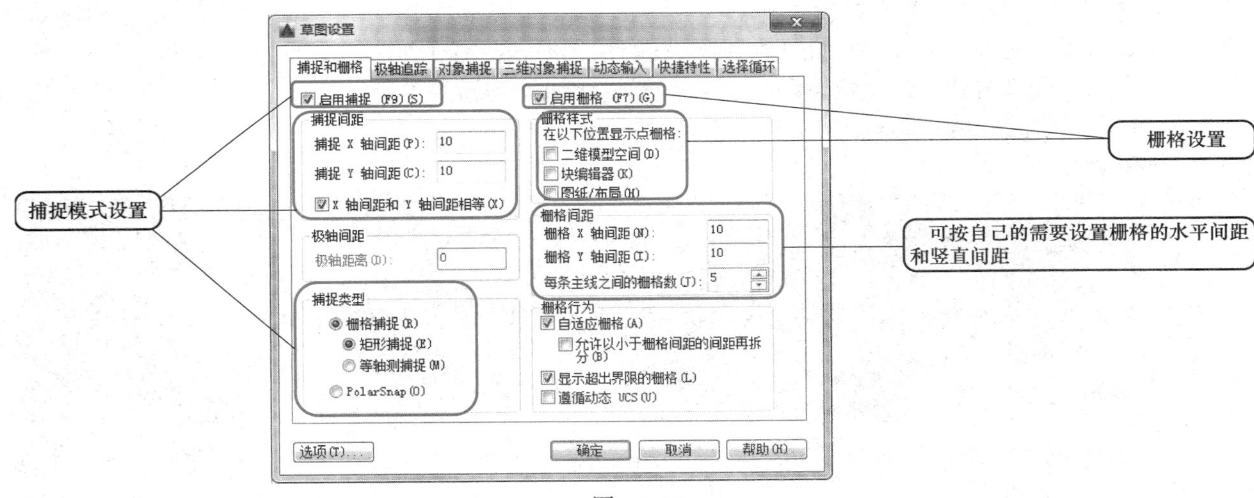

图 1-30

通过第三种方式，命令提示区中会出现以下提示：

命令 : GRID

GRID 指定栅格间距 (X) 或 [开 (ON)/ 关 (OFF)/ 捕捉 (S)/ 主 (M)/ 自适应 (D)/ 界限 (L)/ 跟随 (F)/ 纵横面间距 (A)] <10.0000> :

栅格线只是作为一个定位参考被显示，它不是图形实体，所以不能用编辑实体的命令进行编辑，也不会随图形输出，它只是提高绘图速度的一个工具而已。另外，若栅格间距和捕捉间距设为同一数值，则开启捕捉模式（【SNAP】命令）后，无论是否开启【栅格】命令，都可精确地捕捉到栅格点上。

温馨提示：

在【草图设置】对话框中勾选【启用栅格】，效果与在状态栏中单击栅格图标或在键盘上按 <F7> 键一样，都可以实现【栅格】命令的开启和关闭。

如果按照上述方法设置并激活了【栅格】命令，但在绘图区没有看到栅格线，这并不是操作失误，而是栅格线间距过大，使栅格点超出绘图区。这时只需重新修改出合适的栅格线间距，或对绘图区进行缩放（【ZOOM】命令）即可。

二、【捕捉模式】

结合【捕捉模式】与【栅格】功能捕捉光标，在间距设成一致的前提下，可以使光标只能落在某个栅格线交点上。当然，我们也可以单独使用【捕捉模式】，通过【光标捕捉模式】的设置，可以很好地控制绘图精度，加快绘图速度。其激活方式如下：

1）状态栏：在图标上右击，在弹出的菜单中选择【捕捉设置】。

2）命令提示区：输入快捷键 <DS>。

3）命令提示区：输入【SNAP】或快捷键 <SN>。

【捕捉模式】的设置方法同【栅格】，此处不再赘述。

温馨提示：

1.【捕捉模式】可以很好地控制绘图精度。例如：【捕捉模式】设置为沿 X、Y 方向间距均为 10，开启命令后，光标精确地移动 10 或 10 的整数倍距离，用户拾取的点也就可以精确地定位在光标捕捉点上。如果是建筑图纸，可设为 500、1000 或更大值。

2.【捕捉模式】不能控制由键盘输入坐标的方式来指定的点，它只能控制由鼠标拾取的点。

3. 可以单击状态栏的图标或 <F9> 功能键来切换【捕捉模式】的开关。

三、【对象捕捉】

在绘图当中，如果想拾取圆心、端点等特征点，单凭眼睛观察是不可能做到非常准确的。此时可利用【对象捕捉】功能快速捕捉各种特征点，加快绘图速度，提高绘图精度。与前两个命令类似，在使用此命令之前，需对【对象捕捉模式】进行设置。

1）状态栏：右击图标，在弹出的菜单中选择【对象捕捉设置】。

2）状态栏：单击图标上的白色三角形，选择【对象捕捉设置】。

3）命令提示区：输入【OS】。

系统将会弹出【草图设置】对话框，如图 1-31 所示。

温馨提示：

1. 绘图时可以单击状态栏图标或按 <F3> 打开和关闭对象捕捉。

2. 在执行【对象捕捉】命令时，只能识别可见对象或对象的可见部分，所以不能捕捉到被关闭图层上的对象或虚线的空白部分。

3. 为了达到快速绘图的目的，需记住每种捕捉模式的图标，例如：当我们把光标移动到如图 1-32 所示的三角形端点附近时，现出一个正方形，这时我们单击就会自动捕捉到那个端点位置，而现出如图 1-33 所示的沙漏形时，就会自动捕捉到线上的最近点。

对象捕捉模式设置完成之后，可以一直使用，直到重新设置为止。单击此工具栏上的任意对象捕捉图标，只能执行一次捕捉行为，如想反复捕捉，则要反复单击。

绘图时，也可以在按下 <Ctrl> 键或 <Shift> 键的同时，右击打开对象捕捉的快捷菜单（图 1-34 为对象捕捉部分快捷菜单）。选择需要的捕捉点，把光标移到捕捉对象的特征点附近单击，即可捕捉到相应的特征点，但是要注意：这同样也是一种临时捕捉模式。

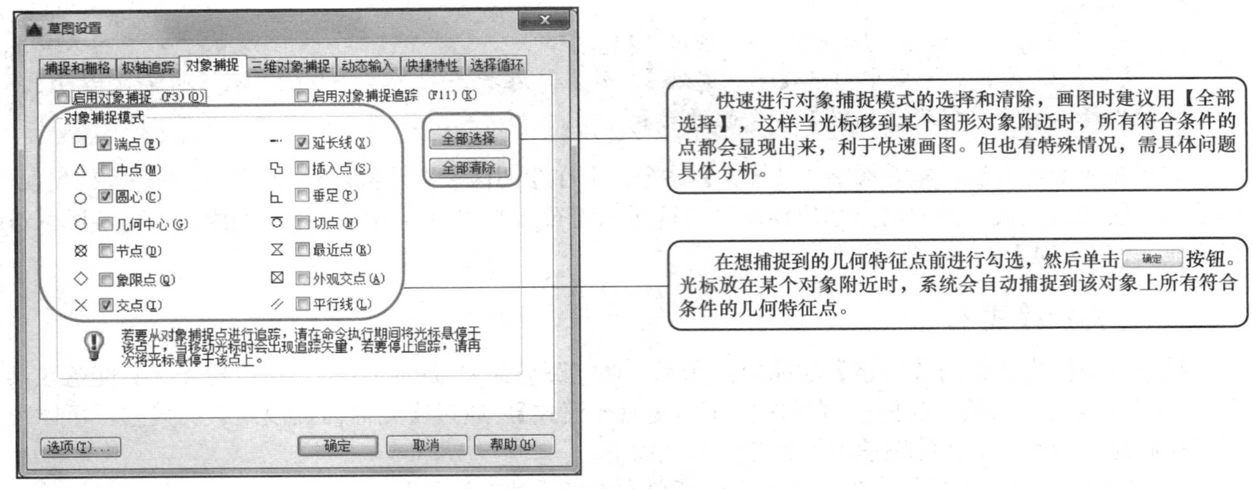

图 1-31

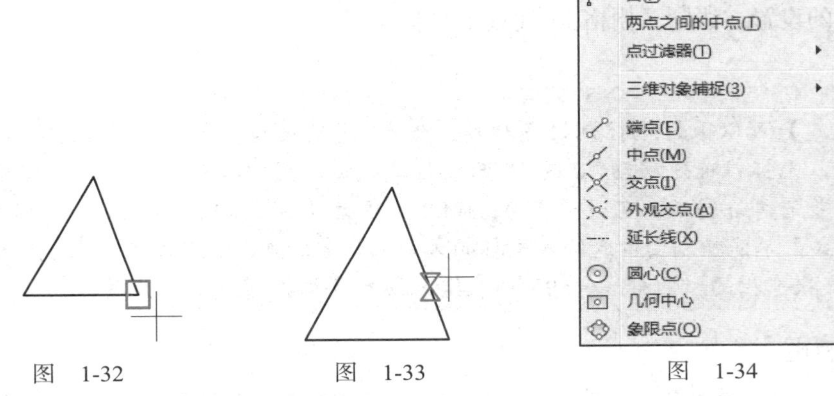

图 1-32　　图 1-33　　图 1-34

温馨提示：

绘图时可先将对象捕捉模式设置为【全部选择】，然后在一些特殊点上运用临时对象捕捉，这样有助于提高绘图速度。

【对象捕捉】命令除了上述的功能之外，若开启状态栏上的 或按功能键 <F11>，还可以实现追踪功能，如图 1-35、图 1-36 所示。

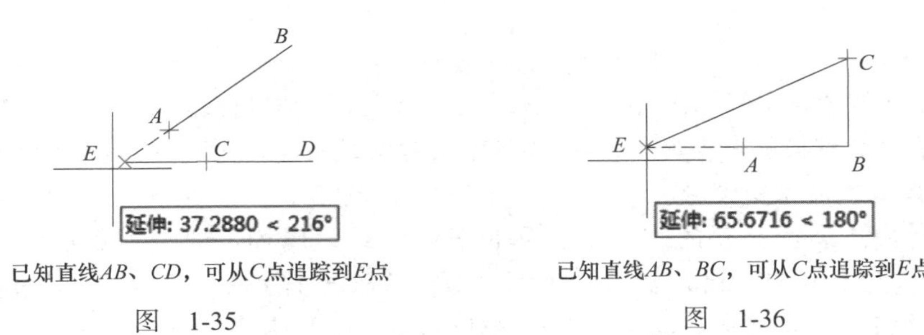

图 1-35　　图 1-36

由于【追踪】不是真实的图线，所以以虚线显示。追踪到想要的点后，单击后系统会自动捕捉到该点。

四、【正交】

默认情况下，开启正交绘图模式后，可以限制光标只在水平轴或垂直轴上移动。这时只能画水平线或者竖直线，移动或者复制对象时也只能水平移动或者竖直移动。其开关方式如下：

1）状态栏：单击图标。

2）命令提示区：输入【ORTHO】或按 <F8> 功能键。

正交模式所追踪到的点，除了可以在水平和垂直方向，还可以在“正等测”轴测图的坐标方向，这和【草图设置】对话框中【捕捉和栅格】选项板里的【捕捉类型】有关，如图 1-37 所示。

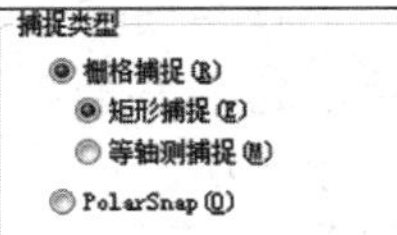

图 1-37

【矩形捕捉】追踪水平和垂直方向，【等轴测捕捉】追踪 30°、90°、150°、210°、270° 和 330° 方向。AutoCAD 2016 的状态栏上新增加了一个图标，单击同样也能开启【等轴测捕捉模式】，单击其中白色的三角形还能够实现捕捉方向的变换。

温馨提示：

在 AutoCAD 中，命令行输入坐标值或使用对象捕捉都将忽略正交绘图。

五、【极轴追踪】

【极轴追踪】是用来追踪在一定角度上的点的坐标的智能输入方法。启用【极轴追踪】功能后，当 AutoCAD 提示确定点位置时，拖动鼠标，使鼠标接近预先设定的方向（即极轴追踪方向），这时会在该方向出现一条虚线，并浮出一个小标签，标签中说明当前鼠标位置相对于坐标原点的极坐标（图 1-38）。

单击图标中白色倒三角形，可勾选软件预设的追踪角度，如满足不了要求，则可打开【草图设置】选项卡进行设置，如图 1-39 所示。

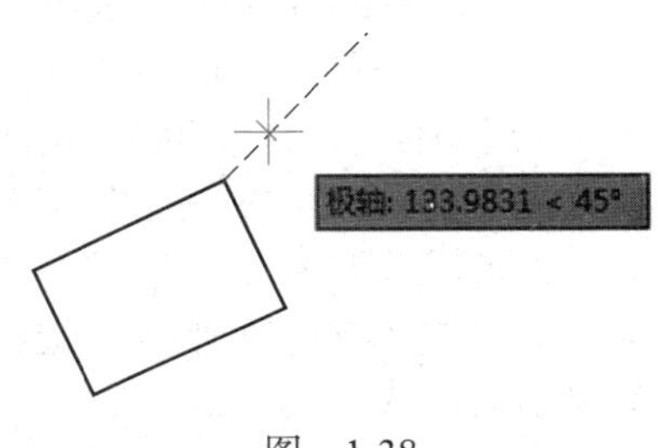

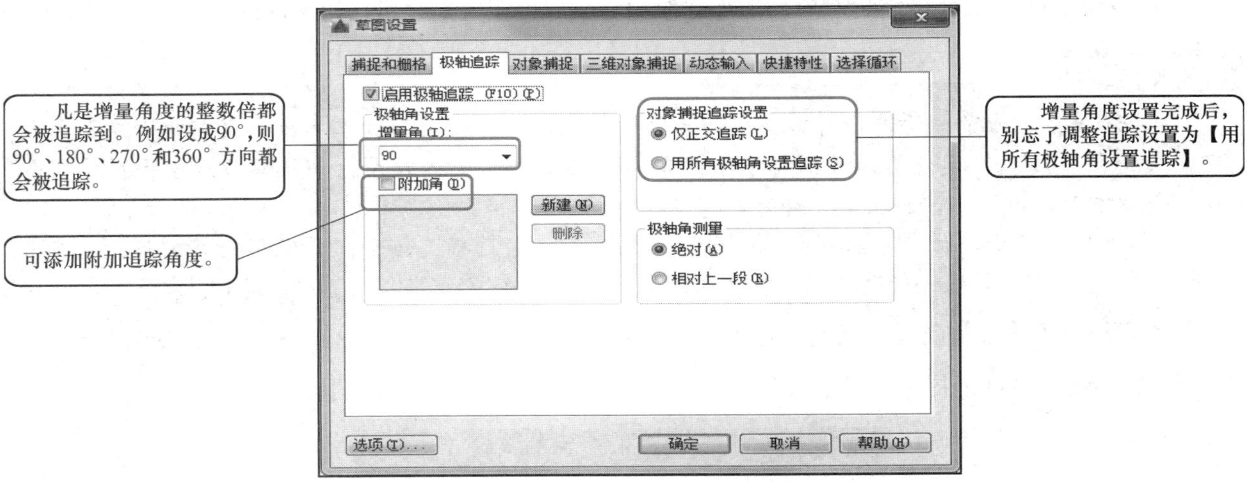

图 1-38

凡是增量角度的整数倍都会被追踪到。例如设成90°，则90°、180°、270°和360° 方向都会被追踪。

可添加附加追踪角度。

增量角度设置完成后，别忘了调整追踪设置为【用所有极轴角设置追踪】。

图 1-39

设置完成后，可通过单击状态栏上的或按功能键 <F10> 来开启或关闭【极轴追踪】功能。另外，此功能不能和【正交】功能同时使用，因为前者可以追踪任何方向，后者则只能追踪水平和垂直方向。

六、选择图形对象

AutoCAD 中，选择图形对象的常用方式有两种：一种是通过单击从左上到右下选择，另一种是通过单击从右下到左上选择。两种方式的选择结果是不同的。通过第一种方式，只有被拉出来的框完全包围的对象才会被选中；第二种方式则会选中和虚框相交的所有对象（当然也包括被包围的对象）。另外，当有命令执行时，提示【选择对象】，这时如果输入【？】，则会出现多种选择对象的方式。

除了上述方式之外，AutoCAD 中还提供了其他选择对象的方式，这部分内容将在本书项目三任务一中作详细介绍。

七、视图缩放

在绘图过程中，经常会遇到所绘制的图形不能完全显示在绘图区，难以进行下一步操作的情况。这该怎么办是好？不急，我们可以通过【ZOOM】命令进行视图缩放，这样做并不会影响对象的实际尺寸大小。

命令 : ZOOM　　　　执行【ZOOM】命令后，会出现如下提示。
指定窗口的角点，输入比例因子 (nX 或 nXP)，或者
［全部 (A) / 中心 (C) / 动态 (D) / 范围 (E) / 上一个 (P) / 比例 (S) / 窗口 (W) / 对象 (O)］<实时>:

各子命令具体含义如下：

1)【全部】(A)：调整绘图区域的大小，以适应图形中所有可见对象的范围，或适应视觉辅助工具（例如图形界限【LIMITS】命令）的范围，取两者中较大者。

2)【中心】(C)：定义中心点与缩放比例或高度来观察窗口。

3)【动态】(D)：以矩形视图框缩放显示图形的已生成部分。视图框大小可更改，并可在图形中移动。此子命令将视图框中的图像平移或缩放，以充满整个视口。

4)【范围】(E)：缩放显示图形的范围，并使所有对象在图形范围内最大显示。

5)【上一个】(P)：缩放显示上一个视图，最多可恢复此前的 10 个视图。

6)【比例】(S)：以指定比例缩放当前图形。输入的值后面跟着【X】，将根据当前视图指定比例；输入值后跟“XP”，则是指定相对于图纸空间单位的比例，例如，输入【0.5X】会使屏幕上的每个对象显示为原大小的 1/2。

7)【窗口】(W)：缩放显示矩形窗口指定的区域。

8)【对象】(O)：缩放指定的对象，使被选取的对象尽可能大地显示在绘图区的中心。

温馨提示：

1. 绘图时，为了方便进行对象捕捉、局部细节显示，可使用缩放工具放大当前视图或放大局部，当绘制完成后，再使用缩放工具缩小图形来观察图形的整体效果。如果缩放后绘图区空空如也，说明缩放比例太小，再次放大即可。

2. 使用各子命令时，可输入相应子命令后的字母进行选择。例如：要采用全部缩放，就在命令提示区输入【A】来进行选择；采用中心缩放，就在命令提示区输入【C】进行选择等（其他命令也是同样的使用方式）。

另外，AutoCAD 还提供了【缩放】工具栏，如图 1-40 所示（需自己调用）。

图　1-40

思考：同学们，赶快来试一试看【ZOOM】命令和【缩放】工具栏有什么相同点和不同点吧！

温馨提示：

【缩放】工具栏和【ZOOM】命令相比，多了两个命令，即 和 。前者是将视窗放大 1 倍显示，后者是将视窗缩小 1/2 显示。连续单击图标，可成倍放大或成倍缩小视窗。

八、【实时缩放】

【实时缩放】是【缩放】命令的一种，激活方式如下：

- 命令提示区：【RTZOOM】
- 【标准】工具栏：

激活【实时缩放】命令，屏幕将出现一个放大镜图标，按住鼠标左键移动放大镜图标即可实现动态缩放。其中向下移动，图形缩小显示；向上移动，图形放大显示；水平左右移动，图形无变化，按下 <Esc> 键将退出命令。

另外，通过滚动鼠标滑轮，也可实现图形的缩放（向前滚放大；向后滚缩小）。除此之外，鼠标滑轮还可实现其他操作，如双击鼠标滑轮相当于采用“范围”缩放。

九、【平移】

【平移】命令用于重新定位图形的显示位置而图形本身不发生任何变化。在有限的屏幕大小中，显示绘图区外的图形使用【PAN】命令要比【ZOOM】命令快很多，操作直观且简便，激活方式如下：

- 命令提示区：【PAN】
- 【标准】工具栏：

调用命令后光标会变成，按住鼠标左键，直接在绘图区进行拖动即可实现图形的平移，按 <Esc> 键、空格键或者 <Enter> 键均可退出平移模式。另外，按住鼠标滑轮不放并拖动鼠标，也可以实现图形的平移，松开滑轮即退出命令。

温馨提示：

【ZOOM】命令和【PAN】命令都是透明命令。AutoCAD 中有些命令可以插入到另一条命令中执行，并且不会中断原命令的操作，如在使用【LINE】命令绘制直线的时候，可以同时使用【ZOOM】命令放大或缩小视图范围，这样的命令称为透明命令。只有少数命令是透明命令。在使用透明命令时，必须在命令前加一个单引号【’】，AutoCAD 才能识别到。

十、使用帮助

AutoCAD 中的命令很多，不可能在本书中全都介绍。如有需要，可在命令提示区中输入【?】或按 <F1> 键打开帮助进行命令的检索查询，这里对每一个命令都有详细的说明。

十一、重复执行上一次操作命令

当结束了某个操作命令后，若要再一次执行该命令，可以按空格键或 <Enter> 键重复上一次的命令。

十二、取消已执行的命令

绘图中如出现错误，要取消上一次的命令，可以使用【UNDO】命令（快捷键 <U>），或单击快速访问工具栏中的按钮，回到前一步或前几步的状态。

十三、恢复已撤销的命令

当撤销了某命令后，又想恢复这个已撤销的命令时，可以使用【REDO】命令或单击快速访问工具栏中的按钮来恢复。

十四、图形的重画

在绘图过程中，有时会留下一些无用的标记，如对象拾取的标记。这些临时标记并不是图形中实际存在的对象，它们的存在将影响图形效果，可以用图形重画（【REDRAW】命令）来刷新当前视口中的显示，清除残留的点痕迹。例如删除了图纸中的一个对象，但有时看上去被删除的对象还存在，在这种情况下，可以使用图形重画命令来刷新屏幕，以显示正确的图形。

十五、重新生成

重新生成（【REGEN】命令）不仅能删除图形中的临时点记号、刷新屏幕，而且能更新图形数据库中所有图形对象的屏幕坐标，重置当前视口中可用于实时平移和缩放的总面积。使用该命令通常可以准确地显示图形数据，但重新生成的速度较图形重画慢得多。

十六、退出正在执行的命令

在 AutoCAD 中绘图，可随时退出正在执行的命令。方法：可按 <Esc> 键退出命令，也可按空格键或 <Enter> 键结束某些命令操作。注意：有的操作要按多次才能退出。

任务六 熟知快捷键和功能键

由于 AutoCAD 是美国 Autodesk 公司开发的计算机辅助绘图软件，所以其命令形式采用的是英文形式。但由于每个命令的英文单词往往很长，不容易记忆且输入时间较长，并不实用，为了提高绘图的效率，在绘图时往往采用命令的缩写形式，即快捷键。除此之外，电脑键盘上提供的 <F1> ～ <F12> 功能键在快速绘图中也起到了至关重要的作用。AutoCAD 快捷键和功能键见表 1-1。

表 1-1 AutoCAD 快捷键和功能键

命令说明	执行指令	别名（快捷键）	命令说明	执行指令	别名（快捷键）
符号键（Ctrl 开头）					
对象特性管理器	Properties	Ctrl+1	设计中心	Adcenter	Ctrl+2
工具选项板	Toolpalettes	Ctrl+3			
控制键					
全部选择	AI_SELALL	Ctrl+A	打印	Print	Ctrl+P
复制	Copyclip 或 Copy	Ctrl+C 或 CO/CP	退出	Quit 或 Exit	Ctrl+Q 或 Alt+F4
坐标（相对和绝对）	Coordinate	Ctrl+D 或 F6	保存	Qsave 或 Save	Ctrl+S
等轴测平面	Isoplane	Ctrl+E 或 F5	数字化仪初始化	Tablet	Ctrl+T 或 F4
系统变量	Setvar	Ctrl+H 或 SET	粘贴	Pasteclip	Ctrl+V
超级链接	Hyperlink	Ctrl+K	剪切	Cutclip	Ctrl+X
新建	New	Ctrl+N	重做	Redo	Ctrl+Y
打开	Open	Ctrl+O	放弃	Undo	Ctrl+Z
组合键					
切换组	Group	Ctrl+Shift+A 或 G	将 Windows 剪贴板中的数据作为块进行粘贴	Pasteblock	Ctrl+Shift+V
带基点复制	Copybase	Ctrl+Shift+C	要保存修改并退出多行文字编辑器		Ctrl+Enter
另存为	Saveas	Ctrl+Shift+S			
功能键					
帮助	Help	F1	捕捉	Snap	F9
AutoCAD 文本窗口	Pmthist	F2	极轴		F10
对象捕捉	Osnap	F3 或 Ctrl+F/ OS	对象捕捉追踪		F11
栅格	Grid	F7 或 GI	动态输入		F12
正交	Ortho	F8			
换挡键					
打开多个图形文件，切换图形		Ctrl+F6 或 Ctrl+Tab	Visual Basic 编辑器	VBA	Alt+F11
VBA 宏命令	Vbarun	Alt+F8			

（续）

命令说明	执行指令	别名（快捷键）	命令说明	执行指令	别名（快捷键）
AutoCAD 命令及简化命令					
圆弧	Arc	A	插入块	Ddinsert 或 Insert	I
创建块	Block	B	对齐	ALign	AL
圆	Circle	C	加载应用程序	APpload	AP
标注样式管理器	Ddim	D	阵列	ARray	AR
删除	Erase	E	边界	Boundary	BO 或 BPOLY
圆角	Fillet	F	打断	Break	BR
直线	Line	L	修改属性	Change	CH
移动	Move	M	距离	Dist	DI
偏移	Offset	O	圆环	Donut	DO
实时平移	Pan	P	椭圆	Ellipse	EL
更新显示	Redraw	R	延伸	Extend	EX
拉伸	Stretch	S	图形搜索定位	Filter	FI
写块	Wblock	W	消隐	Hide	HI
缩放	Zoom	Z	图像管理器	Image	IM
分解	Explode	X	交集	Intersect	IN
图案填充	Bhatch	H 或 BH	图层特性管理器	Layer	LA
列表显示	List	LI 或 LS	实体剖切	Slice	SL
线宽	Lweight	LW	限制光标间距移动	Snap	SN
特性匹配	Matchprop	MA	二维填充	Solid	SO
定距等分	Measure	ME	检查拼写	Spell	SP
镜像	Mirror	MI	文字样式	Style	ST
多线	Mline	ML	差集	Subtract	SU
将图纸空间切换到模型空间	Mspace	MS	设置三维厚度	Thickness	TH
多行文字	Mtext 或 Mtext	MT 或 T	控制最后一个布局（图纸）空间和模型空间的切换	Tilemode	TI
控制图纸空间的视口的创建与显示	Mview	MV	工具栏	Toolbar	TO
正交模式	Ortho	OR	修剪	Trim	TR
选项	Options	OP	命名 UCS	Ucsman	UC
取回由【删除】命令所删除的对象	Oops	OO	观看快照	Vslide 或 Vsnapshot	VS
选择性粘贴	Pastespec	PA	楔体	Wedge	WE
编辑多段线	Pedit	PE	构造线	Xline	XL
多段线	Pline	PL	外部参照管理器	Xref	XR
单点或多点	Point	PO	时间	Time	TM
切换模型空间视口到图纸空间	Pspace	PS	单行文字	Text 或 Dtext	TX 或 DT
清理	Purge	PU	控制视口中的图层显示	Vplayer	VL
重生成	Regen	RE	重新加载或初始化程序文件	Reinit	RI
旋转	Rotate	RO	重画	Redrawall	RA
比例缩放	Scale	SC	输入 WMF	Wmfin	WI
草图设置	Settings	SE	输出 WMF	Wmfout	WO
线型管理器	Linetype	LT	打印预览	Preview	PRE

（续）

命令说明	执行指令	别名（快捷键）	命令说明	执行指令	别名（快捷键）
AutoCAD 命令及简化命令					
标记	Blipmode	BM	矩形	Rectangle	REC
加载 DXF 文件	Dxfin	DN	面域	Region	REG
编辑填充图案	Hatchedit	HE	实体旋转	Revolve	REV
OLE 对象	Insertobj	IO	运行脚本	Script	SCR
快速引线	Qleader	LE	实体截面	Section	SEC
查询面积	Area	AA	着色	Shade	SHA
三维阵列	3darray	3A	样条曲线	Spline	SPL
三维面	3dface	3F	几何公差	Tolerance	TOL
三维多段线	3dpoly	3P	圆环体	Torus	TOR
视点预置	Ddvpoint	VP	并集	Union	UNI
单位	Ddunits	UN	对齐标注	Dimaligned	DAL
编辑	Ddedit	ED	角度标注	Dimangular	DAN
倒角	Chamfer	CHA	基线标注	Dimbaseline	DBA
访问标注模式	Dimension	DIM	圆心标记	Dimcenter	DCE
定数等分	Divide	DIV	连续标注	Dimcontinue	DCO
输出	Export	EXP	直径标注	Dimdiameter	DDI
面拉伸	Extrude	EXT	编辑标注	Dimedit	DED
输入	Import	IMP	线性标注	Dimlinear	DLI
拉长	Lengthen	LEN	坐标标注	Dimordinate	DOR
线型的比例系数	Ltscale	LTS	标注替换	Dimoverride	DOV
正多边形	Polygon	POL	半径标注	Dimradius	DRA
图像调整	Imageadjust	IAD	选择颜色	Setcolor	COL
附着图像	Imageattach	IAT	干涉	Interfere	INF
图像剪裁	Imageclip	ICL	全部重生成	Regenall	REA
编辑图块属性	Ddatte 或 Attedit	ATE	编辑样条曲线	Splinedit	SPE
定义属性	Ddattdef 或 Attdef	ATT	引线	Leader	LEAD

温馨提示：

AutoCAD 最高效的操作方式就是左手键盘，右手鼠标，两只手各司其职、相互配合。左手键盘是指用左手使用键盘的左半部敲打命令，主要使用 15 个字母：Q W E R T A S D F G Z X C V B 及空格键。因为键盘固有的结构，数字小键盘位于键盘的右边，所以在实际绘图中，需要输入尺寸的时候，还是用右手输入方便一些。右手从鼠标挪到数字小键盘，动作幅度也并不大。

综合测评

一、填空

1．AutoCAD 的主要功能包括__________、__________、__________、__________、__________5 个方面。

2．启动 CAD 后，系统都会自动打开一个默认的文件窗口，名为__________。

3．单击□图标，将会__________，其快捷键为__________。

4．单击□图标，将会__________，可打开的文件类型中，后缀为 .dwg 表示__________，后缀为 .dwt 表示__________。

5．单击□图标，将会__________，快捷键为__________。

6. 状态栏区除了显示当前十字光标位置外，还显示了 ______________ 的控制按钮，按钮呈蓝色或彩色表示 ______________，按钮呈白色则 ______________。

7. 请写出在绘图过程中常见的 3 种鼠标状态的含义：⌖代表 ________________，┼代表 ________________，□代表 ________________。

8. 调用【草图设置】选项卡的快捷键为 __________，可用来设置 ______、______ 和 ______ 等。

9. 在绘图过程中，如果想精确拾取圆心、端点等特征点，可 ______________。

10. ______________ 命令可以限制光标只在水平轴或垂直轴上移动，开启方式为 ______________。

11. 在绘图过程中，如遇到所绘制的图形不能完全显示在绘图区，可以通过 ______________ 命令进行视图缩放，这样做 ______________（会 / 不会）影响对象的实际尺寸大小。

12. 滚动鼠标滑轮可实现 ______________，向前滚 ________，向后滚 ________，双击鼠标滑轮相当于 ______________，按住鼠标滑轮并拖动鼠标可实现 ______________。

13. 当结束了某个操作命令后，若要再一次执行该命令，可以 ______________ 重复上一次命令。

二、判断

1. 绘图区是有大小的。（ ）

2. 工具选项板中的图标工具只有一种显示形态。（ ）

3. 任何工具栏都可以通过【定制】选项卡调用。（ ）

4. 命令提示区用于显示曾执行过的操作信息以及对命令操作所进行的提示。（ ）

5. 在命令行中输入命令或快捷键时，一定要把十字光标（无命令执行时的鼠标状态）移到命令提示区中单击，待出现闪烁的光标后进行输入。（ ）

6. 栅格虽然在屏幕上可见，但它既不会打印到图形文件上，也不会影响绘图位置。（ ）

7. 捕捉模式可以单独使用。（ ）

8. 单击【对象捕捉】工具栏上任意图标只能执行一次捕捉行为，如想反复捕捉，则要反复单击。（ ）

9.【对象追踪】命令追踪的不是真实的图线，以虚线显示，追踪到想要的点后，单击鼠标左键，系统会自动捕捉到该点。（ ）

10. 极轴追踪是用来追踪在一定角度上的点的坐标的智能输入方法。（ ）

11. 如遇不熟悉的命令，可按 <F1> 功能键打开【帮助】进行命令的查询。（ ）

12. AutoCAD 最高效的操作方式就是左手键盘，右手鼠标，两只手各司其职、相互配合。（ ）

工匠人物

张锦秋——匠心不舍，传统与现代并行

张锦秋——中国工程院院士，是当代中国建筑界巨擘，也是中国建筑承前启后的人物代表，先后参与和主持设计了一批世界一流的博物馆。

她出身于建筑世家，1954 年考入清华大学建筑系，师从梁思成、莫宗江。她有着强烈的学习愿望和不断进取的精神，通过不断学习新知识、新技术和新方法，提升自己的专业技能和知识水平。在建筑设计过程中，她不仅深入了解历史文化和地方特色，始终坚持“以人为本”的设计理念，还积极探索新的建筑技术和设计理念，注重将科技与艺术相结合，将传统与现代相结合，将建筑与周围环境相融合，创造出独具特色的建筑作品。

张锦秋一直保持着专注和专业，在陕西历史博物馆的设计和建设中，哺乳期的她奔赴现场进行设计，并运用了许多现代技术和创新手法，将自然景观和人文景观融为一体，使博物馆成为西安的一大亮点。

张锦秋始终怀着一颗爱国之心，作为一位有着深厚文化底蕴的建筑师，她深知自己肩负着传承和发扬中华文化的责任。她的建筑作品注重融入地域文化和历史元素，让建筑成为传承中华文明的重要载体，如陕西历史博物馆、西安大明宫国家遗址公园等，这些作品既展现了张锦秋的才华和智慧，也体现了她对中华文化和文明的热爱和传承。

项目二　绘制二维图形

任务一　设置绘图环境

“工欲善其事，必先利其器”，所以在正式绘图之前，一般情况下要根据个人的习惯对绘图环境进行修改，以利于快速绘图。下面我们一起来学习一下经常用到的操作吧！

一、图形界限 / LIMITS

在手工制图中，绘图是在指定的图纸上进行的，这个图纸的尺寸也是确定的。我国《房屋建筑制图统一标准》(GB/T 50001—2017）中规定了图框大小，见表 2-1。

表 2-1　图框大小　（单位：mm）

尺寸代号	幅面代号				
	A0	A1	A2	A3	A4
$b \times l$	841×1189	594×841	420×594	297×420	210×297

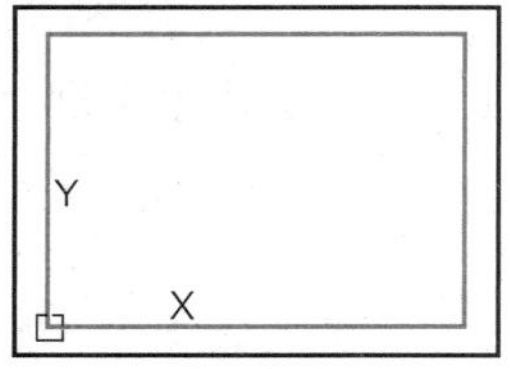

图　2-1

在 AutoCAD 中绘图，同样可以用【图形界限】命令来指定绘图区域的大小。图 2-1 中蓝色区域（实际上不存在）为以坐标原点为角点建立的图形界限，当打开图形界限检查功能时，超出这个区域将不能绘图。但是，用【LIMITS】命令限定绘图范围，不如用图线画出图框显得直观。

二、绘图单位 / UNITS / 快捷键 <UN>

此命令可以用来设置长度单位和角度单位的类型、精度。激活命令后将弹出【图形单位】对话框，如图 2-2 所示。

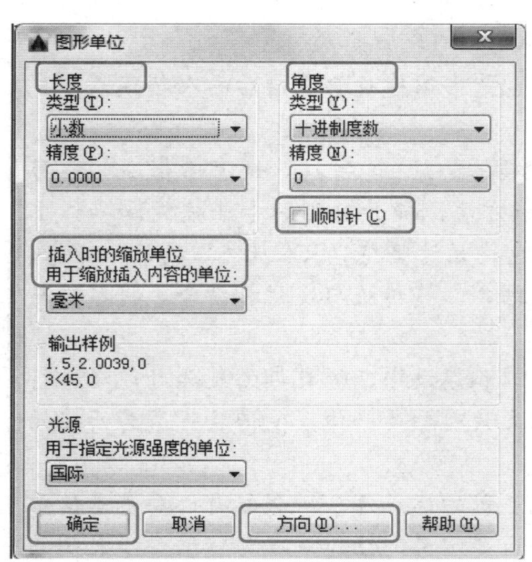

图　2-2

长度：包含【类型】和【精度】两个选项。长度单位的类型有分数、工程、建筑、科学、小数 5 种，工程上普遍采用小数、精度为 0 的设置。

角度：包含【类型】和【精度】两个选项。角度单位的类型有百分度、度 / 分 / 秒、弧度、勘测单位、十进制度数 5 种，工程上普遍采用度 / 分 / 秒、精度为 0d 或 0d00′ 00″ 的设置。此外，【顺时针】用于规定输入角度的方向。默认情况下，逆时针方向角度为正。若勾选【顺时针】，则确定顺时针方向角度为正。

插入时的缩放单位：用于控制插入到当前图形中的块和图形的测量单位。

方向：用于规定 0° 的方向，单击 方向(D)... 按钮，将弹出【方向控制】对话框（图 2-3）进行基准角度的设置。默认情况下，0° 的基准方向为东。

三、【选项】/ OPTIONS / 快捷键 <OP>

1. 调用方式

除了以键盘的方式调用【选项】选项卡外，也可以采用以下两种方式：

1）单击图标▲，在菜单浏览器界面右下角单击【选项】按钮。

2）在没有命令执行的前提下，绘图区右击，在弹出的下拉菜单中选择最下面的【选项】。

激活命令后，将弹出如图 2-4 所示的【选项】对话框，在这里可以对很多默认配置进行设置。

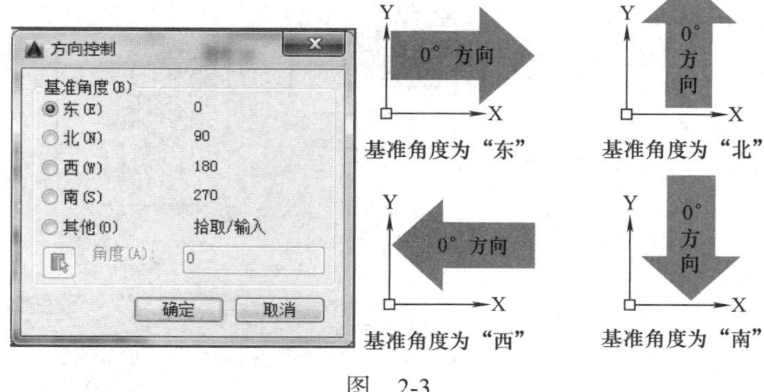

图 2-3

2. 常用的配置修改

（1）调整自动保存时间和路径 “又死机了！”“断电啦！我的资料……”有没有遇到过这些情况：由于突发事件，自己辛苦半天的成果没有了，不得不重新再来？考虑到这种情况，AutoCAD 提供了定时自动保存功能，可以通过设置自动存图时间，使损失最小化，方法如下：

单击【选项】对话框的【打开和保存】选项卡，在【文件安全措施】（图 2-5）中可以设定自动保存的时间间隔，这样计算机将按设定的时间间隔自动保存一个以“.ac$”为后缀的文件。碰到断电等异常情况，可将此文件的后缀改为“.dwg”，在 AutoCAD 中（当然也包括其他 CAD 软件）就可打开了。

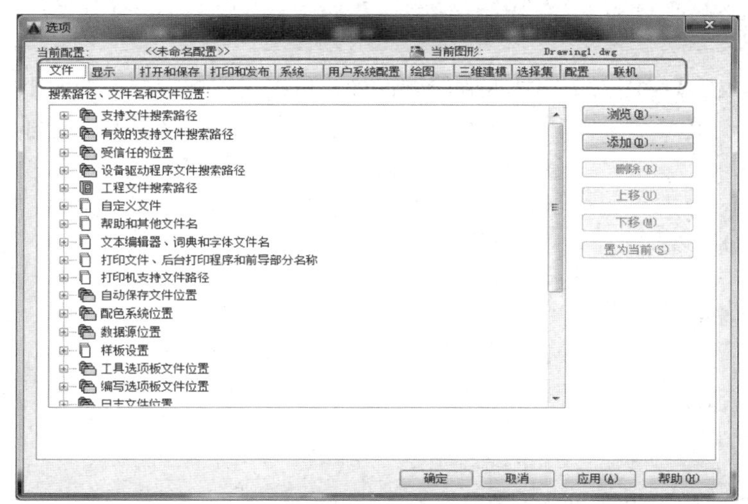

图 2-4

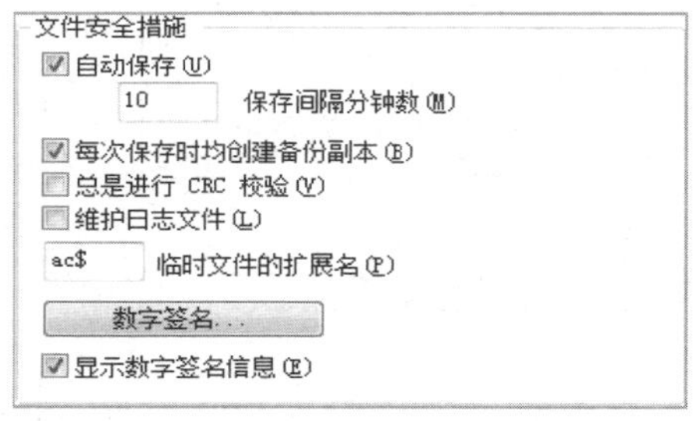

图 2-5

细心的你可能会问，这个自动保存的文件在哪里可以找到呢？单击【文件】跳到【文件】面板，找到⊞ 自动保存文件位置，将加号点开，即可看见默认的存储路径：⊟ 自动保存文件位置 → C:\Users\Administrator\appdata\local\temp\。

此外，也可以双击这个默认的存储路径，在弹出的对话框中修改，使其成为自己想要的存储路径。

温馨提示：

自动保存的时间不宜太短，否则会拖慢计算机的速度；也不宜太长，否则将失去自动保存的意义，一般 5 ～ 10min 为宜。

（2）设置绘图屏幕的背景颜色 默认情况下，绘图屏幕的背景颜色为黑色，可以通过【显示】面板进行修改。单击【窗口元素】中的 颜色(C)... 打开【图形窗口颜色】对话框（图 2-6）。此对话框除了可以对背景的颜色进行设置外，还可以设置十字光标的颜色。选择自己想要的颜色后（一般情况下，屏幕背景颜色建议设置成白色），单击 应用并关闭(A) 即可完成修改。

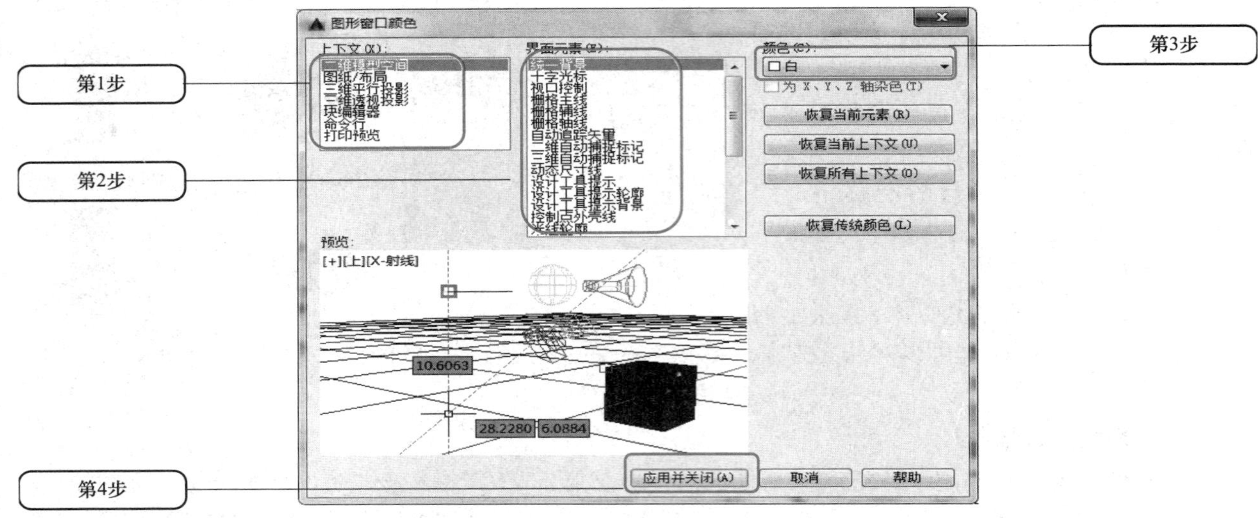

图 2-6

温馨提示：

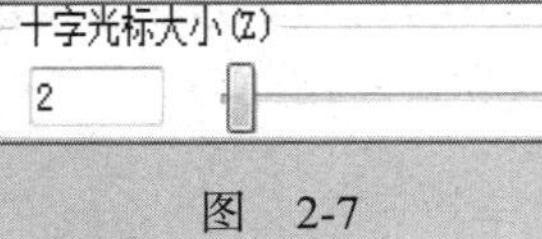

图 2-7

在绘图过程中，如果希望修改十字光标的大小，也需要在【显示】面板中进行。找到图 2-7 所示位置，直接输入数字或拖动滑块均可。一般情况下，可将光标大小设成 100%，方便绘图。

（3）**设置十字光标靶框和捕捉标记** 单击【绘图】按钮切换到绘图面板，可以设置捕捉标记的大小和颜色（图 2-8），以及十字光标靶框的大小（图 2-9）。

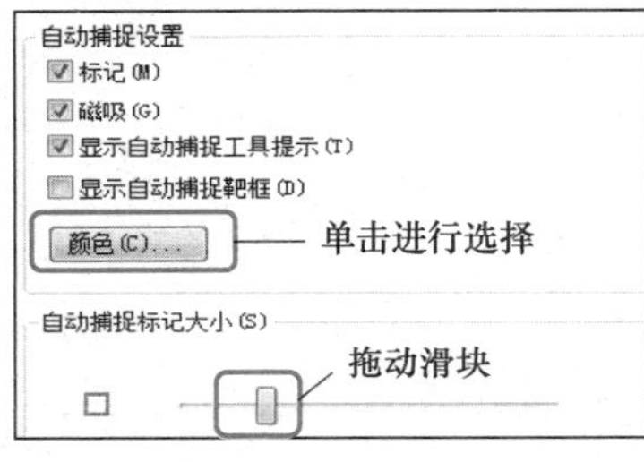

图 2-8

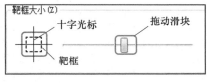

靶框大小(Z)
十字光标
拖动滑块
靶框

图 2-9

实战练习

项目二任务一
实战视频

实战 利用【LIMITS】命令将绘图界限范围设定为 A2 横向图纸大小。

实战参考

命令 : LIMITS	激活【图形界限】命令
指定左下角点或 [开 (ON)/ 关 (OFF)] <0.0000,0.0000>: on	打开绘图界限检查功能
命令 : LIMITS	按空格键重复上一次命令
指定左下角点或 [开 (ON)/ 关 (OFF)] <0.0000,0.0000>:	按空格键默认左下角坐标为 0,0
指定右上角点 <420.0000,297.0000>: 594,420	以左下角为参照输入右上角坐标

温馨提示：

1. A2 横向图幅尺寸为：594mm×420mm，如果默认图框左下角坐标为 0,0，则右上角为 594, 420。

2. 当绘图界限检查功能（即【LIMITS】命令）设置为【ON】时，如果输入或拾取的点超出绘图界限，则操作将无法进行。

3. 当绘图界限检查功能设置为【OFF】时，绘制图形不受绘图范围的限制。

4. 绘图界限检查功能只限制输入点坐标不能超出绘图边界，而不能限制整个图形。例如圆，当其定位点（圆心）处于绘图边界内时，其圆弧也可能会位于绘图区域之外。

任务二 绘制直线

AutoCAD 中的二维图形对象都是由一个一个绘图命令堆砌而成的，熟练掌握绘图命令，是快速绘图的基础。AutoCAD 中的命令很多，但是并不需要每个命令都精通，只要掌握常用的基本命令，并进行灵活运用，便可以方便快捷地绘制出二维图形。

在数学课程的学习中，我们知道，直线是向两端无限延伸的线，其长度是无法测量的。而在 CAD 当中，需要注意的是，所谓的直线是有长度的，也不是向两端无限延伸的，而是有两个端点，相当于数学课程中的线段。

一、激活方式

【直线】命令可通过以下几种方式激活：

- 命令提示区：【LINE】或快捷键 <L>
- 功能区：【默认】⇨ 绘图 ⇨ 直线
- 【绘图】工具栏：

直线命令是最常用的二维图形绘制命令之一，可用来绘制任何长度、任何角度的直线。

二、命令解析

1. 指定第一点

激活【直线】命令以后，在命令提示区中会出现以下提示：

```
命令：LINE 指定第一个点：
```

这时，指定第一个点的方法一般有以下 3 种：

（1）单击绘图区 这种方法只能粗略地定位点的位置。在不用精确指定点的坐标位置时，此方法是非常实用的。

（2）绝对直角坐标输入法 绝对直角坐标是以原点为基点定位所有的点的，等同于数学中的在直角坐标系中确定点的方法。在 AutoCAD 中采用绝对直角坐标输入确定点的方法，即输入点的（X,Y,Z）坐标。在二维图形中，Z=0 可省略。如在命令提示区中输入【50, 50】，即可确定一个距原点 X 方向为 50，Y 方向为 50 的点（如图 2-10 中的 *A* 点）。

（3）绝对极坐标输入法 极坐标是通过相对于极点的距离和角度来定义的（绝对极坐标以原点为极点），输入方式为：距离 < 角度。其中，距离为距原点的直线长度；默认情况下，角度以 X 轴正向为度量基准，逆时针为正，顺时针为负。如输入【680<47】，表示距离原点 680、方向为 47° 的点，如图 2-11 所示中的 *B* 点。

温馨提示：

1. 在 CAD 中输入角度时，只需输入角度的数值，不需输入角度符号，如 45° 只需输入【45】即可。另外，此规定不仅适用于极坐标角度的输入，在其他命令中涉及角度输入时也同样适用。

2. “逆时针为正，顺时针为负”这句话，在所有涉及角度正负号的确定时都是适用的，但前提条件为【图形单位】对话框中未勾选顺时针，后面的讲解均以此为基础。

2. 指定下一点

指定第一点后，需要确定执行这个操作（通过按空格键或 <Enter> 键来实现）。确定操作后，命令提示区会出现以下提示：

指定下一点或 [放弃 (U)]:

指定下一点除采用上述方法外，还可采用以下方法：

（1）相对直角坐标输入法　相对直角坐标是把前一个输入点作为输入坐标值的参考点的。在二维图形中，其位移增量分别为 ΔX、ΔY，输入格式为：【@ΔX，ΔY】。@ 表示输入一个相对坐标值。如在图 2-12 中，*A* 点为已知点，相对直角坐标输入确定 *B* 点，画出 *AB* 这条直线。方法：按照前述方法确定第一点之后，在确定下一点时输入【@150, −200】，表示该点相对于上一点（图 2-12 中的 *A* 点）沿 X 轴正方向移动 150，沿 Y 轴负方向移动 200。

（2）相对极坐标输入法　相对极坐标是以上一个操作点为极点的，其输入格式为：【@ 距离 < 角度】。如输入【@300<60】表示该点（图 2-13 中的 *B* 点）距上一点（图 2-13 中的 *A* 点）的距离为 300，和上一点的连线与 X 轴的夹角为 60°。

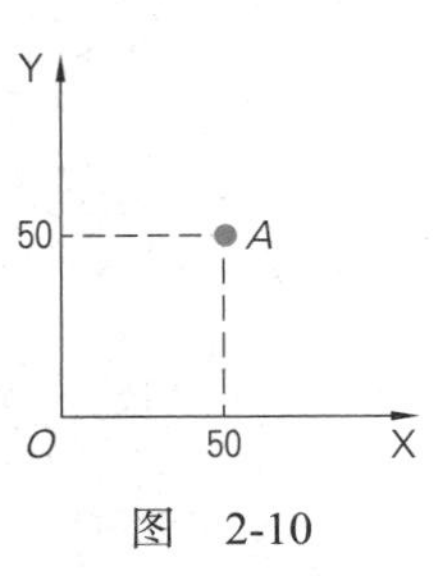

图　2-10

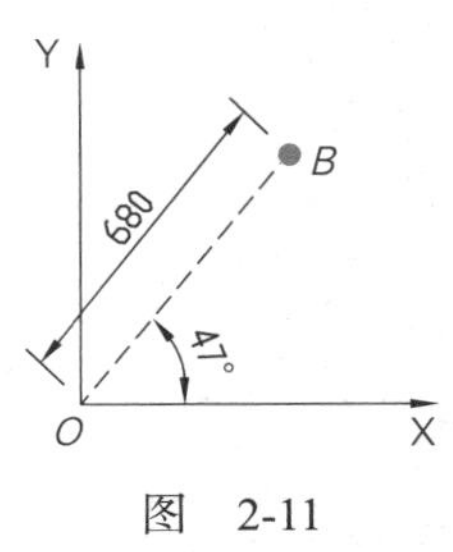

图　2-11

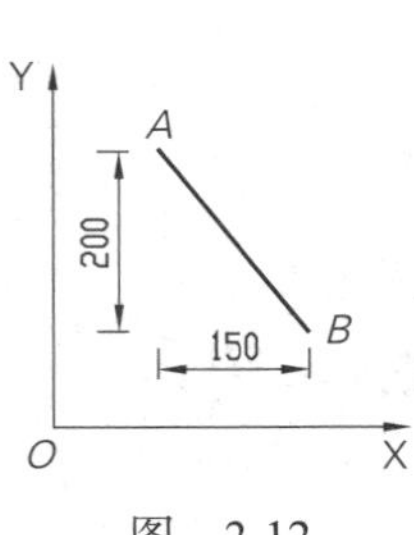

图　2-12

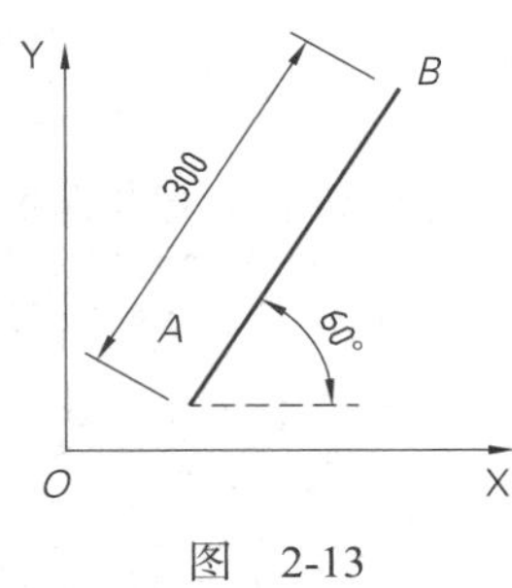

图　2-13

温馨提示：

在 CAD 中，命令提示区内经常会出现类似于【放弃（U）】之类的子命令。如果我们想用某个子命令进行绘图，就在命令提示区中输入该子命令括号内的字母，然后根据提示操作即可。如在绘制直线时，上一个点确定有误，则可以在出现上述提示后输入【U】，撤销上一个点的输入。

三、【直线】命令的操作技巧

在指定直线下一点时，除了上述的基本方法之外，还有一种更简单也更为常用的方法，即将鼠标移到想绘制直线的方向，然后输入直线的长度即可。

温馨提示：

1. 在实际绘图时，经常遇到水平和垂直方向的直线绘制，这时只需借助【正交】命令并结合以上方法，便可轻松绘制。

2.【直线】命令可一次性连续绘制出多条相连的直线，直到按 <Enter> 键、空格键或 <Esc> 键结束命令为止。建议使用空格键。

项目二任务二
实战 1 视频

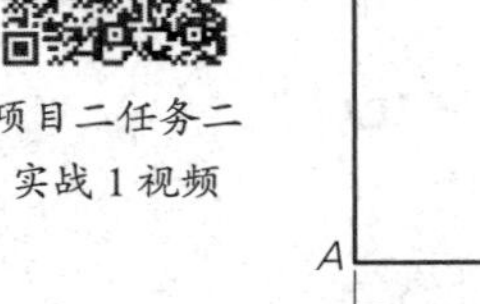

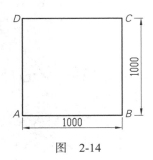

图　2-14

实战练习

实战 1　利用【直线】命令的绝对直角坐标输入法绘制图 2-14 中的正方形（已知 *A* 点位于坐标原点）。

实战 1 参考

命令 : L	激活【直线】命令
LINE 指定第一个点 : 0,0	输入 *A* 点的绝对坐标
指定下一点或 [放弃 (U)]: 0,1000	输入 *D* 点的绝对坐标
指定下一点或 [放弃 (U)]: 1000,1000	输入 *C* 点的绝对坐标
指定下一点或 [闭合 (C)/ 放弃 (U)]: 1000,0	输入 *B* 点的绝对坐标
指定下一点或 [闭合 (C)/ 放弃 (U)]: C	输入【C】(子命令) 进行图形闭合

温馨提示：

1. 在绘制图形时，不一定采用上述绘图顺序，既可顺时针绘制，也可逆时针绘制。

2. 闭合 (C) 是将第一条直线段的起点和最后一条直线段的终点连接起来，形成一个封闭区域。但使用此子命令的前提条件是已连续绘制两条或两条以上直线。

实战 2 利用【直线】命令的相对极坐标输入法绘制图 2-14 中的正方形。

项目二任务二实战 2 视频

实战 2 参考（假定起点为 *A* 点）

命令 : L	激活【直线】命令
LINE 指定第一个点 :	绘图区任意一点单击作为 *A* 点
指定下一点或 [放弃 (U)]: @1000<0	输入 *B* 点的相对极坐标
指定下一点或 [放弃 (U)]: @1000<90	输入 *C* 点的相对极坐标
指定下一点或 [闭合 (C)/ 放弃 (U)]: @1000<180	输入 *D* 点的相对极坐标
指定下一点或 [闭合 (C)/ 放弃 (U)]: @1000<270	输入 *A* 点的相对极坐标
指定下一点或 [闭合 (C)/ 放弃 (U)]:	按空格键、<Enter> 键或 <Esc> 键结束命令

温馨提示：

1. "<" 符号的输入方法：在键盘上按住 <Shift> 键的同时按下 键即可输入【<】符号。同样的道理，键盘上凡是分为上、下两个不同符号的操作键，如想输入上半部分的符号，除了单击此符号键外，还需同时按住 <Shift> 键；下半部分的符号直接单击输入即可。

2. 相对极坐标角度的确定是相对于上一个点的，切勿和第一个点进行比较。

实战 3 利用【直线】命令并结合正交功能绘制图 2-14 中的正方形。

项目二任务二实战 3 视频

实战 3 参考（假定起点为 *A* 点）

命令 : <正交 开>	按 <F8> 键或图标开启【正交】命令
命令 : _line	单击【直线】命令的图标激活命令
指定第一个点 :	绘图区任意单击一点作为 *A* 点
指定下一点或 [放弃 (U)]: 1000	光标移到 *B* 方向输入长度 1000
指定下一点或 [放弃 (U)]: 1000	光标移到 *C* 方向输入长度 1000
指定下一点或 [闭合 (C)/ 放弃 (U)]: 1000	光标移到 *D* 方向输入长度 1000
指定下一点或 [闭合 (C)/ 放弃 (U)]: < 对象捕捉 开 >	<F3> 功能键或图标开启对象捕捉，必要时需先输入 <DS> 设置捕捉点模式
指定下一点或 [闭合 (C)/ 放弃 (U)]:	利用对象捕捉精准捕捉到 *A* 点

温馨提示：

1. 由直线组成的图形，每条线都是独立的，可对其单独进行编辑。

2. 结束【直线】命令并再次激活【直线】命令后，直接单击空格键或 <Enter> 键，则会以此前最后一次绘制的直线或圆弧的终点作为当前直线的起点。

3. 在使用对象捕捉时，如设置了多个对象捕捉特征点，可以按 <Tab> 键为某个特定对象遍历所有的对象捕捉点。例如，如果光标位于直线上的同时按 <Tab> 键，自动捕捉将显示用于端点、中心点和最近点选项。

项目二任务二实战 4 视频

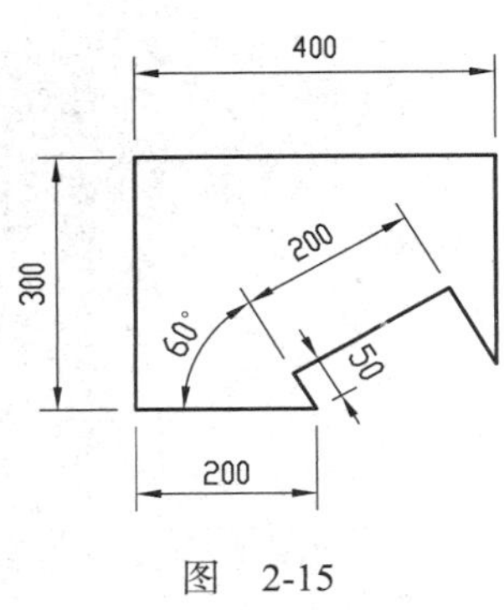

图 2-15

实战 4 利用【直线】命令并结合【对象捕捉】【极轴追踪】等辅助命令绘制图 2-15。

实战 4 参考

此图水平和竖直段直线较好绘制，斜线段与水平线夹角为 120° 和 30°；可利用极轴追踪实现方向的控制。如将极轴追踪角度增量设置为 30°，则水平和竖直方向也会被追踪到，免去在正交和极轴追踪之间切换的麻烦。

步骤 1：设置极轴追踪角度增量（快捷键 <DS>），如图 2-16 所示。

步骤 2：绘制图形。按 <L> 键激活【直线】命令，可按图 2-17 的顺序绘制。水平和竖直方向的直线绘制不再赘述。

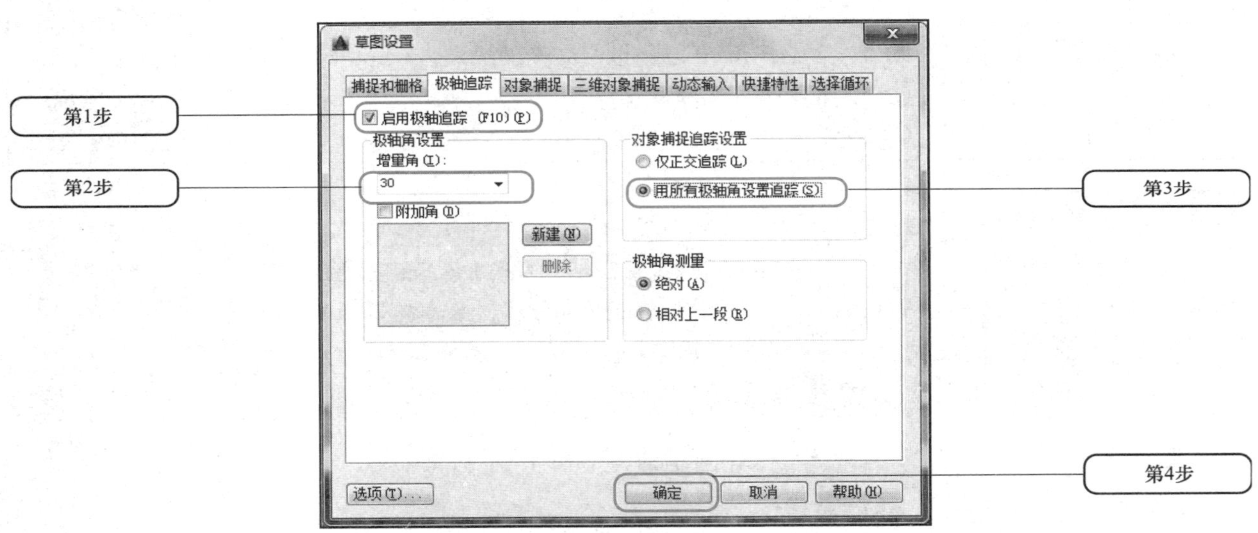

图 2-16

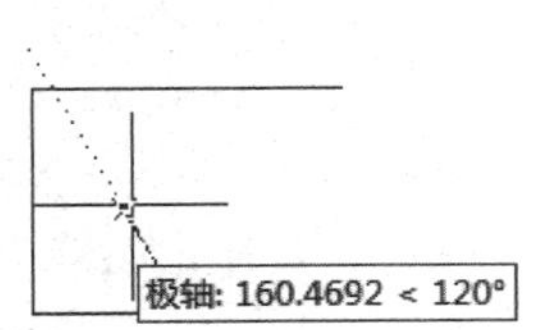

第1步：鼠标移到图示方向，输入【50】，绘制出第1条斜线段。

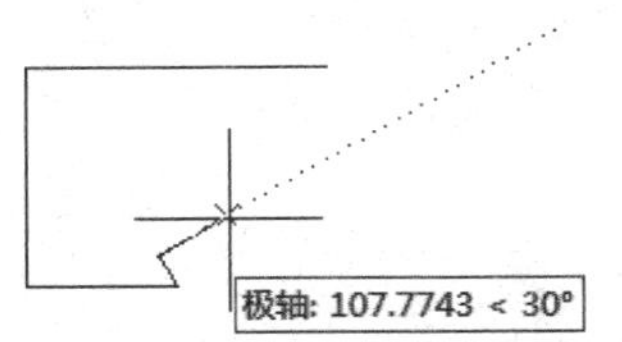

第2步：鼠标移到图示方向，输入【200】，绘制出第2条斜线段。

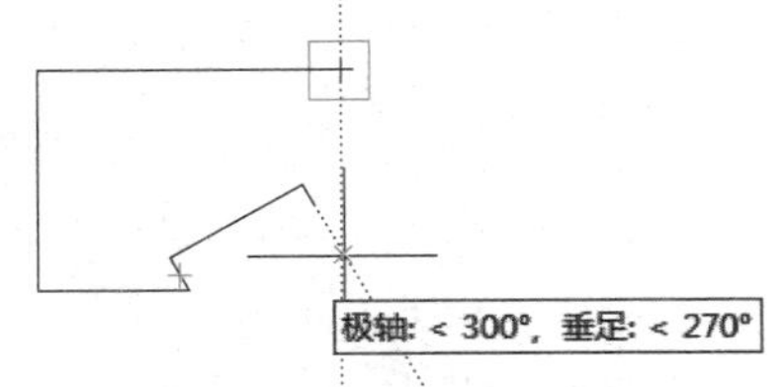

第3步：开启对象捕捉（<F3>功能键）和对象捕捉追踪（<F11>功能键）功能，光标移到第1条水平线起点，停留片刻，显出捕捉标记后，光标下移，找到图示追踪线后单击，第3条斜线绘制完毕。

图 2-17

温馨提示：

1．本例中极轴追踪角度较特殊，还可单击 中的白色三角形进行勾选。

2．项目一任务五介绍的绘图小技巧，会贯穿CAD绘图的整个过程中，如果能够灵活运用，必能达到事半功倍的效果。

考考你吧！

绘制以下图形（无须标注）。

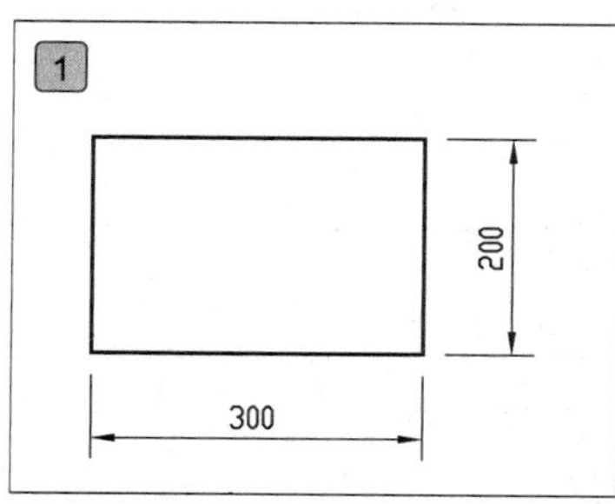

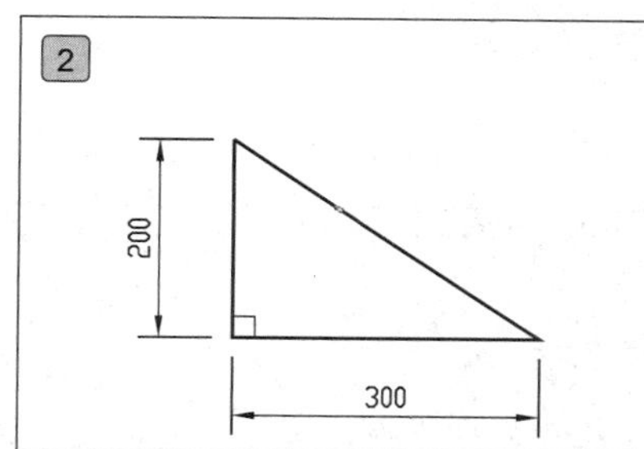

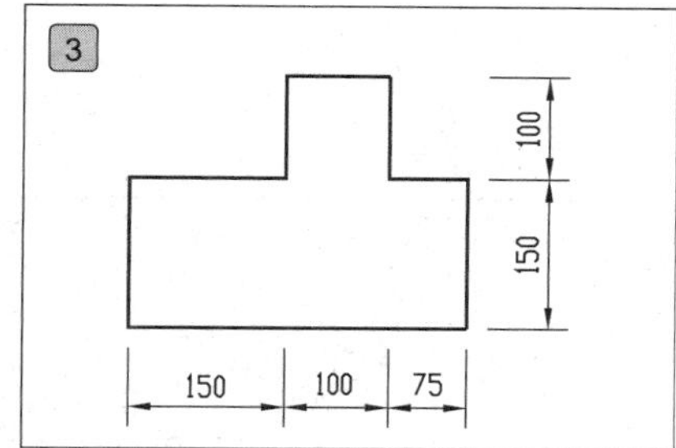

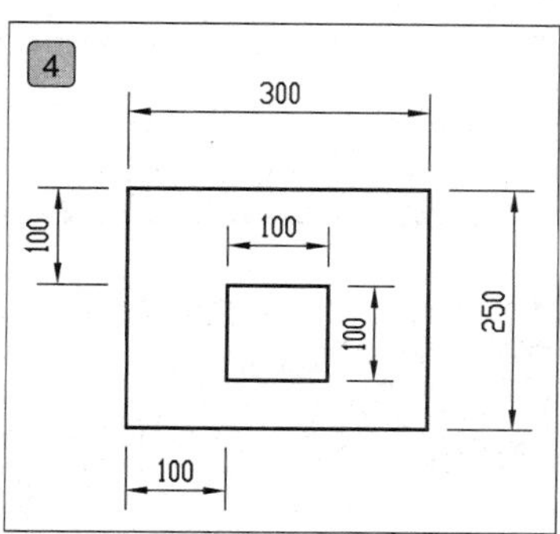

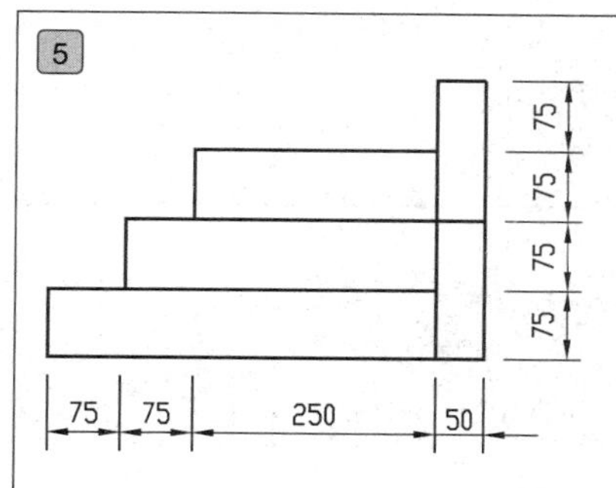

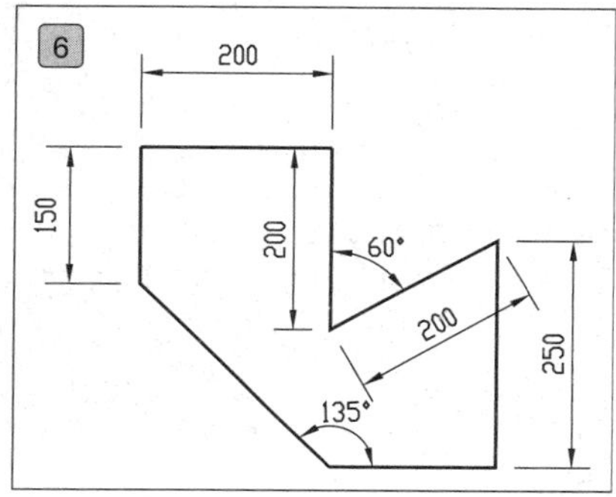

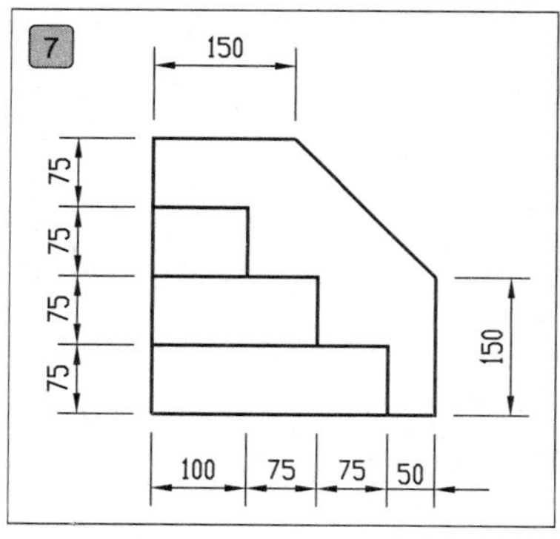

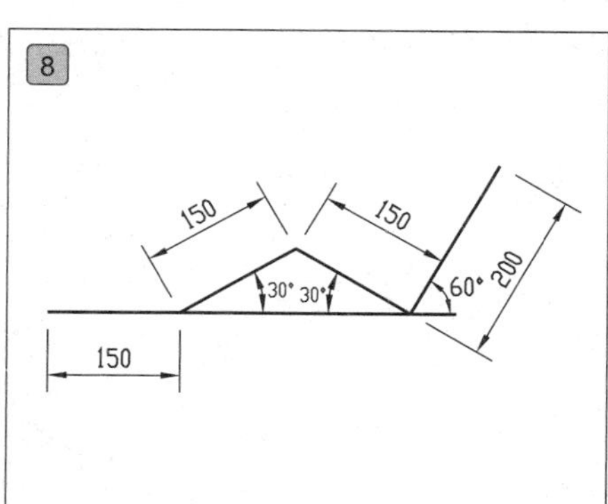

任务三 绘制射线

在AutoCAD中，射线是从一个指定点开始，向一个方向无限延伸的直线，和数学中的定义一致。【射线】命令在CAD中的应用并不广泛，可用于绘制辅助线。

一、激活方式

【射线】命令可通过以下两种方式激活：

- 命令提示区：【RAY】
- 功能区：【默认】⇨绘图⇨

二、命令解析

同【直线】命令一样，绘制射线时只需指定两点：射线的起点和通过点，指定方法同样参照【直线】命令。

项目二任务三实战视频

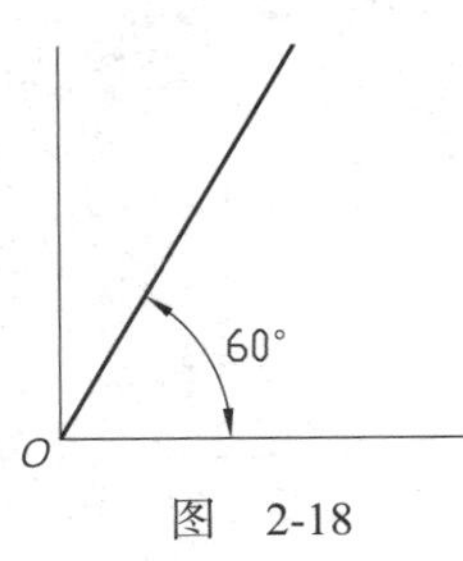

图 2-18

实战练习

实战 利用【射线】命令绘制一条水平线，一条竖直线以及一条与水平线成 60° 的线，并且使 3 条射线相交于 O 点，如图 2-18 所示。

实战参考

命令：RAY	激活【射线】命令
指定起点：	任意单击一点作为 O 点
指定通过点：	
	<正交 开> 按 <F8> 键开启【正交】命令，光标移到水平方向单击一点作为通过点
指定通过点：@1000<60	在相对 O 点 60° 方向假定一点，输入其相对坐标
指定通过点：	光标移到竖直方向单击一点作为通过点
指定通过点：	按空格键或 <Enter> 键退出命令

温馨提示：

1. 在确定 60° 射线的通过点时，可先在这个方向上假定一点，然后输入其相对极坐标。
2. 连续绘制的射线均是以起点为基点的，这点和【直线】命令是不同的。

考考你吧！

绘制以下图形（无须标注）。

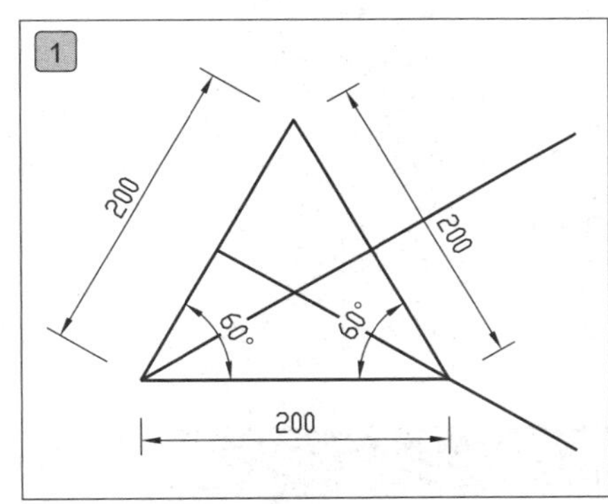

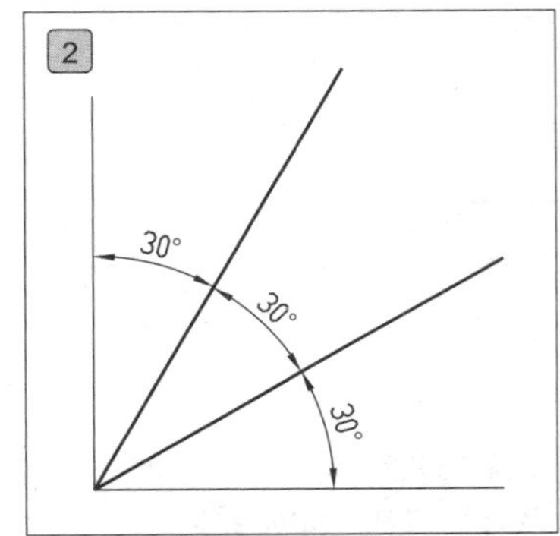

任务四 绘制构造线

在 CAD 中，构造线是没有起点和终点，向两端无限延伸的线，相当于数学中的直线。在建筑平面图的绘制中，构造线一般被用来绘制轴线，同时也可用于绘制辅助线。

一、激活方式

【构造线】命令可通过以下 3 种方式激活：

- 命令提示区：【XLINE】或快捷键 <XL>
- 功能区：【默认】➡ 绘图 ➡
- 【绘图】工具栏：

二、命令解析

激活【构造线】命令以后，在命令提示区会出现以下提示：

命令 : XL XLINE 指定点或 [水平 (H)/ 垂直 (V)/ 角度 (A)/ 二等分 (B)/ 偏移 (O)]:

这里，各子命令的具体含义如下：

1)【水平】(H)：平行于 X 轴绘制水平构造线，相当于开启【正交】命令。

2)【垂直】(V)：平行于 Y 轴绘制垂直构造线，相当于开启【正交】命令。

3)【角度】(A)：可绘制出指定角度的倾斜构造线。

4)【二等分】(B)：绘制已知角的角平分线。

5)【偏移】(O)：以指定距离将选取的对象偏移。

实战练习

实战 1 利用【构造线】命令绘制一条水平线 *OA*、一条竖直线 *OD*、一条与水平线成 30° 的线 *OB*、一条与 *OB* 成 30° 角的线 *OC*，如图 2-19 所示。

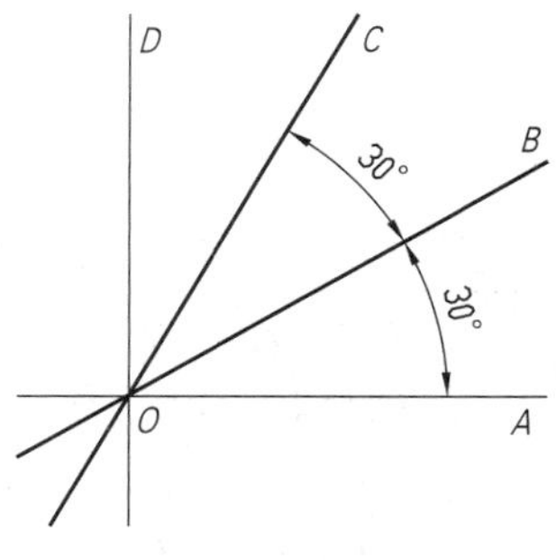

图 2-19

实战 1 参考

命令 : XL	激活【构造线】命令
XLINE 指定点或 [水平 (H)/ 垂直 (V)/ 角度 (A)/ 二等分 (B)/ 偏移 (O)]:	单击指定一点
指定通过点 : < 正交 开 >	开启正交，移动鼠标使构造线成水平方向，单击指定构造线通过点
指定通过点 :	移动光标使构造线成竖直方向，单击指定构造线通过点，退出命令
命令 : XLINE 指定点或 [水平 (H)/ 垂直 (V)/ 角度 (A)/ 二等分 (B)/ 偏移 (O)]:A	按空格键重复上一次命令后，选择绘制具有一定角度的构造线
输入构造线的角度 (0) 或 [参照 (R)]:30	输入具体的角度值
指定通过点 :	对象捕捉到水平线与竖直线交点 *O* 的位置，然后退出命令
命令 : XLINE 指定点或 [水平 (H)/ 垂直 (V)/ 角度 (A)/ 二等分 (B)/ 偏移 (O)]:A	按空格键重复上一次命令后，选择绘制具有一定角度的构造线
输入构造线的角度 (0) 或 [参照 (R)]: R	选择参照物来绘制构造线 *OC*
选择直线对象 :	单击参照线 *OB*
输入构造线的角度 <0>:30	输入相对于参照线 *OB* 的角度值
指定通过点 :	对象捕捉到水平线与竖直线交点 *O* 的位置，然后退出命令

温馨提示：

1. 细心的同学会发现：在上述操作中出现了 (0) 和 <0>，这种写在圆括号和尖括号里的数值或子命令是该命令的默认执行方式，即当出现上述提示时，直接按空格键或 <Enter> 键，软件就默认执行 ( ) 或 <> 内的数值或子命令。

2. 在利用【角度】子命令画构造线时，可通过【参照】确定角度，这种方法在不知道参照线角度，只知道参照线与待画线之间的角度时是非常方便的。

3. 利用参照物确定角度时，角度的确定遵循“以参照线开始，逆时针为正，顺时针为负”的原则。参照对象必须是直线、多段线、射线或构造线。

实战 2　利用【构造线】命令绘制图 2-19 中∠*AOB* 的角平分线，效果如图 2-20 所示。

项目二任务四
实战 2 视频

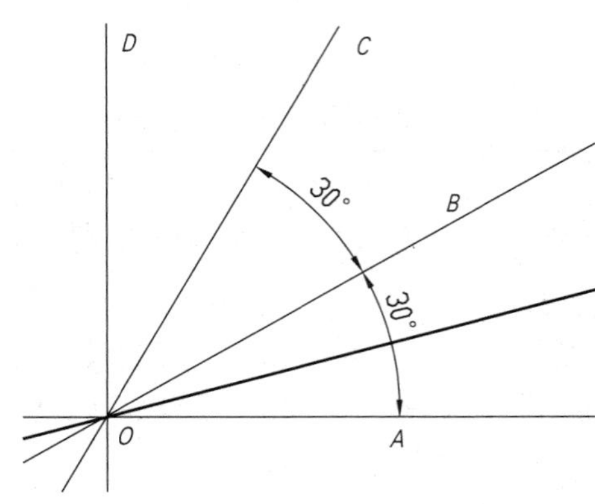

图　2-20

实战 2 参考

命令 : XL	激活【构造线】命令
XLINE 指定点或 [水平 (H)/ 垂直 (V)/ 角度 (A)/ 二等分 (B)/ 偏移 (O)]: B	选择等分角度
指定角的顶点 : < 对象捕捉 开 >	通过对象捕捉，捕捉到顶点位置，即图中 *O* 点
指定角的起点 :	通过对象捕捉，在构造线 *OA* 上捕捉一点
指定角的端点 :	通过对象捕捉，在构造线 *OB* 上捕捉一点，然后退出命令

温馨提示：

绘图过程中的辅助线在参照完毕后，应及时将其删除，以免影响图形的效果。

实战 3　利用【构造线】命令绘制图 2-21，尺寸详见图上。

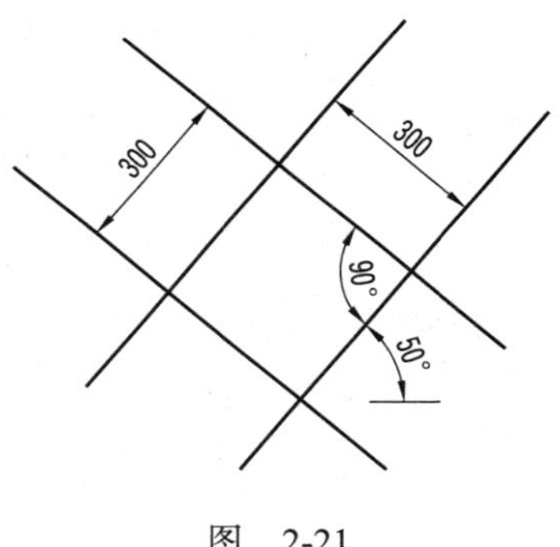

图　2-21

实战 3 参考

命令 : xl	
XLINE 指定点或 [水平 (H)/ 垂直 (V)/ 角度 (A)/ 二等分 (B)/ 偏移 (O)]: a	
	激活【构造线】命令，并选择绘制带有角度的构造线
输入构造线的角度 (0) 或 [参照 (R)]: 50	输入第一条构造线角度
指定通过点 :	任意单击一点确定位置
命令 : XLINE 指定点或 [水平 (H)/ 垂直 (V)/ 角度 (A)/ 二等分 (B)/ 偏移 (O)]: a	重复第一步操作
输入构造线的角度 (0) 或 [参照 (R)]: 140	输入第二条构造线角度

指定通过点 :	任意单击一点确定位置
命令 : XLINE 指定点或 [水平 (H)/ 垂直 (V)/ 角度 (A)/ 二等分 (B)/ 偏移 (O)]: o	
	重复【构造线】命令，并且选择偏移构造线
指定偏移距离或 [通过 (T)] < 通过 >: 300	输入偏移的距离，注意 <> 中为默认操作
选择直线对象 :	选择其中一条构造线
指定向哪侧偏移 :	在所选构造线的任意一侧单击
选择直线对象 :	选择另一条构造线
指定向哪侧偏移 :	在所选构造线的相应一侧单击，然后退出命令

考考你吧！

绘制以下图形（无须标注）。

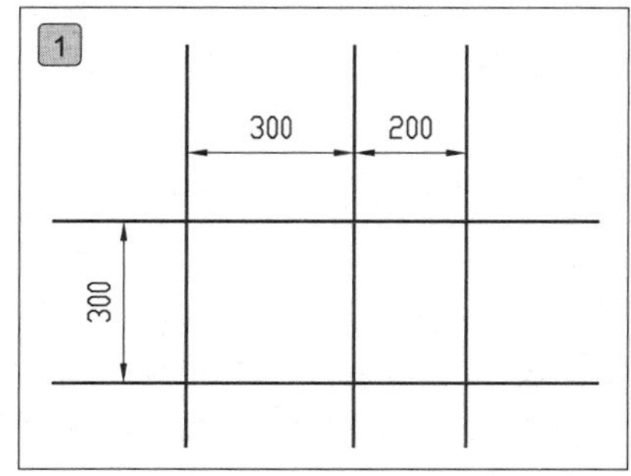

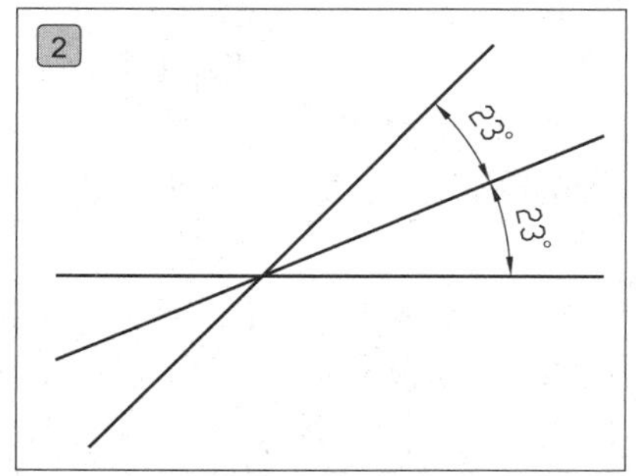

任务五 绘制圆

圆是工程图中常用的对象之一，圆可以代表孔、轴网编号和柱等对象。默认情况下，AutoCAD 提供了 6 种创建圆对象的方式，实际应用中可根据具体情况进行选择。

一、激活方式

【圆】命令可通过以下两种方式激活：

- 命令提示区：【CIRCLE】或快捷键 <C>
- 功能区：【默认】

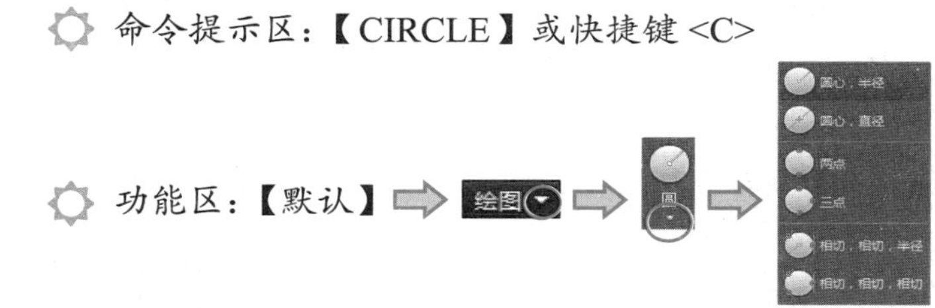

二、命令解析

AutoCAD 中提供了 6 种绘制圆的方式，具体含义如下：

1）圆心、半径：通过指定圆的圆心和半径绘制圆。

2）圆心、直径：通过指定圆的圆心和直径绘制圆。

3）两点：通过指定圆直径上的两个点绘制圆，即两点之间的距离就是圆的直径。

4）三点：通过指定圆周上的任意三个点来绘制圆。

5）相切、相切、半径：通过指定与圆相切的两个对象的相切点和圆半径绘制圆。

6）相切、相切、相切：通过指定与圆相切的三个对象的相切点绘制圆。

项目二任务五
实战 1 视频

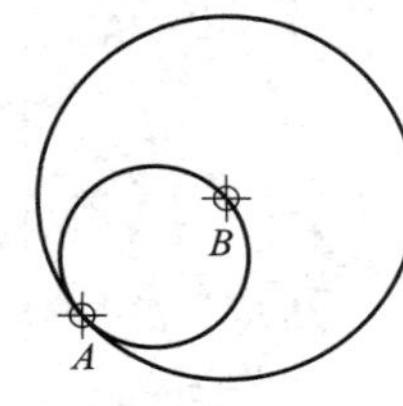

图 2-22

实战练习

实战 1 利用【圆】命令绘制图 2-22，其中外面的大圆以 *B* 点为圆心，*A*、*B* 之间的距离为半径（*A*、*B* 为已知点）。

实战 1 参考

命令 : C	激活【圆】命令，绘制大圆
CIRCLE 指定圆的圆心或 [三点 (3P)/ 两点 (2P)/ 切点、切点、半径 (T)]:	通过对象捕捉捕捉到圆心位置，即图中 *B* 点
指定圆的半径或 [直径 (D)] <222.5526>:	通过对象捕捉捕捉到 *A* 点，软件自动退出命令
命令 : CIRCLE	按空格键或 <Enter> 键重复上一次命令，绘制小圆
指定圆的圆心或 [三点 (3P)/ 两点 (2P)/ 切点、切点、半径 (T)]: 2P	选择指定两点的方式绘圆
指定圆直径的第一个端点 :	通过对象捕捉捕捉到 *B* 点
指定圆直径的第二个端点 :	通过对象捕捉捕捉到 *A* 点，软件自动退出命令

温馨提示：

1. 指定圆的半径或直径时，若已知圆的半径或直径数值，可直接输入。

2. 上图中的内圆，由于没有直接给出圆心位置，而是给出圆直径上的两点，所以通过两点绘圆是最合适的。此外，也可以用直线连接 *A*、*B* 两点，确定圆心位置，通过圆心、半径方式来绘制，此方法较麻烦。

实战 2 利用【构造线】和【圆】命令绘制图 2-23。

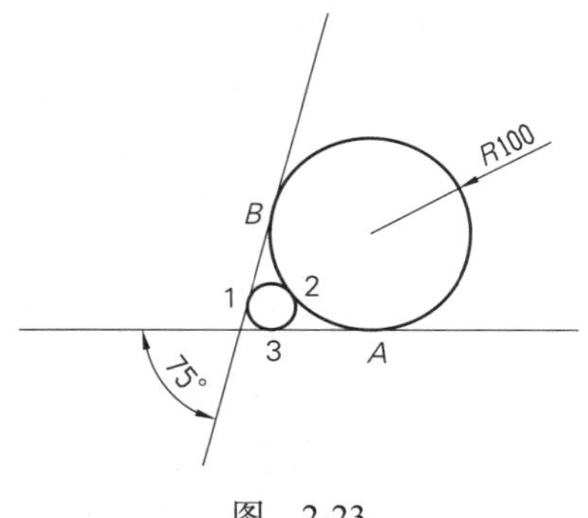

图 2-23

实战 2 参考

用【构造线】命令绘制图中两条相交线，此部分不再赘述。下面重点说明两个圆的绘制方法。

命令 : C	激活【圆】命令
CIRCLE 指定圆的圆心或 [三点 (3P)/ 两点 (2P)/ 切点、切点、半径 (T)]:T	选择通过切点和半径的方式绘圆
指定对象与圆的第一个切点 :	对象捕捉到圆与构造线的切点 *A*，对象捕捉标记为○
指定对象与圆的第二个切点 :	对象捕捉到圆与构造线的切点 *B*
指定圆的半径 <24.3192>:100	输入圆的半径值，自动退出命令
命令 : _circle 指定圆的圆心或 [三点 (3P)/ 两点 (2P)/ 切点、切点、半径 (T)]: _3p	通过功能区面板选取【相切，相切，相切】图标来激活命令

指定圆上的第一个点：_tan 到	对象捕捉到圆与构造线的切点 1
指定圆上的第二个点：_tan 到	对象捕捉到小圆与大圆的切点 2
指定圆上的第三个点：_tan 到	对象捕捉到圆与构造线的切点 3，自动退出命令

温馨提示：

1．由于绘制圆的方法较多，所以在绘图之前一定要先根据已知条件判断采用哪种方法，必要时先添加辅助线，来辅助完成绘图。

2．放大圆对象或者放大相切处的切点，有时看起来不圆滑或者没有相切，这并不是画错了，只是显示问题，执行一次【重生成】命令【REGEN】(快捷键 <RE>) 即可恢复。

考考你吧！

绘制以下图形（无须标注）。

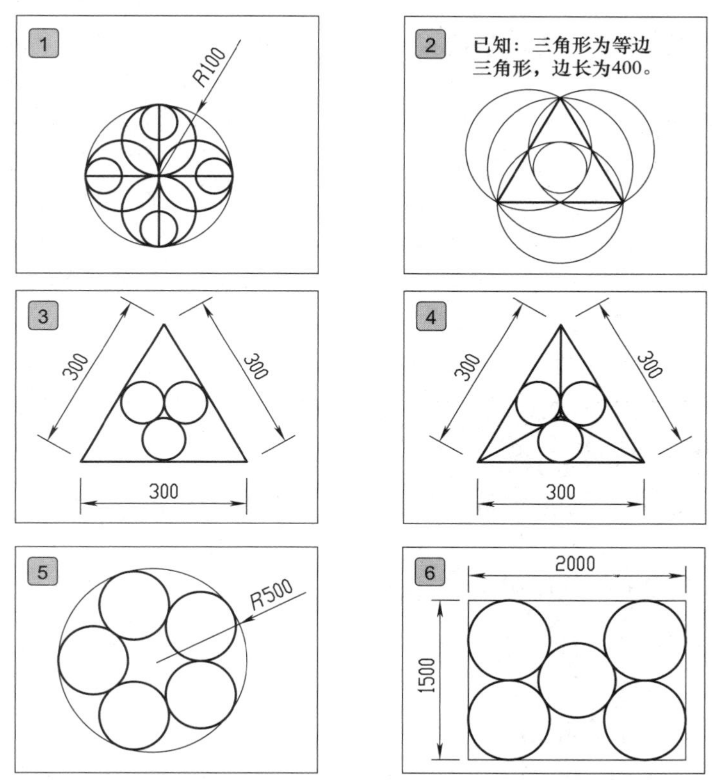

任务六 绘制圆弧

圆弧是圆上的一部分，也是工程图中常用的对象之一。创建圆弧的方法有多种，AutoCAD 提供了 11 种绘制圆弧的方式，实际应用中可根据具体情况进行选择。

一、激活方式

【圆弧】命令可通过以下两种方式激活：

- 命令提示区：【ARC】或快捷键 <A>
- 功能区：【默认】 ⇨ 绘图 ⇨ 圆弧

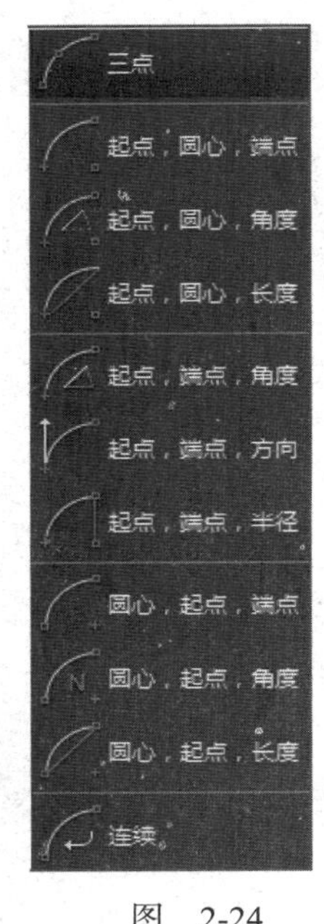

图 2-24

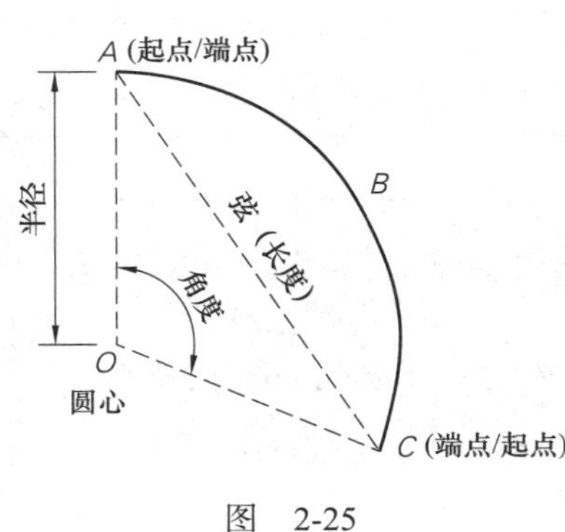

图 2-25

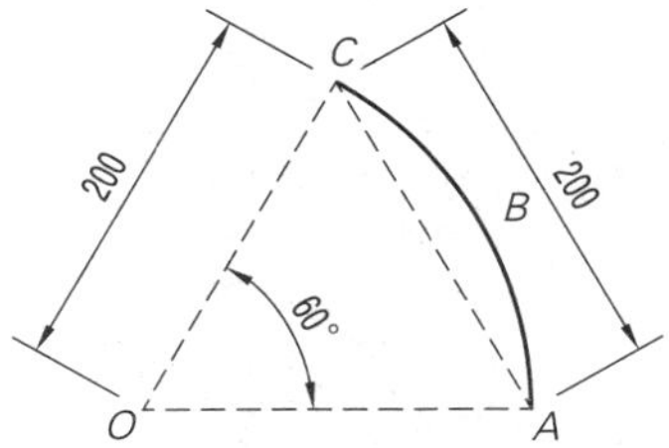

图 2-26

项目二任务六
实战 1 视频

二、命令解析

AutoCAD 中，单击命令图标中的白色倒三角形，将会弹出如图 2-24 所示的选项卡，即 11 种绘制圆弧的方式。要想快速正确地绘制圆弧，先要了解圆弧的构成和各部分的名称（图 2-25）。

需要说明的是，图 2-25 为圆弧 *ABC* 各部分的名称。其中，弦长在 CAD 中被定义为长度，角度的确定同样遵循“逆时针为正，顺时针为负”的原则。

实战练习

实战 1　分别用下列绘制圆弧的方式绘制图 2-26 中的圆弧 *ABC*。

1）起点、圆心、端点。

2）圆心、起点、角度。

3）起点、圆心、长度。

4）起点、端点、半径。

5）起点、端点、角度。

实战 1 参考

先绘制三角形 *OAC* 作为参照线，此部分不再赘述。下面重点说明圆弧的绘制方法。

命令 : A　　激活【圆弧】命令
ARC 指定圆弧的起点或 [圆心 (C)]:　　单击捕捉 *A* 点
指定圆弧的第二个点或 [圆心 (C)/ 端点 (E)]: c　　选择【指定圆心】子命令进行绘图
指定圆弧的圆心 :　　单击捕捉 *O* 点
指定圆弧的端点 (按住 Ctrl 键以切换方向) 或 [角度 (A)/ 弦长 (L)]:　　单击捕捉 *C* 点

命令 : ARC 指定圆弧的起点或 [圆心 (C)]:c　　空格键重复上一次命令，并选择指定圆心绘图
指定圆弧的圆心 :　　单击捕捉 *O* 点
指定圆弧的起点 :　　单击捕捉 *A* 点
指定圆弧的端点 (按住 Ctrl 键以切换方向) 或 [角度 (A)/ 弦长 (L)]:a　　选择指定圆弧的角度
指定夹角 (按住 Ctrl 键以切换方向): 60　　输入角度，顺时针为负，逆时针为正

命令 : _arc　　单击图标下的白色三角形选择【起点，圆心，长度】激活【圆弧】命令
指定圆弧的起点或 [圆心 (C)]:　　单击捕捉 *A* 点
指定圆弧的第二个点或 [圆心 (C)/ 端点 (E)]:_c
指定圆弧的圆心 :　　单击捕捉 *O* 点
指定圆弧的端点 (按住 Ctrl 键以切换方向) 或 [角度 (A)/ 弦长 (L)]: _l
指定弦长 (按住 Ctrl 键以切换方向):200　　输入弦的长度

命令 : ARC 指定圆弧的起点或 [圆心 (C)]:　　按空格键重复上一次命令，并指定起点 *A*
指定圆弧的第二个点或 [圆心 (C)/ 端点 (E)]:e　　选择指定圆弧的端点
指定圆弧的端点 :　　单击捕捉 *C* 点

指定圆弧的中心点 (按住 Ctrl 键以切换方向) 或 [角度 (A)/ 方向 (D)/ 半径 (R)]: r
选择指定圆弧的半径
指定圆弧的半径 (按住 Ctrl 键以切换方向):200　　输入半径

命令 : _arc　　单击图标【起点，端点，角度】激活【圆弧】命令
指定圆弧的起点或 [圆心 (C)]:　　单击捕捉 *C* 点
指定圆弧的第二个点或 [圆心 (C)/ 端点 (E)]:_e
指定圆弧的端点 :　　单击捕捉 *A* 点
指定圆弧的中心点 (按住 Ctrl 键以切换方向) 或 [角度 (A)/ 方向 (D)/ 半径 (R)]: _a
指定夹角 (按住 Ctrl 键以切换方向):-60　　输入角度

温馨提示：

1. 通过上述操作比较可知，采用单击图标激活【圆弧】命令比快捷键更加便捷，这是有别于其他命令的地方。

2. 在绘制圆弧时，如果发现圆弧的方向不对，可通过按住 <Ctrl> 键切换方向，也可以输入负的角度值来调整。

实战 2　绘制图 2-27 所示的单开门，尺寸见图中。

项目二任务六实战 2 视频

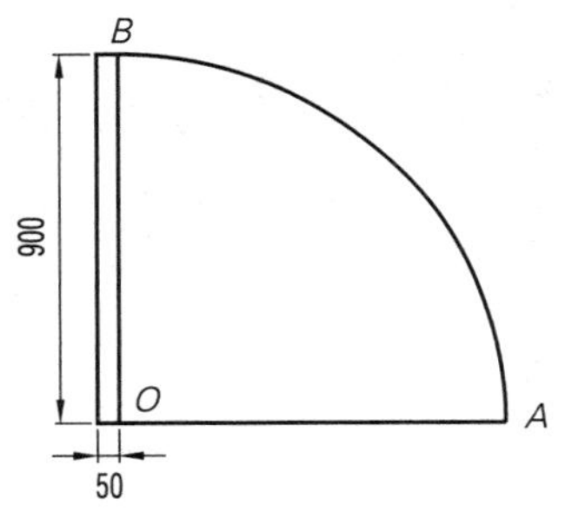

图 2-27

实战 2 参考

命令 : L　　激活【直线】命令
LINE 指定第一个点 :　　任意单击一点作为 *O* 点
指定下一点或 [放弃 (U)]: 50　　开启正交功能，光标左移，输入长度
指定下一点或 [放弃 (U)]: 900　　光标上移，输入长度
指定下一点或 [闭合 (C)/ 放弃 (U)]: 50　　光标右移，输入长度
指定下一点或 [闭合 (C)/ 放弃 (U)]: c　　闭合成矩形

命令 : LINE 指定第一个点 :　　空格键重复上一次命令后捕捉到 *O* 点
指定下一点或 [放弃 (U)]: 900　　光标右移，输入长度，退出命令

命令 : _arc　　图标方式激活【起点，圆心，角度】绘圆弧
指定圆弧的起点或 [圆心 (C)]:　　捕捉到 *A* 点
指定圆弧的第二个点或 [圆心 (C)/ 端点 (E)]: _c
指定圆弧的圆心 :　　捕捉到 *O* 点
指定圆弧的端点 (按住 <Ctrl> 键以切换方向) 或 [角度 (A)/ 弦长 (L)]: _a
指定夹角 (按住 <Ctrl> 键以切换方向): 90　　输入圆弧角度

温馨提示：

1. 圆弧的角度与半径值均有正、负之分。默认情况下，AutoCAD 会在逆时针方向上绘制出较小的圆弧，如果输入的半径值为负数，则将绘制出较大的圆弧。

2. 指定角度时（从起点到端点的圆弧方向），输入正角度值时，圆弧方向是逆时针，如果输入的角度值为负数，则是顺时针方向。

考考你吧！

绘制以下图形（无须标注）。

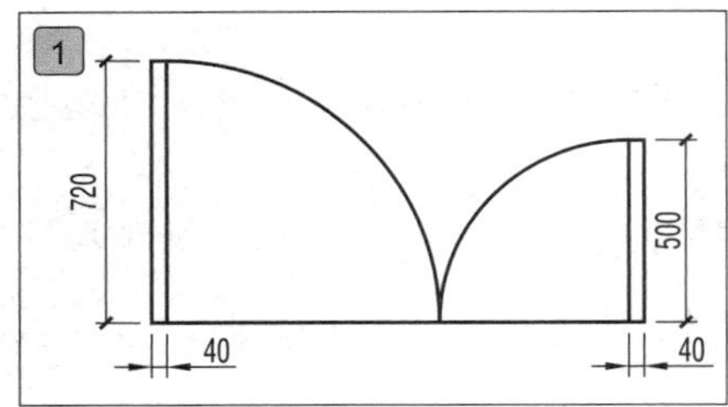

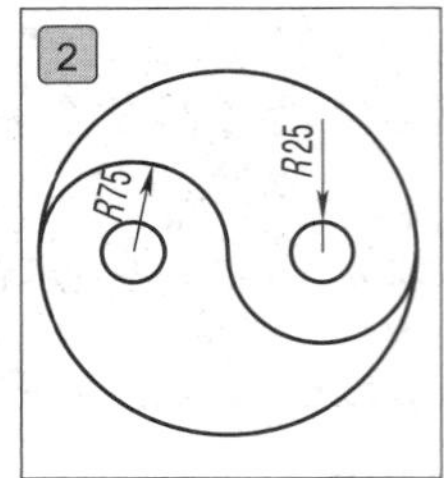

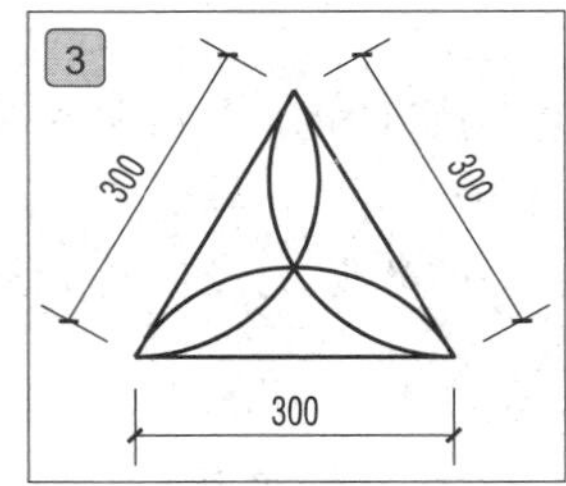

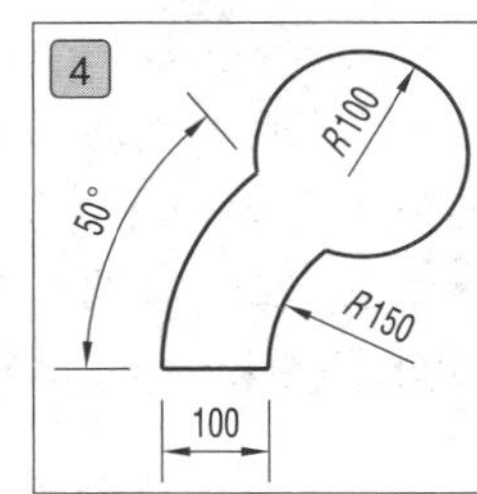

任务七 绘制椭圆与椭圆弧

椭圆是一种特殊的圆，其中心到圆周上的距离是变化的，椭圆的一部分是椭圆弧，【椭圆】命令在轴测图的绘制中有着重要的应用。

一、激活方式

椭圆弧没有单独的英文命令形式和快捷键，只能在【椭圆】命令中选择或采用图标的方式激活。【椭圆】命令的激活方式如下：

- 命令提示区：【ELLIPSE】或快捷键 <EL>
- 功能区：【默认】 ⇨ 绘图 ⇨ ⇨ 圆心 / 轴，端点 / 椭圆弧

二、命令解析

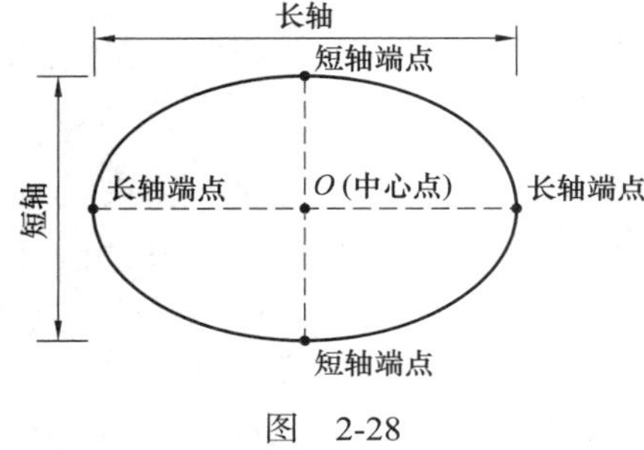

图 2-28

椭圆的各部分名称如图 2-28 所示。在具体使用【椭圆】或【椭圆弧】命令时，涉及的子命令的具体含义如下：

1)【中心点】(C)：通过指定中心点来创建椭圆或椭圆弧对象。

2)【圆 弧】(A)：绘制椭圆弧。

3)【旋转】(R)：用长短轴线之间的比例，来确定椭圆的短轴。

4)【夹角】(I)：指所创建的椭圆弧从起始位置开始到终止位置所包含的角度值。

温馨提示：

【旋转】(R) 并不是指将整个椭圆进行旋转，而是用来确定短轴长度的一种方式。如想对整个椭圆进行旋转，可在确定长轴端点时输入极坐标，使长轴与 X 轴成一定角度，这样，就实现了椭圆的旋转啦！

实战练习

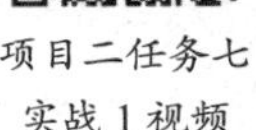

项目二任务七
实战 1 视频

实战 1 图 2-29 是由 4 个均匀分布的椭圆构成的，每个椭圆的长轴均为 500，短轴均为 200。试用【椭圆】命令绘制出该图形。

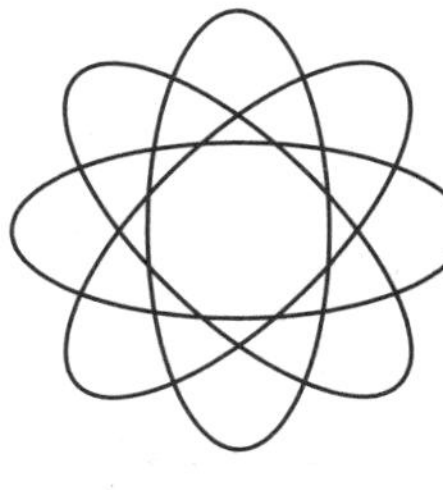

图 2-29

实战 1 参考

绘图思路：绘制水平椭圆→绘制竖直椭圆→绘制与 X 轴成 45° 的椭圆→绘制与 X 轴成 135° 的椭圆。

命令 : EL　　激活【椭圆】命令
ELLIPSE 指定椭圆的轴端点或 [圆弧 (A)/ 中心点 (C)]:
　　任意单击一点作为水平椭圆的其中一条轴（长轴）端点
指定轴的另一个端点: 500
　　既可采用相对坐标输入，也可将光标移动到该轴另一个端点的方向输入长度值
指定另一条半轴长度或 [旋转 (R)]: 100　　输入另一条轴（短轴）长度的一半，自动退出命令

命令: ELLIPSE　　按空格键重复上一次命令
指定椭圆的轴端点或 [圆弧 (A)/ 中心点 (C)]: C　　选择以指定中心点的方式绘制椭圆
指定椭圆的中心点 :　　对象捕捉到第一个椭圆的中心点位置
指定轴的端点: 250　　将光标移动到椭圆中心点的正上方或正下方，输入长轴长度的一半
指定另一条半轴长度或 [旋转 (R)]: 100　　输入另一条轴（短轴）长度的一半，退出命令

命令: ELLIPSE　　空格键重复上一次命令
指定椭圆的轴端点或 [圆弧 (A)/ 中心点 (C)]: C　　选择以指定中心点的方式绘制椭圆
指定椭圆的中心点 :　　对象捕捉到第一个椭圆的中心点位置
指定轴的端点: @250<45　　相对于中心点，通过相对极坐标确定长半轴右侧端点的位置
指定另一条半轴长度或 [旋转 (R)]: 100　　输入另一条轴（短轴）长度的一半，自动退出命令

命令 : ELLIPSE　　空格键重复上一次命令
ELLIPSE 指定椭圆的轴端点或 [圆弧 (A)/ 中心点 (C)]: C　　选择以指定中心点的方式绘制椭圆
指定椭圆的中心点 :　　对象捕捉到第一个椭圆的中心点位置
指定轴的端点 : @250<135　　相对于中心点，通过相对极坐标确定长半轴左侧端点的位置
指定另一条半轴长度或 [旋转 (R)]: 100　　输入另一条轴（短轴）长度的一半，自动退出命令

温馨提示：

绘图时你会发现，绘制好的椭圆、椭圆弧、圆以及圆弧等图形，在图上并不会显示出中心点（圆心）位置，而我们在绘图时又往往需要捕捉到这个点，怎么办？除了绘制辅助线确定中心点位置之外，还可以把鼠标移动到需确定中心点的对象上，停留一下，中心点的标记会自动现出来哦！

项目二任务七
实战 2 视频

实战 2　绘制图 2-30 所示的脸盆示意图，各点坐标如图 2-30 所示。

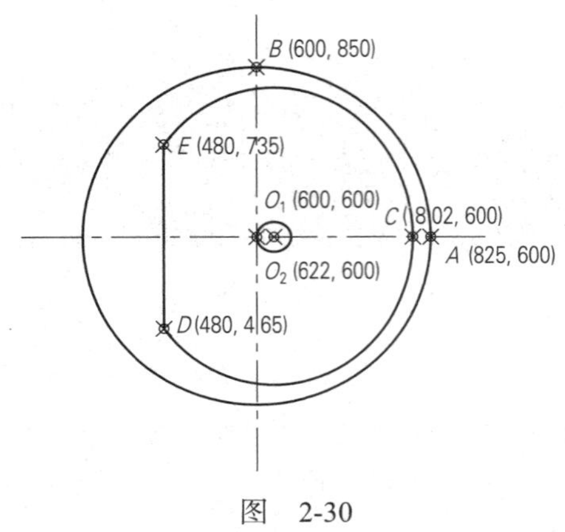

图　2-30

实战 2 参考

命令 : EL	激活【椭圆】命令
ELLIPSE 指定椭圆的轴端点或 [圆弧 (A)/ 中心点 (C)]:C	选择指定大椭圆的中心点
指定椭圆的中心点 : 600,600	输入大椭圆的中心点坐标
指定轴的端点 : 825,600	输入大椭圆短轴的右侧端点坐标
指定另一条半轴长度或 [旋转 (R)]: 250	850−600=250，计算得到长半轴长度为 250
命令 : ELLIPSE	按空格键重复上一次命令
指定椭圆的轴端点或 [圆弧 (A)/ 中心点 (C)]:a	选择绘制椭圆弧
指定椭圆弧的轴端点或 [中心点 (C)]:c	选择指定椭圆弧的中心点
指定椭圆弧的中心点 : 622,600	输入椭圆弧的中心点坐标
指定轴的端点 : 802,600	输入椭圆弧短轴的右侧端点坐标
指定另一条半轴长度或 [旋转 (R)]:220	图中未明确该尺寸，此处假定为 220
指定起点角度或 [参数 (P)]: 480,465	输入初始角度所在的坐标位置
指定端点角度或 [参数 (P)/ 夹角 (I)]:480,735	输入终止角度所在的坐标位置
命令 : _LINE 指定第一个点 :	用图标方式激活【直线】命令，并且捕捉到点 D
指定下一点或 [放弃 (U)]:	捕捉到点 E，并退出命令
命令 : C	激活【圆】命令
CIRCLE 指定圆的圆心或 [三点 (3P)/ 两点 (2P)/ 切点、切点、半径 (T)]:	捕捉到点 O_2
指定圆的半径或 [直径 (D)]:	捕捉到点 O_1

温馨提示：

在绘制椭圆弧指定起点角度和端点角度时，既可以采用上述输入坐标的方法，也可以采用输入角度值的方法，还可以单击鼠标确定。

任务八　绘制点与等分图形

单纯的点在绘图当中通常被作为参考标记来使用，与【点】命令相关的【定数等分】和【定距等分】命令也常被当作辅助绘图的参考标记使用。为保持图面整洁，所有用于绘图的参考标记在绘图结束后均需删除。

一、命令初探

激活【点】命令之后，会出现一个奇怪的现象：不管你怎样在绘图区单击鼠标，似乎都没有什么变化，是不是计算机坏啦？不是的！这是因为在 AutoCAD 中默认的点样式是很小的圆点，很容易被忽略。在使用【点】命令（也包括【定数等分】和【定距等分】命令）之前，一般要先对点样式进行设置，才能达到想要的绘图效果。

1.【点样式】对话框的调出方式

- 命令提示区：【DDPTYPE】
- 功能区：【默认】→ 实用工具 → 点样式...

2. 点大小的设置

在【点样式】对话框中（图 2-31），除了选择相应的点样式外，还可以选择点大小的确定方法，区别如下：

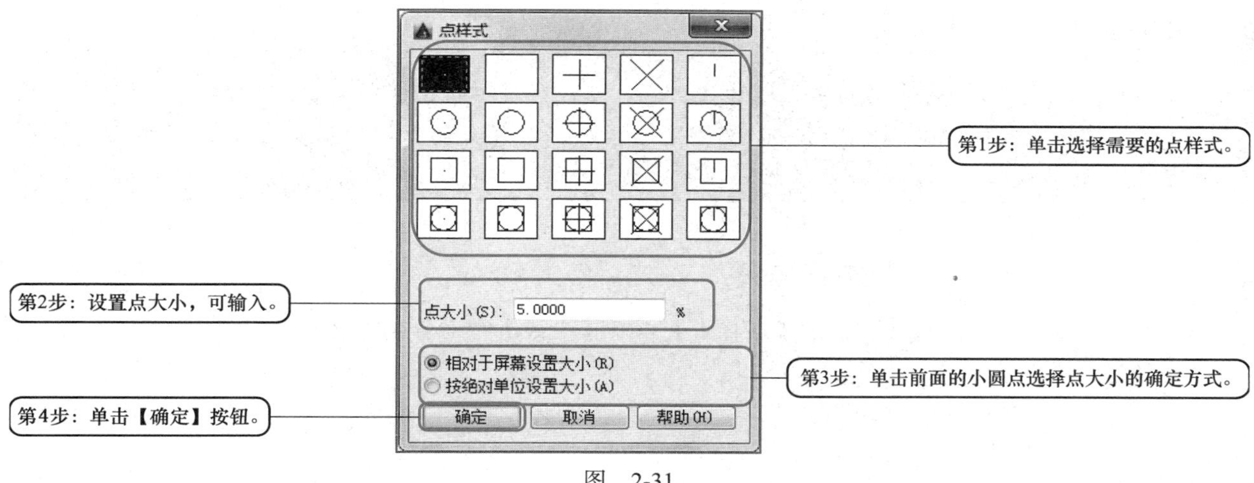

图 2-31

1)【相对于屏幕设置大小】：以屏幕尺寸的百分比设置点的显示大小。在进行缩放时，点的显示大小不随其他对象的变化而改变。

2)【按绝对单位设置大小】：以指定的实际单位值来显示点。在进行缩放时，点的大小也将随其他对象的变大而变大，变小而变小。

二、【点】命令

【点】命令可通过以下 3 种方式激活：

- 命令提示区：【POINT】(快捷键 <PO>)
- 功能区：【默认】→ 绘图 →
- 【绘图】工具栏：

三、【定数等分】命令

定数等分是指沿着所选的对象均匀放置标记，类似于数学中等分点的概念。与等分点不同的是，【定数等分】命令只是在等分点上进行标记，源对象并没有被等分为多个对象。

【定数等分】命令可通过以下两种方式激活：

- 命令提示区：【DIVIDE】(快捷键 <DIV>)
- 功能区：【默认】→ 绘图 →

四、【定距等分】命令

定距等分是指沿着对象的边长或周长，以指定的间隔放置标记（点或图块），将对象分成多段。

1. 激活方式

【定距等分】命令可通过以下两种方式激活：

- 命令提示区：【MEASURE】(快捷键 <ME>)
- 功能区：【默认】 绘图

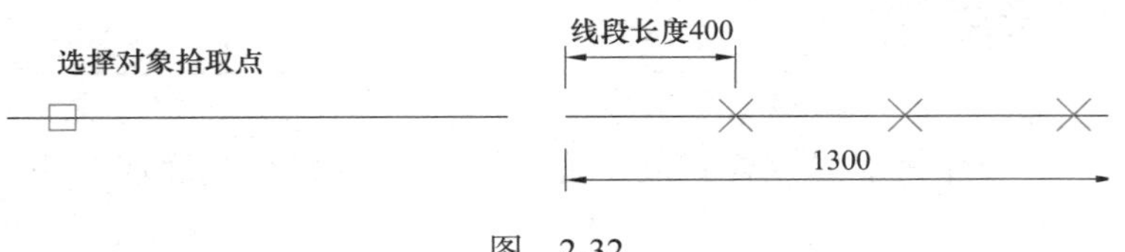

图 2-32

2. 命令解析

该命令会从距离选取对象处最近的端点开始放置标记，如图 2-32 所示。

温馨提示：

1. 若选取的对象为闭合多段线，其定距等分从绘制的第一个点开始测量。

2. 若选取的对象为圆，定距等分从设置为当前捕捉旋转角的自圆心的角度开始。如果捕捉旋转角为 0°，则从圆心右侧的象限点开始定距等分圆。

项目二任务八
实战 1 视频

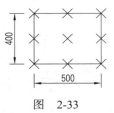

图 2-33

实战练习

实战 1 利用【点样式】以及【直线】命令绘制图 2-33。

实战 1 参考

命令：_line 指定第一个点：< 正交 开 >	激活【直线】命令，并在绘图区单击一点作为起始点
指定下一点或 [放弃 (U)]: 400	移动光标成竖直方向，输入直线长度值
指定下一点或 [放弃 (U)]: 500	移动光标成水平方向，输入直线长度值
指定下一点或 [闭合 (C)/ 放弃 (U)]: 400	移动光标成竖直方向，输入直线长度值
指定下一点或 [闭合 (C)/ 放弃 (U)]: C	闭合图形，矩形绘制完成

调出【点样式】对话框，设置见图 2-34。

第 1 步：选择点的样式。

第 2 步：设置点的大小。

第 3 步：选择点的大小的确定方法，这里建议采用【相对于屏幕设置大小】。

第 4 步：单击【确定】按钮。

图 2-34

命令 : _point	单击图标激活【点】命令
POINT 当前点模式 : PDMODE=0 PDSIZE=0.0000	
指定点 :	连续利用对象捕捉，捕捉到图中相应点的位置，然后退出命令

温馨提示：

1. 在绘制矩形的中心点时，需事先作一条辅助线。
2. 用图标激活【点】命令可连续绘制多点，用快捷键激活，则一次只能画一个点便自动退出命令。

实战 2 利用【定数等分】命令绘制图 2-35。

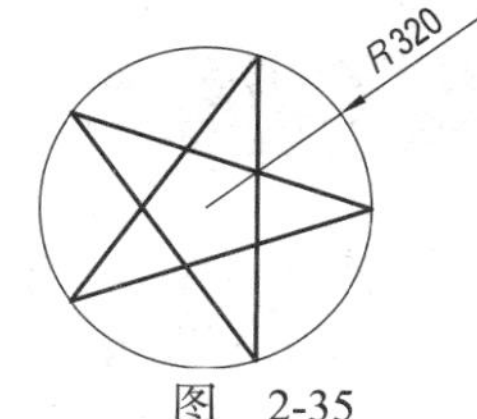

图 2-35

项目二任务八实战 2 视频

实战 2 参考

实战 1 已经进行过【点样式】的设置，系统将自动保存参数，所以本例中不必重新设置。

命令 : C	激活【圆】命令
CIRCLE 指定圆的圆心或 [三点 (3P)/ 两点 (2P)/ 切点、切点、半径 (T)]:	指定任意一点为圆心
指定圆的半径或 [直径 (D)]<200.000> : 320	输入圆的半径
命令 : DIV	激活【定数等分】命令
DIVIDE 选择要定数等分的对象 :	选中绘制好的圆
输入线段数目或 [块 (B)]: 5	将圆等分为 5 段，如图 2-36 所示

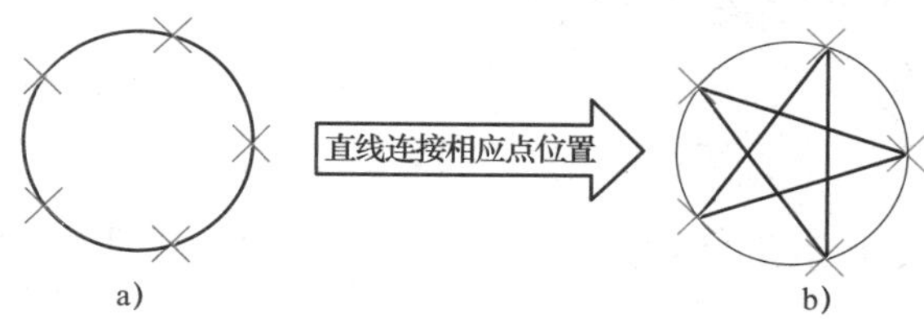

图 2-36

a) 定数等分效果 b) 直线连接后效果

完成上述操作后，可以将【点样式】再次设置成【看不见】的状态（即第 2 个点样式）。

温馨提示：

1.【定数等分】命令可以用于分割直线、弧、圆、椭圆、样条曲线或多段线。
2.【定数等分】的标记对象默认为点，也可以是自定义的图块。使用图块需事先定义。
3. 创建好的参考点对象，可以使用对象捕捉中的【节点】进行捕捉。

考考你吧！

绘制以下图形（无须标注）。

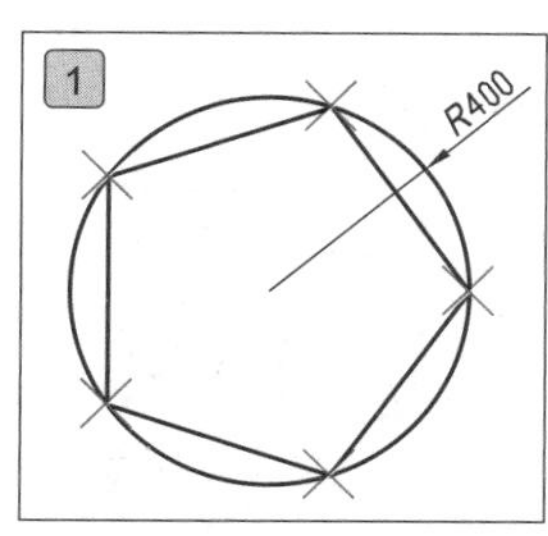

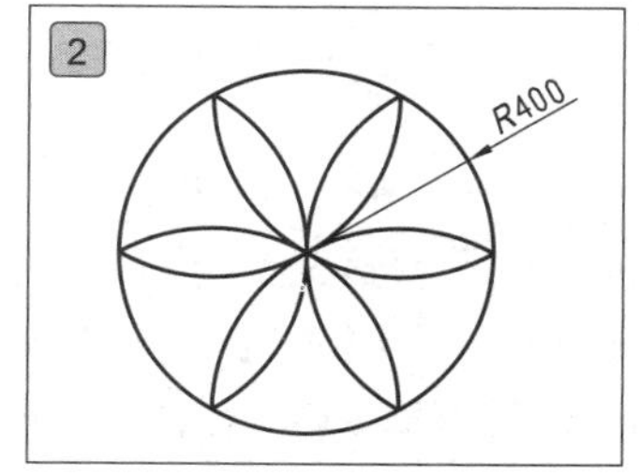

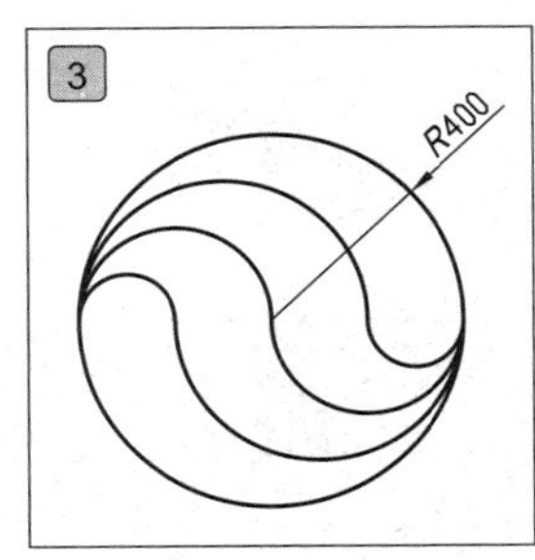

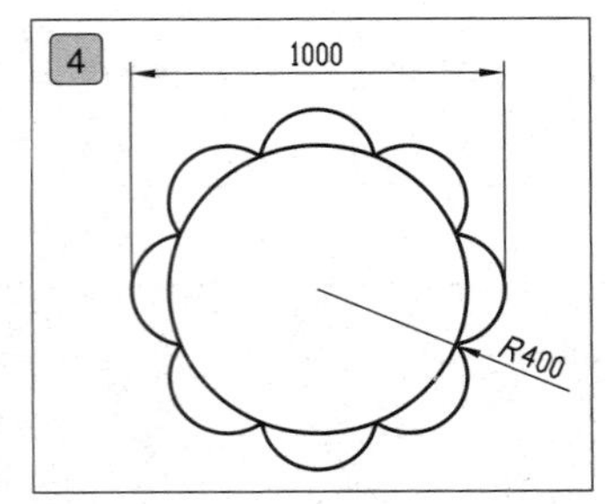

任务九 绘制与编辑二维多段线

在 AutoCAD 中，二维多段线是一种非常有用的线段对象，它是由直线和圆弧组成的一个组合体，连续画出的图形对象为一个整体，并且这个整体的不同部位可以赋予不同的线宽值，常被用来绘制箭头或需要封闭的图形。

一、【二维多段线】命令

1．激活方式

【二维多段线】命令可通过以下 3 种方式激活：

- 命令提示区：【PLINE】或快捷键 <PL>
- 功能区：【默认】 ➡ 绘图 ➡ 多段线
- 【绘图】工具栏：

2．命令解析

激活【二维多段线】命令并指定起点后，会在命令提示区中出现以下提示：

> 指定下一个点或 [圆弧 (A)/ 半宽 (H)/ 长度 (L)/ 放弃 (U)/ 宽度 (W)]:

各子命令的具体含义如下：

1)【指定下一个点】：指定直线的下一点位置，指定方法同【直线】命令。

2)【圆弧】(A)：转换成绘制圆弧模式，绘制方法基本同【圆弧】命令。

3)【半宽】(H)：设定二维多段线的线宽值，半宽为宽度的一半。

4)【长度】(L)：指定直线分段的长度。

5)【宽度】(W)：设定二维多段线的宽度值，宽度为半宽的 2 倍。

当出现了上述的命令提示后，输入【 A】，选择绘制圆弧，命令提示区将出现下列提示，即绘制圆弧的方法：

> 指定圆弧的端点 (按住 Ctrl 键以切换方向) 或
> [角度 (A)/ 圆心 (CE)/ 闭合 (CL)/ 方向 (D)/ 半宽 (H)/ 直线 (L)/ 半径 (R)/ 第二个点 (S)/ 放弃 (U)/ 宽度 (W)]:

其中需要注意：“直线 (L)”这一子命令实现了从圆弧模式到直线模式的转换。

温馨提示：

初次使用【二维多段线】命令时，系统默认绘制直线，并且线宽值为 0，视觉上看起来就是细线。在使用此命令的过程中，可能会对线宽进行修改，或是转换到绘制圆弧模式，这时如果还想恢复成原始状态，只需根据命令提示选择直线 (L)，然后将宽度 (W) 或半宽 (H) 改成 0 即可。

3. 命令对比

图 2-37 和图 2-38 看起来一模一样，但其使用的命令不同，实质也不同。【二维多段线】命令绘制出来的图形（图 2-37）是一个整体，而【直线】命令 +【圆弧】命令绘制出来的图形（图 2-38）都是单独的对象。整体的图形对象只能整体一起编辑（图 2-39），单独的图形对象可以单独进行编辑（图 2-40）。

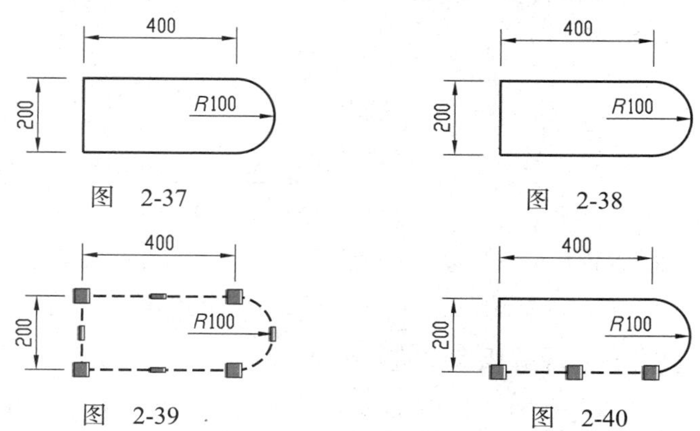

图 2-37　图 2-38

图 2-39　图 2-40

从图 2-39 和图 2-40 可以看出，运用【二维多段线】命令绘制的图形，无论光标在哪个位置单击图形对象，整个图形都会被选中，而用【直线】命令 +【圆弧】命令绘制出来的图形，用鼠标单击某个位置，只有该位置的图形对象才会被选中。这个区别对于图形编辑命令来说非常重要。

二、【编辑多段线】命令

二维多段线绘制的图形是一个整体，可利用【编辑多段线】命令对其进行编辑。

1. 激活方式

【编辑多段线】命令可通过以下两种方式激活：

- 命令提示区：【PEDIT】或快捷键 <PE>
- 功能区：【默认】 ⇨ 修改 ⇨

2. 命令解析

激活【编辑多段线】命令，命令提示区将出现以下提示：

命令 : PEDIT 选择多段线或 [多条 (M)]:

从上述提示可以看出：【编辑多段线】命令不仅能对单个多段线进行编辑，还能同时对多个多段线进行编辑。

选中要进行编辑的二维多段线对象（以未闭合的多段线为例）后，提示如下：

输入选项 [闭合 (C)/ 合并 (J)/ 宽度 (W)/ 编辑顶点 (E)/ 拟合 (F)/ 样条曲线 (S)/ 非曲线化 (D)/ 线型生成 (L)/ 反转 (R)/ 放弃 (U)]:

各子命令的含义如下：

1)【闭合】(C)：将选取的处于打开状态的多段线以一条直线或弧线连接起来，成为封闭的多段线，如图 2-41 和图 2-42 所示。

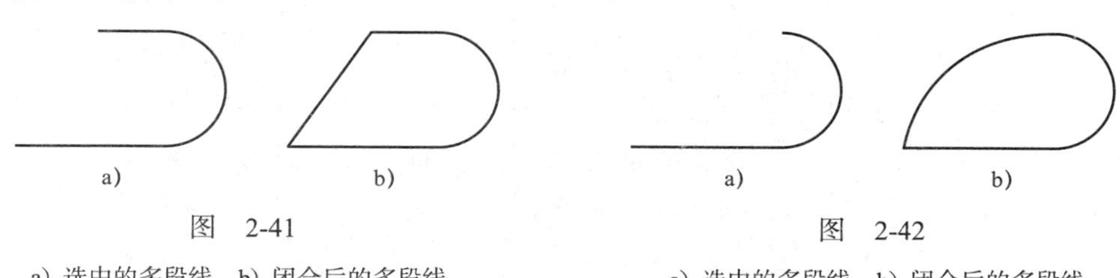

图 2-41

a）选中的多段线　b）闭合后的多段线

图 2-42

a）选中的多段线　b）闭合后的多段线

2)【编辑顶点】(E)：对多段线的各个顶点逐个进行编辑。

3)【拟合】(F)：在顶点间建立圆滑曲线，创建圆弧拟合多段线，如图 2-43 所示。

4)【样条曲线】(S)：将选取的多段线对象改变成样条曲线。

5)【非曲线化】(D)：删除【拟合】选项所建立的曲线拟合或【样条】选项所建立的样条曲线，并拉直多段线的所有线段，如图 2-44 所示。

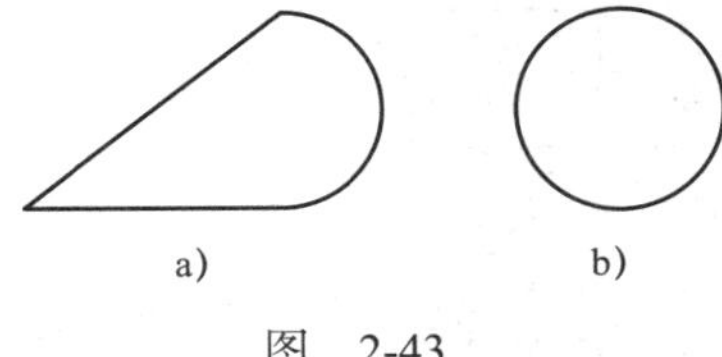

图 2-43

a) 选中的多段线 b) 拟合后的多段线

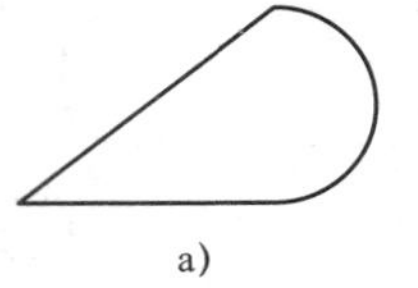

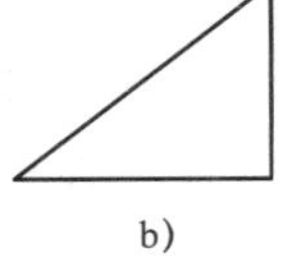

图 2-44

a) 选中的多段线 b) 非曲线化的多段线

6)【线型生成】(L)：改变多段线的线型模式。

7)【反转】(R)：改变多段线的方向。

其余子命令的含义在前面其他命令中介绍过，不再一一赘述。

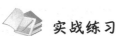

实战练习

实战 1 请用【二维多段线】命令绘制图 2-45。

实战 1 参考

绘图思路如图 2-46 所示。

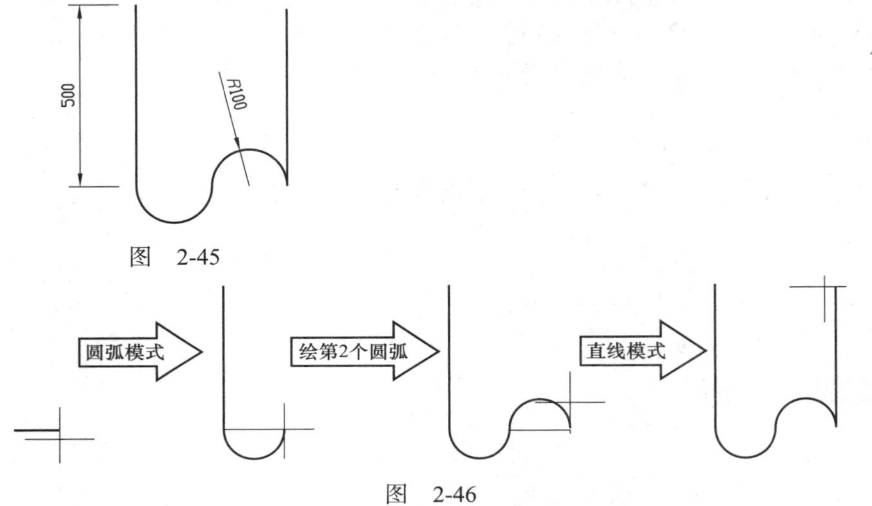

图 2-45

图 2-46

命令 : PL　　激活【二维多段线】命令

PLINE 指定起点 :　　单击任意一点作为起点

当前线宽为 50.0000　　本行为当前的线宽设置，根据绘图要求需修改为 0

指定下一个点或 [圆弧 (A)/ 半宽 (H)/ 长度 (L)/ 放弃 (U)/ 宽度 (W)]: w　　选择修改线宽

指定起点宽度 <50.0000>: 0　　起点线宽为 0

指定端点宽度 <0.0000>: 0　　端点线宽为 0

指定下一个点或 [圆弧 (A)/ 半宽 (H)/ 长度 (L)/ 放弃 (U)/ 宽度 (W)]: 500　　光标下移，输入直线长度

指定下一点或 [圆弧 (A)/ 闭合 (C)/ 半宽 (H)/ 长度 (L)/ 放弃 (U)/ 宽度 (W)]: a　　转换为【圆弧】模式

指定圆弧的端点 (按住 Ctrl 键以切换方向) 或 [角度 (A)/ 圆心 (CE)/ 闭合 (CL)/ 方向 (D)/ 半宽 (H)/ 直线 (L)/ 半径 (R)/ 第二个点 (S)/ 放弃 (U)/ 宽度 (W)]: 200　　光标右移，输入半圆直径

指定圆弧的端点 (按住 Ctrl 键以切换方向) 或 [角度 (A)/ 圆心 (CE)/ 闭合 (CL)/ 方向 (D)/ 半宽 (H)/ 直线 (L)/ 半径 (R)/ 第二个点 (S)/ 放弃 (U)/ 宽度 (W)]: 200　　光标右移，输入半圆直径

指定圆弧的端点 (按住 Ctrl 键以切换方向) 或 [角度 (A)/ 圆心 (CE)/ 闭合 (CL)/ 方向 (D)/ 半宽

(H)/ 直线 (L)/ 半径 (R)/ 第二个点 (S)/ 放弃 (U)/ 宽度 (W)]: l 转换为【直线】模式
指定下一点或 [圆弧 (A)/ 闭合 (C)/ 半宽 (H)/ 长度 (L)/ 放弃 (U)/ 宽度 (W)]: 500
光标上移，输入直线长度并退出命令

温馨提示：

无论是【直线】模式还是【圆弧】模式，都可以通过指定起点线宽值和端点线宽值对线宽进行修改。如果起点的线宽值和端点的线宽值设定成同一数值，则线的粗细一样，如设定成不同的数值，则为变线宽的线。

实战 2 利用【二维多段线】命令绘制图 2-47，其中线宽最大处为 30。

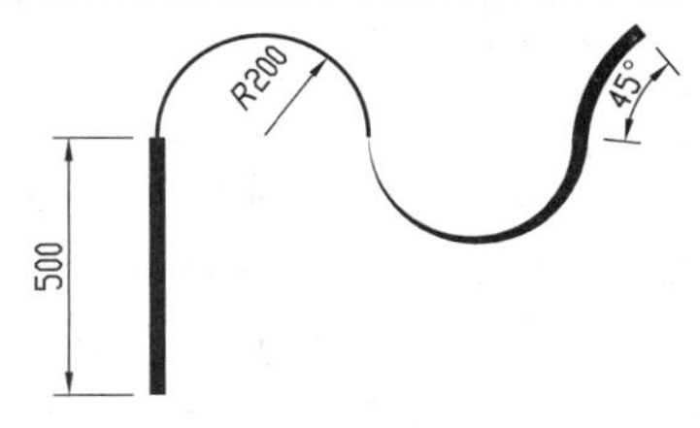

图 2-47

实战 2 参考

命令 : PL 激活【二维多段线】命令
PLINE 指定起点 : 单击任意一点作为起点
当前线宽为 0.0000
指定下一个点或 [圆弧 (A)/ 半宽 (H)/ 长度 (L)/ 放弃 (U)/ 宽度 (W)]:w 选择修改线宽
指定起点宽度 <0.0000>: 30 输入起点线宽 30
指定端点宽度 <30.0000>: 按空格键默认 <> 中线宽值
指定下一个点或 [圆弧 (A)/ 半宽 (H)/ 长度 (L)/ 放弃 (U)/ 宽度 (W)]: 500
光标上移，输入直线段长度
指定下一点或 [圆弧 (A)/ 闭合 (C)/ 半宽 (H)/ 长度 (L)/ 放弃 (U)/ 宽度 (W)]:w 选择修改线宽
指定起点宽度 <30.0000>: 0 输入起点线宽 0
指定端点宽度 <0.0000>: 按空格键默认 <> 中线宽值
指定下一点或 [圆弧 (A)/ 闭合 (C)/ 半宽 (H)/ 长度 (L)/ 放弃 (U)/ 宽度 (W)]: 400
指定下一点或 [圆弧 (A)/ 闭合 (C)/ 半宽 (H)/ 长度 (L)/ 放弃 (U)/ 宽度 (W)]: u
上一步输入有误，选择 U 放弃上一步操作
指定下一点或 [圆弧 (A)/ 闭合 (C)/ 半宽 (H)/ 长度 (L)/ 放弃 (U)/ 宽度 (W)]: a
转换成【圆弧】模式
指定圆弧的端点 (按住 Ctrl 键以切换方向) 或 [角度 (A)/ 圆心 (CE)/ 闭合 (CL)/ 方向 (D)/ 半宽 (H)/ 直线 (L)/ 半径 (R)/ 第二个点 (S)/ 放弃 (U)/ 宽度 (W)]: 400 光标右移，输入半圆直径
指定圆弧的端点 (按住 Ctrl 键以切换方向) 或 [角度 (A)/ 圆心 (CE)/ 闭合 (CL)/ 方向 (D)/ 半宽 (H)/ 直线 (L)/ 半径 (R)/ 第二个点 (S)/ 放弃 (U)/ 宽度 (W)]: w 选择修改线宽
指定起点宽度 <0.0000>: 按空格键默认 <> 中的线宽值
指定端点宽度 <0.0000>: 30 输入端点线宽 30
指定圆弧的端点 (按住 Ctrl 键以切换方向) 或 [角度 (A)/ 圆心 (CE)/ 闭合 (CL)/ 方向 (D)/ 半宽 (H)/ 直线 (L)/ 半径 (R)/ 第二个点 (S)/ 放弃 (U)/ 宽度 (W)]: 400 光标右移，输入半圆直径
指定圆弧的端点 (按住 Ctrl 键以切换方向) 或 [角度 (A)/ 圆心 (CE)/ 闭合 (CL)/ 方向 (D)/ 半宽 (H)/ 直线 (L)/ 半径 (R)/ 第二个点 (S)/ 放弃 (U)/ 宽度 (W)]: a 选择绘制具有一定角度的圆弧
指定夹角 : −45 输入圆弧角度，如不小心输入错误的角度值，可按 <Esc> 键回退到本步
指定圆弧的端点 (按住 Ctrl 键以切换方向) 或 [圆心 (CE)/ 半径 (R)]:
关闭正交功能，选择合适位置确定圆弧端点

温馨提示：

二维多段线绘制过程中如画错了，不必删除重新绘制，可以通过选择子命令【U】放弃上一步操作，如果命令提示区中没有【U】子命令，可通过按 <Esc> 键取消上一步操作。

项目二任务九实战 3 视频

500　200

图　2-48

实战 3　利用【二维多段线】命令绘制图 2-48 的箭头，其中线宽最大处为 50。

实战 3 参考

命令提示	说明
命令 : PL	激活【二维多段线】命令
PLINE 指定起点 :	单击任意一点作为起点
当前线宽为 30.0000	
指定下一个点或 [圆弧 (A)/ 半宽 (H)/ 长度 (L)/ 放弃 (U)/ 宽度 (W)]: w	选择修改线宽
指定起点宽度 <30.0000>: 0	输入起点线宽
指定端点宽度 <0.0000>:	按空格键默认 <> 中线宽值
指定下一个点或 [圆弧 (A)/ 半宽 (H)/ 长度 (L)/ 放弃 (U)/ 宽度 (W)]: 500	光标右移，输入直线段长度
指定下一点或 [圆弧 (A)/ 闭合 (C)/ 半宽 (H)/ 长度 (L)/ 放弃 (U)/ 宽度 (W)]: w	选择修改线宽
指定起点宽度 <0.0000>: 50	输入起点线宽
指定端点宽度 <50.0000>: 0	输入端点线宽
指定下一点或 [圆弧 (A)/ 闭合 (C)/ 半宽 (H)/ 长度 (L)/ 放弃 (U)/ 宽度 (W)]: 200	光标右移，输入直线段长度

考考你吧！

绘制以下图形（无须标注）。

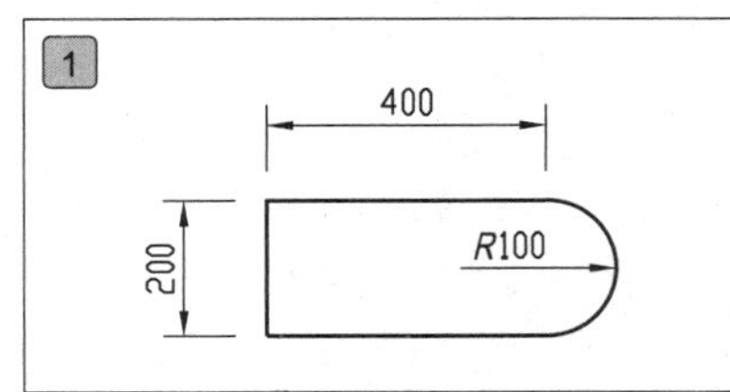

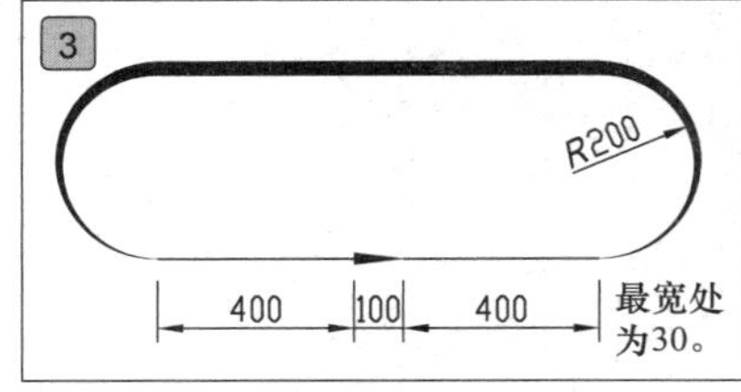

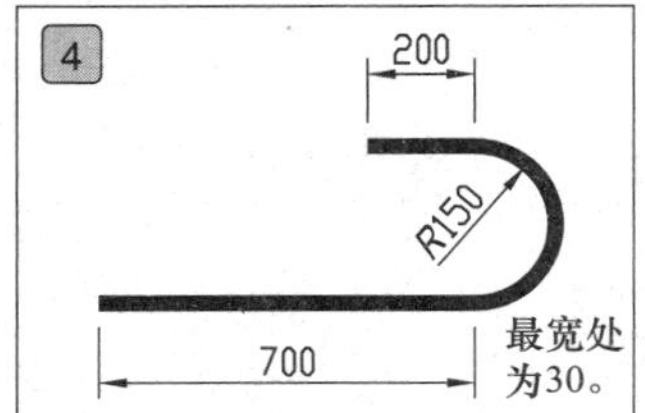

任务十　绘制矩形

在 AutoCAD 中，【矩形】命令除了能绘制数学中所学习的矩形之外，还可以控制矩形四个角的类型以及矩形的线宽值。用【矩形】命令绘制出的矩形属于多段线，即图形对象为一个整体。

一、激活方式

【矩形】命令可通过以下 3 种方式激活：

命令提示区：【RECTANG】或快捷键 <REC>

功能区：【默认】→ 绘图 → → 矩形 多边形

【绘图】工具栏：

二、命令解析

激活【矩形】命令后，在命令提示区中将出现以下提示：

指定第一个角点或 [倒角 (C)/ 标高 (E)/ 圆角 (F)/ 厚度 (T)/ 宽度 (W)]:

1）如果选择“指定第一个角点”子命令，在命令提示区中将出现以下提示：

指定另一个角点或 [面积 (A)/ 尺寸 (D)/ 旋转 (R)]:

各子命令的操作要点和含义分述如下：

①【指定另一个角点】：这个角点是指与第一个角点成对角线的角点，可采用相对坐标确定；如无长宽要求，可直接单击来确定。

②【面积】(A)：选择该子命令后，通过矩形面积和其中一边的长度值，就可以创建矩形。

③【尺寸】(D)：通过输入矩形的长度和宽度创建矩形，较常用。

④【旋转】(R)：通过输入旋转角度对矩形进行整体旋转（图 2-49 和图 2-50）。

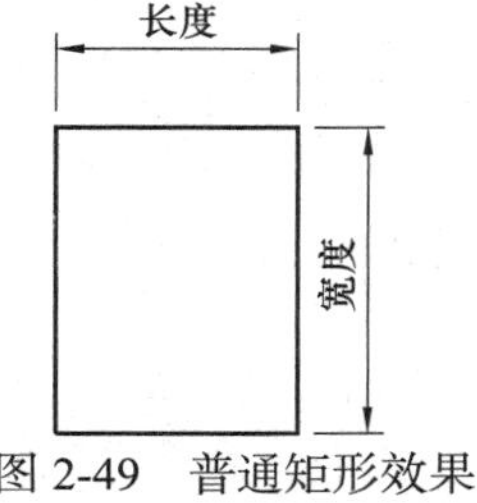

图 2-49 普通矩形效果

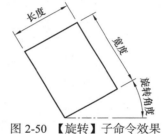

图 2-50 【旋转】子命令效果

温馨提示：

无论采用上述哪种方法绘制矩形，都需要注意：矩形的长度是指 X 轴方向的长度，矩形的宽度是指 Y 轴方向上的长度（图 2-50），这和我们在数学中学习的概念不同。

2）如果选择【倒角（C)】子命令，在命令提示区中将提示【指定矩形的第一个倒角距离】【指定矩形的第二个倒角距离】，具体含义和图形效果见图 2-51。

3）如选择【圆角（F)】子命令，在命令提示区中将提示【指定圆角半径】，具体含义和图形效果见图 2-52。

另外，【宽度（W)】子命令与二维多段线的【宽度】子命令含义和用法一致，【标高（E)】和【厚度（T)】是三维图的子命令，不赘述。

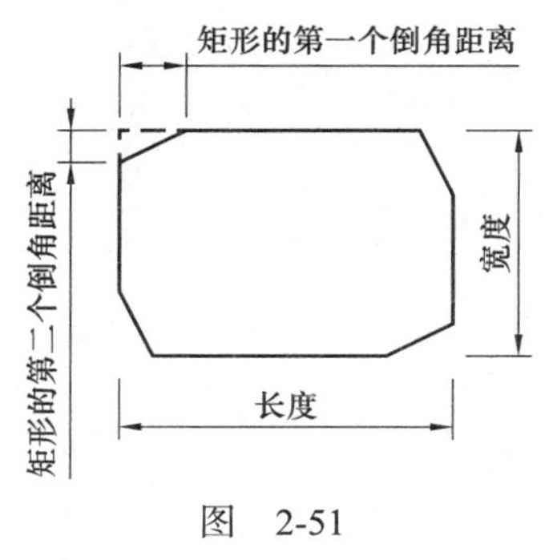

图 2-51

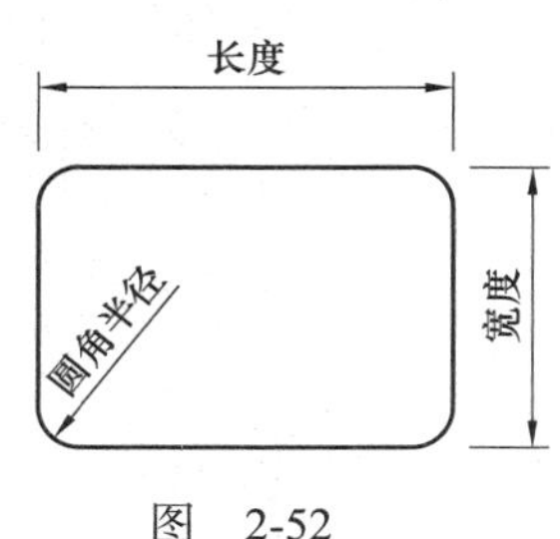

图 2-52

实战练习

实战 1 利用【矩形】命令绘制图 2-53 所示的矩形。

实战 1 参考

命令 : REC	激活【矩形】命令
RECTANG 指定第一个角点或 [倒角 (C)/ 标高 (E)/ 圆角 (F)/ 厚度 (T)/ 宽度 (W)]:	任意指定一点
指定另一个角点或 [面积 (A)/ 尺寸 (D)/ 旋转 (R)]: r	选择旋转矩形
指定旋转角度或 [拾取点 (P)]<0>: 30	输入旋转角度
指定另一个角点或 [面积 (A)/ 尺寸 (D)/ 旋转 (R)]: d	选择指定矩形长和宽的方式绘制矩形
指定矩形的长度 <10.0000>: 600	输入长度 600
指定矩形的宽度 <10.0000>: 800	输入宽度 800
指定另一个角点或 [面积 (A)/ 尺寸 (D)/ 旋转 (R)]:	移动光标，单击固定矩形位置

项目二任务十
实战 2 视频

实战 2 利用【矩形】命令绘制图 2-54 所示的矩形。

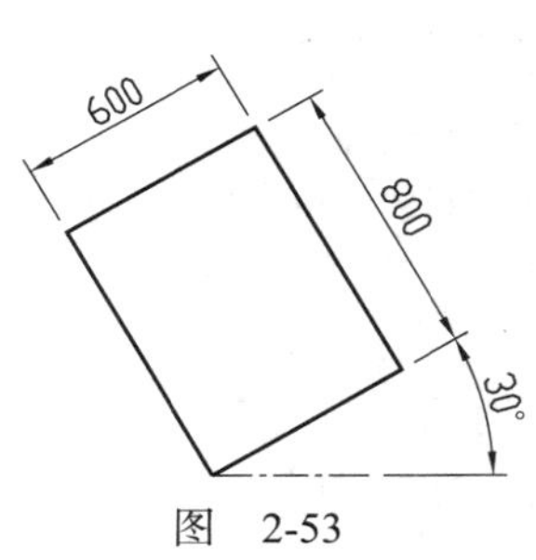

图 2-53

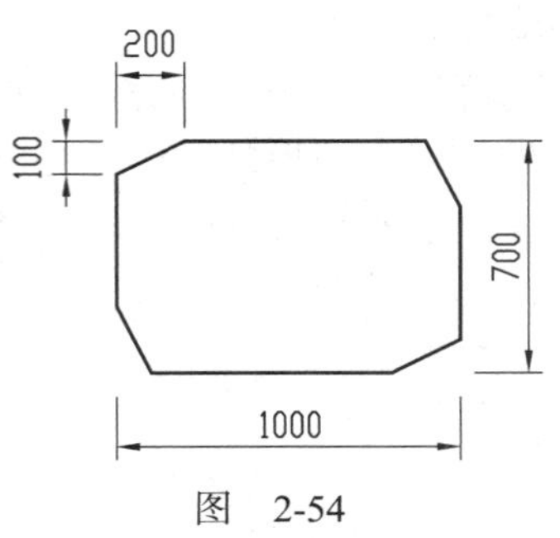

图 2-54

实战 2 参考

命令 : rec	激活【矩形】命令
RECTANG 当前矩形模式： 旋转 =30	注意默认旋转角度为 30°，需在后面操作中修改为 0°
指定第一个角点或 [倒角 (C)/ 标高 (E)/ 圆角 (F)/ 厚度 (T)/ 宽度 (W)]: c	选择绘制带倒角的矩形
指定矩形的第一个倒角距离 <0.0000>: 200	输入第一个倒角距离 200
指定矩形的第二个倒角距离 <200.0000>: 100	输入第二个倒角距离 100
指定第一个角点或 [倒角 (C)/ 标高 (E)/ 圆角 (F)/ 厚度 (T)/ 宽度 (W)]:	任意单击一点
指定另一个角点或 [面积 (A)/ 尺寸 (D)/ 旋转 (R)]: r	选择修改旋转角度
指定旋转角度或 [拾取点 (P)] <30>: 0	修改旋转角度为 0°
指定另一个角点或 [面积 (A)/ 尺寸 (D)/ 旋转 (R)]: d	选择指定矩形长和宽的方式绘制矩形
指定矩形的长度 <600.0000>: 1000	输入长度 1000
指定矩形的宽度 <800.0000>: 700	输入宽度 700
指定另一个角点或 [面积 (A)/ 尺寸 (D)/ 旋转 (R)]:	移动光标，单击固定矩形位置

项目二任务十
实战 3 视频

实战 3 请用【矩形】命令绘制图 2-55 所示的矩形。

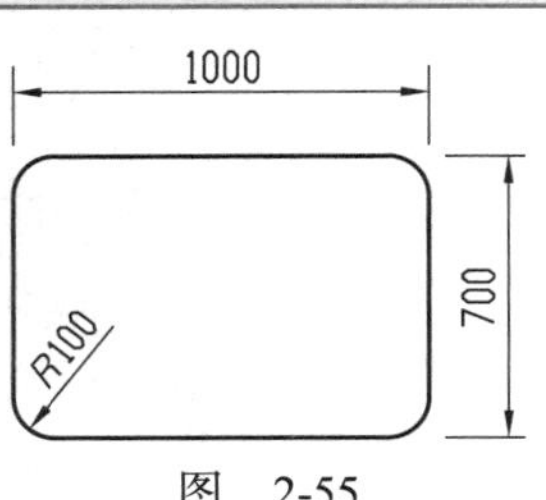

图 2-55

实战 3 参考

命令 : REC	激活【矩形】命令
RECTANG　当前矩形模式 : 倒角 = 200.0000×100.0000	
本行是当前矩形设置，倒角值不必修改，待把角点修改成圆角后，圆角将代替倒角	
指定第一个角点或 [倒角 (C)/ 标高 (E)/ 圆角 (F)/ 厚度 (T)/ 宽度 (W)]: f	选择绘制带圆角的矩形
指定矩形的圆角半径 <0.0000>: 100	输入圆角半径
指定第一个角点或 [倒角 (C)/ 标高 (E)/ 圆角 (F)/ 厚度 (T)/ 宽度 (W)]:	任意单击一点
指定另一个角点或 [面积 (A)/ 尺寸 (D)/ 旋转 (R)]: d	选择指定矩形长和宽的方式绘制矩形
指定矩形的长度 <1000.0000>: 1000	输入长度 1000
指定矩形的宽度 <700.0000>: 700	输入宽度 700
指定另一个角点或 [面积 (A)/ 尺寸 (D)/ 旋转 (R)]:	移动光标，单击固定矩形位置

温馨提示：

1. 绘制倒角矩形、圆角矩形、更改线宽或采用【旋转】子命令对整个矩形旋转一定角度后，系统会自动记住这些设置，再一次激活【矩形】命令后将保留上次修改的数据，所以要想绘制出普通矩形，就需要重新设置上述所有参数为 0。

2. 在用【矩形】命令绘图时，有时我们想捕捉到矩形的中心位置，操作和圆、椭圆相似，不必作辅助线，将鼠标移动到矩形的任意一条边上，停留片刻，中心点就会自动显现出来。

考考你吧

绘制右边图形（无须标注）。

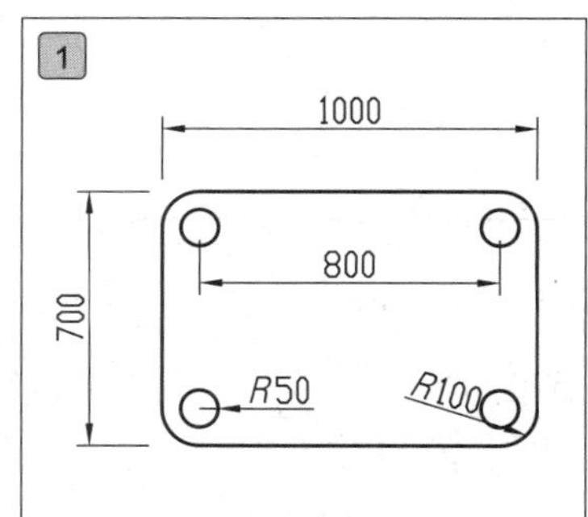

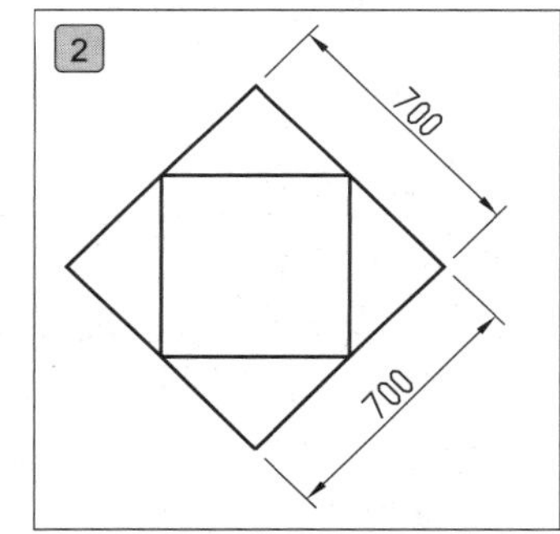

任务十一　绘制正多边形

在 AutoCAD 中，【正多边形】命令可以精确绘制出 3 ～ 1024 条边的正多边形，并且绘制出的正多边形属于二维多段线，是一个整体。

一、激活方式

- 命令提示区：【POLYGON】或快捷键 <POL>
- 功能区：【默认】→ 绘图 → → 矩形 / 多边形
- 【绘图】工具栏：

二、命令解析

激活【正多边形】命令后，在命令提示区中将出现以下提示：

POLYGON 输入侧面数 <4>:

侧面数即正多边形的边数，若在此处指定正多边形的边数，命令提示区会出现以下提示：

指定正多边形的中心点或 [边 (E)]:

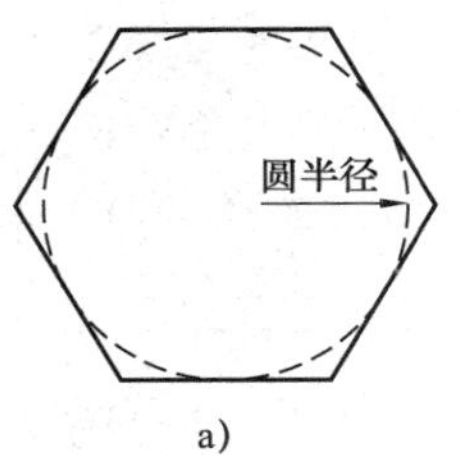

a)

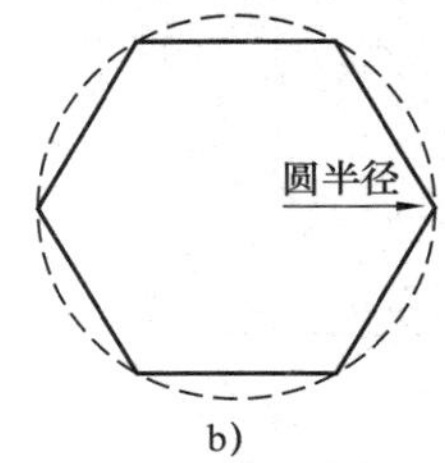

b)

图 2-56

a）外切于圆的正六边形 b）内接于圆的正六边形

1）选择【指定正多边形的中心点】子命令。AutoCAD 将会提供【内接于圆 (I)】和【外切于圆 (C)】两种绘制方法，具体含义如图 2-56 所示（虚线为辅助线，实际不存在）。

2）选择【边（E)】子命令。通过指定任意一条边的第一个端点及第二个端点来确定正多边形的边长，如输入相对极坐标，还可以确定正多边形的旋转角度。

实战练习

实战 1 请利用【正多边形】和【圆弧】命令绘制图 2-57。

项目二任务十一
实战 1 视频

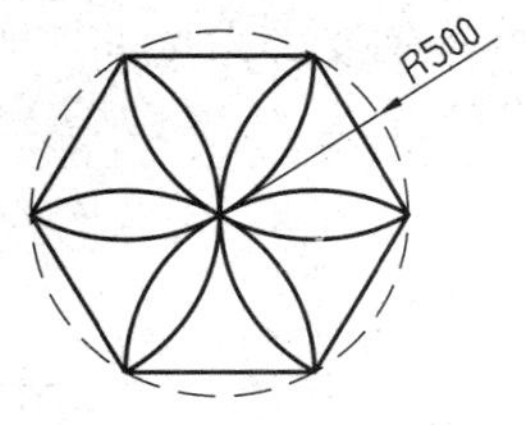

图 2-57

实战 1 参考

命令 : POL	激活【正多边形】命令
POLYGON 输入侧面数 <4>: 6	输入正多边形的边数
指定正多边形的中心点或 [边 (E)]:	任意单击一点，作为正多边形的中心位置
输入选项 [内接于圆 (I)/ 外切于圆 (C)] <I>: i	从图中知正六边形内接于虚线圆
指定圆的半径 : 500	正六边形内接的虚线圆半径为 500

然后利用三点画圆弧，绘制出图中 6 个圆弧。注意在捕捉正六边形的中心点位置时，有时需将鼠标在正六边形的边上停留片刻，才能显出圆心标记。

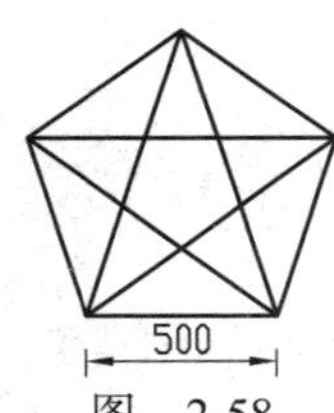

图 2-58

实战 2 利用【正多边形】和【直线】命令绘制图 2-58。

实战 2 参考

命令 : POL	激活【正多边形】命令
POLYGON 输入侧面数 <6>: 5	输入正多边形的边数
指定正多边形的中心点或 [边 (E)]: e	选择指定边长绘制正五边形
指定边的第一个端点 :	任意单击一点作为正多边形的边端点
指定边的第二个端点 : 500	光标右移，显出想要的多边形方位后，输入边长
用【直线】命令连接相应的点，得到上图。	

考考你吧！

绘制右边图形（无须标注）。

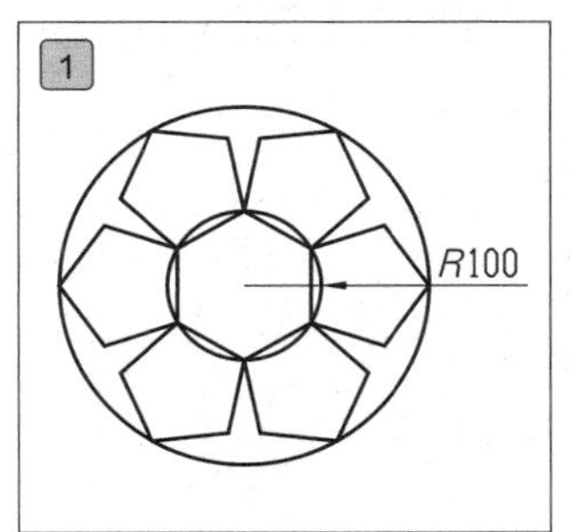

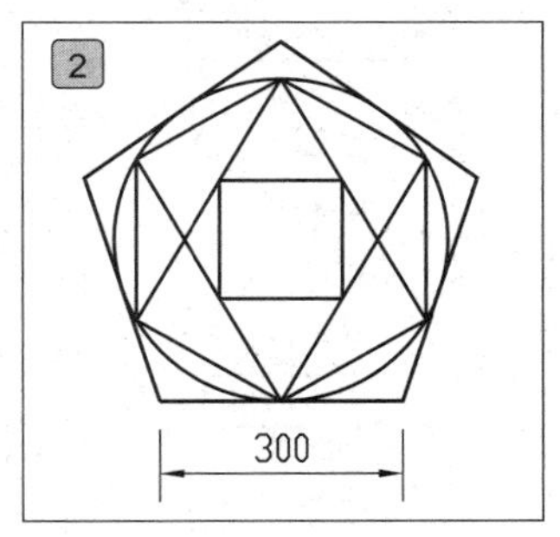

任务十二 填充图形

在建筑图纸中，经常可以看到被材料图例填充的区域，这些图例都是由简单的图形重复形成的，这类图形是否要通过绘图命令自己动手绘制呢？答案是否定的。AutoCAD 中提供了填充命令，既可实现封闭区域内图案的填充，又可实现渐变色的填充。

一、【图案填充】

【图案填充】用于将图案或颜色填充进一个封闭区域内，以标识某个区域或建筑部件的意义、结构及用途。

1. 激活方式

【图案填充】命令可通过以下 3 种方式激活：

- 命令提示区：【HATCH】【BHATCH】或快捷键 <H>
- 功能区：【默认】➡ 绘图 ➡ ➡ 图案填充 / 渐变色 / 边界
- 【绘图】工具栏：

2. 命令解析

激活【图案填充】命令后，在命令提示区中将出现以下提示：

```
选择对象或 [ 拾取内部点 (K)/ 放弃 (U)/ 设置 (T)]:
```

其中，【选择对象】和【拾取内部点（K)】是用来指定填充图案的边界线的。从这里可以看出，运用此命令之前一定要先建立封闭的边界。如想对填充的图案进行设置，可在命令提示区输入【T】或【t】，调出【图案填充和渐变色】对话框，如图 2-59 所示。该对话框中一些重要的选项如下：

(1)【类型和图案】

1)【类型】(Y)：AutoCAD 提供了 3 种图案填充的类型，即预定义、用户定义、自定义，单击 预定义 可进行选择。AutoCAD 默认选择预定义方式。

2)【图案】(P)：显示填充图案文件的名称。单击 ANGLE 可选择需填的图案名称。也可以单击后面的 ... 开启【填充图案选项板】对话框，通过预览图像，选择需要的图案来进行填充，如图 2-60 所示。

3)【颜色】(C)：单击 ByLayer 或 ，在展开的下拉菜单中可选择填充图案的颜色。

4)【样例】：用于显示当前选中的图案样式。单击此图案样式，也可打开【填充图案选项板】对话框。

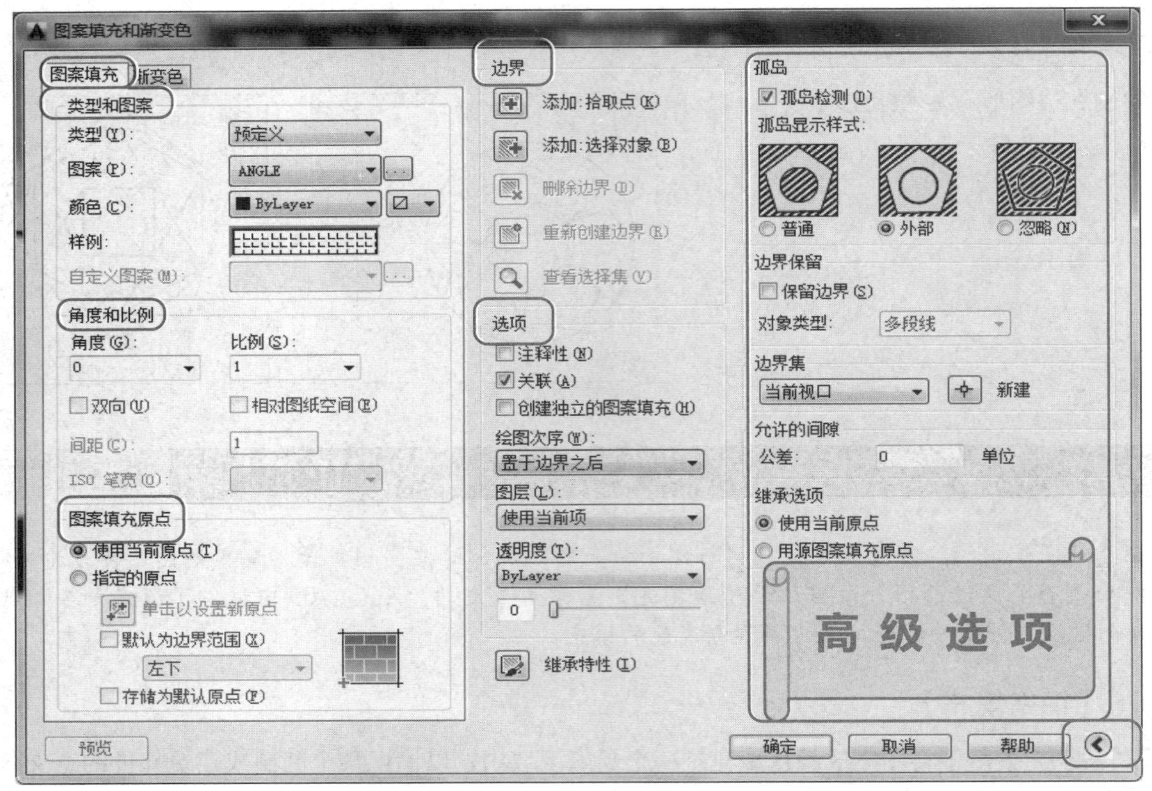

图 2-59

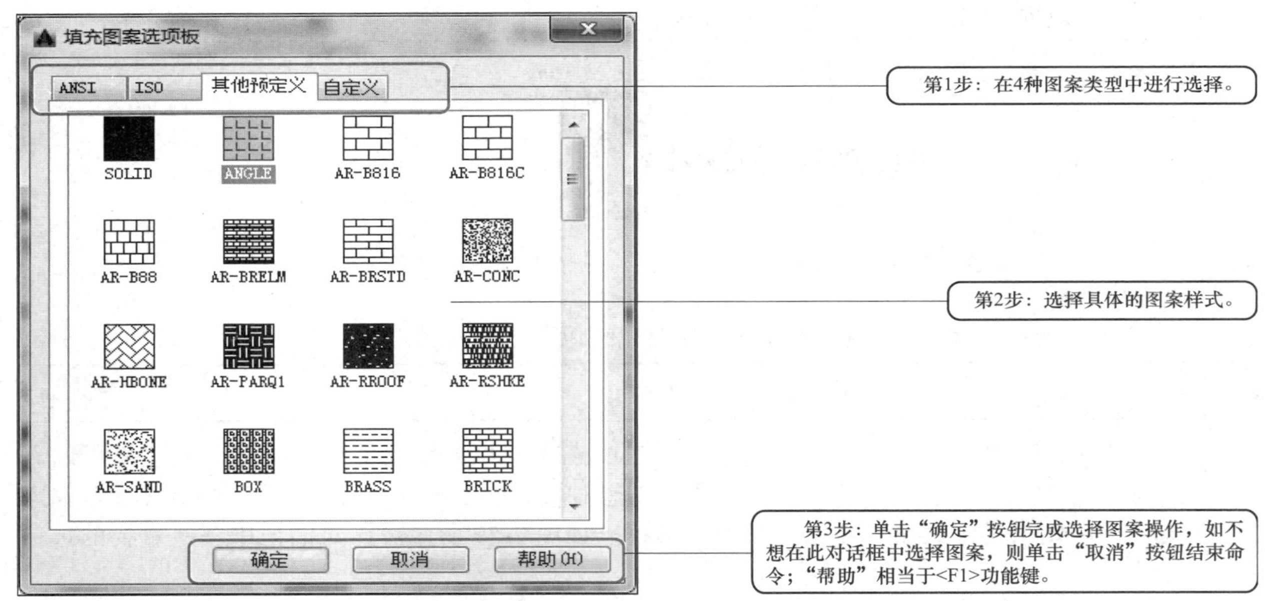

图 2-60

（2）【角度和比例】

1）【角度】(G)：图样中剖面线的倾斜角度。默认值是 0，可以根据所绘图形与图案样例中图线的角度差值进行输入。

2）【比例】(S)：图样填充时的比例因子。AutoCAD 提供的各种图案都有默认比例，如果该比例不合适（填充出来的图案太密或太稀），可以输入比例值来改变填充效果。

（3）**【图案填充原点】** 图案填充原点用于控制图案填充生成的起点位置。

1)【使用当前原点】(I)：以当前原点（0,0）为图案填充的起点。

2)【指定的原点】：通过单击图标，在绘图区指定一点，使其成为新的图案填充原点。

①【默认为边界范围】(X)：如勾选此选项，则可通过下拉菜单选择 5 种边界范围：左下、右下、右上、左上、中间。具体含义如图 2-61 所示。

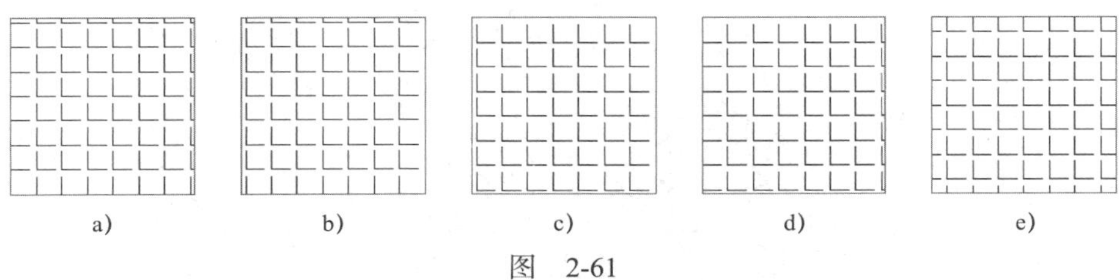

图 2-61

a) 左下 b) 右下 c) 右上 d) 左上 e) 中间

②【存储为默认原点】(F)：把当前设置保存成默认的原点。

（4）**【边界】** AutoCAD 中提供了两种指定图案边界的方法：［添加:拾取点］和［添加:选择对象］。

1)【拾取点】(K)：在待填充区域内点取一点，系统将对包含该点的封闭区域进行填充。

2)【选择对象】(B)：选择要填充的图形对象，常用在多个或多重嵌套的图形。

3)【删除边界】(D)：将多余的对象排除在边界集外，使其不参与边界计算。

4)【重新创建边界】(R)：以填充图案自身补全其边界，此方法用于不小心将图形边界删除后的边界恢复。

5)【查看选择集】(V)：单击此按钮后，可在绘图区域以蓝色亮显显示当前定义的边界集合。

温馨提示：

无论采用拾取点还是选择对象方式进行图案边界的确定，所指定的边界都会变成蓝色亮显来框定图案边界的范围，并同时以设定好的图案样式进行填充预览。

（5）**【选项】**

1)【注释性】：专门为简化文字、标注、符号块、填充（填充的密度应有一定间距）等与出图比例相关对象的处理而设置的功能。这是因为当以不同的比例输出图形时，整个图形按比例缩小或放大，当然也包括文字、标注、符号块、填充等，但是它们经过缩小或放大后，就不能满足绘图标准的要求。此时可以先根据绘图标准进行设置，然后把注释比例设置成绘图比例，在经过出图缩放之后就可以得到需要的效果了。

注释性比例设置：先勾选【注释性】，然后单击［1:1▾］中的向下三角形，选择需要的注释比例。

2)【关联】：即边界和填充图案的关联性。如勾选【关联】，则有边界的图案填充是关联的，即对边界对象的更改将自动应用于图案填充；如取消勾选，则取消了边界和填充的关联性。

3)【创建独立的图案填充】：用来控制同时对多个对象进行填充后，填充出来的图案是否为一个整体。如勾选，则都是独立的（图 2-62）；如未勾选，则填充出来的图案为一个整体（图 2-63）。

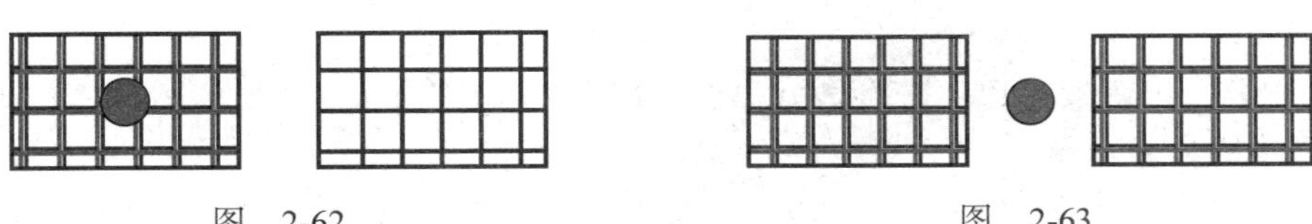

图 2-62　　图 2-63

（6）**【其他高级选项】** 在默认情况下，【其他高级选项】是被隐藏起来的，需单击⊙进行显示。本选项卡包括：【孤岛】【边界保留】【边界集】【继承选项】等内容。其中【孤岛】的含义如下：

在图案填充时，有时会遇到封闭区域内还存在着封闭区域，这种内部的封闭区域称为孤岛。在存在孤岛的情况下填充图案，有普通、外部和忽略 3 种显示样式，如图 2-64 所示。

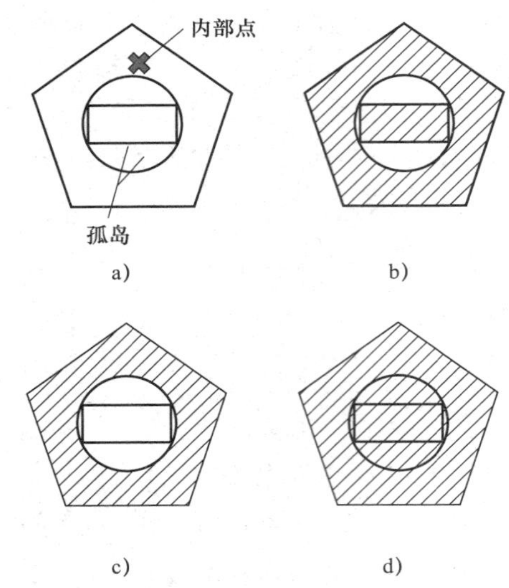

图 2-64

a）孤岛 b）普通填充：从外向内隔层填充 c）外部填充：只填充最外层 d）忽略填充：忽略孤岛，全部填充

温馨提示：

上述 3 种填充类型仅限于采用拾取点的方式选择边界线，并且拾取点的位置在孤岛外侧；如果采用选择对象的方式选取边界线，则无论选择哪种孤岛形式，填充的结果都是整个边界内部布满，有兴趣的同学快来试试吧！

激活【图案填充】命令后，除在命令提示区有相应的提示之外，还会在功能区自动添加一个名为【图案填充创建】的面板，如图 2-65 所示。

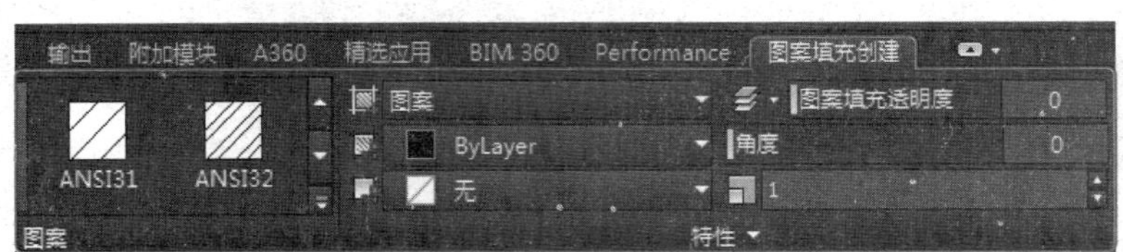

图 2-65

此面板的功能按钮和【图案填充和渐变色】选项卡类似，也可用于已填充图案的修改，不赘述。除了可以利用上述面板进行修改之外，还可以利用【HATCHEDIT】命令调出【图案填充编辑】选项卡进行操作，此命令按钮为，位于【修改】功能面板。

二、【渐变色填充】

【渐变色填充】以色彩作为填充对象，丰富了图形的表现力。AutoCAD 2016 同时支持单色渐变填充和双色渐变填充，渐变图案包括直线形渐变、圆柱形渐变、曲线渐变、球形渐变、半球形渐变及对应的反转形态渐变。

【渐变色填充】命令可通过以下 3 种方式激活。【渐变色填充】命令（图 2-66）和【图案填充】命令在操作上大同小异，不再赘述。

- 命令提示区：【GRADIENT】
- 功能区：【默认】→ 绘图 → → 图案填充 / 渐变色 / 边界
- 【绘图】工具栏：

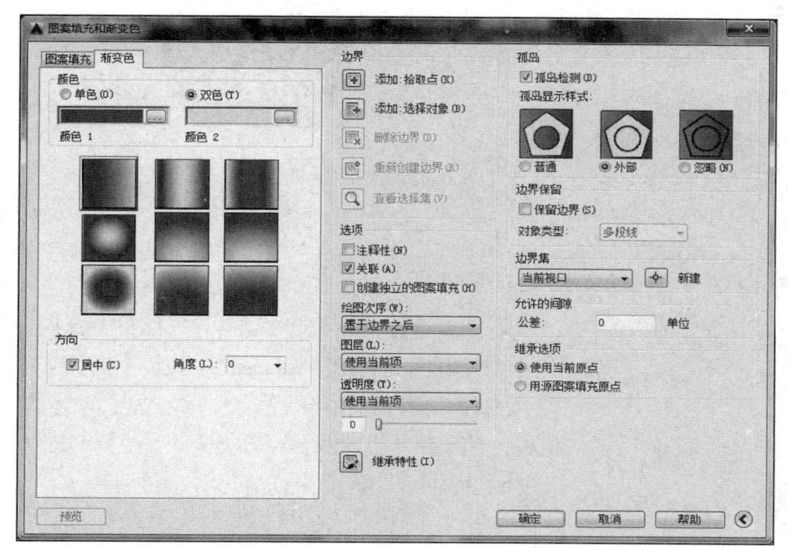

图 2-66

温馨提示：

无论是【图案填充】命令还是【渐变色填充】命令，最基本的操作步骤为：创建图形边界并激活命令→选择图案样例或需填充的颜色→选择边界→按空格键确认执行。其他选项为非必要选项，可根据具体情况进行设置。

三、【区域填充】/【SOILD】/快捷键 <SO>

【区域填充】可以用来绘制矩形、三角形或四边形的有色填充区域。操作方式非常简单，激活命令后，只要按照提示指定点位即可。但需说明的是，绘制出的图形和指定点位的顺序有关，图 2-67 是按照 1—2—3—4 的顺序指定点位所形成的效果。仔细观察后可以发现：【区域填充】命令是按“奇数点连接奇数点，偶数点连接偶数点”的规则来绘制的。

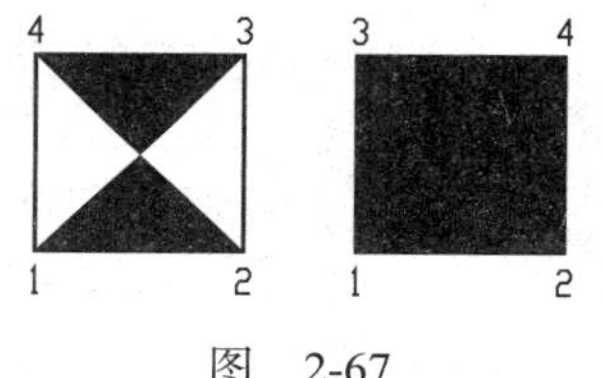

图 2-67

温馨提示：

当系统变量【Fillmode】值设置为【0】时，则不填充区域，如果值设置为【1】时，则填充区域；当系统变量【Fill】设置为【OFF】时，则不填充区域，如果设置为【ON】时，则填充区域。

实战练习

实战 1 绘制半径为 400 的圆，然后利用【图案填充】中的图案样例【CROSS】进行填充，效果见图 2-68。

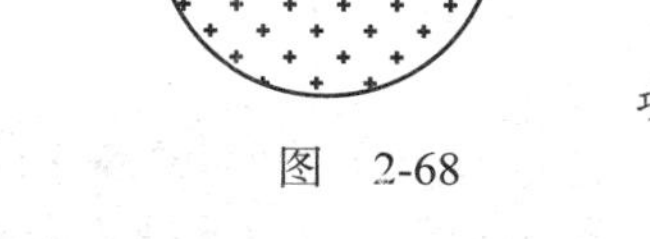

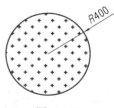

图 2-68

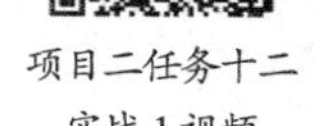

项目二任务十二实战 1 视频

实战 1 参考

圆的绘制部分不再赘述。下面重点说明填充部分。

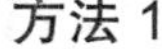

方法 1

步骤 1：激活命令。按快捷键 <H> 激活【图案填充】命令，输入【T】调出【图案填充和渐变色】对话框。

步骤 2：选择图案样例。选择图案样例【CROSS】(图 2-69)。可通过名称查询，也可打开【填充图案】选项板进行选择，实际运用中多采用后者。

步骤 3：选择边界（两种方法如图 2-70 所示）。

步骤 4：调整比例。鼠标移到边界内部或边界上，片刻后会出现填充出来的预览效果（图 2-71）。观察后会发现，图线过于密集。要使图线变得稀疏，需要放大图案的比例。

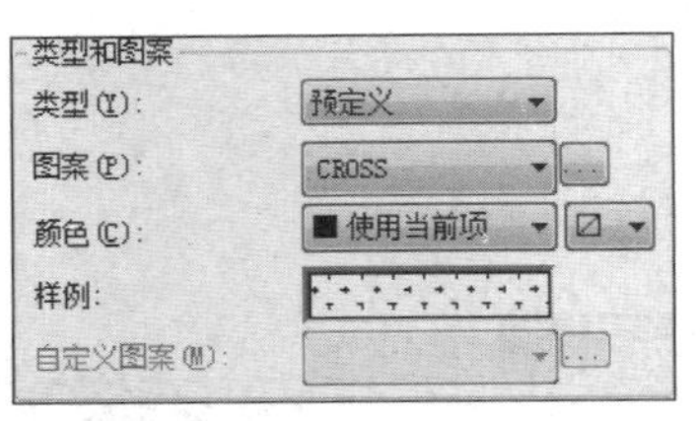

图 2-69

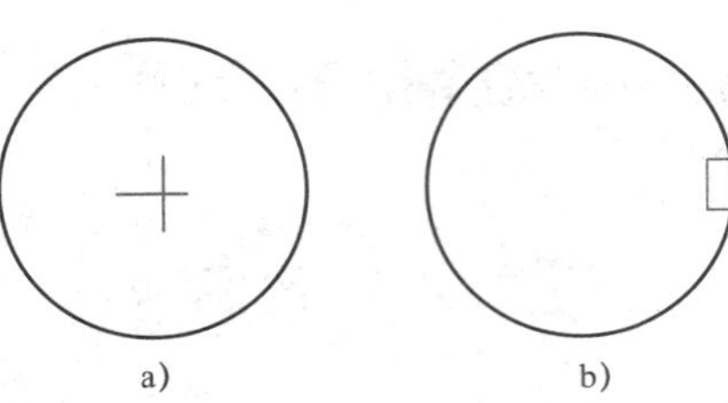

a)　　b)

图 2-70

a)【拾取点】选择边界　b)【选择对象】选择边界

图 2-71

图 2-72

解决方法：确定边界后，在功能区自动弹出【图案填充创建】对话框。找到如图 2-72 所示的位置进行比例的修改。经过反复尝试发现，将比例调整为 10 较合适。最后单击空格键确认执行图案填充操作。

如果在调整比例之前就确认了填充操作，可通过以下两种方式修改：

1）单击功能面板 修改 上的白色倒三角形，在展开的面板上单击，命令提示行提示如下：

命令：_hatchedit　选择图案填充对象：

单击刚刚填充的图案，打开【图案填充编辑】对话框（图 2-73）进行比例的修改。经过反复尝试发现，将比例调整为 10 较合适。

图 2-73

2）单击已填充好的图案，在功能区自动弹出的【图案填充编辑器】上进行修改。经过反复尝试发现，将比例调整为 10 较合适，如图 2-74 所示。

温馨提示：

1. 图案填充之后，如果比例、角度、图案等不合适，不需将填充的图案删除再重新填充，只需在图案上单击左键，在功能区自动弹出的面板【图案填充编辑器】上进行修改。涉及注释性的地方建议勾选（后同）。

2. 在命令提示区输入【-HATCH】，可以在没有边界的情况下进行图案填充，并且填充后也不会留下边界线。

图 2-74

方法 2

步骤 1：激活命令。按快捷键 <H> 激活【图案填充】命令。

步骤 2：选择图案样例。在功能区自动弹出的【图案填充创建】面板上的【图案】分区中单击展开面板进行选择，如图 2-75 所示。

图 2-75

步骤 3：调整比例。调整绘图比例为 10（图 2-74）。

步骤 4：选择图案填充的边界。可直接在边界内部单击一点，也可在命令提示区输入【S】进行边界的选择。最后按空格键确认执行图案填充操作。

实战 2 绘制半径为 400 的圆，然后利用【图案填充】中的图案样例 AR-B816 进行填充，效果见图 2-76。

实战 2 参考

圆的绘制部分和一般填充步骤不再赘述。下面重点说明填充调整部分。

按照实战 1 的步骤和方法进行填充，得到预览效果，如图 2-77 所示。

对比此效果图与所要求的图形，图形比例适当，只是图案相差了一定的角度，可将角度修改为 45°，如图 2-78 所示。

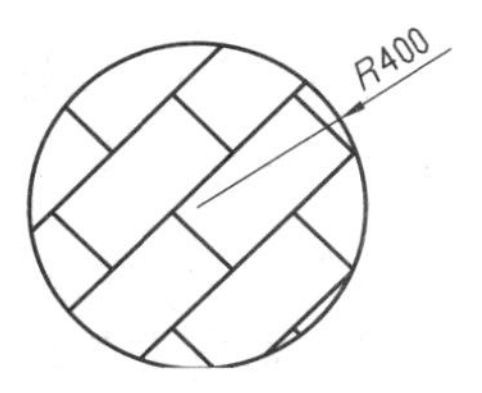

图 2-76

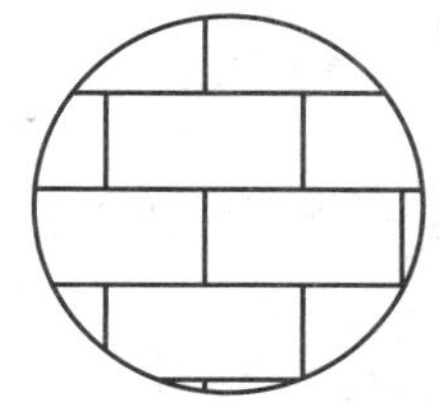

图 2-77

图 2-78

实战 3 绘制边长为 500 的正方形，然后利用【图案填充】中的图案样例 JIS_LC_20 和 AR-CONC 进行填充，效果见图 2-79。

实战 3 参考

按照一般的填充步骤，无论是采用 JIS_LC_20 还是 AR-CONC 进行填充，都只能得到单一的填充效果，实践证明可以在同一填充区域多次覆盖填充，效果为几种图案重叠在一起。

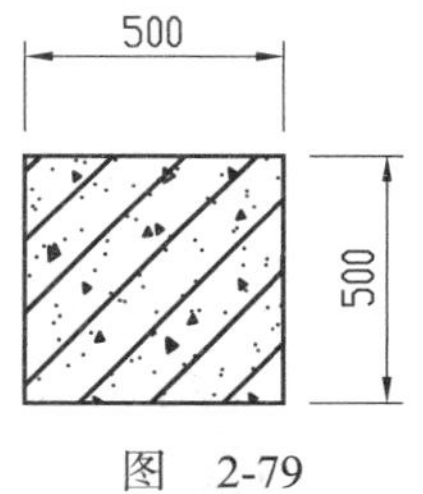

图 2-79

实战 4 绘制边长为 500 的正方形，然后进行渐变色的填充，效果见图 2-80。

实战 4 参考

正方形的绘制部分不再赘述。下面重点说明渐变色填充。

步骤 1：激活命令

输入【GRADIENT】激活渐变色填充，输入【T】或【t】调出【图案填充和渐变色】对话框，如图 2-66 所示。

步骤 2：选择颜色

选择【双色（T)】，然后在【颜色 1】和【颜色 2】处选择相应的颜色，如图 2-81 所示。

步骤 3：选择颜色排列方向（图 2-82）

步骤 4：选择边界

方法同图案填充，最后按空格键确认执行渐变色填充操作。

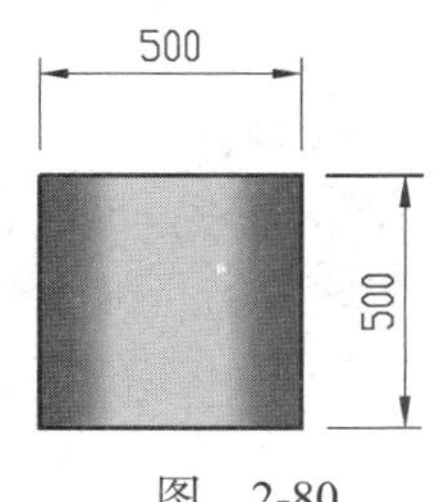

图 2-80

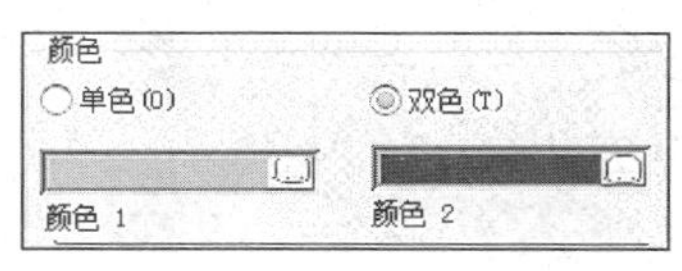

图 2-81

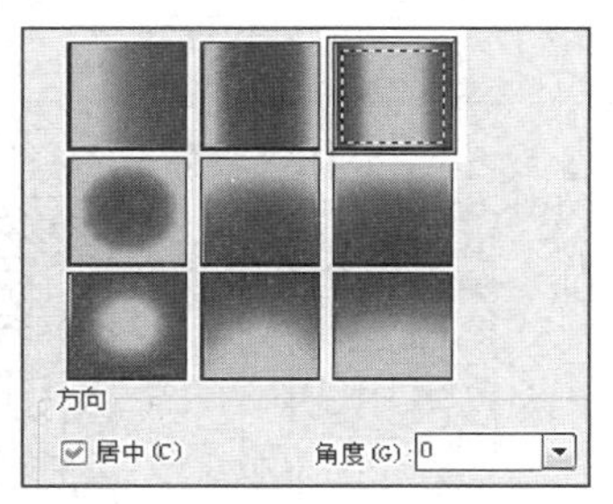

图 2-82

温馨提示：

渐变色的填充也可以采用本任务实战 1 中方法 2 的步骤来实现，使用中应灵活处理。

项目二任务十二实战 5 视频

实战 5 利用【矩形】和【区域填充】命令绘制图 2-83。

实战 5 参考

输入快捷键 <SO> 激活【区域填充】命令后，按图 2-84 的顺序依次拾取 4 个点，即可完成绘制。

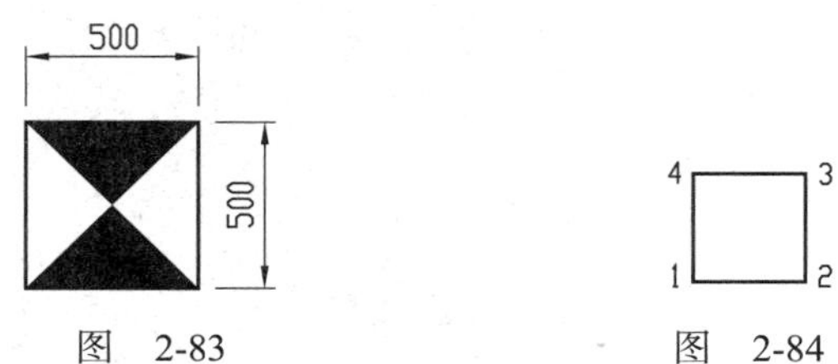

图 2-83　　图 2-84

实战 6 利用【矩形】和【区域填充】命令绘制图 2-85。

实战 6 参考

输入快捷键 <SO> 激活【区域填充】命令后，按图 2-86 的顺序依次拾取 4 个点，即可完成绘制。

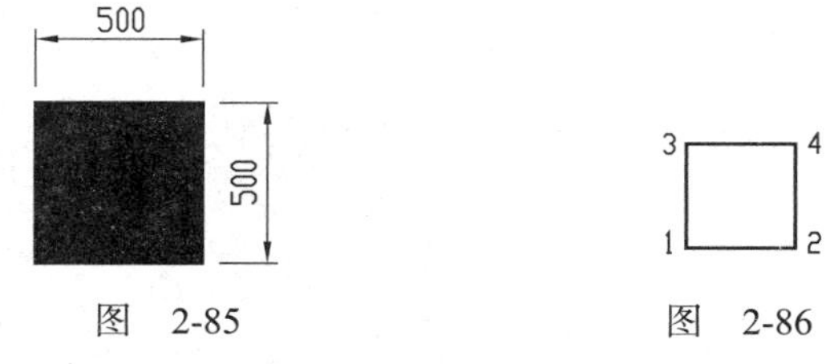

图 2-85　　图 2-86

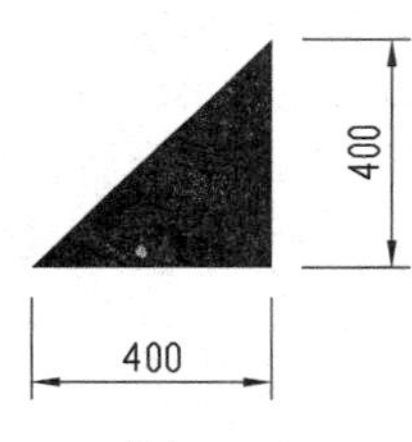

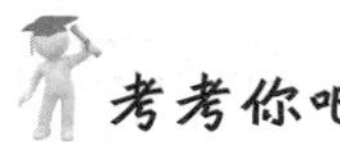

图 2-87

实战 7 利用【区域填充】命令绘制图 2-87。

实战 7 参考

先绘制出此等腰直角三角形，然后输入快捷键 <SO> 激活【区域填充】命令后，依次连接 3 个角点，即可完成绘制。

考考你吧！

绘制以下图案（无须标注）。

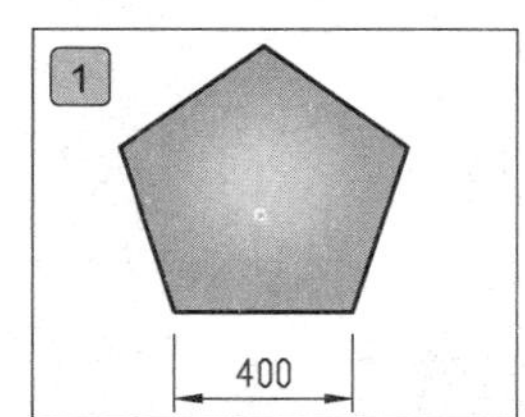

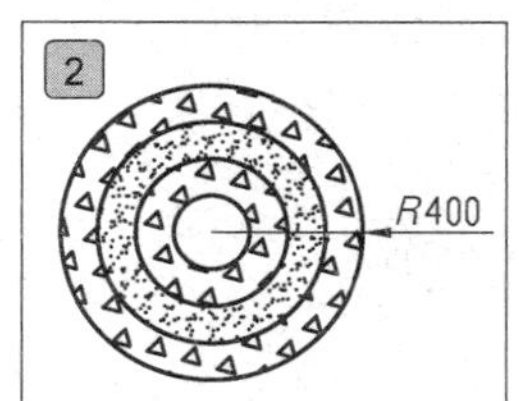

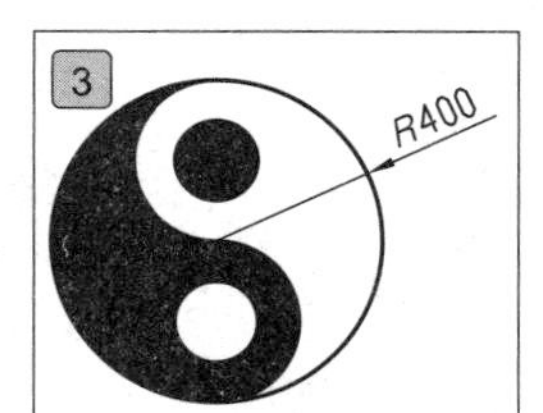

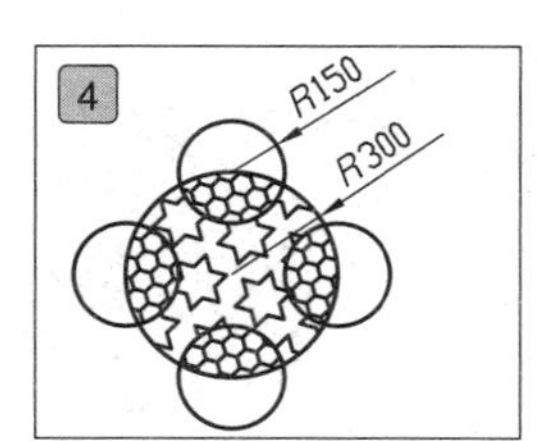

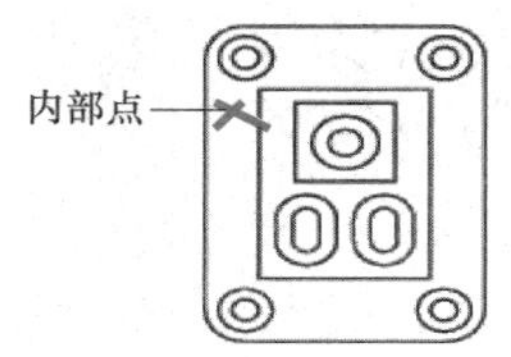

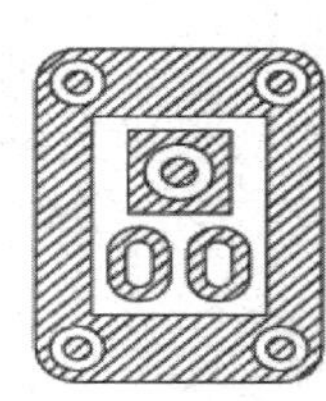

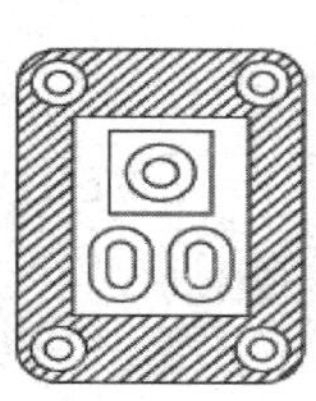

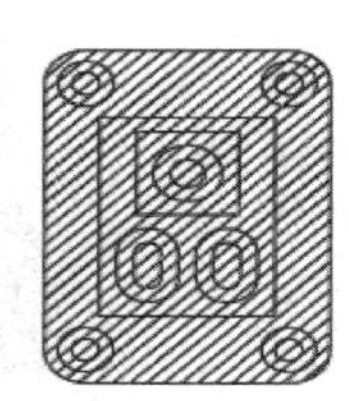

试根据左一图判断其余 3 张图分别属于哪种孤岛形式。

任务十三 绘制与编辑多线

在绘图中，经常会遇到多条平行线的情况，虽然这可以通过【直线】命令和编辑命令来实现，但如果平行线量较大，就会大大降低绘图的效率。AutoCAD 中提供的【多线】命令可轻松实现绘制多条平行线的操作，常被用来绘制墙体、门窗、阳台线、道路和管道等。

一、命令初探

【多线】命令与【点】命令相似，在激活使用此命令之前，需要先对多线的样式进行设置。【多线样式】选项卡的调出方式如下：

- 命令提示区：【MLSTYLE】
- 工具栏：【格式】➡ 多线样式(M)...

打开【多线样式】对话框（图 2-88）后，可新建多线样式，或对原有的多线样式进行修改。新建多线样式的对话框如图 2-89 所示。

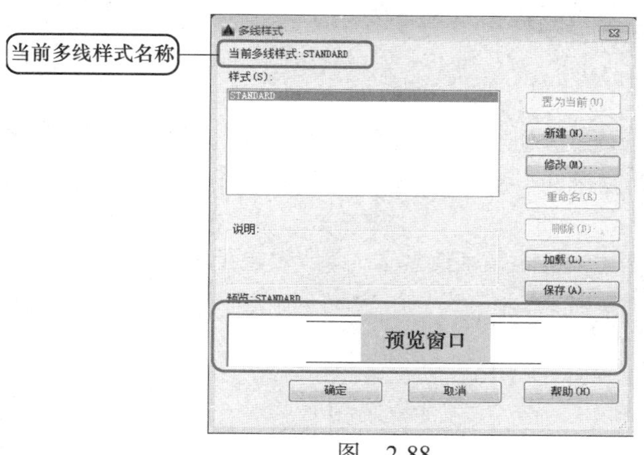

图 2-88

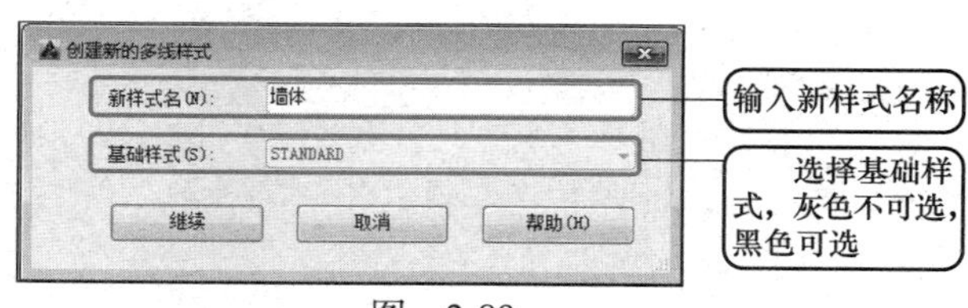

图 2-89

温馨提示：

如选择对原有样式进行修改，则会直接弹出【修改多线样式】对话框，选项卡所含内容完全同【新建多线样式】对话框。

单击 继续 按钮，将弹出【新建多线样式】对话框（图 2-90）。多线对象最多包含 16 个元素，即最多可绘制 16 条平行线。

【新建多线样式】对话框中可进行多线的平行线设置。平行线的两端可设置封口（单击勾选封口样式），也可不设，视具体情况而定。以 4 条平行线为例，效果如图 2-91 所示。

默认情况下，多线为两条平行线，并且距离基准线（不可见）向上 0.5，向下 0.5，即两条平行线之间的距离为 1，我们可根据具体情况在【图元】板块中调整，方法如图 2-92 所示。

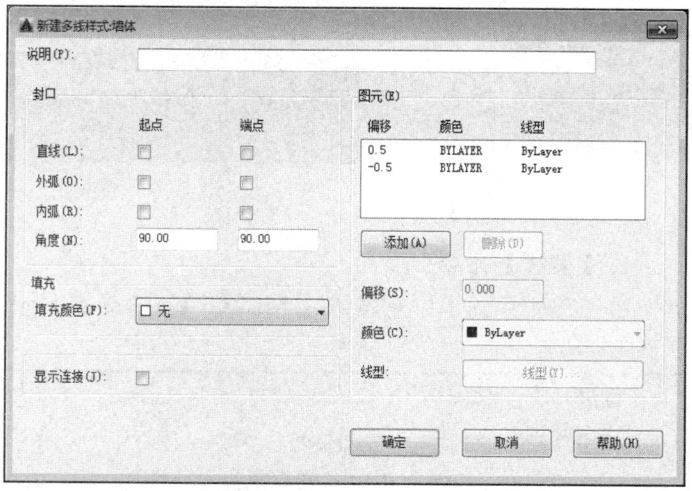

图 2-90

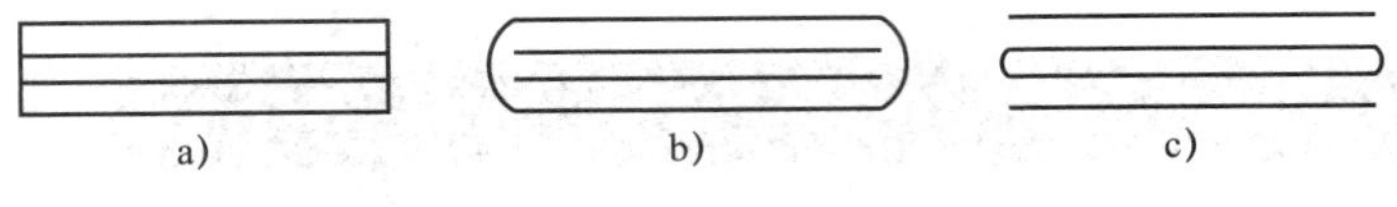

图 2-91

a）两端直线封口 b）两端外弧封口 c）两端内弧封口

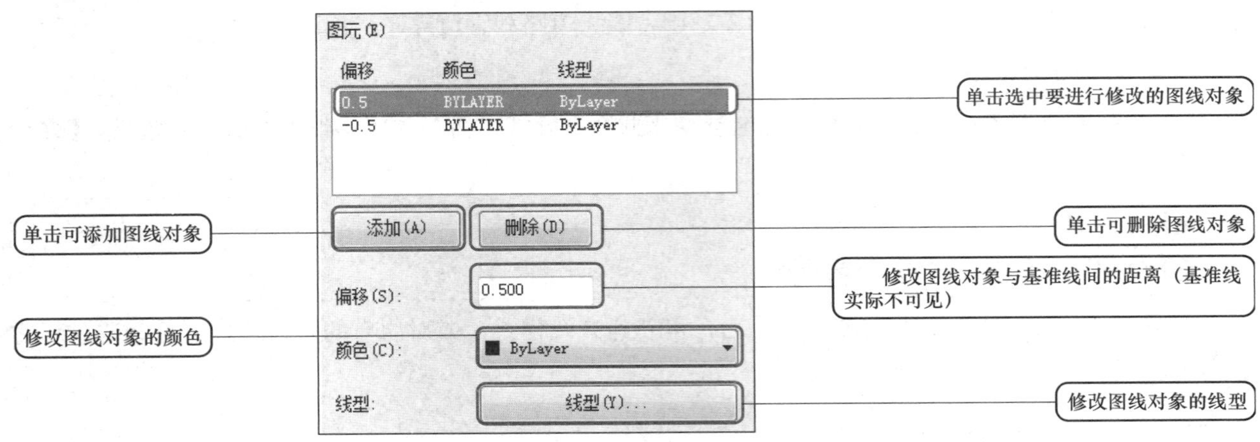

图 2-92

如果要修改图形对象的线型，单击 线型(Y)... 按钮会弹出如图 2-93 所示的【选择线型】对话框。如果已存在需要的线型，选择并单击 确定 按钮即可；如果没有需要的线型，则需要单击 加载(L)... 按钮，在弹出的对话框中加载线型。

【多线样式】对话框中，除了上述设置之外，还有一项【显示连接】，具体效果见图 2-94。

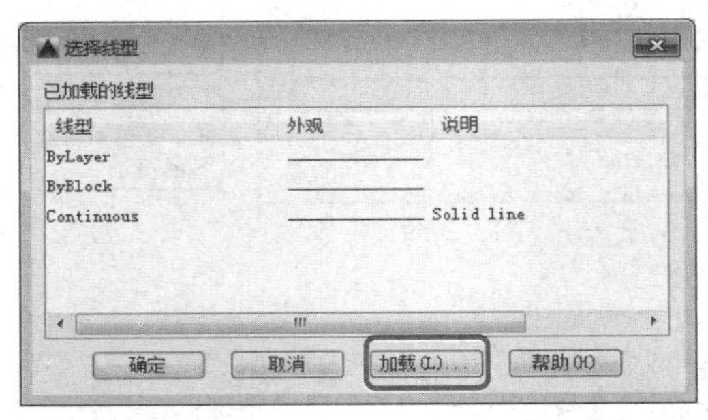

图 2-93

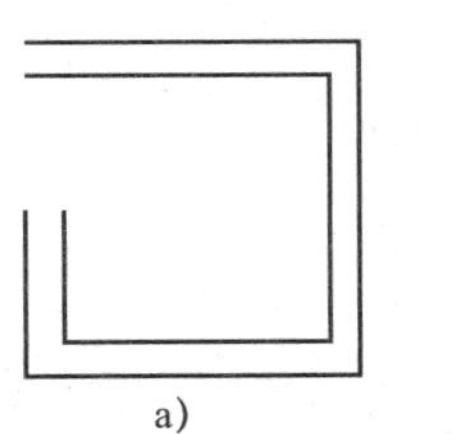
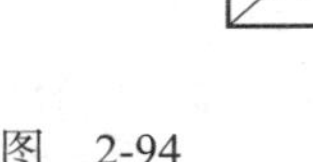

图 2-94

a）未勾选【显示连接】 b）勾选【显示连接】

温馨提示：

【多线样式】选项卡中设置的填充色和线型参数在预览窗口中是看不到的，只有在绘出多线时才会显现。

二、命令解析

1.【多线】命令

通过在命令提示区中输入【MLINE】（快捷键 <ML>）激活【多线】命令，命令提示区将出现以下提示：

```
命令 : MLINE
当前设置 : 对正 = 上，比例 = 20.00，样式 = STANDARD
指定起点或 [ 对正 (J)/ 比例 (S)/ 样式 (ST)]:
```

在指定起点之前，需先观察当前设置：对正 = 上，比例 = 20.00，样式 = STANDARD。各项含义如下：

（1）对正 AutoCAD 提供 3 种对正方式：上、无、下，具体含义及效果见图 2-95 和图 2-96。多线的起点和终点从左到右都在蓝色点画线上。点画线为辅助线，也是基准线的位置。注意：绘制方向不同，对正效果也不同。

图元(E)

偏移	颜色	线型
0.5	BYLAYER	ByLayer
-0.5	BYLAYER	ByLayer

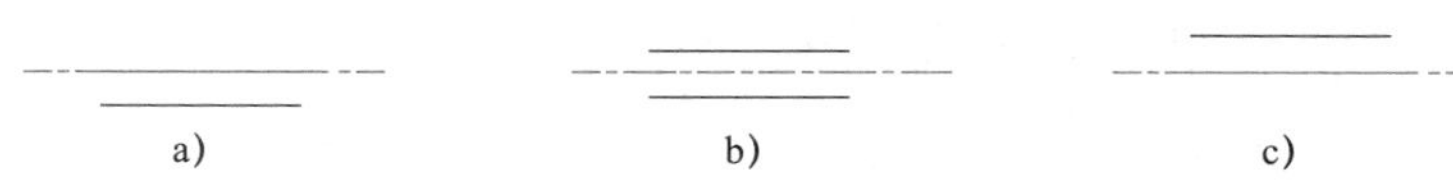

图 2-95

a）对正方式：上 b）对正方式：无 c）对正方式：下

图元(E)

偏移	颜色	线型
-0.5	BYLAYER	ByLayer
-1.5	BYLAYER	ByLayer

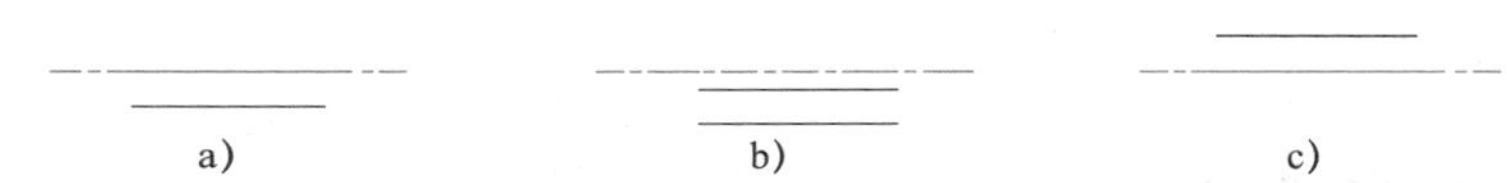

图 2-96

a）对正方式：上 b）对正方式：无 c）对正方式：下

（2）比例 多线的宽度是通过设定比例值来控制的，请记住：多线的宽度 = 多线样式定义的宽度 × 比例。例如，想利用【多线】命令绘制 240 墙体，则可这样设置：

设置 1：多线样式采用默认设置（多线默认设置为两条平行线，其距离为 1，即多线的宽度为 1）。激活【多线】命令后，将比例设置为 240 即可。

设置 2：比例采用默认设置（即 20），则在多线样式设置时，多线宽度 =240/20=12，采用如图 2-97 的设置。

图元(E)

偏移	颜色	线型
6	BYLAYER	ByLayer
-6	BYLAYER	ByLayer

图 2-97

温馨提示：

1. 当设置的比例值为负值时，将翻转偏移线的次序来绘制多线。
2. 当设置的比例值为 0 时，绘制的多线变为单条直线。
3. 线型的比例不受此比例值的影响。

（3）样式 AutoCAD 的默认样式为 STANDARD，如在【多线样式】选项卡中新建了其他的多线样式，则可在此处根据情况进行选择。

将【多线】命令的默认设置调整为理想设置后，则可按照提示进行绘图，详见命令提示区，不再赘述。

2.【多线编辑】命令

由于【多线】命令绘制出的图形是一个整体，所以要对相交的多线进行修改不能使用常规的编辑命令，而是使用【多线编辑】命令。在命令提示区输入【 MLEDIT】或单击【修改】菜单栏→【对象】→ 多线(M)... 激活【多线编辑】命令，将弹出【多线编辑工具】对话框，如图 2-98 所示。

如果想要对相交的多线进行编辑，则必须先选择相应的多线编辑工具，然后再对多线对象进行操作，如图 2-99 所示。操作方式如下：

调用【多线编辑工具】对话框→选中【十字闭合】回到绘图区→选中竖向多线→选中横向多线。

图 2-98

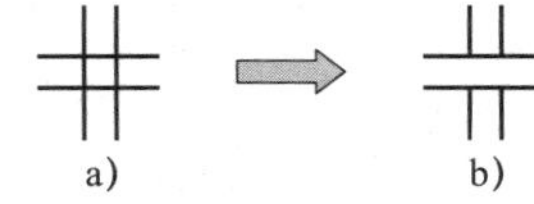

图 2-99

a）相交的多线 b）编辑后的多线

温馨提示：

1. 如果在命令提示区输入【MLEDIT】激活【多线编辑】命令，则不会弹出【多线编辑工具】对话框，而是将其转换成命令提示，在命令提示区中显示，以供选择。

2. 使用【多线编辑】命令时，选择多线的顺序不同，得到的结果也会不同，绘图实践中需注意。

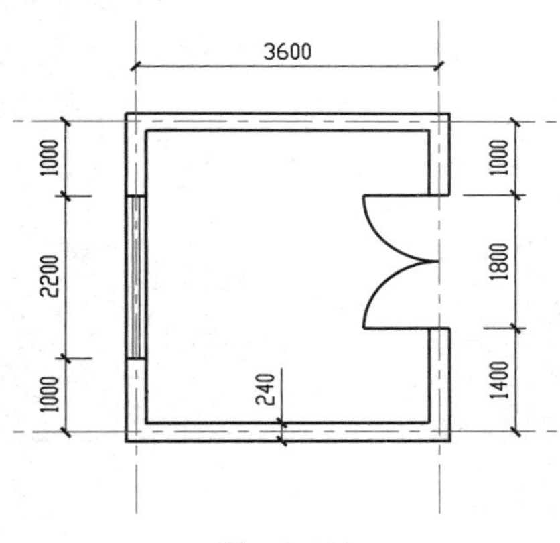

图 2-100

实战练习

实战 利用【多线】命令绘制如图 2-100 所示的墙体和窗户，尺寸详见图上。

实战参考

1. 蓝色点画线为本图中的辅助线，可采用直线或构造线绘制，此处不赘述。绘制效果如图 2-101 所示。

2. 由于墙线为双线，所以可采用多线样式的默认设置，然后修改比例。

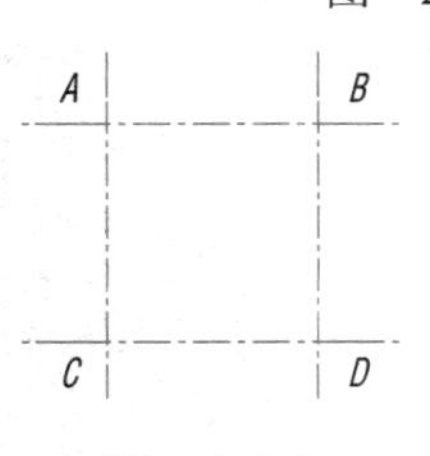

图 2-101

项目二任务十三实战视频

命令 : ML	激活【多线】命令
MLINE 当前设置 : 对正 = 上 , 比例 = 20.00, 样式 = STANDARD	
指定起点或 [对正 (J)/ 比例 (S)/ 样式 (ST)]: j	选择修改对正方式
输入对正类型 [上 (T)/ 无 (Z)/ 下 (B)] < 上 >: z	修改对正方式为无

```
当前设置：对正 = 无，比例 = 20.00，样式 = STANDARD
指定起点或 [ 对正 (J)/ 比例 (S)/ 样式 (ST)]: s                    选择修改比例
输入多线比例 <20.00>: 240                                   修改多线比例为 240
当前设置：对正 = 无，比例 = 240.00，样式 = STANDARD
指定起点或 [ 对正 (J)/ 比例 (S)/ 样式 (ST)]:
```

接下来捕捉相应的点绘制多线，可采用下列顺序进行。

1．先后捕捉到 *A*、*B* 两点，然后光标下移（开启正交），输入长度 1000，退出多线。

2．空格键重复上一次命令，捕捉到 *A* 点，光标下移，输入长度 1000，退出命令。

3．空格键重复上一次命令，先后捕捉到 *D*、*C* 两点，光标上移，输入长度 1000，退出命令。

4．空格键重复上一次命令，捕捉到 *D* 点，光标上移，输入长度 1400，退出命令，效果如图 2-102 所示。

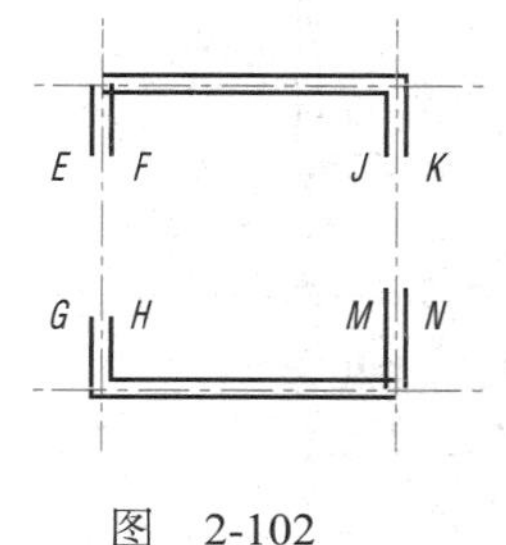

图 2-102

图元(E)

偏移	颜色	线型
120	BYLAYER	ByLayer
40	BYLAYER	ByLayer
-40	BYLAYER	ByLayer
-120	BYLAYER	ByLayer

图 2-103

5．用【直线】命令分别连接 *E*、*F*，*G*、*H*，*J*、*K*，*M*、*N*，进行多线的封口。

6．绘制窗线之前，对多线样式进行修改，如图 2-103 所示。

7．修改多线默认设置并绘制窗线。

```
命令：ML                                                    激活【多线】命令
MLINE 当前设置：对正 = 无，比例 = 240.00，样式 = STANDARD
指定起点或 [ 对正 (J)/ 比例 (S)/ 样式 (ST)]: s                    选择修改比例
输入多线比例 <20.00>: 1                                      修改多线比例为 1
当前设置：对正 = 无，比例 =1.00，样式 = STANDARD
指定起点或 [ 对正 (J)/ 比例 (S)/ 样式 (ST)]:                  捕捉到 E、F 的中点
指定下一点：            捕捉到 G、H 的中点，退出命令，效果如图 2-104 所示。
```

8．编辑多线，输入【MLEDIT】，打开【多线编辑工具】选项卡，单击（角点结合），返回到绘图区，先后依次单击墙线 *AB*、墙线 *AC* 和墙线 *DC*、墙线 *DB* 进行角点结合。

9．绘制双开门。

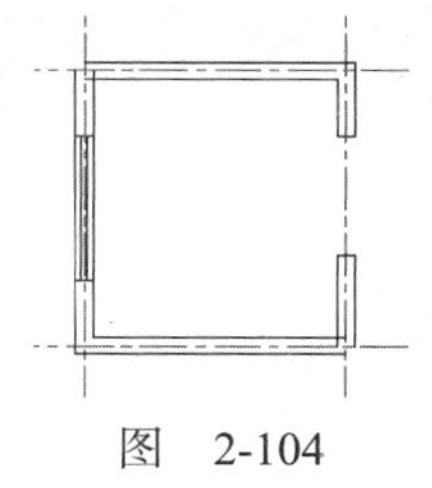

图 2-104

温馨提示：

1．窗线的绘制除可以采用多线之外，还可以用【直线】命令结合【偏移】或【矩形】等命令完成。

2．多线的编辑工具在使用上有时是不方便的，其实编辑墙线最普遍的方法是采用【分解】、【修剪】、【延伸】以及【夹点编辑】等命令完成。

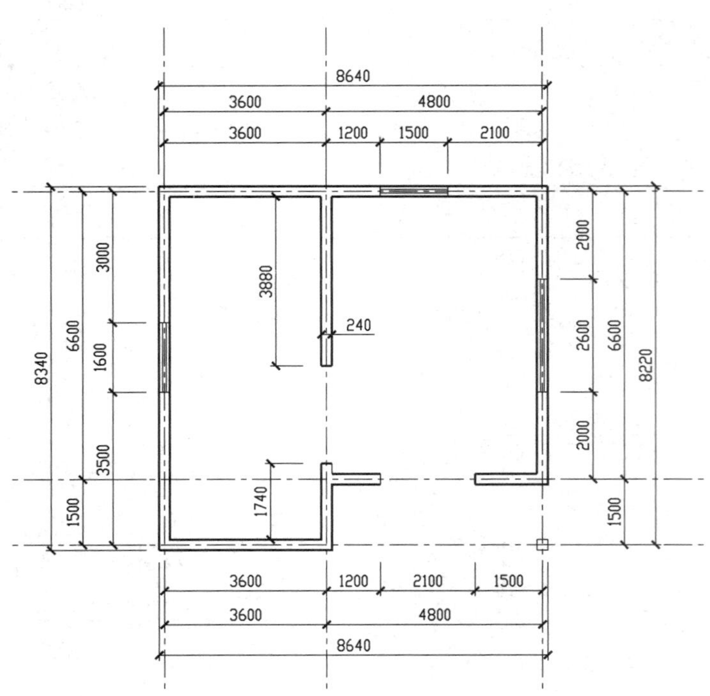

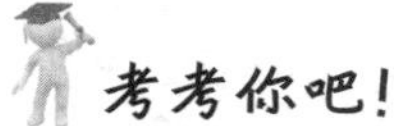

绘制左边图形（无须标注）。

任务十四 绘制不规则图形

除前文介绍的常用绘图命令之外，AutoCAD 中还有一些不常用的命令，这里仅进行简单介绍。

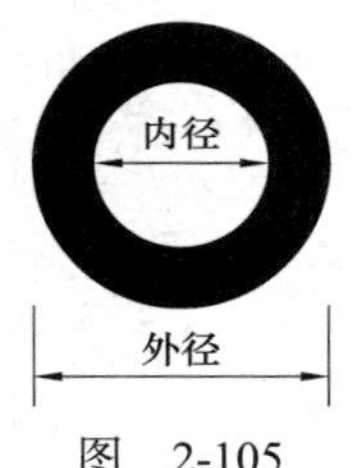

图 2-105

一、【圆环】/【DONUT】/ 快捷键 <DO>/

圆环（图 2-105）是由相同圆心、不相等直径的两个圆组成的。控制圆环的主要参数是内直径、外直径和圆心。如果内直径为 0，则圆环为填充圆；如果内直径与外直径相等，则圆环为普通圆。圆环经常用于电路图中，代表一些元件符号。

温馨提示：

1. 圆环对象可以使用【多段线编辑】命令【PEDIT】编辑。
2. 圆环对象可以使用【分解】命令【EXPLODE】转化为两个半圆对象。

图 2-106

二、【样条曲线】/【SPLINE】/ 快捷键 <SPL>

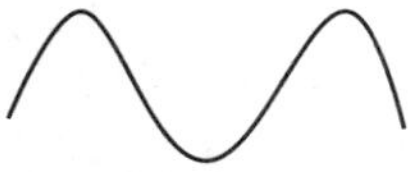

样条曲线（图 2-106）是由一组点定义的一条光滑曲线，可通过【拟合点】或【控制点】来创建。【样条曲线】可以用来生成一些地形图中的地形线、绘制盘形凸轮轮廓曲线，或作为局部剖面的分界线等。如想对样条曲线进行编辑，可单击功能面板 修改 的白色倒三角形展开，然后单击进行修改。

图 2-107 根据圆形生成的云线

三、【云线】/【REVCLOUD】/

云线（图 2-107）是由连续圆弧组成的多段线，可以根据提示进行手绘，也可根据已知对象生成云线路径。【云线】常被用来绘制批注。

例如，在图纸进行变更时，变更范围较小，可将变更部分用云线圈出，然后修改。

温馨提示：

1．绘制云线时，默认的弧长较小，若采用默认值达不到理想效果，则需对弧长进行修改。注意：最大弧长不能超过最小弧长的 3 倍。

2．云线实际上是多段线，可用【多段线编辑】命令进行编辑。

四、【徒手画线】/【SKETCH】

【徒手画线】是指以光标的移动来绘制连续的线段，可用于创建不规则边界，或徒手绘制图形、轮廓线及签名等。在运用【徒手画线】时，可以设置线段的记录增量，光标移动的距离大于记录增量时才能生成线段。因此，采用较小的记录增量可以提高绘图的精度。

五、【面域】/【REGIN】/ 快捷键 <REG>/

面域是指内部可以含孤岛的具有边界的平面，它不但包含了边的信息，还包含边界内的面的信息。面域通常是以线框的形式来显示的。在 AutoCAD 中，可以把由某些对象围成的封闭区域创建成面域。这些封闭区域可以是圆、椭圆、封闭的二维多段线等，自相交或端点不连接的对象不能转换成面域。

六、【螺旋】/【HELIX】

【螺旋】(图 2-108）可用来创建螺旋、弹簧和环形楼梯等，绘制完成的螺旋可通过对象特性或夹点进行修改。

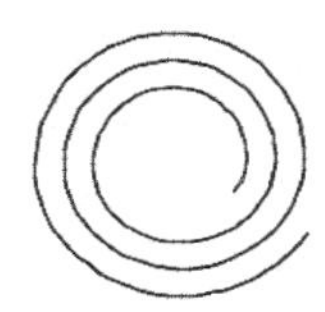

图 2-108　螺旋

任务十五　修改对象属性

对象的属性包含一般属性和几何属性。一般属性包括对象的颜色、线型、线宽、图层等，几何属性包括对象的尺寸和位置。本任务着重讲解对象的一般属性。

一、一般属性初探

在 AutoCAD 中，对每一个对象都会赋予一个初始的属性（既可以是默认的，也可以是事先设定的）。如果想在绘图的过程中快速定位，提高绘图速度，一般都需要给对象赋予特定的属性，如图 2-109 所示。

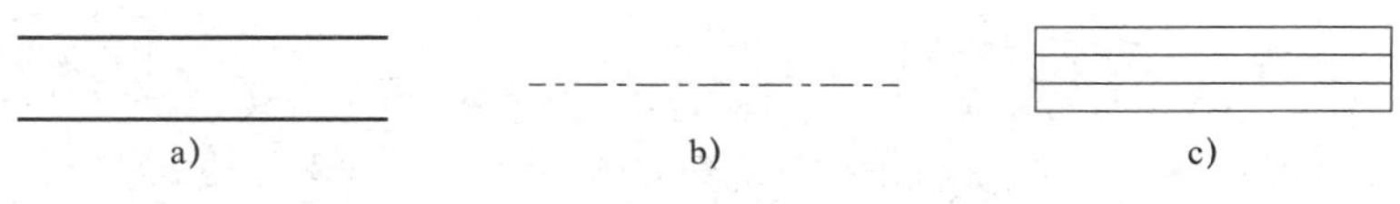

图　2-109

a）墙线　b）轴线　c）窗线

二、一般属性的修改

一般属性的修改有多种方法，本任务讲解其中的 3 种。

方法 1：利用功能区【特性】面板

在【默认】功能面板中，找到【特性】，如图 2-110 所示。其中自上而下依次为颜色、线宽和线型 3 种常用属性。只要选中要修改属性的对象，然后单击▾选择需要的属性即可。

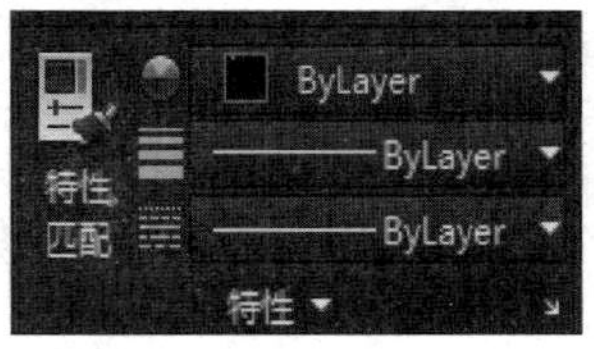

图　2-110

温馨提示：

1．颜色和线型属性在单击▼打开的下拉菜单中只提供了几种选择。如想选用更多的颜色，需单击"更多颜色..."；如想选择更多的线型，则需单击"其他..."打开【线型管理器】进行线型的加载。只有被加载了的线型才能被修改成功。

2．线宽修改后，如想显示线宽，需开启状态栏上的线宽控制按钮。线宽只有在线宽值为 0.3mm 以上时才能被显示。

方法 2：使用【特性】选项卡

通过在命令提示区中输入【MO】或按组合键 <Ctrl+1>，可以调出如图 2-111 所示的【特性】选项卡。此外，也可以在功能区【视图】选项卡中单击"特性"。【特性】选项卡中显示了当前选择集的所有属性和属性值。当选中多个对象时，将显示其共有的属性。通过该选项卡，可以修改单个或多个对象的属性，也可以快速选择具有共同属性的对象类型。

修改方法：选中要进行修改的对象，使要修改属性的具体数值呈可编辑状态，然后手动修改。

方法 3：使用【快捷特性】选项卡

在要修改特性的对象上双击，将弹出一个只针对这个对象的特性选项卡，暂且称为快捷特性。图 2-112 为双击某圆后弹出的快捷特性选项卡，单击需修改的特性即可进行修改。

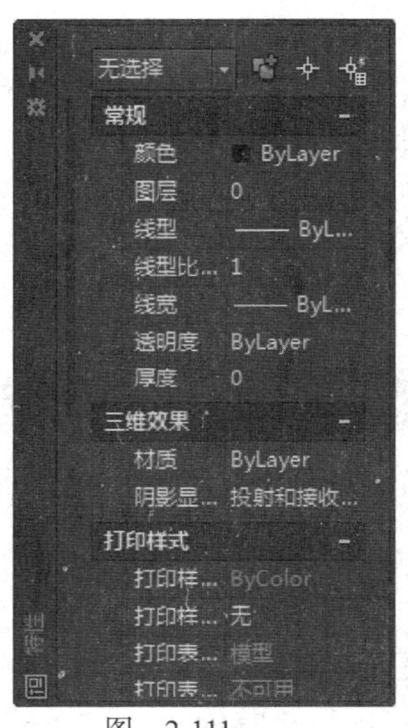

图 2-111

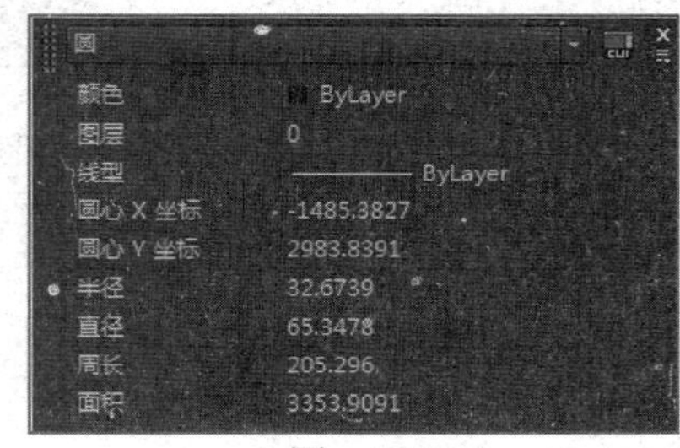

图 2-112

温馨提示：

对于不连续的线型，如点画线、虚线等，有时并不会显现出来，并不是因为没有修改成功，而是比例大小不合适造成的。这时可以通过【特性】对话框中的【线型比例】的修改来实现线型的显示。

项目二任务十五实战视频

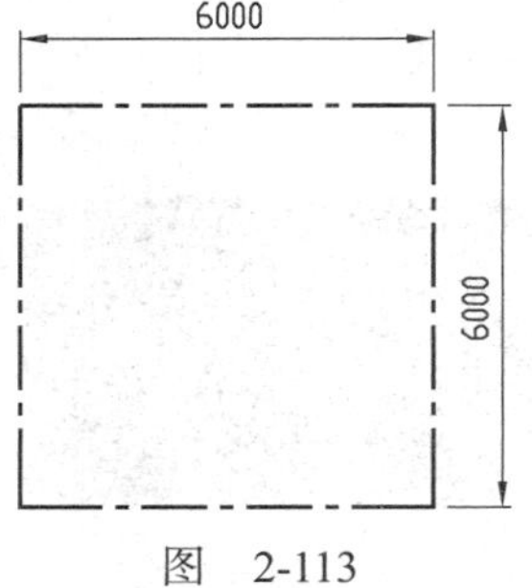

图 2-113

实战练习

实战 绘制边长为 6000 的正方形，并修改线型比例，效果如图 2-113 所示，其中线型采用 CENTER。

实战参考

由于在本题操作中，命令提示区起到的作用并不大，所以仅点播操作要点。

要点 1：利用【直线】、【矩形】、【正多边形】命令（其中一个命令即可）绘制出边长为 6000 的正方形。

要点 2：选中绘制的正方形，然后输入【MO】，打开【特性】选项卡，修改线型比… 1。这里的比例没有固定的值，要经过多次试设定，最后选择最适合的比例值。本图选用比例为 30 较合适。

任何一幅图形都是由一些基本的二维对象或者三维实体组成的。二维对象指的是基本二维绘图对象，如点、直线、圆和正多边形等。不同的人绘制同一幅图时，所用的方法大不相同，区别在于绘图思路的不同。高效绘图不仅需要好的绘图思路，而且需要灵活掌握捕捉方式和坐标输入方式等高效、精确的绘图工具，以配合二维绘图。

综合测评

一、填空

1．绘图之前常见的设置有 ____。

2．我国《房屋建筑制图统一标准》（GB/T 50001—2017）规定的 A4 图幅大小为 _____________，A3 图幅大小为 _____________。

3．在【图形单位】选项卡中，工程上普遍采用的长度类型为 ___________，精度为 ___________；角度类型为 ___________，精度为 ___________；角度默认 ___________ 为正，___________ 为负。

4．【文件安全措施】中默认的自动保存时间间隔为 _______________，保存的文件会存储在 _______________。

5．如想改变绘图屏幕的背景颜色，操作为 _____________。

6．如想设置十字光标和捕捉标记的大小，操作为 _____________。

二、绘图（无须标注）

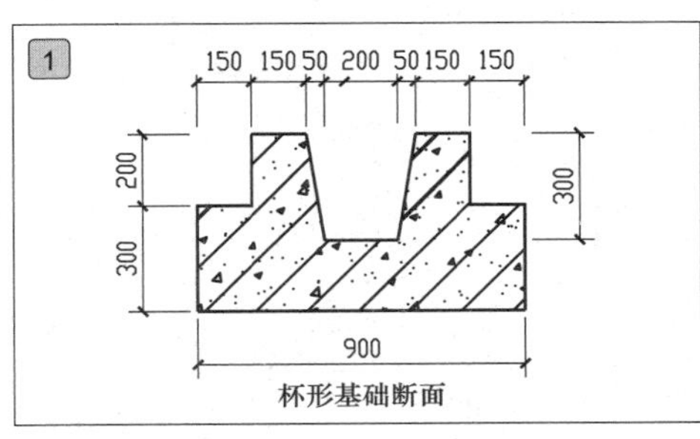

杯形基础断面

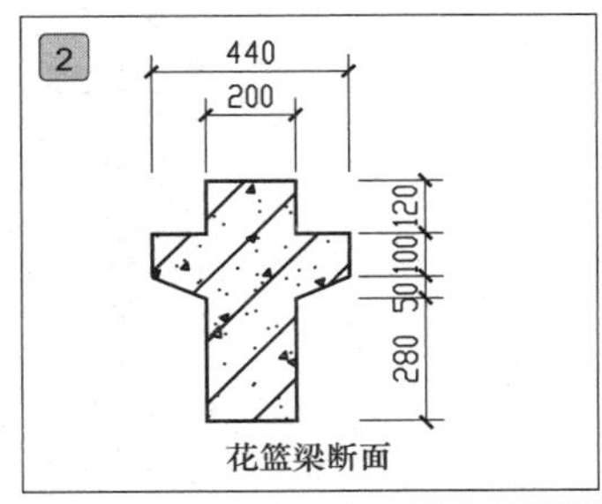

花篮梁断面

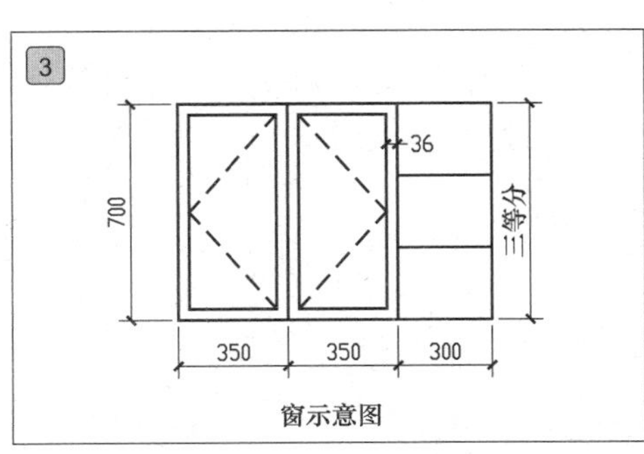

窗示意图

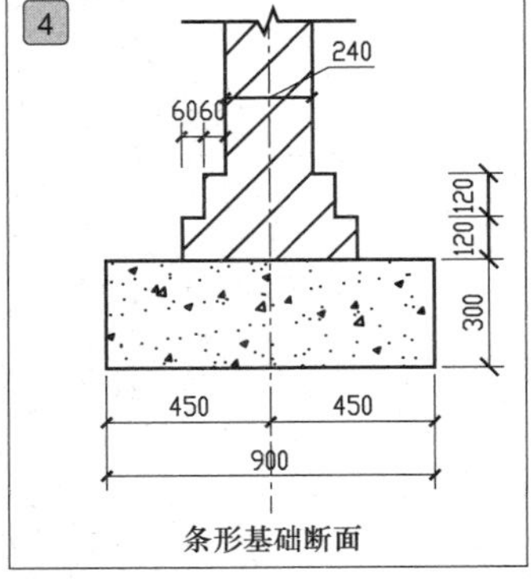

条形基础断面

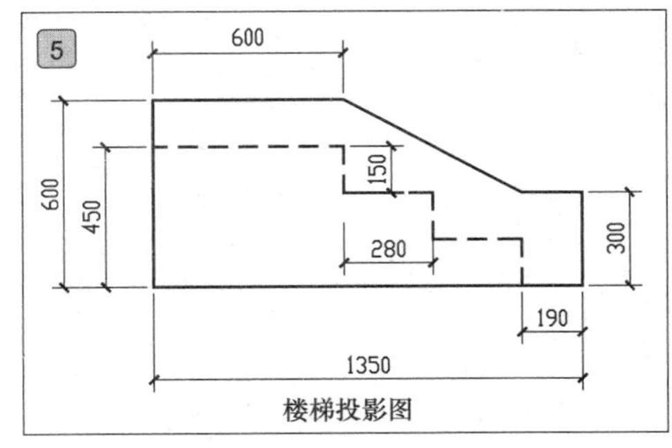

楼梯投影图

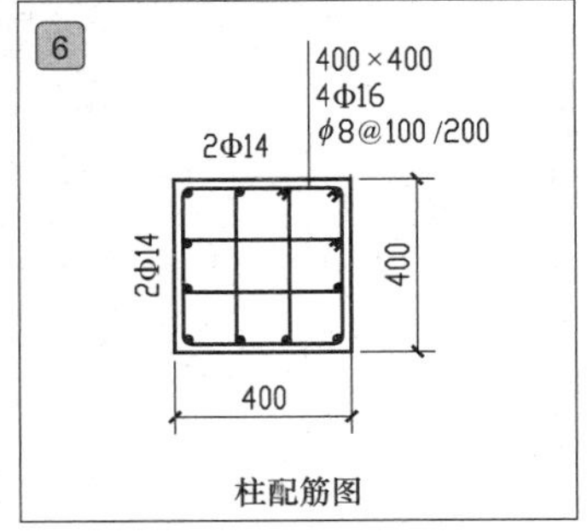

柱配筋图

工匠人物

江欢成——匠心创变，突破传统的创新力量

江欢成——中国工程院院士，中国勘察设计大师，一级注册结构工程师。

他出生于广东省梅州市，本科毕业于清华大学。江欢成在建筑结构设计方面有着丰富的工作经验和卓越的成就。他是上海市劳动模范，曾获得国务院颁发的“有突出贡献中青年专家”称号。

他追求卓越、勤劳专注、注重细节和勇于创新。在上海浦东国际机场 T1 航站楼项目中，他带领团队在时间紧、任务重的情况下，克服重重困难，最终完成了我国土木工程领域的标志性项目。这个项目也是当时上海最大、最复杂的机场航站楼工程之一。在广州新电视塔——广州塔项目中，他提出采用斜拉索和钢管混凝土格构式组合结构体系的设计方案，不仅使建筑物具有更高的稳定性和抗风能力，而且还创造了新的技术标准，对推动中国建筑行业的技术进步起到了重要作用。

江欢成作为建筑行业的领军人物之一，通过自身的言行和示范作用，对整个行业产生了深远的影响。他的工作精神、为人处世以及对社会公益事业的积极参与，都赢得了社会各界的广泛赞誉和尊重。

项目三　编辑二维图形

仅用绘图命令绘出的图形具有一定的局限性，绘图者往往希望能够对其进行编辑加工，以得到理想的图形效果。AutoCAD 提供了功能强大的二维图形编辑命令，不仅能够精确地绘制出二维图形，还可以大大提高绘图效率。

任务一　选择图形对象

所有编辑命令在使用前或者使用的过程中都要对图形对象进行选择。AutoCAD 中选择对象的方式有很多种，在不同的情况下，合理采用不同的方式，可以大大减少绘图时间，提高效率。下面对选择对象的不同方式进行介绍。

1．直接选择对象

将光标移动到要选择的对象上单击即可直接选择对象。如图 3-1 所示，对象被选择后，会以蓝色加粗显示。

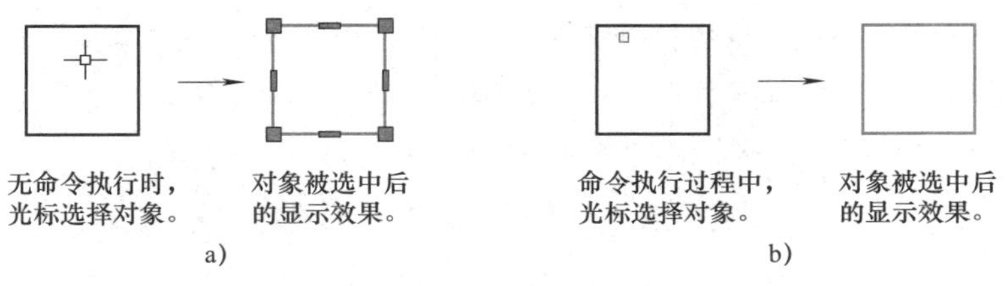

图　3-1

直接选择对象又称为点选，虽然操作简单，但每次只能选择一个图形对象，效率较低。

温馨提示：

AutoCAD 2016 会将所选择的对象以蓝色加粗显示，但在无命令执行时选择对象与在命令执行过程中选择对象，最终的显示效果不同（图 3-1）。后面几种选择对象的方式将以无命令执行时选择对象的效果为例进行介绍。

2．矩形窗口选择对象

在绘图区空白位置单击然后松开鼠标，将光标移动到对角点位置再次单击，AutoCAD 2016 会自动以这两个拾取点作为对角点确定一个矩形选择窗口。

如果矩形窗口是从左向右定义的，那么窗口内部的对象均会被选中，而窗口外部以及与窗口边界相交的对象不被选中（图 3-2）；如果窗口是从右向左定义的，那么不仅窗口内部的对象被选中，与窗口边界相交的那些对象也会被选中（图 3-3）。

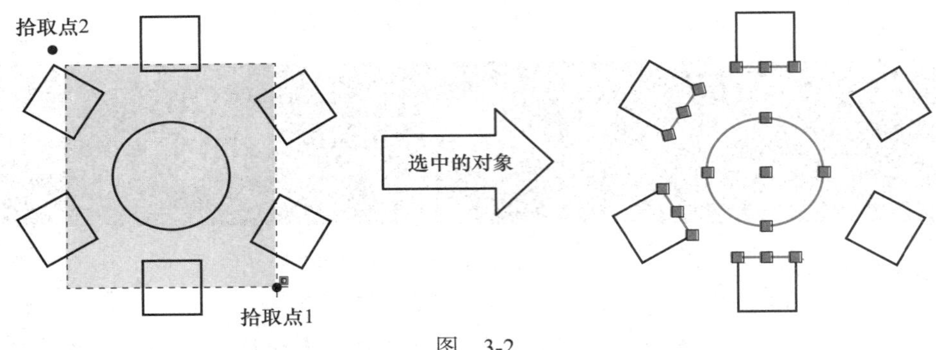

图 3-2

注：该图为无命令执行时，以拾取点 1 和拾取点 2 拉开的窗口选择对象（从左向右）。

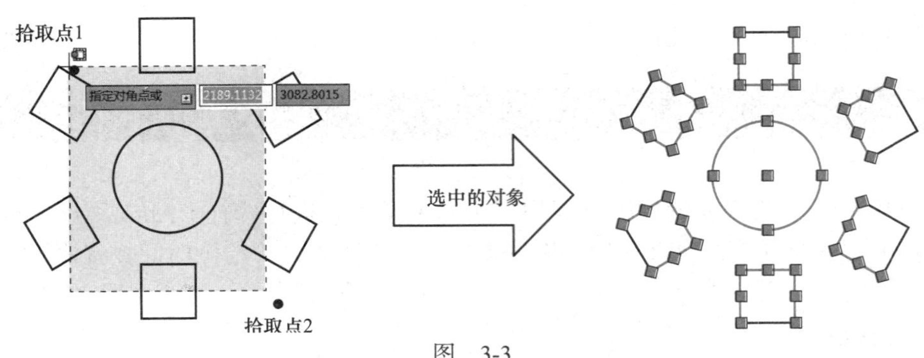

图 3-3

注：该图为无命令执行时，以拾取点 1 和拾取点 2 拉开的窗口选择对象（从右向左）。

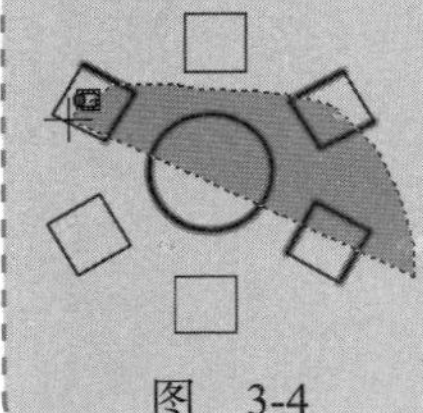

图 3-4

采用矩形窗口选择时对象，单击确定第 1 个拾取点后一定要松开鼠标，再去单击确定第 2 个拾取点，否则将会以光标轨迹线以及第 1 点和最后 1 点的连线组成的封闭区域为选择窗口，如图 3-4 所示。

3. 选择全部对象

在没有命令执行时，AutoCAD 提供了选择全部对象的快捷键，只需在键盘上同时按住 <Ctrl> 键和字母键 <A> 即可选中全部对象，也可单击功能面板【实用工具】中的图标实现。另外，有些命令在执行过程中，当命令提示区提示【选择对象】时输入【 All】，然后按空格键或 <Enter> 键，软件也会自动选中屏幕上的所有对象。

4. 快速选择对象

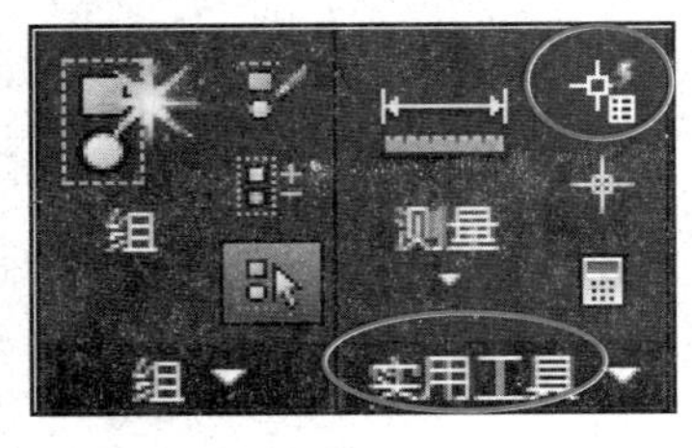

图 3-5

除上述方法之外，AutoCAD 还可以根据对象的某一特殊性质来选择实体，如形状、图层或颜色等。在命令提示区输入【 QSELECT】，或通过功能面板的【默认】→【实用工具】（图 3-5）→，可以调用【快速选择】选项卡，如图 3-6 所示。

1）应用到（Y）：是指进行对象选择时的选择范围，可以是整个图形，也可以通过后面的进行选择。

2）对象类型（B）：是指要选择对象的具体类型，可通过向下的三角形进行选择。

3）特性（P）：是指要选择对象的特性，单击进行选择。选择之后需对【运算符】和【值】进行设置。

如采用上述【快速选择】选项卡中的设置，单击【确定】按钮后效果如图 3-7 所示。

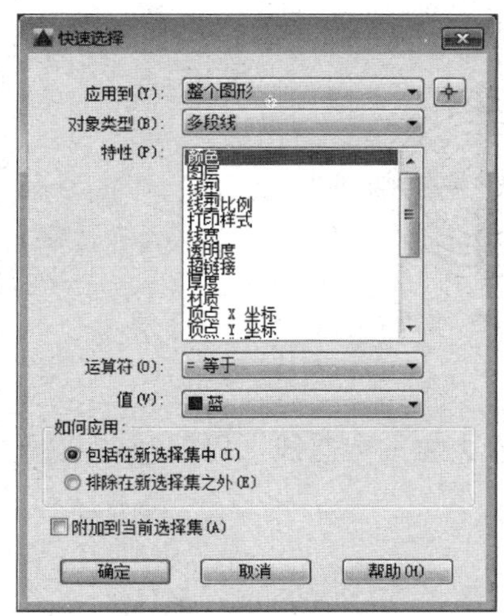

图 3-6

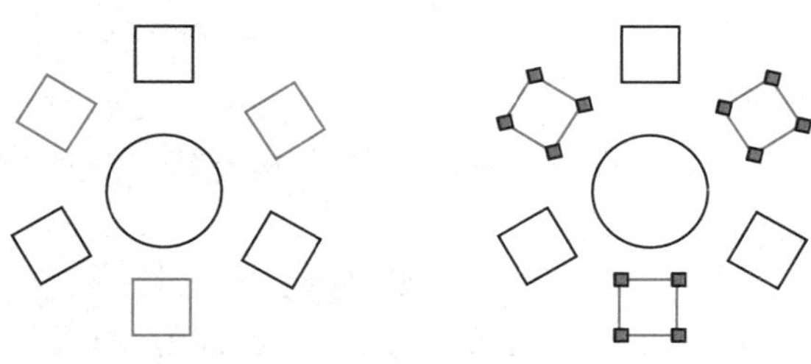
图 3-7

5. 命令提示区输入【?】

在执行某些命令的时候，命令提示区会提示【选择对象】，此时如果输入【?】，命令提示区将出现以下提示信息：

> 需要点或窗口 (W)/ 上一个 (L)/ 窗交 (C)/ 框 (BOX)/ 全部 (ALL)/ 栏选 (F)/ 圈围 (WP)/ 圈交 (CP)/ 编组 (G)/ 添加 (A)/ 删除 (R)/ 多个 (M)/ 前一个 (P)/ 放弃 (U)/ 自动 (AU)/ 单个 (SI)/ 子对象 (SU)/ 对象 (O)

根据具体的情况，可选择以上选择对象的方式。但在一般情况下，前 4 种方式已足够用，此方式使用较少。

温馨提示：

运用以上任何一种选择对象的方式，在选择对象的过程中，如果选中了不想选择的图形对象，都可以通过 <Esc> 键取消，然后重新选择。如果不想选的对象较少，可在按住 <Shift> 键的同时，单击不想选的图形对象。

实战练习

实战 采用 4 种方法选取图 3-8 中所有的圆，然后想一想：哪种方法最快呢？

图 3-8

项目三任务一实战视频

实战参考

方法 1：直接选择对象。将光标移动到圆上，依次单击选中，选取对象较多时不实用。

方法 2：从左向右窗口选择（图 3-9）

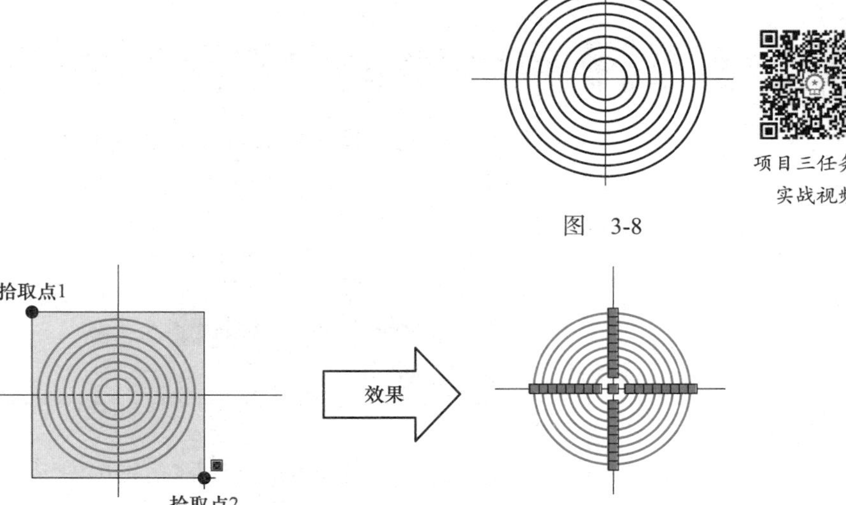

图 3-9

方法 3：从右向左窗口选择（图 3-10）

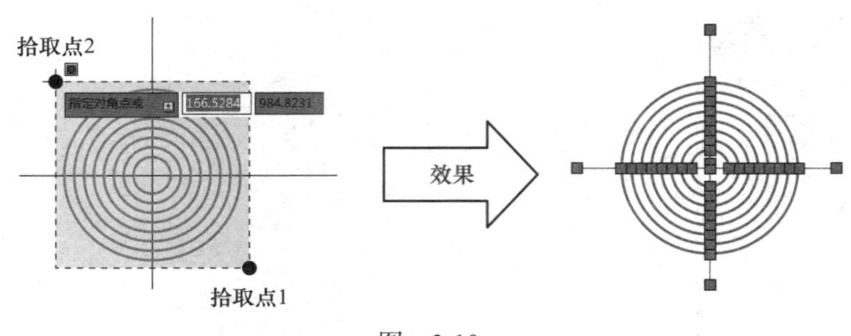

图 3-10

选择后发现多选择了两条构造线，这时按住 <Shift> 键，同时点选这两条构造线，可取消对其的选择。

方法 4：利用【快速选择】选项卡

在命令提示区输入【QSELECT】，打开【快速选择】对话框进行设置，需修改处如图 3-11 所示。

图 3-11

综上所述，每种选择方式都有自己的优劣势，不同情况下，适宜的方法也是不同的。对于本案例而言，虽然 4 种方法都能选中对象，但采用方法 2 是最快、最方便的。

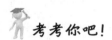

考考你吧！

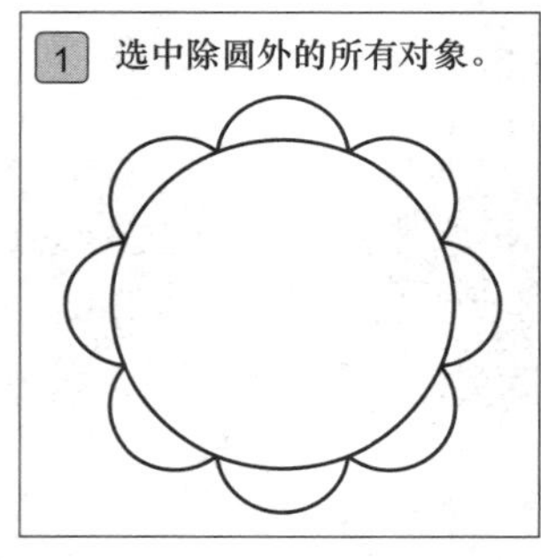

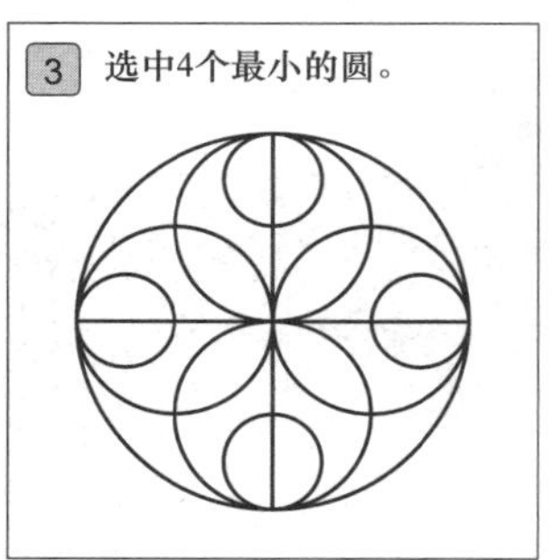

任务二 删除图形对象

在绘图的过程中，可能会存在某些图形对象我们并不需要的情况，这时可以通过 AutoCAD 提供的【删除】命令，删除图形文件中被选中的无用对象。

1. 激活方式

- 命令提示区：【ERASE】或快捷键 <E>
- 功能区：【默认】➡【修改】➡
- 【修改】工具栏：

2. 命令解析

对图形对象的删除有两种操作方式：一种是先选中想要删除的对象，然后激活并执行【删除】命令；另一种是先激活【删除】命令，然后再根据命令提示选中想删除的对象。除【ERASE】命令之外，也可以利用键盘上的 <Delete> 键对图形对象进行删除。

温馨提示：

除少数几个命令外，大部分编辑命令都有两种操作方式，既可以在激活命令前选中要编辑的对象，也可以在激活命令之后根据提示选中对象。在后面的命令解析中不再赘述。

实战练习

实战 利用【删除】命令先删除图 3-12 中的 4 个同心圆，再删除除了最外侧矩形外的其他对象。

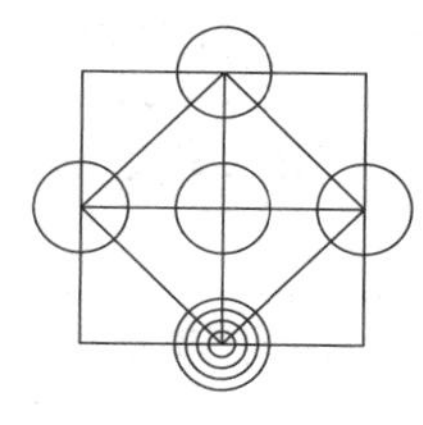

图 3-12

项目三任务二实战视频

实战参考

命令：E	激活【删除】命令
ERASE 选择对象：	选中 4 个同心圆，按空格键或 <Enter> 键执行【删除】命令
命令：ERASE	空格键重复上一次命令
选择对象：	选中除最外侧矩形的其他对象，执行【删除】命令

温馨提示：

选择对象时，可根据具体情况选用本项目任务一所述方法，如图 3-13 所示。

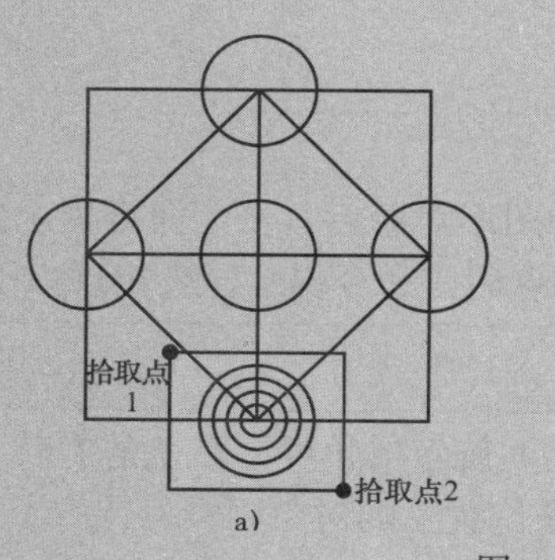

a）

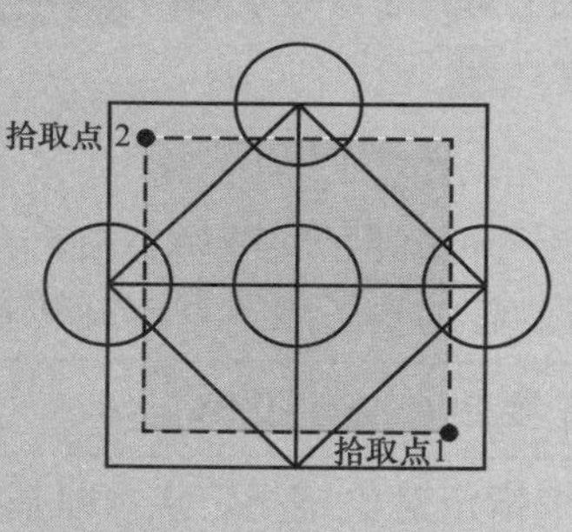

b）

图 3-13

a）选中 4 个同心圆的方法 b）选中除最外侧矩形外的对象的方法

考考你吧！

删除左图中的部分图形对象，使其分别成为中图和右图的效果。

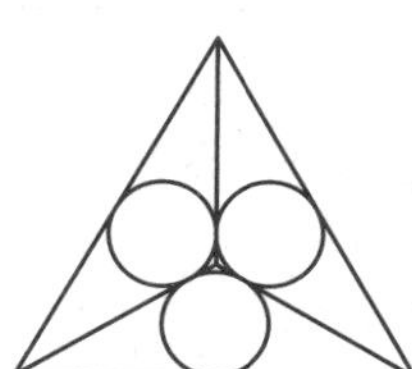

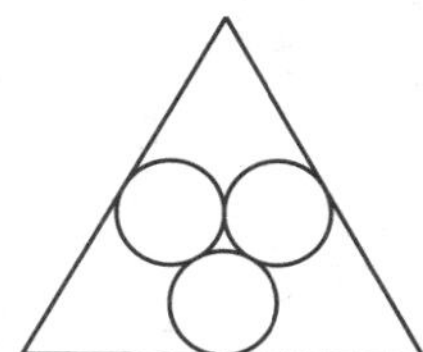

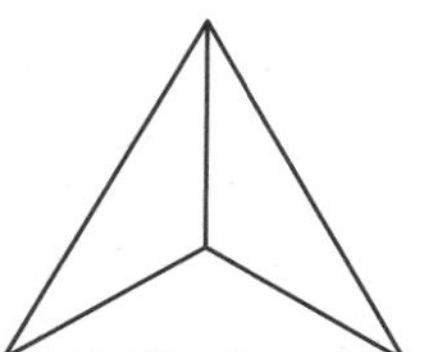

任务三 移动和旋转图形对象

在绘图的过程中，如果图形对象的位置不正确，但图形是正确的，这时可以不删除图形对象，而是通过一些编辑命令来改变图形对象的位置。这样可以节约绘图的时间，尤其对于比较大的图形对象。

一、【移动】命令

【移动】命令能将选取的对象以指定的距离从原来位置移动到新的位置，原来位置的对象不保留。

1. 激活方式

- 命令提示区：【MOVE】或快捷键 <M>
- 功能区：【默认】➡【修改】➡ 移动
- 【修改】工具栏：

2. 命令解析

激活【移动】命令，并选择将要进行移动的图形对象后右击，命令提示区会出现以下提示：

指定基点或 [位移 (D)] < 位移 >:

这里，基点是指移动对象的参照点，对象移动的距离和方向会以此参照点为基准来进行计算。如果在此命令提示下单击空格键，则默认指定移动的位移，并且是以坐标系原点位置作为基点计算移动的距离。

二、【旋转】命令

【旋转】命令能够绕指定的点来旋转选取的对象，原来位置的对象可以保留，也可以不保留。

1. 激活方式

- 命令提示区：【ROTATE】或快捷键 <RO>
- 功能区：【默认】➡【修改】➡ 旋转
- 【修改】工具栏：

2. 命令解析

在激活【旋转】命令并选择了将要进行旋转的图形对象后右击，命令提示区会要求指定基点。这里的基点是指绕其进行旋转的参考点。指定旋转基点后，命令提示区会出现以下提示：

指定旋转角度或 [复制 (C)/ 参照 (R)] <0>:

1）旋转角度：用来指定对象绕指定点（即基点）旋转的角度，默认的旋转角度值为 0。

2）复制（C）：在旋转对象的同时，会保留原来位置上的对象。

3）参照（R）：将对象从指定的参照角度旋转到新的绝对角度。

实战练习

实战 1　移动图 3-14 中的第二个矩形，移动后的效果如图 3-15 所示。

图 3-14　　　　图 3-15

实战 1 参考

命令 : M	激活【移动】命令
MOVE 选择对象 :	选择要移动的矩形
指定基点或 [位移 (D)] < 位移 >:	选择任意一点作为基点
指定第二点的位移或者 < 使用第一点作为位移 >: 300	将光标移到图形要移动的一侧，输入移动距离

温馨提示：

1. 除采用上述方法外，还可以在指定基点这步时，输入【D】或直接按空格键选择通过指定移动距离的方式移动对象。

2. 本例中进行移动时，最好开启【正交】命令，以保证移动方向的正确。

实战 2　移动图 3-16 中的圆，移动后的效果如图 3-17 所示。

项目三任务三
实战 2 视频

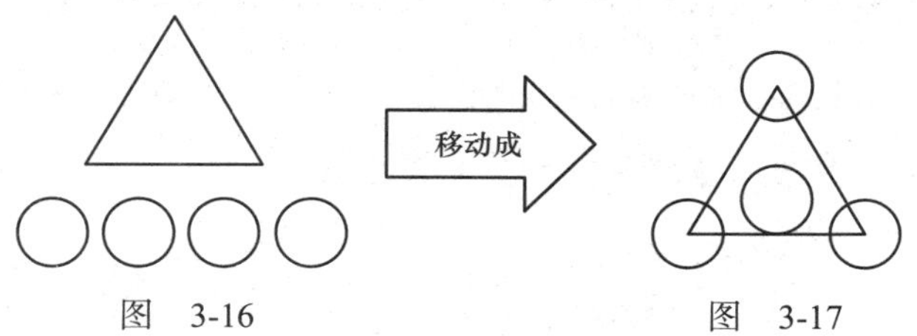

图　3-16　　　　图　3-17

实战 2 参考

命令：M	激活【移动】命令
MOVE 选择对象：	选中要移动的一个圆
指定基点或 [位移 (D)] < 位移 >:	单击选中圆的圆心作为基点
指定第二点的位移或者 < 使用第一点作为位移 >:	选中三角形其中一个顶点作为移动终点
	重复两次上面的操作，完成三角形三个顶点圆的移动
命令：MOVE	按空格键重复上一次命令
选择对象：	选中最后一个要移动的圆
指定基点或 [位移 (D)] < 位移 >:	单击选中圆的下半圆周象限点为基点
指定第二点的位移或者 < 使用第一点作为位移 >:	选中三角形底边中点作为移动终点

温馨提示：

1. 移动对象时，可利用对象捕捉的功能来确定移动的位置，并且最好将【极轴追踪】和【对象捕捉追踪】功能打开，这样可以清楚地看到移动的距离及方位。

2. 运用移动命令的关键是正确指定移动的基点。基点的位置不是一成不变的，要具体问题具体分析。

实战 3　旋转图 3-18 中的半径为 200 的圆，旋转后的效果如图 3-19 所示。

项目三任务三
实战 3 视频

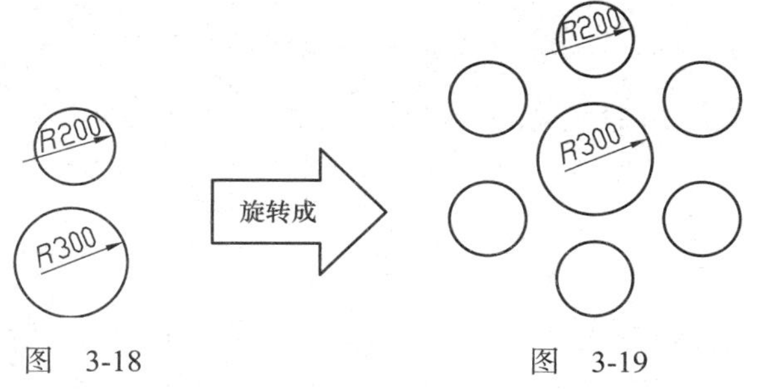

图　3-18　　　　图　3-19

实战 3 参考

命令：RO	激活【旋转】命令
ROTATE UCS 当前的正角方向：ANGDIR= 逆时针 ANGBASE=0	
	此项为当前设置，不需修改，意思为角度逆时针为正，基准角度为 0° 方向
选择对象：	选择要旋转的对象，即半径为 200 的圆
指定基点：	选择半径为 300 的圆的圆心为旋转基点

指定旋转角度，或 [复制 (C)/ 参照 (R)] <0>: C　　输入 C，选择在旋转的同时保留原对象
指定旋转角度，或 [复制 (C)/ 参照 (R)] <0>: 60　　输入旋转角度，自动退出命令
重复 4 次上述操作，但注意每次选择的旋转对象均为上次旋转得到的图形

温馨提示：

1. 在“实战 3”中，由于圆周的角度为 360°，被 6 个圆平分，所以相邻两个圆的旋转角度为 60°。

2. 对象相对于基点的旋转角度有正负之分，正角度表示沿逆时针旋转，负角度表示沿顺时针旋转。

实战 4　旋转图 3-20 中的圆，旋转后的效果如图 3-21 所示。

图　3-20　　　　图　3-21

实战 4 参考

命令 : RO　　激活【旋转】命令
ROTATE UCS 当前的正角方向 : ANGDIR= 逆时针 ANGBASE=0
选择对象 :　　选择将要旋转的对象圆
指定基点 :　　选择圆弧圆心作为基点
指定旋转角度，或 [复制 (C)/ 参照 (R)] <60>:R
由于没有具体的旋转角度，可通过“参照”旋转
指定参照角 <0>:　　以图 3-20 中的虚线为旋转的参照线，指定线上的第一点，可选择圆心
指定第二点 :　　指定参照线上的第二点，可选择与图中虚线相连的圆弧端点
指定新角度或 [点 (P)] <0>:　　指定要旋转的位置，即圆弧的另一个端点

温馨提示：

1. 在绘图过程中，有时我们会遇到没有给定旋转的角度值的情况，这时可利用【参照】子命令进行旋转。

2. 无论是移动还是旋转，或者其他需要指定基点的命令，基点位置的选择既可以在选中的对象上，也可以在选中的对象外。

3. 细心的同学会发现，实战 4 的操作更适合用【移动】命令，这个练习仅仅是为了介绍旋转中的【参照】子命令。

考考你吧！

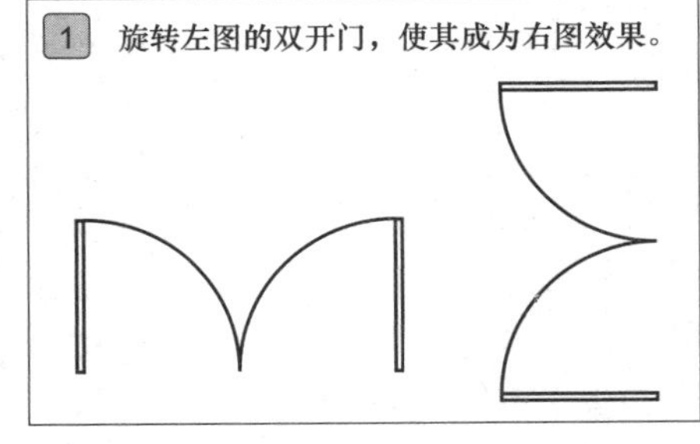

1 旋转左图的双开门，使其成为右图效果。

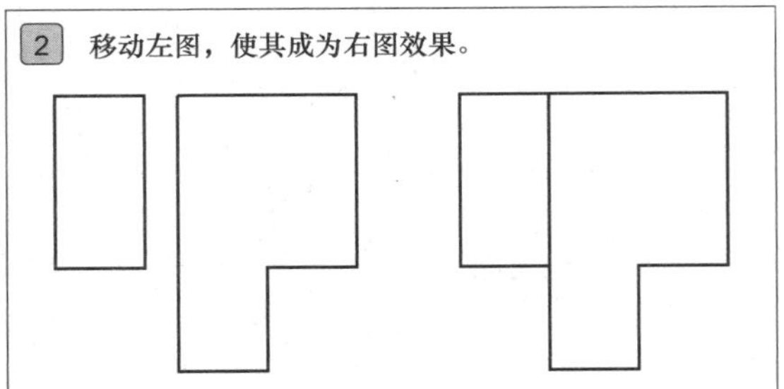

2 移动左图，使其成为右图效果。

任务四 复制、镜像和阵列图形对象

在绘图的过程中，我们经常会遇到要绘制的许多图形是相同或相似的，这可怎么办？要重复画？太麻烦了，大可不必！AutoCAD 2016 提供了相关的编辑功能，大大提高了绘图效率。

一、【复制】命令

【复制】命令能够将指定的对象复制到指定的位置上，原对象保留。

1. 激活方式

- 命令提示区：【COPY】或快捷键 <CO><CP>
- 功能区：【默认】→【修改】→ 复制
- 【修改】工具栏：

2. 命令解析

激活【复制】命令并选择将要进行复制的图形对象后，右击，命令提示区会出现以下提示：

> 指定基点或 [位移 (D)/ 模式 (O)] < 位移 >:

【复制】命令的基本操作步骤与【移动】命令相同，不同点有两个。

（1）增加了【模式】子命令——用于设置复制方式

1)【单个】(S)：只进行一次复制即结束【复制】命令。

2)【多个】(M)：可连续多次进行对象的复制，此方式为默认的复制方式。

（2）实现图形的单行或单列矩形阵列——加快复制速度 指定复制的基点后，命令提示区将出现以下提示：

> 指定第二个点或 [阵列 (A)] < 使用第一个点作为位移 >:

这里的阵列是本任务即将讲到的矩形阵列的简称，能够将图形对象一次性复制为单行多列或单列多行对象。

温馨提示：

【COPY】命令是指在同一个 CAD 图形文件中进行复制。如果要在不同的 CAD 图形文件之间进行复制，应采用【COPYCLIP】命令（组合键 <Ctrl+C>）将对象复制到剪贴板上，然后用【PASTECLIP】命令（组合键 <Ctrl+V>）将其粘贴到另一个 CAD 图形文件中。

二、【镜像】命令

【镜像】命令是以一条线段（即镜像线）为基准线，创建对象的反射副本的。实际上，【镜像】命令的含义来源于生活，当我们照镜子时，会以镜面为对称轴形成轴对称图形。【镜像】命令的结果就是形成轴对称图形，如图 3-22 所示。

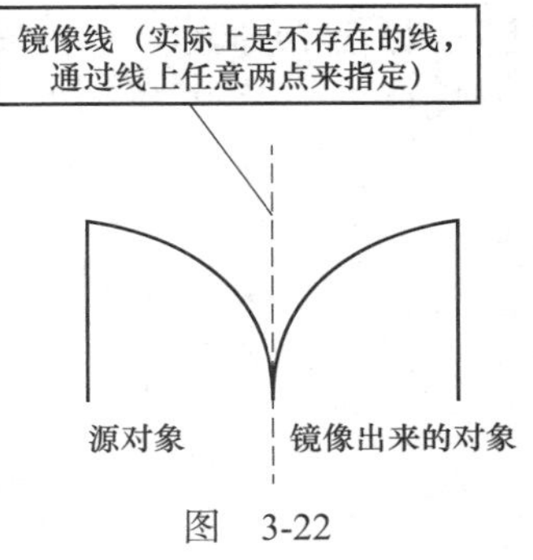

图 3-22

1. 激活方式

- 命令提示区：【MIRROR】或快捷键 < MI >
- 功能区：【默认】➡【修改】➡ 镜像
- 【修改】工具栏：

2. 命令解析

【镜像】命令既可以保留源对象，也可以不保留源对象，效果如图 3-23 所示（虚线为对称轴，实际上不存在）。

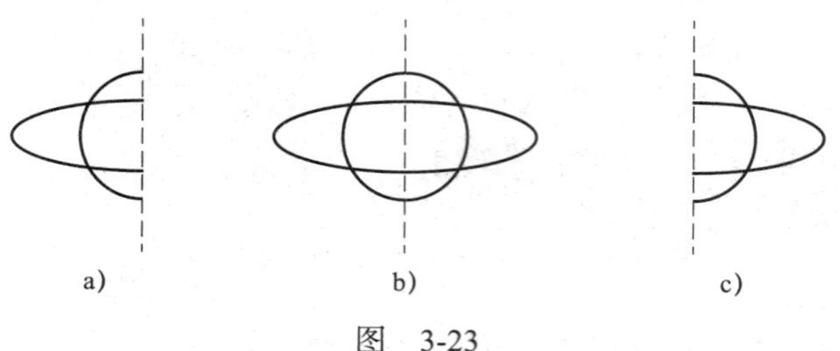

图 3-23

a）源对象 b）保留源对象 c）删除源对象

对于文字，如果也用上面的方法进行镜像，可能会得到图 3-24 的结果。

如果想要得到图 3-25 的结果，要怎么做呢？若选取的对象为文字，可在使用【镜像】命令前更改系统变量 MIRRTEXT 值。更改方法如下：

在命令提示区中输入【 MIRRTEXT 】激活命令。当【 MIRRTEXT 】的值为 1 时，文字对象将同其他对象一样被镜像处理（如图 3-24）；当【 MIRRTEXT 】的值为 0 时，创建的镜像文字对象方向不改变（图 3-25）。

我最棒！　！棒最我

图 3-24

我最棒！　我最棒！

图 3-25

三、【阵列】命令

【阵列】命令能够对选定的对象进行复制，并按指定的方式排列。此命令除了可以对单个对象进行操作外，还可以同时对多个对象进行操作。

1. 激活方式

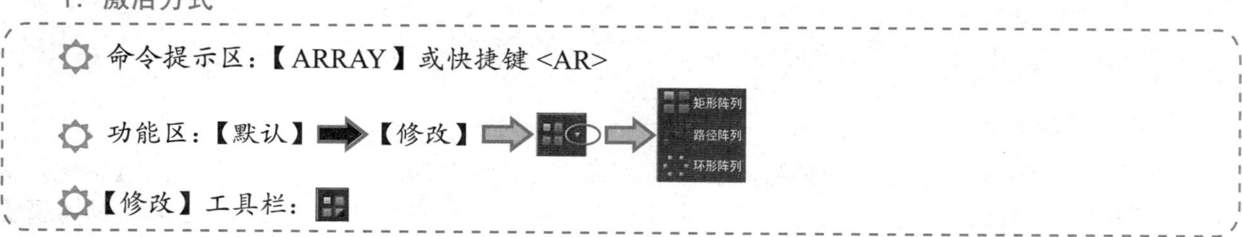

命令提示区：【ARRAY】或快捷键 <AR>
功能区：【默认】【修改】
矩形阵列
路径阵列
环形阵列
【修改】工具栏：

2. 命令解析

【阵列】命令是以命令提示区或【阵列】选项卡的方式呈现的，分为矩形阵列、路径阵列和极轴阵列（极轴阵列又称环形阵列）3 种，如图 3-26 ～图 3-28 所示。

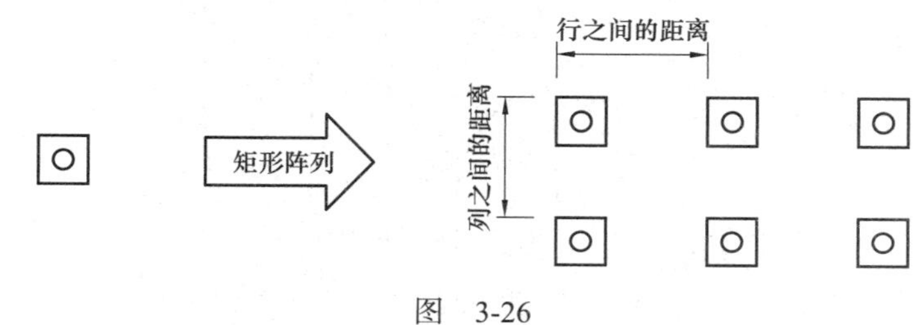

图 3-26

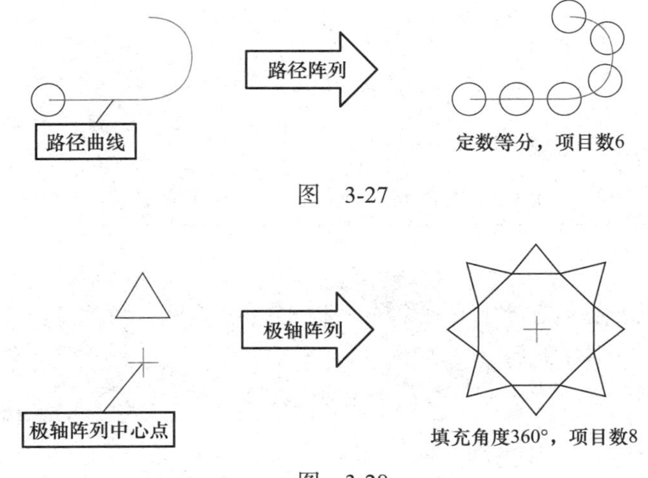

图 3-27

图 3-28

四、编辑阵列

创建好阵列图形后，如想修改，可采用以下方式。

方式 1：单击阵列出来的图形，使其成为选中状态，这时功能区会自动跳出【阵列】面板，根据情况修改即可。

方式 2：命令提示区输入【 ARRAYEDIT】或单击 修改 展开面板后，单击图标，然后跟随命令提示区进行修改。

以上两种方法的前提条件是：在创建阵列时勾选【关联】子命令，否则阵列出来的图形为单个对象，不能用【编辑阵列】命令编辑。

实战练习

实战 1 对图 3-29 进行编辑，使其成为图 3-30 的效果。

图 3-29　　图 3-30

实战 1 参考

仔细观察可知，图 3-30 由一个图 3-29 和一个旋转了 180° 的图 3-29 叠加而成。

命令 : CO　　激活【复制】命令
COPY 选择对象 :　　选中图 3-29 的所有图形
当前设置：复制模式 = 多个
　　当前设置的复制模式为可连续对同一个图进行多次复制，不需修改设置
指定基点或 [位移 (D)/ 模式 (O)] < 位移 >:　　任意指定一点作为基点
指定第二个点或 [阵列（A）]< 使用第一个点作为位移 >:
　　将图形复制到图 3-29 旁边，得到两个相同的图形，退出命令

命令 : RO　　激活【旋转】命令
ROTATE UCS 当前的正角方向 : ANGDIR= 逆时针 ANGBASE=0
选择对象 :　　选中复制出来的图形或原图形
指定基点 :　　可选择选中图形的弧线交叉点为基点

指定旋转角度，或 [复制 (C)/ 参照 (R)] <0>:180	输入旋转角度进行旋转
命令 : M	激活【移动】命令
MOVE 选择对象 :	选中旋转了 180° 的图形对象
指定基点或 [位移 (D)] < 位移 >:	选择选中图形的弧线交叉点为基点
指定第二个点或 < 使用第一个点作为位移 >:	对象捕捉到另外一个图形的弧线交叉点

温馨提示：

1. 绘图时不能心急，特别是对于看似复杂的图形，一定要分析图形是如何形成的，然后再根据分析选择合适的命令，这样才能事半功倍。

2. 此案例通过【旋转】命令的【复制】子命令绘制更加便捷。

项目三任务四
实战 2 视频

实战 2 将图 3-31 的螺栓进行镜像，使之成为图 3-32 的效果。

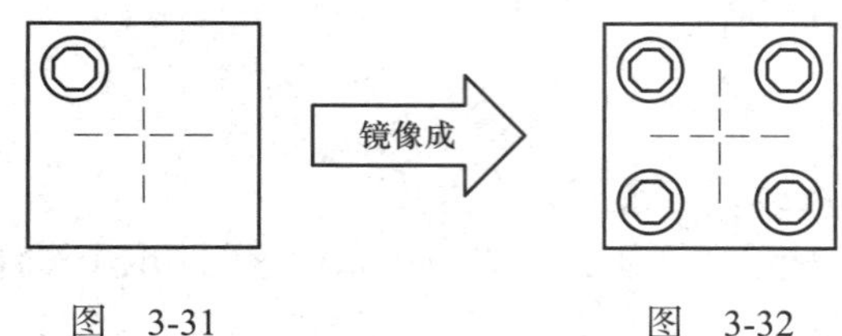

图 3-31　　图 3-32

实战 2 参考

仔细观察可知，图 3-31 中螺栓的位置没有具体给定，所以不能采用【复制】命令，但是图 3-32 的效果为轴对称图形，所以可以采用两次镜像达到效果。

命令 : MI	激活【镜像】命令
MIRROR 选择对象 :	选中图 3-31 中的螺栓
指定镜像线的第一点 :	在竖直虚线或水平虚线上指定一点，这里在水平虚线上指定
指定镜像线的第二点 :	在水平虚线上指定另外一点
要删除源对象吗？ [是 (Y)/ 否 (N)] < 否 >:	按空格键默认不删除源对象
命令 : MIRROR	按空格键重复上一次命令
选择对象 :	选中两个螺栓
指定镜像线的第一点 :	在竖直虚线上指定一点
指定镜像线的第二点 :	在竖直虚线上指定另外一点
要删除源对象吗？ [是 (Y)/ 否 (N)] < 否 >:	按空格键默认不删除源对象

项目三任务四
实战 3 视频

实战 3 对图 3-33 进行阵列，使之成为图 3-34 的效果。

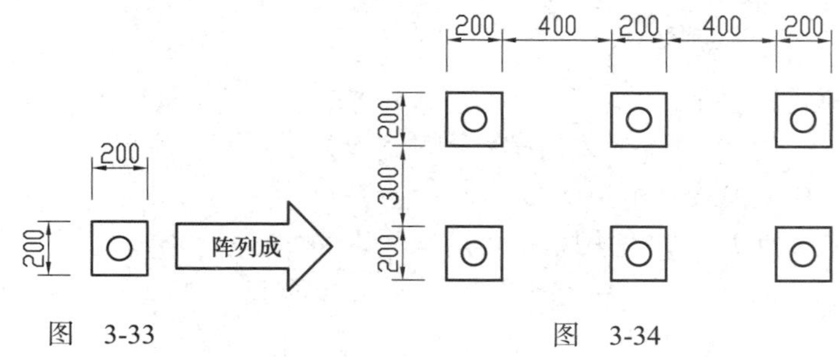

图 3-33　　图 3-34

实战 3 参考

仔细观察可知，图 3-34 为 2 行 3 列，并且行距和列距分别相同，所以我们可以通过矩形阵列来实现。

方法 1

命令 : AR　　激活【阵列】命令
ARRAY 选择对象 :　　选中图 3-33 对象
输入阵列类型 [矩形 (R)/ 路径 (PA)/ 极轴 (PO)] < 路径 >: r　　选择矩形阵列
类型 = 矩形 关联 = 是　　默认设置：阵列类型为矩形，关联是指阵列出来的图形为一个整体
选择夹点以编辑阵列或 [关联 (AS)/ 基点 (B)/ 计数 (COU)/ 间距 (S)/ 列数 (COL)/ 行数 (R)/ 层数 (L)/ 退出 (X)] < 退出 >: r　　选择输入阵列的行数
输入行数数或 [表达式 (E)] <3>: 2　　输入阵列行数为 2，<> 中为默认的行数 3
指定 行数 之间的距离或 [总计 (T)/ 表达式 (E)] <1002.9728>: 500
输入行数之间的距离：200+300=500
指定行数之间的标高增量或 [表达式 (E)] <0>:　　此项为三维子命令，不需设置，单击空格键
选择夹点以编辑阵列或 [关联 (AS)/ 基点 (B)/ 计数 (COU)/ 间距 (S)/ 列数 (COL)/ 行数 (R)/ 层数 (L)/ 退出 (X)] < 退出 >:col　　选择输入阵列列数
输入列数数或 [表达式 (E)] <4>: 3　　输入阵列列数为 3，<> 中为默认的列数 4
指定 列数 之间的距离或 [总计 (T)/ 表达式 (E)] <1002.9728>: 600
输入列数之间的距离：200+400=600
选择夹点以编辑阵列或 [关联 (AS)/ 基点 (B)/ 计数 (COU)/ 间距 (S)/ 列数 (COL)/ 行数 (R)/ 层数 (L)/ 退出 (X)] < 退出 >:　　按空格键退出命令

温馨提示：

1. 矩形阵列的行数之间的距离和列数之间的距离并不等同于行距和列距。

2. 在选择具体的阵列方式之后，功能区会自动弹出【创建阵列】面板，同时绘图区会自动弹出系统默认的预览效果（图 3-35），这个效果会随着参数的更改而变化。

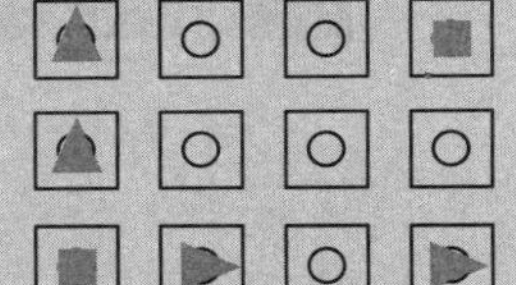

图 3-35

方法 2

步骤 1：激活命令并选择阵列对象。单击「矩形阵列」激活矩形阵列，然后在绘图区选中图 3-33 中的对象。

步骤 2：利用功能区【创建阵列】面板（图 3-36）进行设置。

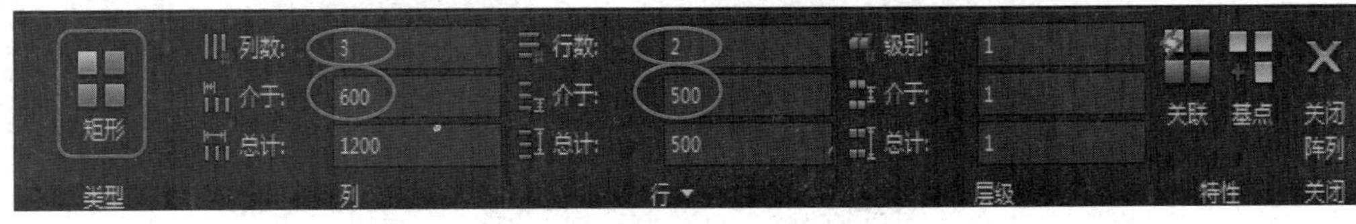

图 3-36

1）列数：3；介于：600。

2）行数：2；介于：500。

步骤 3：设置完成后，按空格键或 <Enter> 键确认操作。

温馨提示：

1.【创建阵列】面板中，【介于】是指行数之间的距离或列数之间的距离。将鼠标放在上面悬停一会儿，会自动现出其含义。另外，【总计】不需填写，软件会自动计算。

2. 方法 1 和方法 2 中，在输入行数之间的距离或列数之间的距离时，若输入的是正值，则向上或向右创建阵列，若输入的是负值，则向下或向左创建阵列。

实战 4　对图 3-37 进行阵列，使之成为图 3-38 的环形楼梯效果。

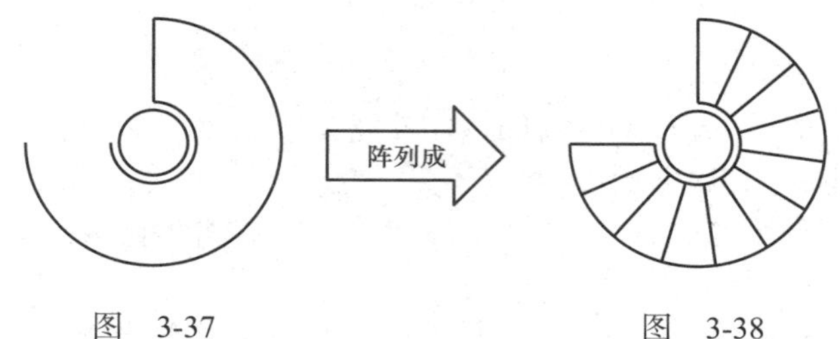

图　3-37　　　　图　3-38

实战 4 参考

仔细观察可知，图 3-38 的楼梯踏步是以圆心为中心来旋转的，但具体的角度不知道。数量共有 12 个，可通过极轴阵列或路径阵列来实现。

方法 1：极轴阵列

步骤 1：激活命令并选择阵列对象。单击环形阵列激活极轴阵列，然后在绘图区选中图 3-37 的楼梯线（即直线）。

步骤 2：指定中心点。单击圆心位置，作为阵列的中心点。

步骤 3：利用功能区【创建阵列】面板（图 3-39）进行设置。

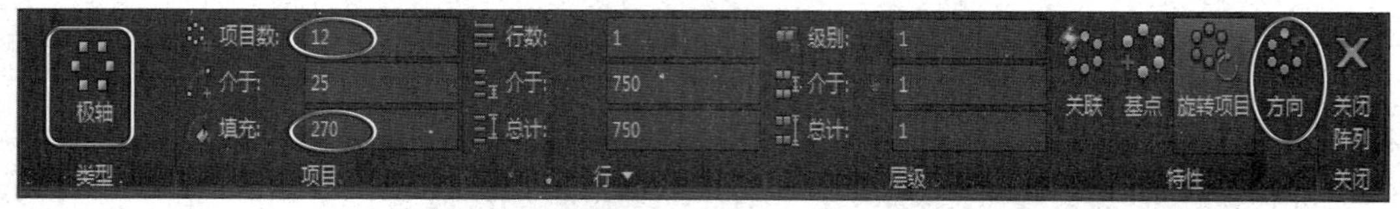

图　3-39

1）项目数：12；填充：270（这里的“270”是指填充角度）。

2）方向：单击【方向】按钮呈关闭状态。

步骤 4：设置完成后，按空格键或 <Enter> 键确认操作

温馨提示：

1. 环形阵列的项目总数为阵列完成后所有经阵列得到的对象加上源对象的数量，本例中为 11+1=12。

2. 填充角度只能为正数，如想控制填充的方向，可单击方向按钮进行转换。

方法 2：路径阵列

步骤 1：激活命令并选择阵列对象。单击路径阵列激活路径阵列，然后在绘图区选中图 3-37 的楼梯线（即直线）。

步骤 2：选择路径曲线。可选择内部圆弧，也可选择外部圆弧作为阵列路径。

步骤 3：利用功能区【创建阵列】面板（图 3-40）进行设置。

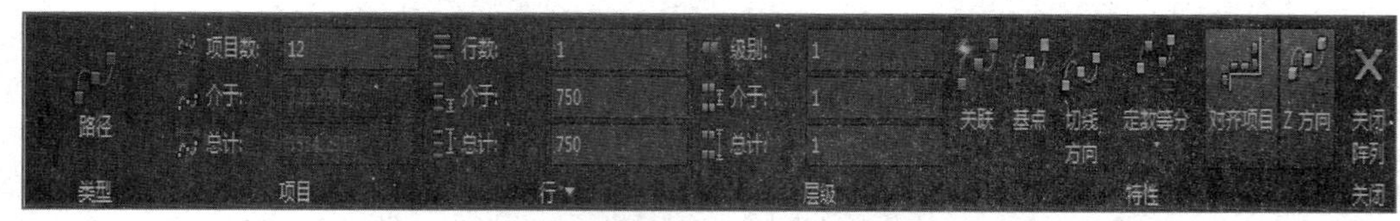

图　3-40

1）项目数：12。

2）单击定距等分上的白色三角形，将【定距等分】修改为【定数等分】。

步骤 4：设置完成后，按空格键或 <Enter> 键确认操作

温馨提示：

1. 以上两种阵列方式均可通过命令提示区的提示进行操作。
2. 如选用路径阵列，则阵列的路径必须是一个整体。

考考你吧！

绘制以下图形（无须标注）。

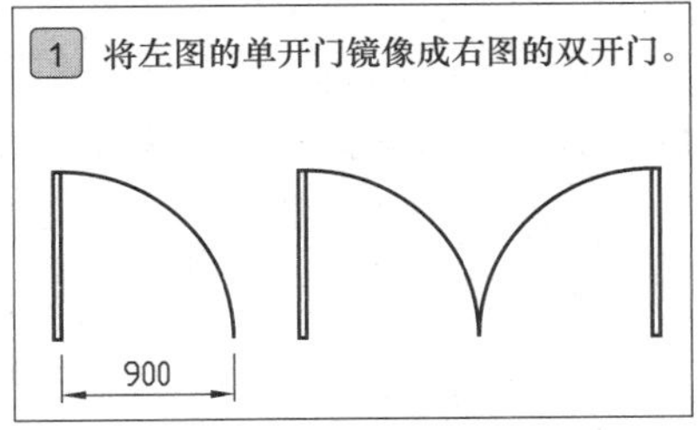

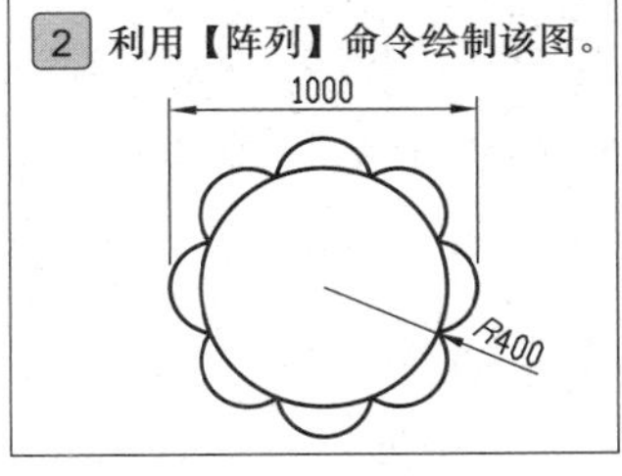

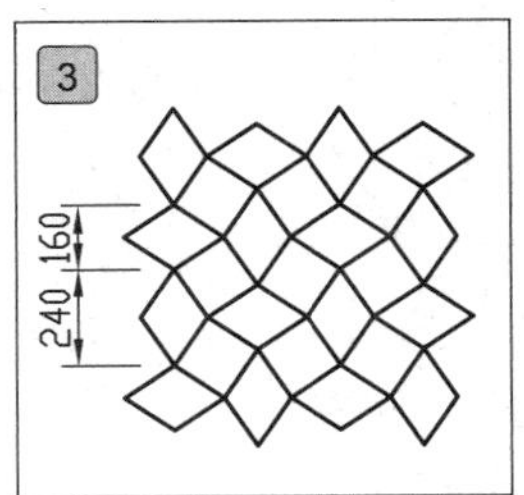

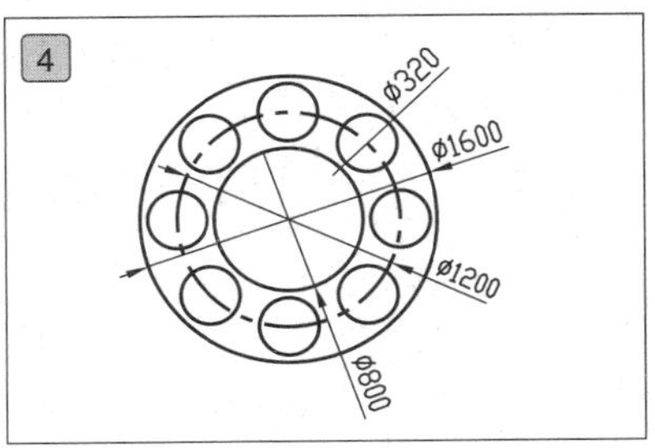

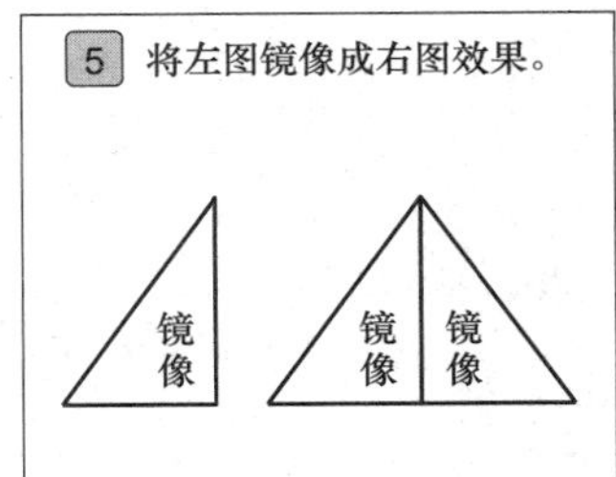

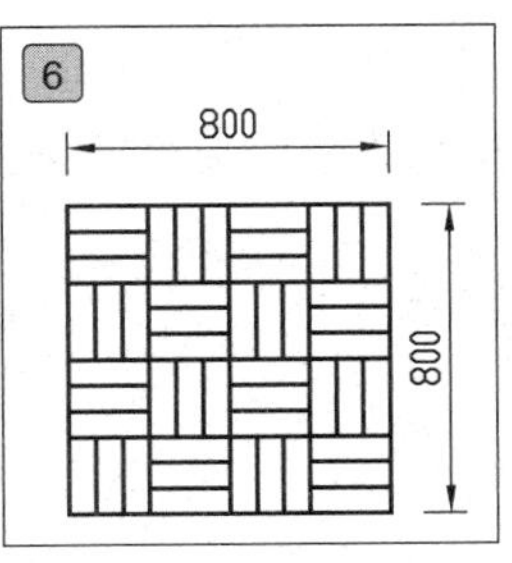

任务五 偏移图形对象

【偏移】命令是以指定的点或指定的距离将选取的对象复制并偏移，使偏移出的对象与原对象平行，可绘制出一组平行线、同心圆或同心矩形等图形。

1. 激活方式

- 命令提示区：【OFFSET】或快捷键 <O>
- 功能区：【默认】➡【修改】➡
- 【修改】工具栏：

2. 命令解析

利用【偏移】命令进行偏移的过程中需要选择对象，但只能采用点选的方式进行选择，并且每次只能选取一个图形对象进行偏移，整个偏移过程由 3 个步骤组成。图 3-41 和图 3-42 为偏移对象的两种形式。

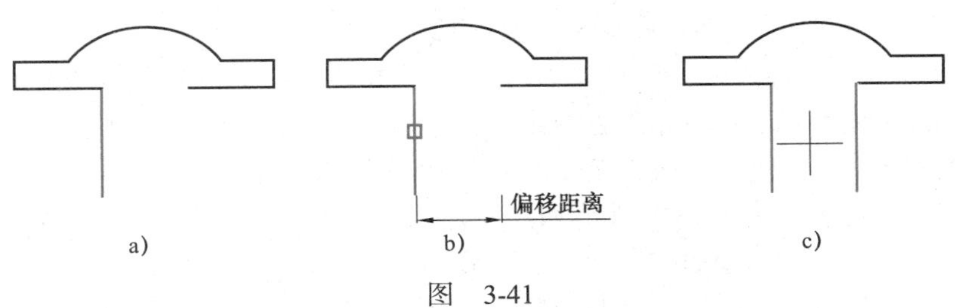

图 3-41

a）源图形对象 b）单击选中要偏移的对象 c）单击指定要偏移的那一侧的点

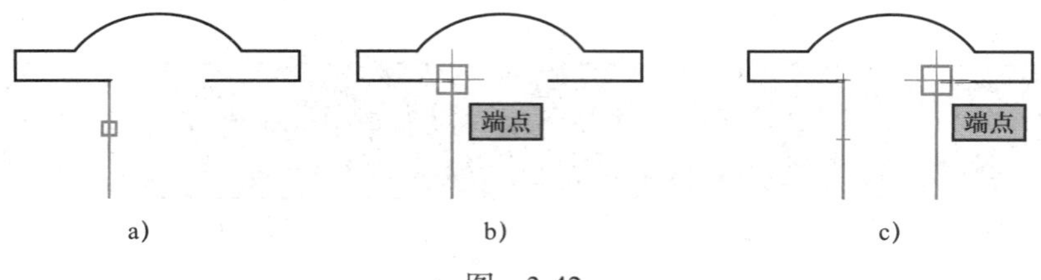

a)　　b)　　c)

图 3-42
a) 单击选中要偏移的对象　b) 指定偏移通过点（起点）　c) 指定偏移通过点（终点）

项目三任务五
实战1视频

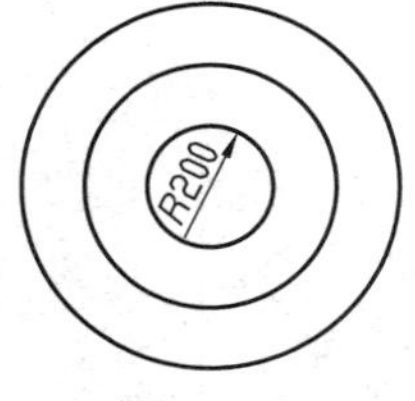

图 3-43

实战练习

实战1　绘制一个半径为200的圆，并分别以200、300的距离向外侧偏移，最终效果如图3-43所示。

实战1参考

方法1

命令 : C　　激活【圆】命令
CIRCLE 指定圆的圆心或 [三点 (3P)/ 两点 (2P)/ 切点、切点、半径 (T)]:
　　单击任意一点作为圆心
指定圆的半径或 [直径 (D)] <200.0000>:
　　空格键默认半径200，如不是想要的半径则输入半径值
命令 : O　　激活【偏移】命令
OFFSET 当前设置 : 删除源 = 否　图层 = 源　OFFSETGAPTYPE=0
　　【偏移】命令的默认设置，可不进行修改
指定偏移距离或 [通过 (T)/ 删除 (E)/ 图层 (L)] <300.000>: 200　　输入偏移距离200
选择要偏移的对象，或 [退出 (E)/ 放弃 (U)] < 退出 >:　　选中圆
指定要偏移的那一侧上的点，或 [退出 (E)/ 多个 (M)/ 放弃 (U)] < 退出 >:
　　圆外侧单击一点后退出
命令 : OFFSET　　按空格键重复上一次命令
当前设置 : 删除源 = 否　图层 = 源　OFFSETGAPTYPE=0
　　【偏移】命令的默认设置，可不进行修改
指定偏移距离或 [通过 (T)/ 删除 (E)/ 图层 (L)] <200.000>: 300　　输入偏移距离300
选择要偏移的对象，或 [退出 (E)/ 放弃 (U)] < 退出 >:　　选中第一次偏移出来的圆
指定要偏移的那一侧上的点，或 [退出 (E)/ 多个 (M)/ 放弃 (U)] < 退出 >:
　　圆外侧单击一点后退出

方法2

命令 : O　　激活【偏移】命令
OFFSET 当前设置 : 删除源 = 否　图层 = 源　OFFSETGAPTYPE=0
　　【偏移】命令的默认设置，可不进行修改
指定偏移距离或 [通过 (T)/ 删除 (E)/ 图层 (L)] <300.0000>: t　　选择指定通过点进行偏移
选择要偏移的对象，或 [退出 (E)/ 放弃 (U)] < 退出 >:　　选中圆
指定通过点或 [退出 (E)/ 多个 (M)/ 放弃 (U)] < 退出 >:200　光标移到圆的外侧，输入偏移距离
选择要偏移的对象，或 [退出 (E)/ 放弃 (U)] < 退出 >:　　选中第一次偏移出来的圆
指定通过点或 [退出 (E)/ 多个 (M)/ 放弃 (U)] < 退出 >:300　光标移到圆的外侧，输入偏移距离
选择要偏移的对象，或 [退出 (E)/ 放弃 (U)] < 退出 >:　　按空格键退出命令

温馨提示：

1．如果每次偏移对象的距离相同，则可连续进行偏移操作。

2．偏移的对象如果是一个整体（如【二维多段线】【圆形】【矩形】命令绘制的矩形，正多边形命令绘制的正多边形等），则会对整体进行偏移。

实战2 利用【构造线】结合【偏移】命令绘制图3-44，尺寸详见图上。

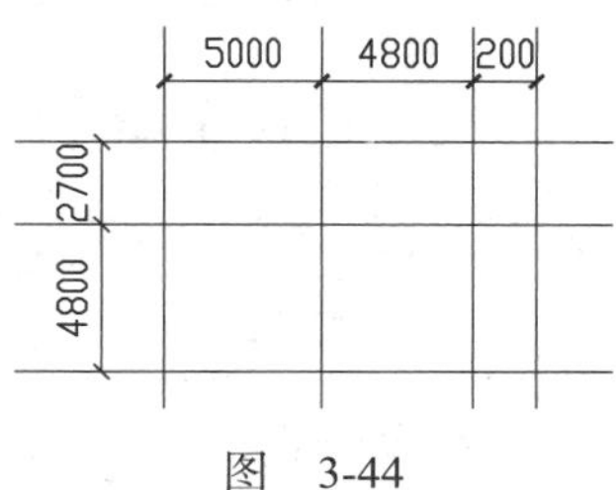

图 3-44

实战2参考

命令 : XL	激活【构造线】命令
XLINE 指定点或 [水平 (H)/ 垂直 (V)/ 角度 (A)/ 二等分 (B)/ 偏移 (O)]:	单击指定任意一点
指定通过点 : < 正交 开 >	按 < F8 > 键开启【正交】命令
指定通过点 :	移动光标，使构造线成水平后单击一点
指定通过点 :	移动光标，使构造线成竖直后单击一点，然后退出命令
命令 :O	
OFFSET 当前设置 : 删除源 = 否 图层 = 源 OFFSETGAPTYPE=0	激活【偏移】命令
指定偏移距离或 [通过 (T)/ 删除 (E)/ 图层 (L)] < 通过 >: t	选择指定通过点进行偏移
选择要偏移的对象，或 [退出 (E)/ 放弃 (U)] < 退出 >:	选中横向构造线
指定通过点或 [退出 (E)/ 多个 (M)/ 放弃 (U)] < 退出 >: 2700	光标移到构造线的下侧，输入偏移距离（上侧也可，但下侧为绘图习惯）
选择要偏移的对象，或 [退出 (E)/ 放弃 (U)] < 退出 >:	选中偏移出来的横向构造线
指定通过点或 [退出 (E)/ 多个 (M)/ 放弃 (U)] < 退出 >: 4800	光标移到第一次偏移出来的构造线的下侧，输入偏移距离

竖直方向的构造线按上述方法进行偏移，不再赘述。

温馨提示：

执行【偏移】命令的方式有两种：①指定偏移距离；②指定通过点。如果多个偏移对象之间的距离相同，可采用①，如果多个偏移对象之间的距离不同，可采用②。偏移命令在轴线的绘制中有着重要的应用。

考考你吧！

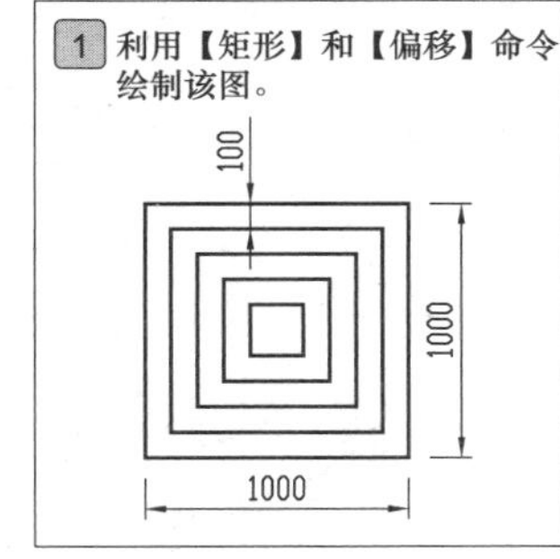

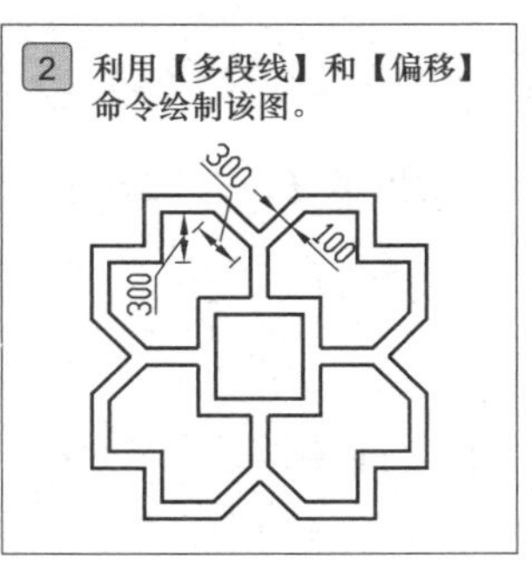

任务六　拉伸、缩放和拉长图形对象

当画图画到一半，或者对图形进行编辑的时候，若发现已有图形的尺寸并不是我们想要的，但是重画又会花费大量的时间，则可以考虑对图形进行拉伸、缩放和拉长的操作，以使图形尺寸达到要求。

一、【拉伸】命令

【拉伸】命令可对选取的图形对象进行拉伸，使其中一部分移动，同时维持与图形其他部分的连结。

1．激活方式

- 命令提示区：【STRETCH】或快捷键＜S＞
- 功能区：【默认】➡【修改】➡ 拉伸
- 【修改】工具栏：

2．命令解析

【拉伸】命令的操作较简单，关键在于操作过程中对拉伸对象的选择方式：使用交叉窗口或交叉多边形，并且应是从右到左选择。被拉伸的部分是与窗口相交的对象，其他部分将保持原样（图 3-45 和图 3-46）。注意：如果采用其他方式选择对象，操作的结果不是对图形对象进行拉伸，而是移动。

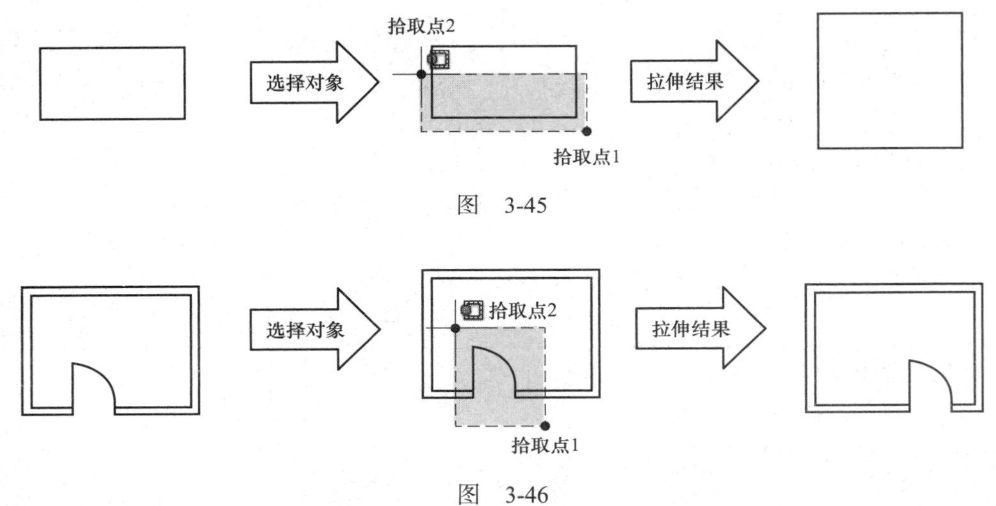

图　3-45

图　3-46

二、【缩放】命令

说起【缩放】命令，大家一定会想起【ZOOM】(快捷键＜Z＞) 命令。其实，AutoCAD 不止提供一种【缩放】命令，本任务要探讨的就是另一种缩放命令：【SCALE】命令。

1．激活方式

- 命令提示区：【SCALE】或快捷键＜SC＞
- 功能区：【默认】➡【修改】➡ 缩放
- 【修改】工具栏：

2．命令解析

AutoCAD 虽然提供了两种【缩放】命令，但是这两种【缩放】命令的含义却截然不同。我们知道 AutoCAD 的绘图区相当于一张无限大的画布，但有时这块画布上的图形并不能完全展现在绘图区内，我们需要对其进行【ZOOM】操作，这个操作仅仅改变图形的相对大小，并没有改变图形的实际尺寸；而【SCALE】命令则不同，它改变的不是图形的相对大小，而是选取对象的实际尺寸。

三、【拉长】命令

【拉长】命令可为选取的对象修改长度，为圆弧修改包含角，如图 3-47 所示。

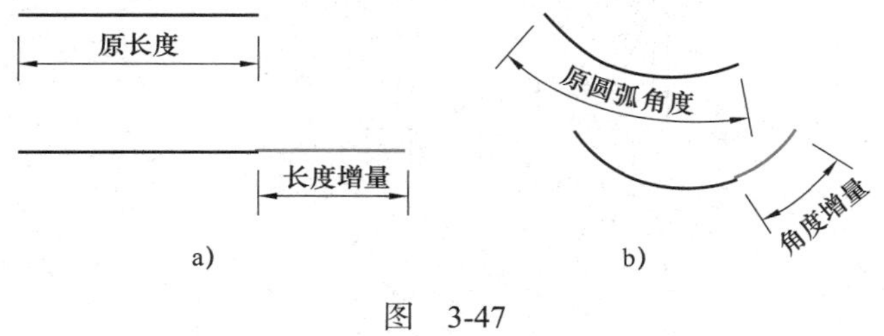

图 3-47

a）拉长直线 b）拉长圆弧

1. 激活方式

- 命令提示区：【LENGTHEN】或快捷键 <LEN>
- 功能区：【默认】⇨ 修改 ⇨

2. 命令解析

激活【拉长】命令后，命令提示区将出现以下提示：

```
选择要测量的对象或 [增量 (DE)/ 百分比 (P)/ 总计 (T)/ 动态 (DY)] < 总计 (T)>:
```

选中要测量的对象，可以查看选中对象的长度值（如果是圆弧，则可查看圆弧的长度值和夹角值），以便确定拉长值。拉长值的确定方法需通过 [ ] 内的子命令进行选择，具体含义如下：

1）增量（DE）：以指定的长度为增量修改对象的长度，该增量从距离选择点最近的端点处开始测量。

2）百分比（P）：指定对象总长度或总角度的百分比来设置对象的长度或弧包含的角度。

3）总计（T）：指定从固定端点开始测量的总长度或总角度的绝对值来设置对象长度或弧包含的角度。

4）动态（DY）：开启【动态拖动】模式，通过拖动选取对象的一个端点来改变其长度，其他端点保持不变。

实战练习

实战 1　利用【拉伸】命令对图 3-48 进行拉伸，最终效果如图 3-49 所示。

项目三任务六实战 1 视频

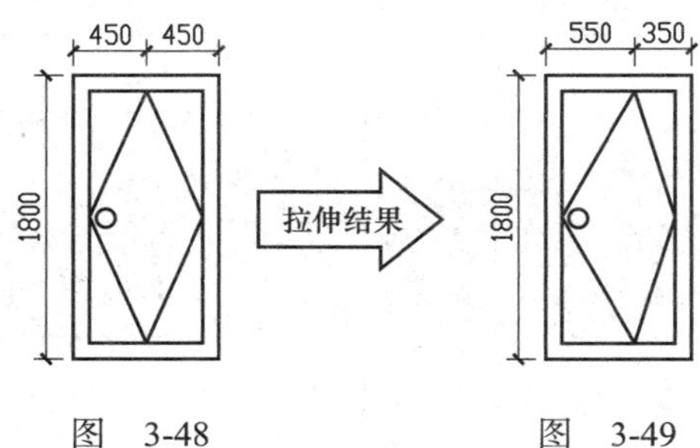

图 3-48　　图 3-49

实战 1 参考

```
命令 : S                                              激活【拉伸】命令
STRETCH  以交叉窗口或交叉多边形选择要拉伸的对象 ...
```

选择对象：　　　　图 3-50 两种选择对象的方式，哪种是对的呢？

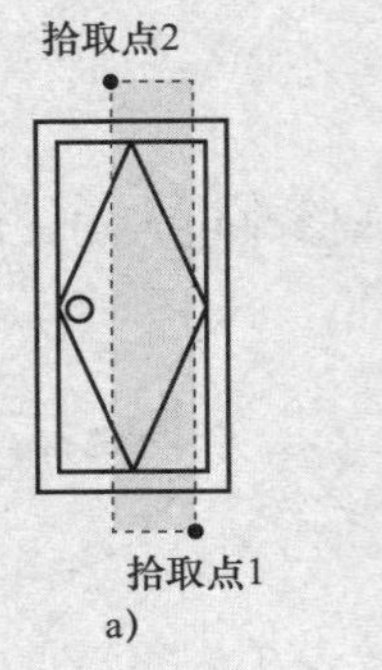

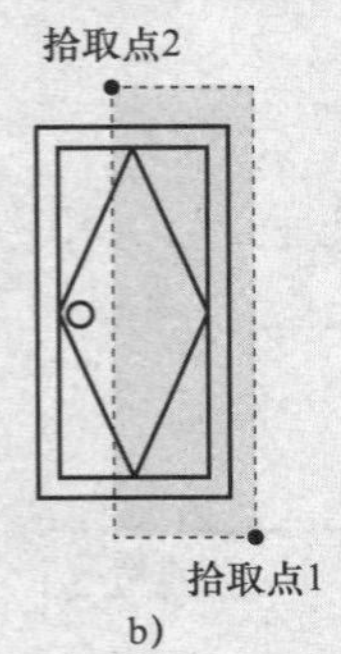

图 3-50

选择对象：指定对角点：找到 6 个　　　　成功选择对象
选择对象：　　　　右击或按空格键结束选择对象
指定基点或 [位移 (D)] < 位移 >:　　　　单击任意一点作为基点
指定第二个点或 < 使用第一个点作为位移 >: 100　　　　将光标移到要拉伸的方向，输入拉伸长度

温馨提示：

并不是所有的对象都可以拉伸，可以拉伸的对象包括与选择窗口相交的圆弧、椭圆弧、直线、多段线线段、二维实体、射线、宽线和样条曲线。

项目三任务六
实战 2 视频

实战 2　利用【缩放】命令对图 3-51 的大圆进行缩放，最终效果如图 3-52 所示。

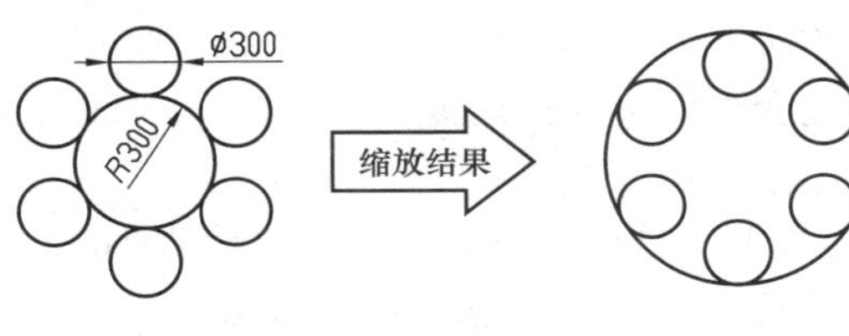

图 3-51　　　　图 3-52

实战 2 参考

命令：SC　　　　激活【缩放】命令
SCALE 选择对象：找到 1 个　　　　选中半径为 300 的圆
选择对象：　　　　按空格键或右击确定选择的范围
指定基点：　　　　指定大圆圆心作为基点
指定比例因子或 [复制 (C)/ 参照 (R)]: 2　　　　输入比例并退出命令

温馨提示：

1.【CALE】命令既能缩小图形，也能放大图形，比例因子小于 1 为缩小图形，大于 1 为放大图形。本任务实战 2 中，圆的半径由 300 变为 600，图形大小为原来的 2 倍，所以比例因子为 2。

2. 若缩放后需保留原图形对象，则可以通过“复制（C）”来实现。

项目三任务六
实战 3 视频

实战 3　绘制长度为 1000 的直线，然后利用【拉长】命令将其拉长 500。

实战 3 参考

命令：_lengthen　　　　单击图标激活【拉长】命令
选择要测量的对象或 [增量 (DE)/ 百分比 (P)/ 总计 (T)/ 动态 (DY)] < 总计 (T)>:　　　　选中直线
当前长度：1000.0000　　　　系统自动显示所选对象的长度值

选择要测量的对象或 [增量 (DE)/ 百分比 (P)/ 总计 (T)/ 动态 (DY)] < 总计 (T)>:DE
选择【增量】子命令
输入长度增量或 [角度 (A)] <0.0000>: 500 输入拉长的长度
选择要修改的对象或 [放弃 (U)]: 选择要被拉长的对象，即长度为 1000 的直线
选择要修改的对象或 [放弃 (U)]: 按空格键退出命令

温馨提示：

1.【拉长】命令中的【选择要测量的对象】这一步是用来查看对象属性的，如直线的长度、圆弧的长度和包含的角度等。如不想查看，可跳过这步直接选择 [ ] 内的子命令进行拉伸操作。

2.【拉长】命令中输入正值为拉长，负值为缩短。

考考你吧！

绘制该图（无须标注）。

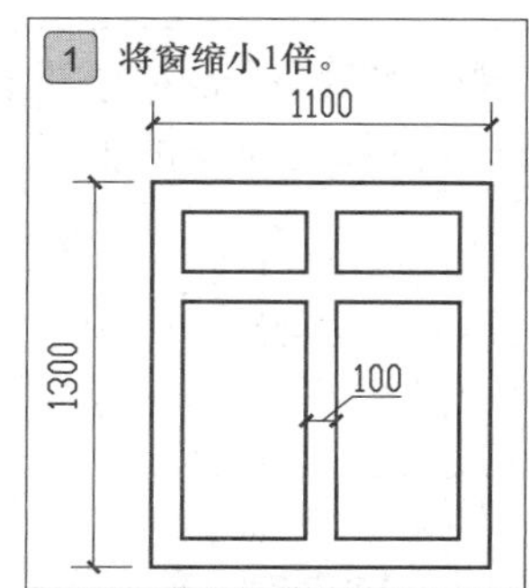

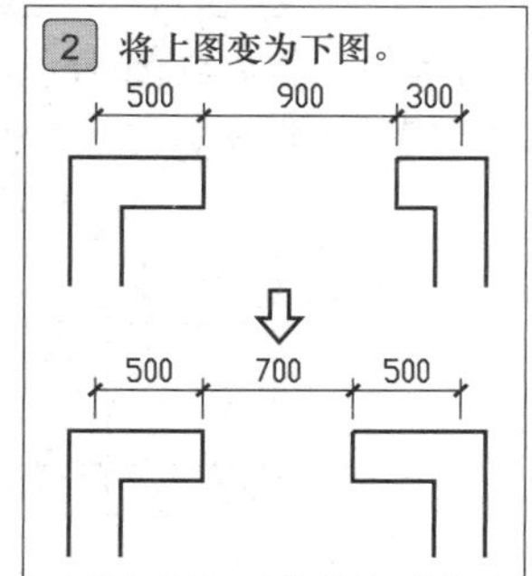

任务七 修剪、延伸和分解图形对象

在绘图的过程中，经常会遇到类似图 3-53 和图 3-54 这两种情况，而我们想要的却是图 3-55 的结果，怎么办呢？让我们来一起学习几个新命令吧！

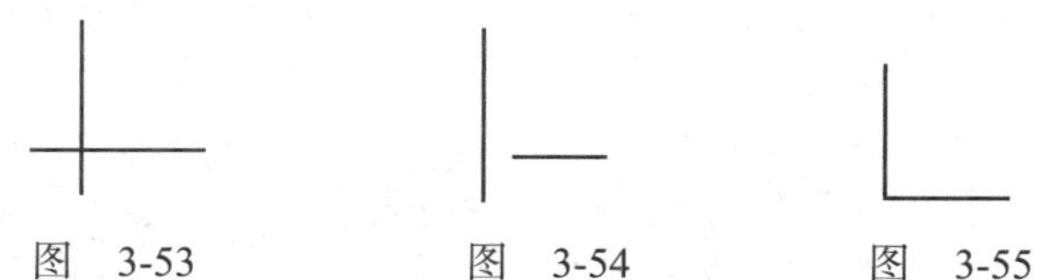

图 3-53　　图 3-54　　图 3-55

一、【修剪】命令

【修剪】命令可以准确地清理所选对象超出指定边界的部分，就像现实生活中的剪刀一样，把超出的部分剪断并丢弃。

1. 激活方式

- 命令提示区：【TRIM】或快捷键 <TR>
- 功能区：【默认】➡【修改】⇨ ⇨ 修剪 延伸
- 【修改】工具栏：

2. 命令解析

激活【修剪】命令后，命令提示区将出现以下提示：

选择对象或 < 全部选择 >:

注意：该提示不是让我们选择要进行修剪的对象。如果要进行修剪，需要知道从哪里剪。这里的【选择对象】就是让我们选择修剪的边界线，如图 3-56 所示。

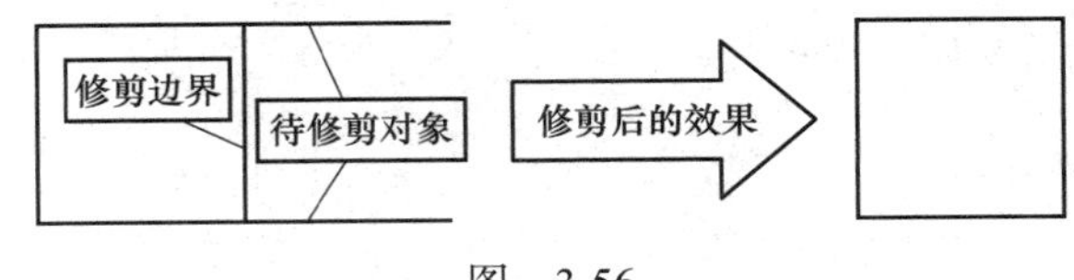

图 3-56

温馨提示：

【修剪边界】的选择可只选择待修剪对象的边界，也可通过按空格键默认全部选择，将所有图形对象选中作为修剪的边界，这对于待修剪对象较多时非常适用。

【修剪边界】选择之后，就正式进入修剪阶段：

选择要修剪的对象，或按住 Shift 键选择要延伸的对象，或 [栏选 (F)/ 窗交 (C)/ 投影 (P)/ 边 (E)/ 删除 (R)/ 放弃 (U)]:

这时，可以通过单击待修剪对象要修剪的那一侧，来对图形对象进行修剪。为了加速修剪，AutoCAD 还提供了【栏选（F)】和【窗交（C)】两种选择待修剪对象的方式，其含义如图 3-57 所示。

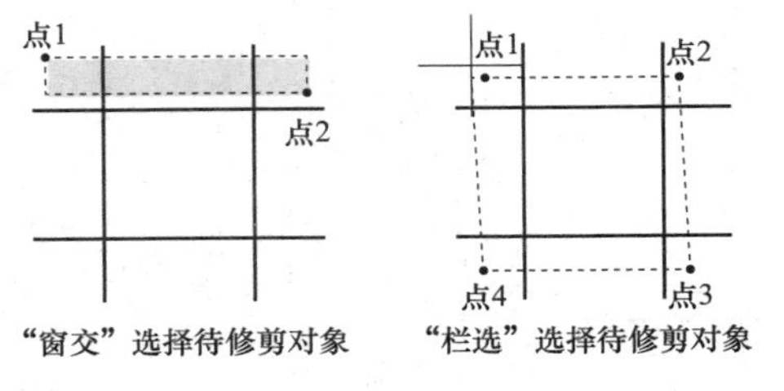

图 3-57

默认情况下，【修剪】命令仅能修剪边界线与待修剪对象相交的部分。对于没有相交形成交点的对象，只需将【边（E)】默认的【不延伸】改成【延伸】模式即可；如果在执行【修剪】命令的过程中发现有些图形对象是不需要的，则可通过【删除（R)】子命令将选定的对象从图形中删除；如果不小心将不需修剪的对象进行了修剪，这时可通过【放弃（U)】子命令来撤销前一次的修剪操作。

温馨提示：

在【选择要修剪的对象】这一步，除了可以采用单击的方式进行选择之外，还可以直接用交叉窗口进行选择，这相当于【窗交 (C)】，操作更快捷。

二、【延伸】命令

【延伸】命令可实现延伸直线、弧、二维多段线或射线，使之与另一对象相接。

1. 激活方式

- 命令提示区：【EXTEND】或快捷键 <EX>
- 功能区：【默认】➡【修改】⇨ ⇨ 修剪 / 延伸
- 【修改】工具栏：

2. 命令解析

【延伸】命令的操作方式以及各项子命令的含义与【修剪】命令基本相同，图 3-58 中的 2 种情况如想达到图 3-59 所示的效果，需采用不同的【边（E)】模式。

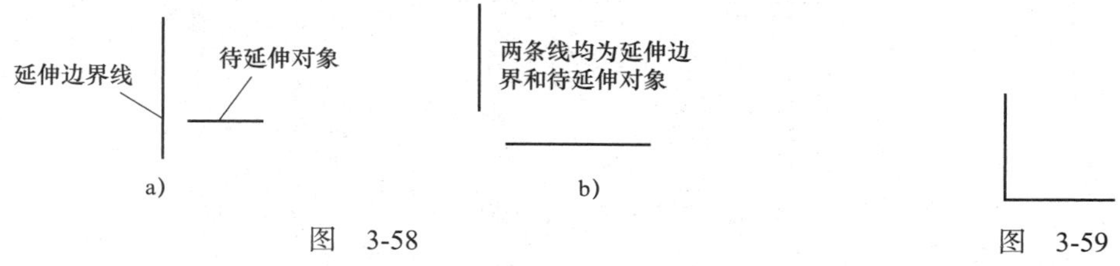

a）

b）

图 3-58

a）不需对“边（E）”进行修改 b）需将“边（E）”修改为“延伸”

图 3-59

三、【分解】命令

【分解】命令可将由多个对象组合而成的合成对象（例如图块、多段线、多线等）分解为独立对象。

1. 激活方式

- 命令提示区：【EXPLODE】或快捷键 <X>
- 功能区：【默认】➡【修改】➡
- 【修改】工具栏：

2. 命令解析

【分解】命令操作简单，图形对象分解后，除了颜色、线型和线宽可能会发生改变外，其他结果将取决于所分解对象的类型。例如：带有宽度的多段线将被分解为宽度为 0 的线和圆弧；多行文字将被分解为单行文字对象；多线将被分解为独立的直线；引线由于类型不同，可分解成直线、样条曲线、实体（箭头）、块（箭头、注释块）、多行文字或公差对象等。

实战练习

实战 1 利用【修剪】和【延伸】命令编辑图 3-60，使其成为如图 3-61 所示的效果。

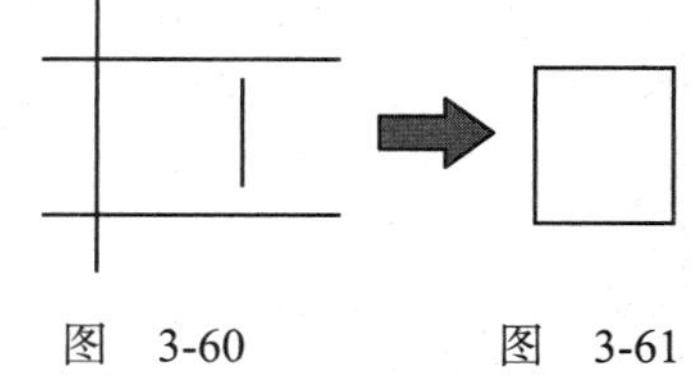

图 3-60 图 3-61

项目三任务七实战 1 视频

实战 1 参考

命令 : TR　　激活【修剪】命令

TRIM 当前设置 : 投影 =UCS，边 = 无 选择剪切边 ...

选择对象或 < 全部选择 >:　　按空格键默认全部对象都作为边界线

选择要修剪的对象，或按住 Shift 键选择要延伸的对象或 [栏选 (F)/ 窗交 (C)/ 投影 (P)/ 边 (E)/ 删除 (R)/ 放弃 (U)]:　　选择要修剪的对象，可采用图 3-62 的方式

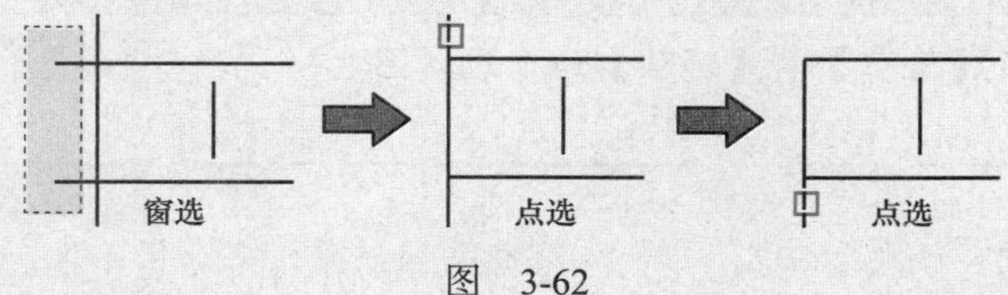

图 3-62

选择要修剪的对象，或按住 < Shift > 键选择要延伸的对象或 [栏选 (F)/ 窗交 (C)/ 投影 (P)/ 边 (E)/ 删除 (R)/ 放弃 (U)]: e　　选择修改边缘模式

输入隐含边延伸模式 [延伸 (E)/ 不延伸 (N)] < 不延伸 >: e　　边缘模式修改为【延伸】

选择要修剪的对象，或按住 < Shift > 键选择要延伸的对象或 [栏选 (F)/ 窗交 (C)/ 投影 (P)/ 边

(E)/ 删除 (R)/ 放弃 (U)]:　　选择对象可采用图 3-63 的方式

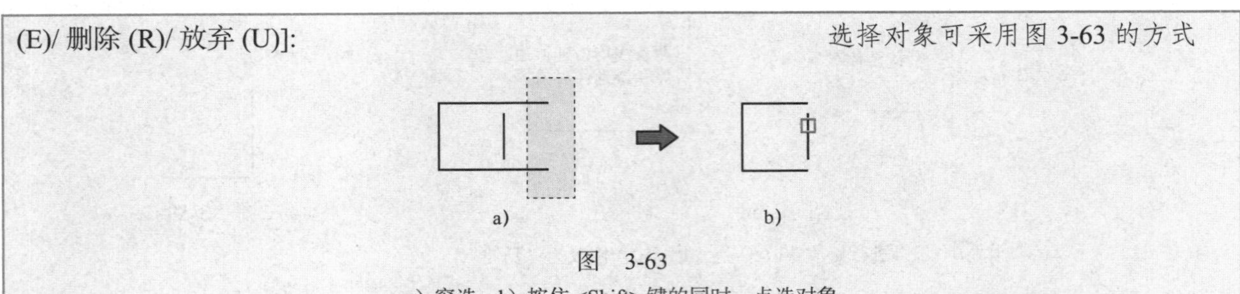

图 3-63
a）窗选　b）按住 <Shift> 键的同时，点选对象

温馨提示：

1.【修剪】和【延伸】命令可以进行互换，例如：执行【修剪】命令的过程中，只要在提示【选择要修剪的对象】时，按住 < Shift > 键的同时选中对象，就可转换为【延伸】命令，反之亦然。

2. 在窗选待修剪对象和延伸对象时，从左向右选择和从右向左选择的效果是相同的。

项目三任务七
实战 2 视频

实战 2　利用【修剪】命令编辑图 3-64，使其成为如图 3-65 所示的效果。

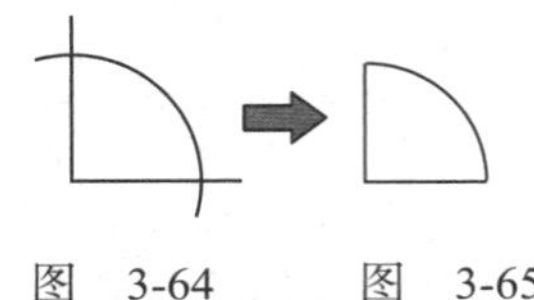

图 3-64　　图 3-65

实战 2 参考

命令 : tr　　激活【修剪】命令
TRIM 当前设置 : 投影 =UCS，边 = 延伸 选择剪切边 ...
选择对象或 < 全部选择 >:　　窗口选择全部对象都作为边界线
选择要修剪的对象，或按住 Shift 键选择要延伸的对象 , 或 [栏选 (F)/ 窗交 (C)/ 投影 (P)/ 边 (E)/ 删除 (R)/ 放弃 (U)]:　　依次点选超出部分（图 3-66），然后退出命令

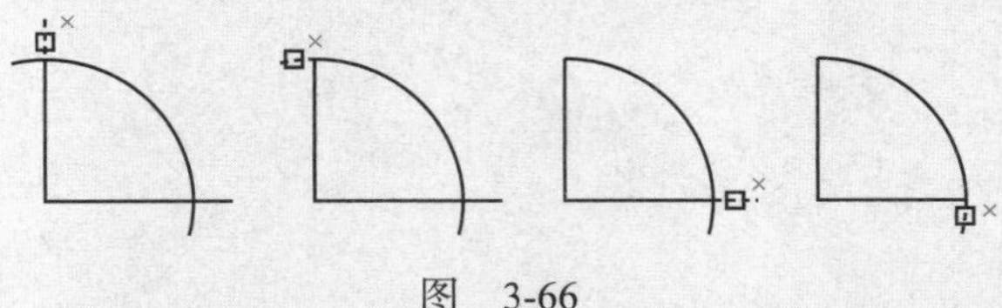

图 3-66

温馨提示：

图 3-67

1. 除了对直线进行修剪和延伸操作外，对圆弧、二维多段线和射线也同样可以使用上述两个命令。

2. 点选或利用窗口选择修剪边界，都会使选中的边界线亮显（图 3-67）。直接按空格键默认全部选择，则边界线以实线显示，注意两者的区别。

实战 3　利用【分解】【修剪】和【延伸】命令编辑图 3-68。

实战 3 参考

命令 : X　　激活【分解】命令
EXPLODE 选择对象 :　　框选全部对象，命令提示区会显示选中对象的数量
32 个不能分解。　　按空格键确认完成分解，本次不能分解的对象为 32 个
命令 : TR　　激活【修剪】命令
TRIM 当前设置 : 投影 =UCS，边 = 无　选择剪切边 ...
选择对象或 < 全部选择 >:　　按空格键默认全部选择，作为修剪边界线
选择要修剪的对象，或按住 Shift 键选择要延伸的对象或 [栏选 (F)/ 窗交 (C)/ 投影 (P)/ 边 (E)/

删除 (R)/ 放弃 (U)]:　　连续选中要修剪的对象，直到所有待修剪对象全部修剪完毕

选择要修剪的对象，或按住 Shift 键选择要延伸的对象或 [栏选 (F)/ 窗交 (C)/ 投影 (P)/ 边 (E)/ 删除 (R)/ 放弃 (U)]: E　　输入【E】，修改边缘模式

输入隐含边延伸模式 [延伸 (E)/ 不延伸 (N)] < 不延伸 >: E　　修改边缘模式为“延伸”

选择要修剪的对象，或按住 Shift 键选择要延伸的对象或 [栏选 (F)/ 窗交 (C)/ 投影 (P)/ 边 (E)/ 删除 (R)/ 放弃 (U)]:　　按住 < Shift > 键，连续选中待延伸对象，最后退出命令

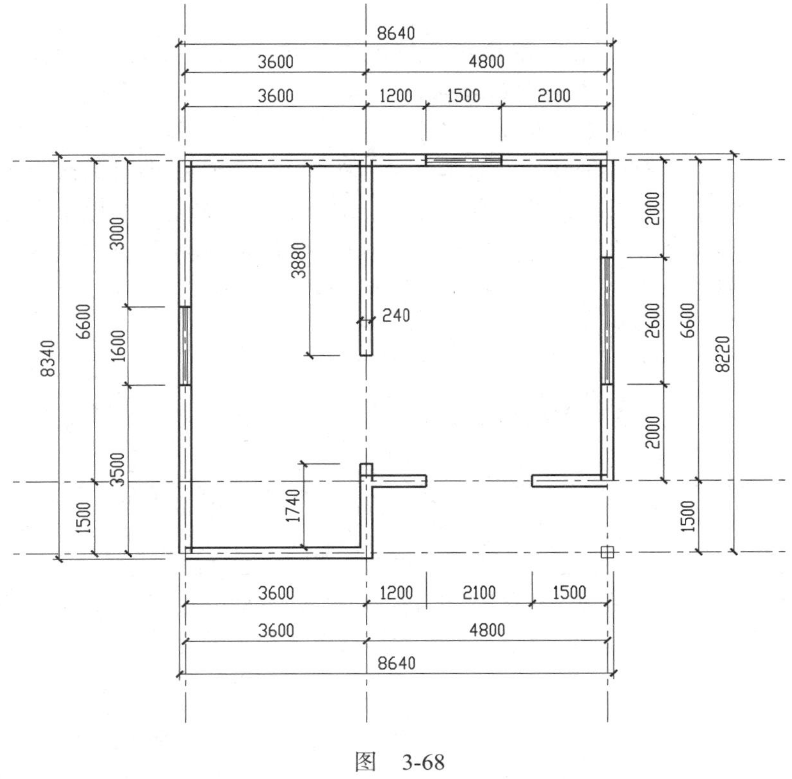

图 3-68

温馨提示：

1. 修剪图 3-69 时，可从左到右依次修剪。如果从右到左修剪，则会出现图 3-70 圆圈中的小横线，这条小横线可采用【删除】命令进行删除；

2. 在图 3-69 的修剪操作中，可利用滚动鼠标滑轮的方法对图形进行放大或缩小，以利于【修剪】和【延伸】命令的操作。

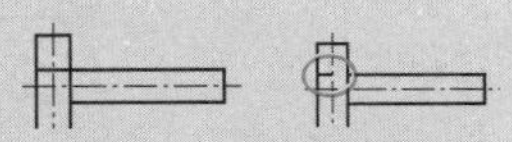

图 3-69　　图 3-70

考考你吧！

绘制以下图形（无须标注）。

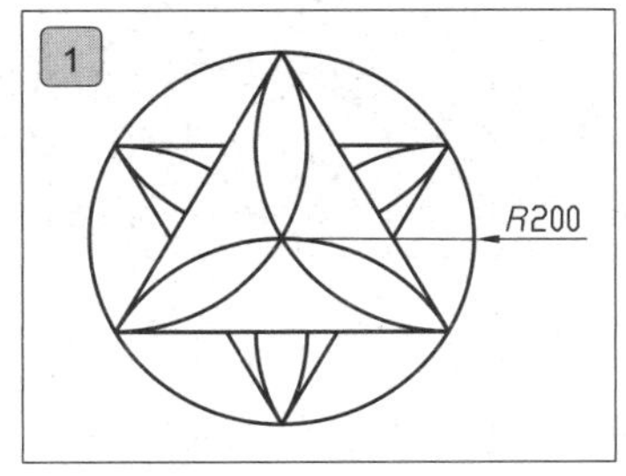

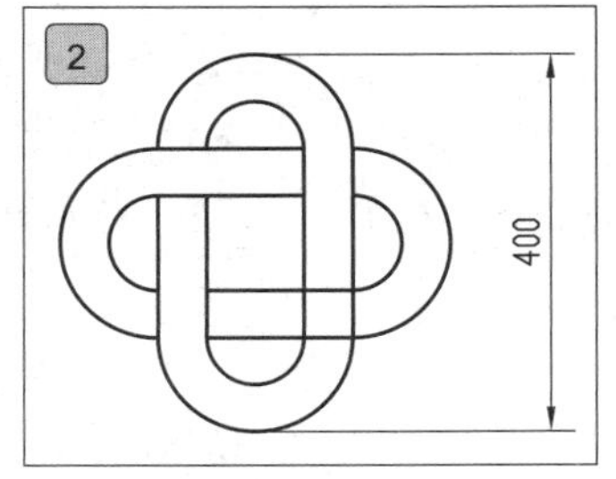

任务八 利用夹点修改图形对象

AutoCAD 提供了一个可以代替【拉伸】【移动】【复制】【镜像】【旋转】【修剪】【延伸】等命令的操作，即夹点编辑。然而，夹点编辑也有自己致命的弱点，即图形对象多时，会限制操作速度，所以此操作仅适用于对少数图形对象进行编辑的情况。

一、命令解析

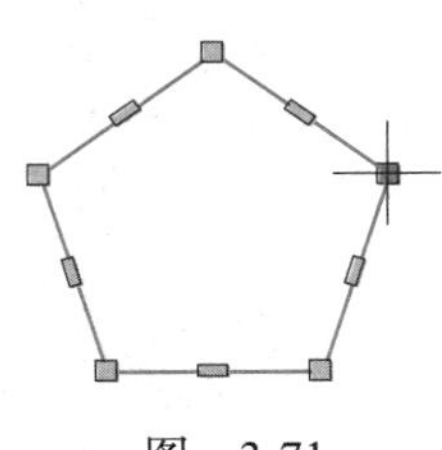

图 3-71

如果在没有命令执行的情况下选择对象，被选中的图形对象就会以蓝色亮显，而且被选中图形的特征点（如端点、圆心、象限点等）将显示为蓝色的矩形框，这样的矩形框被称为夹点。

夹点有两种状态（图 3-71）：未激活状态和被激活状态。选择某图形对象后出现的蓝色矩形框，即未激活状态的夹点。如果单击某个处于未激活状态的夹点，该夹点就会被激活，即为热夹点，以红色矩形框显示。以被激活的夹点为基点，可以对图形对象执行拉伸、移动、复制、缩放和镜像等基本操作。

二、夹点拉伸

拉伸（图 3-72 和图 3-73）是夹点编辑的默认操作，不需要再输入【拉伸】命令【 STRETCH】。当激活某个夹点以后，命令行提示如下：

```
命令 : ** 拉伸 **
指定拉伸点或 [ 基点 (B)/ 复制 (C)/ 放弃 (U)/ 退出 (X)]:
```

这时，拖动鼠标可以对图形对象进行任意的拉长和缩短。如果想在拉伸后，在原来的位置上保留原图，则可选择【复制】子命令（图 3-74）；【基点】是指选择其他点为拉伸的基点，而不是以选中的夹点为基点。

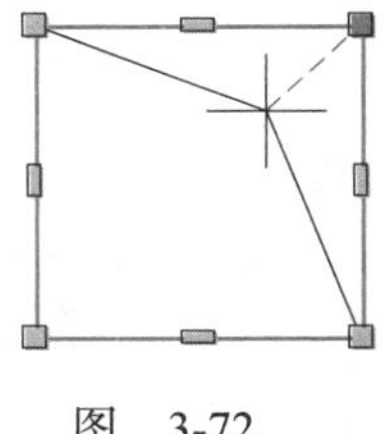

图 3-72

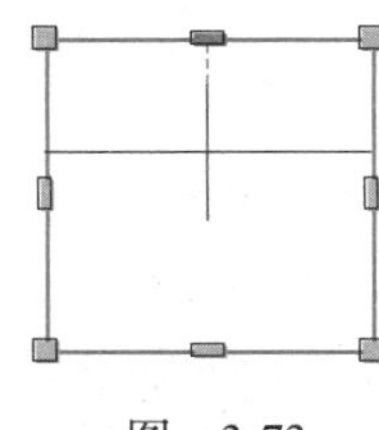

图 3-73

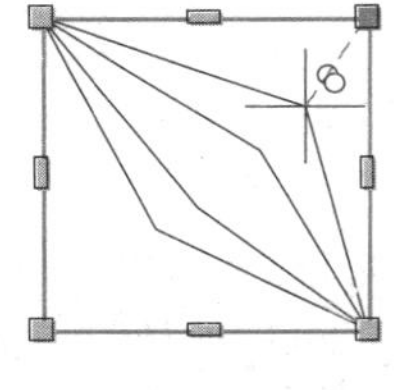

图 3-74

三、夹点移动

激活图形对象上的某个夹点，然后在命令提示区输入【移动】命令的简写 <MO>，就可以平移该对象，当然也可根据命令提示区的提示在移动图形的同时实现复制和重新指定基点的操作。

温馨提示：

1. 这里的夹点移动与【移动】命令不同，要注意区分。
2. 并不是所有图形对象在夹点移动时都必须输入 <MO>。例如：直线的两端夹点可实现直线的拉伸，中间的夹点则可实现直线的移动；圆的 4 个象限点处的夹点可实现圆的放大和缩小，圆心位置的夹点则可实现圆的移动。大家在平时绘图过程中要多尝试，注意积累经验。

四、夹点旋转

激活图形对象上的某个夹点，然后在命令提示区输入【旋转】命令的简写 <RO>，就可以绕着热夹点旋转该对象（图 3-75），当然也可根据命令提示区的提示在旋转图形的同时实现复制（图 3-76）和重新指定基点的操作。

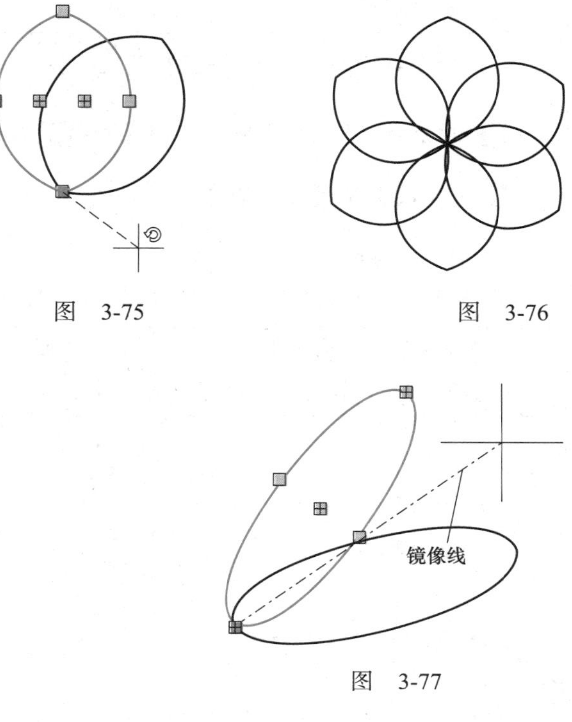

图 3-75

图 3-76

图 3-77

五、夹点镜像

激活图形对象上的某个夹点，然后在命令提示区输入【镜像】命令的简写 <MI>，可以对图形进行镜像操作（图 3-77）。其中热夹点作为对称轴上的一个点，只需要再指定一点，就可以确定对称轴的位置。如果想在夹点镜像后保留原来位置上的图形，则应在输入 <MI> 后，先选择【复制（C）】子命令，再确定镜像线的位置。

实战练习

实战　利用夹点编辑功能编辑图 3-78。

实战参考

由于本题操作中，命令提示区起到的作用并不大，所以仅点播操作要点。

要点 1：编辑前先对图形对象进行全部分解，使其成为单个线条，然后全部选中，以显示夹点位置。

要点 2：对于图 3-78 这种情况的处理，可先激活夹点，然后捕捉到交点位置，达到图 3-79 的效果。

要点 3：对于图 3-80 这种情况的处理，先激活夹点，然后在超过另一条线的任意位置单击鼠标，使其成为图 3-78 的效果，再按照要点 2 进行操作即可。

项目三任务八实战视频

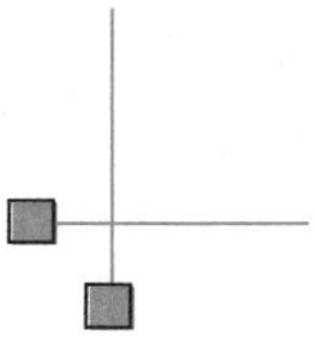

图 3-78

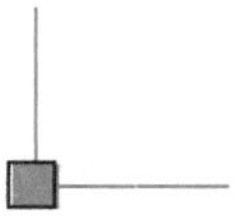

图 3-79

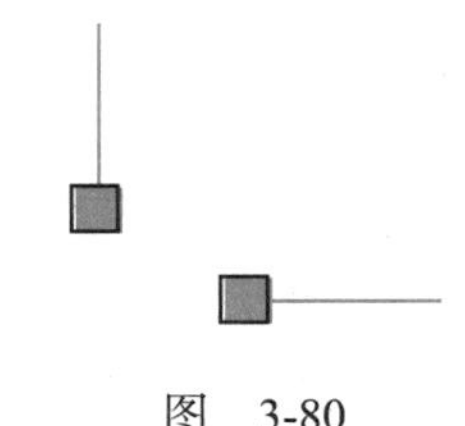

图 3-80

任务九 创建圆角、倒角和光顺曲线

还记得我们在矩形命令中学习的【圆角】和【倒角】子命令吗？本任务所涉及的【圆角】和【倒角】命令与【矩形】命令中所涉及的两个子命令的含义一样，但范围更广，不局限于【矩形】命令之中，对图形对象相交的顶点位置都适用。

一、【圆角】命令

【圆角】命令可以为两段圆弧、圆、椭圆弧、直线、多段线、射线、样条曲线或构造线创建指定半径的圆角。

1. 激活方式

- 命令提示区：【FILLET】或快捷键 <F>
- 功能区：【默认】➡【修改】⇨ ⇨ 
- 【修改】工具栏：

2. 命令解析

激活【圆角】命令之后，命令提示区将出现以下提示：

```
当前设置 : 模式 = 修剪，半径 = 0.0000
选择第一个对象或 [ 放弃 (U)/ 多段线 (P)/ 半径 (R)/ 修剪 (T)/ 多个 (U)]:
```

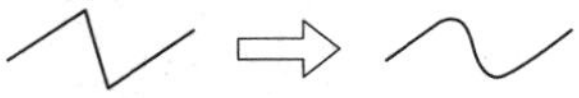

1）【选择第一个对象】：选取要创建圆角的第 1 个对象，接着选取第 2 个对象即完成操作。

2）【多段线】(P)：二维多段线中，在每两条线段相交的顶点处创建圆角，如图 3-81 所示。

图 3-81

3）【半径】(R)：设置圆角弧的半径。

4）【修剪】(T)：选择此子命令后，将会出现【修剪 (T) / 不修剪 (N)】两种模式，其含义见图 3-82 ～图 3-84。

5）【多个】(U)：为多个对象创建圆角。

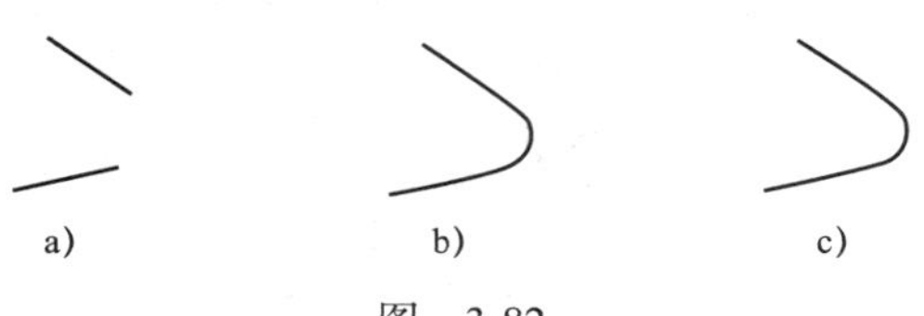

图 3-82

a) 原图 b) 修剪 (T) 效果 c) 不修剪 (N) 效果
注：图形对象不相交，圆角半径相对较小。

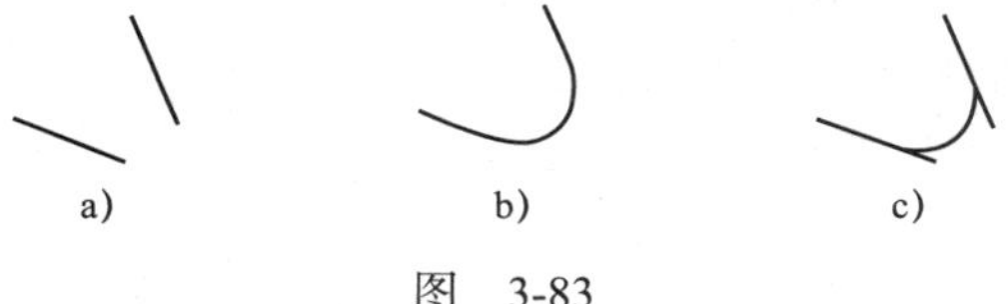

图 3-83

a) 原图 b) 修剪 (T) 效果 c) 不修剪 (N) 效果
注：图形对象不相交，圆角半径相对较大。

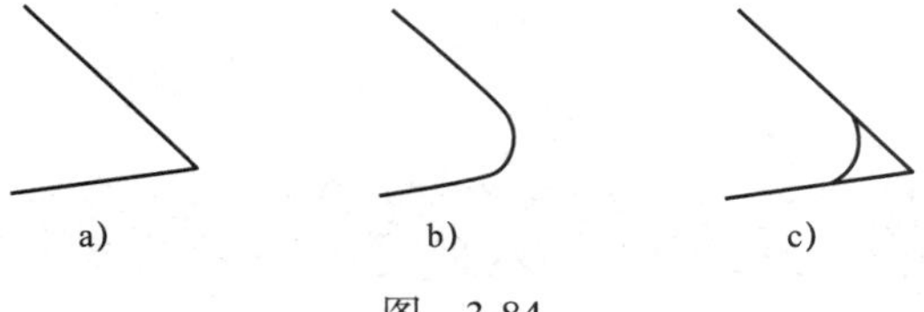

图 3-84

a) 原图 b) 修剪 (T) 效果 c) 不修剪 (N) 效果
注：图形对象相交。

二、【倒角】命令

利用【倒角】命令可以在两条交叉线、放射状线条或无限长的线上建立倒角。

1. 激活方式

- 命令提示区：【CHAMFER】或快捷键 < CHA >

- 功能区：【默认】➡【修改】➡ ➡ 倒角
- 【修改】工具栏：

2．命令解析

激活【倒角】命令之后，命令提示区将出现以下提示：

（【修剪】模式）当前倒角距离 1=10.0000，距离 2=10.0000
选择第一条直线或 [放弃 (U)/ 多段线 (P)/ 距离 (D)/ 角度 (A)/ 修剪 (T)/ 方式 (E)/ 多个 (M)]:

1)【距离】(D)：设置倒角到两个选定边的端点的距离。

2)【角度】(A)：指定第一条线与倒角形成的线段之间的角度值。

3)【方式】(E)：用来设置倒角的处理方式，有两种：“距离—距离”和“距离—角度”。

其他子命令含义同【圆角】命令。

三、光顺曲线

光顺命令用于在两条开放曲线的端点之间创建相切或平滑的样条曲线。生成样条曲线的形状取决于指定的连续性，选定对象的长度保持不变。光顺曲线的激活方式如下。

- 命令提示区：【BLEND】
- 功能区：【默认】➡【修改】➡ ➡ 光顺曲线
- 【修改】工具栏：

实战练习

实战 1 利用【圆角】命令对图 3-85 进行圆角操作（圆角半径为 30），得到如图 3-86 所示的槽钢示意图。

项目三任务九
实战 1 视频

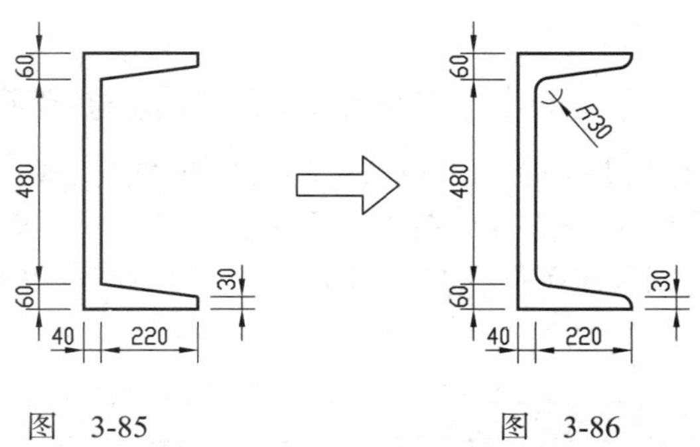

图 3-85　　图 3-86

实战 1 参考

命令行	说明
命令: F	激活【圆角】命令
FILLET 当前设置 : 模式 = 不修剪，半径 = 10.0000	圆角的当前设置，注意当前模式为【不修剪】，需修改
选择第一个对象或 [放弃 (U)/ 多段线 (P)/ 半径 (R)/ 修剪 (T)/ 多个 (M)]:t	选择更改修剪模式
输入修剪模式选项 [修剪 (T)/ 不修剪 (N)] < 不修剪 >:t	选择【修剪】模式
选择第一个对象或 [放弃 (U)/ 多段线 (P)/ 半径 (R)/ 修剪 (T)/ 多个 (M)]:m	选择连续为多个对象创建圆角

选择第一个对象或 [放弃 (U)/ 多段线 (P)/ 半径 (R)/ 修剪 (T)/ 多个 (M)]:R
选择设置圆角的半径
指定圆角半径 <10.0000>:30　　设置圆角的半径为 30
选择第一个对象或 [放弃 (U)/ 多段线 (P)/ 半径 (R)/ 修剪 (T)/ 多个 (M)]:
选择圆角位置的第一条边
选择第二个对象，或按住 Shift 键选择对象以应用角点或 [半径 (R)]:
选择同一个圆角位置的另一条边
然后依次单击要进行圆角操作的其他位置，完成所有的圆角后退出命令

图　3-87

实战 2　利用【圆角】命令对图 3-87 中的左图进行圆角操作，得到右图效果。

实战 2 参考

命令 : F　　激活【圆角】命令
FILLET 当前设置 : 模式 = 修剪，半径 = 10.0000
选择第一个对象或 [放弃 (U)/ 多段线 (P)/ 半径 (R)/ 修剪 (T)/ 多个 (U)]: r　　选择修改圆角半径
指定圆角半径 <10.0000>:　　捕捉到下面直线右侧端点
指定第二点 :　　追踪到上面直线的垂足位置
选择第一个对象或 [放弃 (U)/ 多段线 (P)/ 半径 (R)/ 修剪 (T)/ 多个 (U)]:　　单击上面直线
选择第二个对象，或按住 Shift 键选择对象以应用角点或 [半径 (R)]:　　单击下面直线

温馨提示：

设置直径时，除了直接输入数值外，还可以在绘图区单击两点确定。

任务十　了解其他编辑命令

除了本项目前九个任务介绍的编辑命令之外，AutoCAD 中还有一些不常用命令，这里仅进行简单介绍。

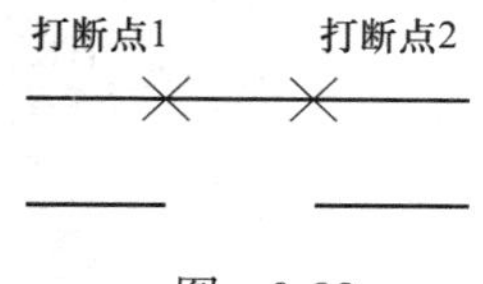

图　3-88

一、【打断】/【BREAK】/ 快捷键
/

【打断】命令可以将选取的对象在两点之间打断并删除，如图 3-88 所示。若选取的两个切断点在同一个位置，则对象被切开，但不删除这个部分，当然也可以利用图标（即【打断于点】命令）来完成这一操作。

温馨提示：

在切断圆或多边形等封闭对象时，系统默认以逆时针方向切断两个切断点之间的对象。

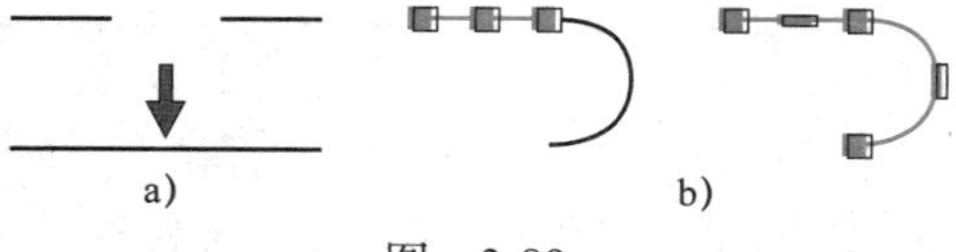

图　3-89
a）合并直线　b）合并多段线

二、【合并】/【JOIN】/

【合并】命令可以将几个单独的对象合并以形成一个完整的对象，如图 3-89 所示。

温馨提示：

如果合并的是圆弧，则要连接的弧必须为同一个圆的一部分；如果合并的是直线，则直线必须处于同一直线上；如果合并的是椭圆弧，则选择的椭圆弧必须位于同一椭圆上。

三、【对齐】/【ALIGN】/快捷键 <AL>/

选择要对齐的源对象，并向其添加源点，向其要对齐的目标对象添加目标点，使源对象与目标对象对齐，如图 3-90 所示。要对齐某个对象，最多可以为其添加三对源点和目标点。

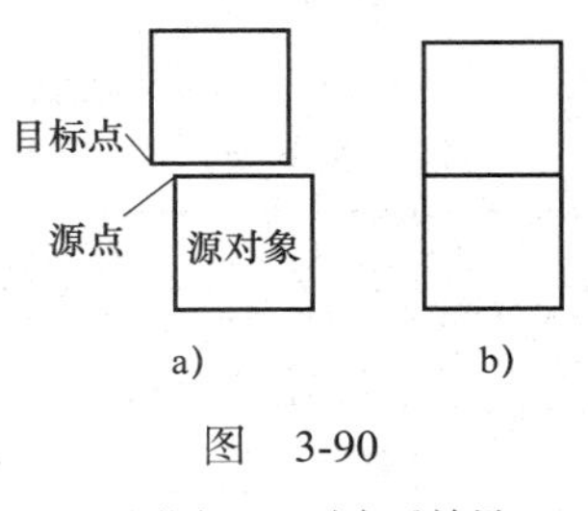

图　3-90
a）原图　b）对齐后效果

四、【清扫】/【OVERKILL】/

【清扫】命令可通过删除重复或不需要的对象来清理重叠的几何图形。

五、【清理】/【PURGE】/快捷键 <PU>

【清理】命令用于清除当前图形文件中未使用但已命名的项目，如图块、图层、线型、文字形式等，或已定义但未使用于图形的标注样式。

六、【核查】/【RECOVER】

【核查】命令可以实现对损坏图形的修复，此命令只能对 DWG、DWT、DWS 文件执行修复或核查操作。对 DXF 文件执行修复时将仅打开文件。

任务十一　查询图形信息

在绘图或复核图形的过程中，往往需要对图层的特性、长度、面积、角度、坐标等信息进行查询。AutoCAD 提供了【查询】工具栏（图 3-91）和【测量工具】工具栏（图 3-92），通过这两个工具栏可以快速实现各项查询功能。

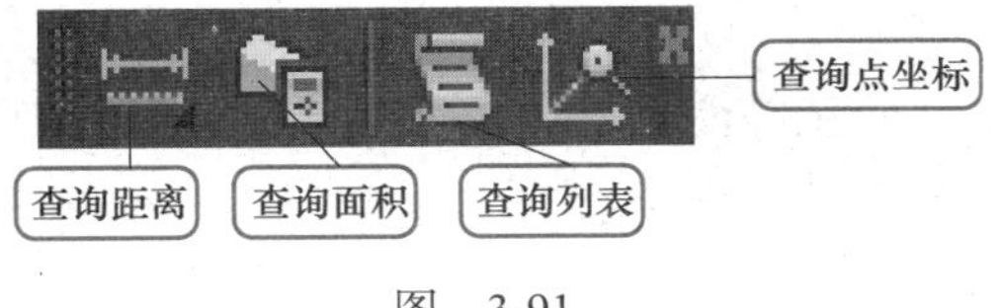

图　3-91

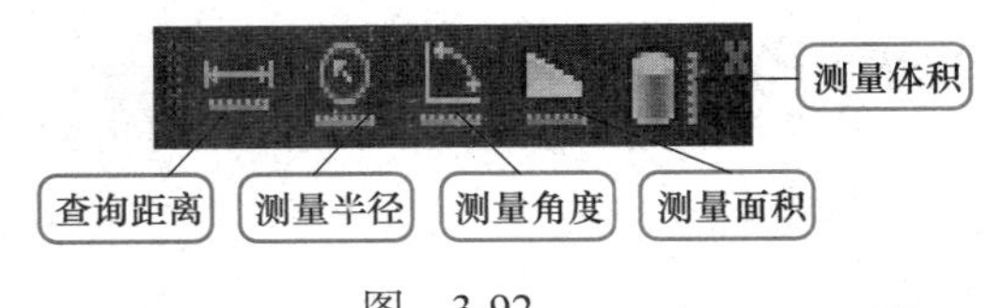

图　3-92

一、【查询点的坐标】/【ID】/

此命令可用于查询图形对象上某一点的绝对坐标值，坐标值以 XYZ 的方式显示在命令提示区中。在二维坐标系中，Z=0。需注意的是，查询出来的坐标值与坐标系有关，不同的坐标系查询出来的结果不同。

二、【查询距离】/【DIST】/快捷键 <DI>/

此命令可用于计算选定的任意两点之间的距离，利用它可得到如下信息（图 3-93）：

1）以当前绘图单位表示的两点间的距离。

2）在 XY 平面上的倾角。

3）与 XY 平面的夹角（二维平面为 0）。

4）两点在 X、Y、Z 轴上的增量 ΔX、ΔY、ΔZ（二维平面 ΔZ=0）。

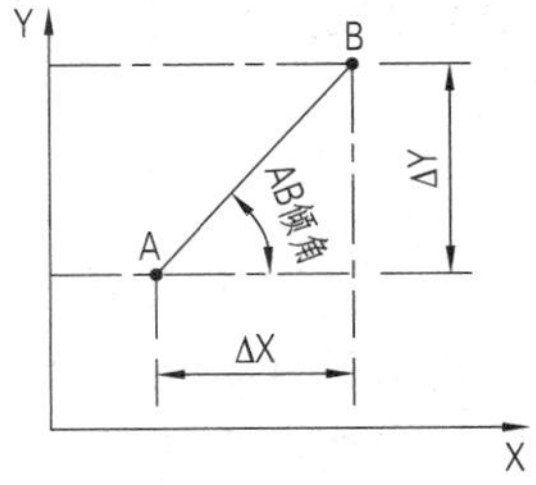

图 3-93　直角坐标系

三、【查询面积】/【AREA】/快捷键 <AA>/

（1）【查询面积】命令可以用来测量以下量：

1）用一系列点定义的一个封闭图形的面积和周长。

2）用圆、封闭样条线、正多边形、椭圆或封闭多段线所定义的面积和周长。

3）由多个图形组成的复合面积。

激活命令后，命令提示区将出现以下提示：

命令 : AREA 指定第一个角点或 [对象 (O)/ 增加面积 (A)/ 减少面积 (S)]< 对象 (O)>:

（2）各项子命令的含义如下：

1)【第一个角点】：用于对由多个点定义的封闭区域的面积和周长进行计算，程序依靠连接每个点所构成的虚拟多边形围成的空间来计算面积和周长。

2)【对象】(O)：计算单个选定对象的面积和周长，可被选取的对象有圆、椭圆、封闭多段线、多边形、实体和平面。

3)【增加面积】(A)：计算多个对象或选定区域的周长和面积总和，计算结果中也包含单个对象或选定区域的周长和面积。

4)【减少面积】(S)：与“增加面积（A)”相反，即减去选取区域或对象的面积和周长。

温馨提示：

1. 若指定角点定义的多边形不闭合，系统将自动从最后一点到第一点绘制一条直线，来计算该多边形的面积。在计算周长时，自动绘制的这条直线的长度也包含在内。

2. 若选择的对象是开放多段线，在计算面积时，系统会自动绘制一条直线连接多段线的起点和终点。但这条线段的长度不包含在计算的周长中。

四、【查询图形信息】/【LIST】/ 快捷键 <LI>/

【查询图形信息】命令可以用于列出选取对象的相关特性，包括对象类型、所在图层、当前坐标系（UCS）的 X、Y、Z 轴位置等。信息显示的内容，视所选对象的种类而定，上述信息会显示于 AutoCAD 文本窗口与命令行中。

另外，通过查询对象的属性，也可获得相关的坐标、长度、面积等信息，具体根据所选对象的不同而不同。

项目三任务十一
实战 1 视频

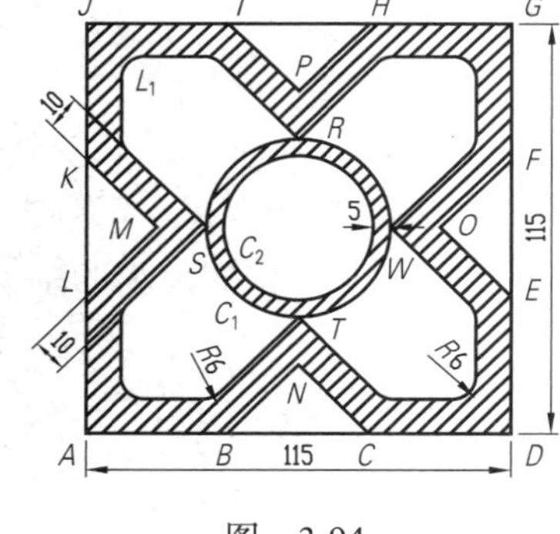

图 3-94

实战练习

实战 1 绘制图 3-94（已知：外围边界边长均三等分），并查询出下列内容：

1. T 点到 J 点的距离是多少？角度（钝角）是多少？相对坐标值多少？

2. 外围斜线区域的内环（L_1）周长是多少？

3. 斜线区域的总面积是多少？

实战 1 参考

图形的绘制不赘述（提示：绘图时可把轮廓和填充放在不同的图层中，以便于查询操作），下面详细阐述问题的求解过程。

命令 : DI< 对象捕捉 开 >	激活查询距离命令，打开【对象捕捉】，控制捕捉精度
DIST 指定第一点 :	【对象捕捉】到 T 点
指定第二个点或 [多个点 (M)]:	【对象捕捉】到 J 点
距离 = 100.4543，XY 平面中的倾角 = 125，与 XY 平面的夹角 = 0	
X 增量 = −57.5000，Y 增量 = 82.3700，Z 增量 = 0.0000	

根据命令提示区（也可打开 AutoCAD 文本窗口查看）呈现的查询结果，答案分别为：距离 100.4543；角度 125°；相对坐标（-57.5,82.37,0）。

命令 : _region	激活【创建面域】命令
选择对象 :	选择外围斜线区域的内环（可关闭填充图层），将单个对象转换成面域
已提取 1 个环。	
已创建 1 个面域。	
命令 : aa	激活【查询面积】命令
AREA 指定第一个角点或 [对象 (O)/ 增加面积 (A)/ 减少面积 (S)]< 对象 (O)>:o	
	选择【对象】模式
选择对象 :	选中刚刚创建的面域
区域 = 7030.4837, 修剪的区域 = 0.0000，周长 = 447.3321	

根据命令提示区（也可打开 AutoCAD 文本窗口查看）呈现的查询结果，答案为：447.3321。

命令 : aa	激活【查询面积】命令
AREA 指定第一个角点或 [对象 (O)/ 增加面积 (A)/ 减少面积 (S)]< 对象 (O)>: a	
	选择【增加面积】模式
指定第一个角点或 [对象 (O)/ 减少面积 (S)]:o	选择【对象】模式
(" 加 " 模式) 选择对象 :	选择圆内的斜线区域
区域 = 654.8794, 周长 = 283.4976 总面积 = 654.8794	
(" 加 " 模式) 选择对象 :	选择另外一个斜线区域，然后退出命令
区域 = 4725.0719, 周长 = 970.8448 总面积 = 5379.9513	

根据命令提示区（也可打开 AutoCAD 文本窗口查看）呈现的查询结果，答案为：5379.9513。

温馨提示：

1. 在进行图形信息查询时，一定要注意选择的顺序，顺序不同，结果可能不同。

2. 对本案例中的第 2 问，由于所求解的区域并非一个整体，直接用【AA】命令查询不到想要的结果，须先将其转化为一个面域，使其变成一个整体，才可查询。此外，也可用快捷键 <PL> 描一遍轮廓线。

3. 除上述的方法外，也可采用 <MO> 查询属性的方法来求解，赶快试试吧！

实战 2 绘制图 3-95，并查询出下列内容：

1. 图中阴影部分的面积是多少？
2. 圆的周长是多少？
3. *A* 点相对 *B* 点的坐标是多少？

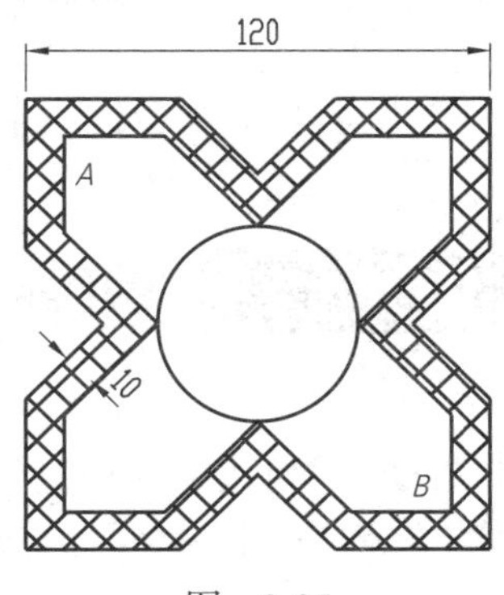

图 3-95

实战 2 参考

图形的绘制不赘述，下面详细阐述问题的求解过程。

输入快捷键 <MO> 调出【属性】对话框（图 3-96），然后分别单击图中的阴影部分、圆，以及直线 *AB*（事先用直线命令连接 *A*、*B* 两点作为辅助线）。

根据属性选项卡中的选项可知：

1. 阴影部分的面积为 5131.37。
2. 圆的周长为 162.47。
3. *A* 点相对于 *B* 点的坐标为 -100，100。

综上所述，利用对象的属性进行相关信息的查询是十分方便的。

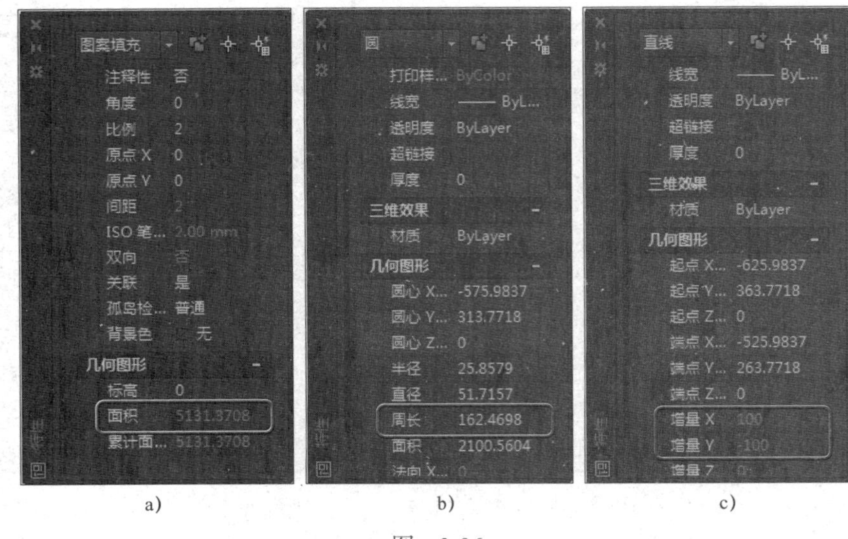

a)　　b)　　c)

图　3-96

a）填充属性　b）圆属性　c）直线 *AB* 属性

温馨提示：

A 点相对于 *B* 点的坐标并不直接等于查询出来的结果，需根据二者之间的相对位置关系进行调整。

考考你吧！

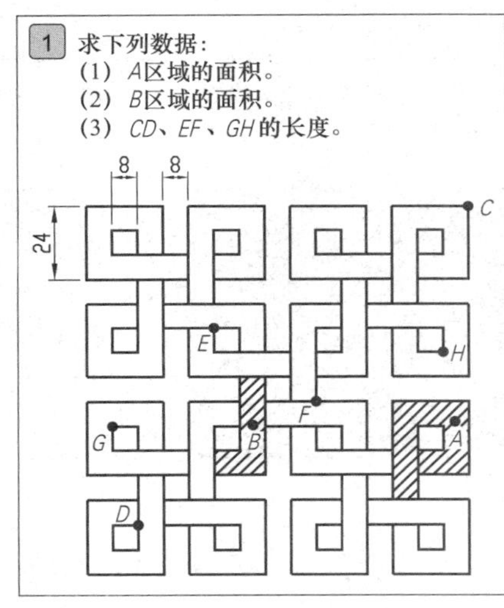

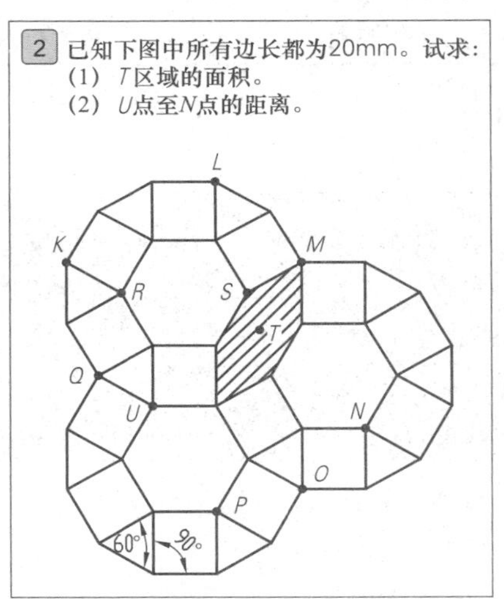

2 已知下图中所有边长都为20mm。试求：
(1) T区域的面积。
(2) U点至N点的距离。
L
K
M
R
S
T
Q
U
N
O
P
60°
90°

任务十二　绘制与编辑表格

拿到一套图纸后，你先看什么呢？是不是图纸目录？对的！那你想过没有，这个图纸目录的表格是怎么绘制的呢？绘图命令，【单行文字】，还是【多行文字】？都不是。绘制表格最适宜的方法是运用 AutoCAD 本身提供的表格绘制与编辑命令。

一、【创建表格样式】

同尺寸标注、文字注释一样，创建表格之前需要先确定所要插入表格的样式。

1. 激活方式

命令提示区：【TABLESTYLE】

功能区：【注释】➡ 表格

【样式】工具栏：

2. 命令解析

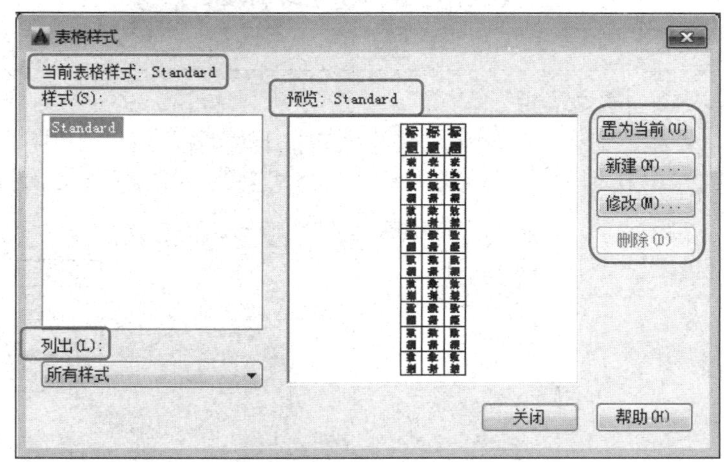

图 3-97

此命令用于创建、修改或删除表格样式，表格样式可以控制表格的外观。激活命令后，将弹出【表格样式】对话框，如图 3-97 所示。

AutoCAD 提供了一个名为【Standard】的默认样式（图 3-97）。如果这个默认样式不满足要求，可以单击 新建(N)... 按钮，新建一个表格样式（图 3-98）。

与新建标注样式相同，新建表格样式时，需填写新样式名，选择基础样式后，单击 继续 按钮，进入【新建表格样式】对话框（图 3-99）。

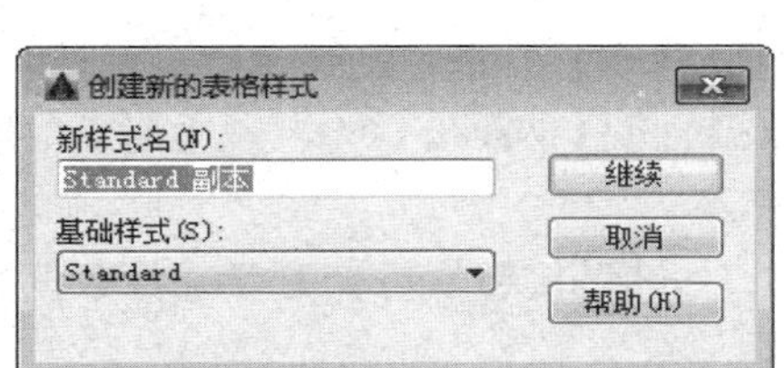

图 3-98

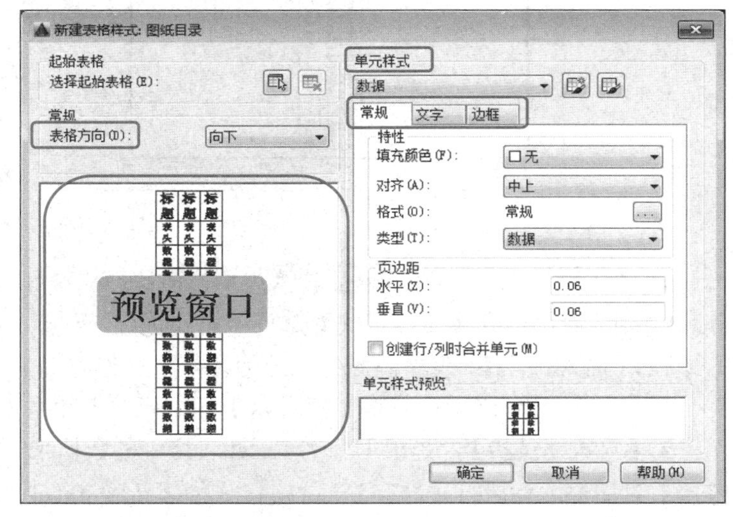

图 3-99

(1)【表格方向】：用于更改表格方向。【表格方向】包括【向上】和【向下】两种选项，效果详见预览窗口。

(2)【单元样式】：在下拉列表框中选择要设置的对象，包括【标题】【表头】【数据】3 种选项，其下紧跟着【常规】【文字】和【边框】3 个标签页，用于分别设置标题、表头和数据单元样式中的基本内容、文字样式和边框。如果想对行或列进行合并，使其成为一个单元格，可勾选☑创建行/列时合并单元(M)。

完成表格样式的设置后，单击 确定 按钮，系统返回到【表格样式】对话框，并将新定义的样式添加到【样式】列表框中，默认为当前样式。单击 关闭 按钮，即可完成表格样式的设置。

二、【创建表格】

1. 激活方式

- 命令提示区：【TABLE】
- 功能区：【注释】➡【表格】➡ 表格
- 【样式】工具栏：

2. 命令解析

激活命令后，将弹出【插入表格】对话框（图 3-100）。此对话框包含【表格样式】【插入选项】【插入方式】【列和行设置】【设置单元样式】以及【预览】6 部分。

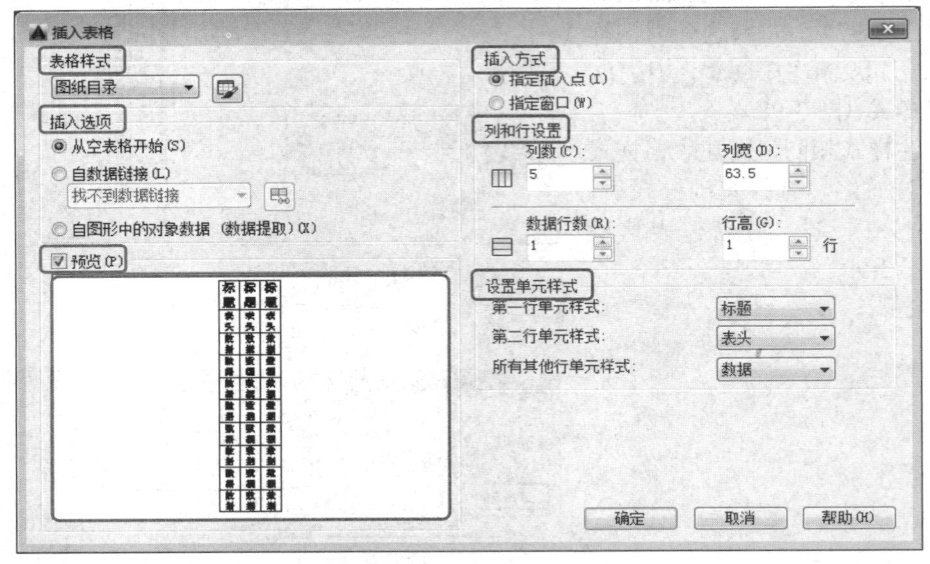

图 3-100

（1）【表格样式】：单击图纸目录可选择需要的表格样式。如事先没有创建表格样式，可通过单击其后的按钮，打开【表格样式】选项卡进行创建。

（2）【插入选项】：表格插入方式分为【从空表格开始】和【自数据链接】两种。

1）【从空表格开始】：是指创建可以手动填充数据的空表格。

2）【自数据链接】：是根据外部 Excel 表格中的数据来创建表格。单击按钮，可打开【选择数据链接】对话框，然后打开已有 Excel 链接或创建新的 Excel 链接。

（3）【插入方式】：有【指定插入点】和【指定窗口】两种方式。

1）【指定插入点】：当在【表格样式】中将表格的方向设置为由下而上读取时，插入点位于表格的左下角；当在【表格样式】中将表格的方向设置为由上而下读取时，插入点位于表格的左上角。

2）【指定窗口】：指定一个矩形框作为表格的大小和位置，窗口大小、列和行的设置将决定列数、行数、列宽和行高。

（4）【列和行设置】：用于设置表格的列和行的数目以及大小。当【插入方式】选择【指定窗口】选项时，此处的【列宽】和【列数】两个选项只能指定一个，没有指定的选项将根据指定窗口大小自动计算；同理，【数据行数】和【行高】两个选项也只能指定一个。

（5）【设置单元样式】：用于设置标题、表头和数据的排列顺序。

设置完成后，单击确定按钮，并指定插入点或插入窗口后，将会弹出单个呈编辑状态的单元格。如果想在下一个单元格进行文字的输入，可按 <Tab> 键。

（6）【预览】：用于显示将插入表格的效果。

温馨提示：

1．数据行数是指单元格格式为数据的表格行数，所以实际插入的表格的行数为：标题行数＋表头行数＋数据行数。

2．编辑表格文字除上述方法外，还可以采取以下方法：

➢ 命令提示区：【TABLEDIT】。

➢ 双击要编辑文字的单元格。

➢ 选择要编辑文字的单元格，右击，选择【编辑文字】。

3．CAD 中列宽的单位是 mm，而行高则是和字高匹配的，具体为 2A+4B/3，其中的 A 指【常规】中页边距的垂直高度，B 指【文字】中的文字高度。

三、表格工具

在创建表格的过程中，只要单击表格的任何一个单元格，使其呈选中状态，功能区就会自动弹出【表格单元】面板，提供常用的表格编辑工具（图 3-101）。其中部分工具的具体含义如下：

（1）【从上方插入】【从下方插入】：均指以指定的行或单元格为基准进行插入。

（2）【从左侧插入】【从右侧插入】：均指以指定的列或单元格为基准进行插入。

（3）【删除行】【删除列】：指删除当前选中的行或列。

（4）【合并单元】：将指定的多个单元格合并成一个大的单元格。

（5）【取消合并单元】：将合并成的大单元格恢复成未合并状态。选中大单元格时才能用此命令。

（6）【匹配单元】：匹配表格单元格中内容的样式，相当于特性匹配命令。

（7）【正中】：指定单元格中内容的对齐方式为正中。

（8）【编辑边框】：将选定的边框特性应用到相应的边框。

图 3-101

温馨提示：

在运用【合并单元】工具时，如果需选中多个单元格，你是怎么操作的呢？用框选的方式选择对象？聪明！但要注意只能从表格内部框选。除了框选，我们还可以这样操作：先选中第一个单元格，然后在按住 <Shift> 键的同时，点选最后一个单元格。

实战练习

实战 1 利用表格的绘制与编辑命令，创建一个图纸目录。要求：标题字高为 500，其余字高 350，字体均采用 gbenor.shx，大字体为 gbcbig.shx。具体内容及表格尺寸详见图 3-102，表格尺寸不需标出。

实战 1 参考

如对字体、字高等信息没有要求，

地下室图纸目录

图号	图纸名称	图幅	出图日期	版本号	备注
1	地下室图纸目录	A2	2015.4	0	
2	地下室非机动车库夹层平面	A1	2015.4	0	
3	地下室负一层平面图	A0	2015.4	0	
4	地下室负二层平面图	A0	2015.4	0	
5	地下室负三层平面图	A0	2015.4	0	

700 700 700 700 700 700

900 3000 1300 1700 1200 1000

图 3-102

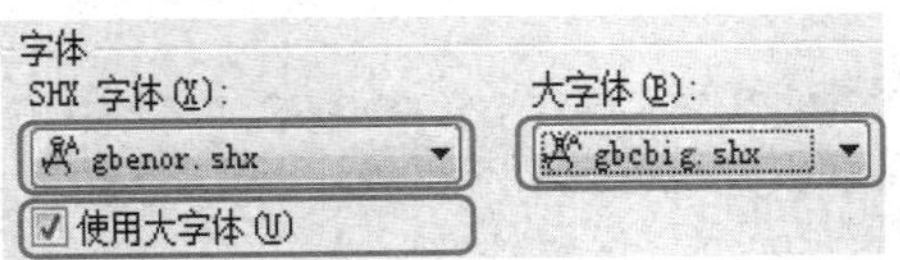

图 3-103

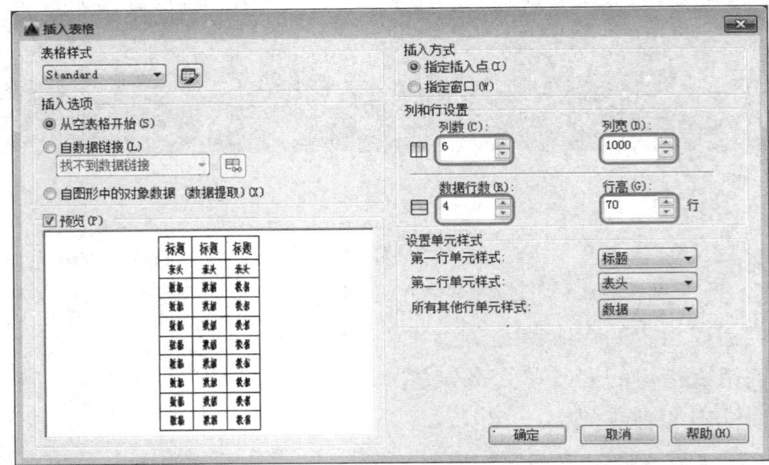

图 3-104

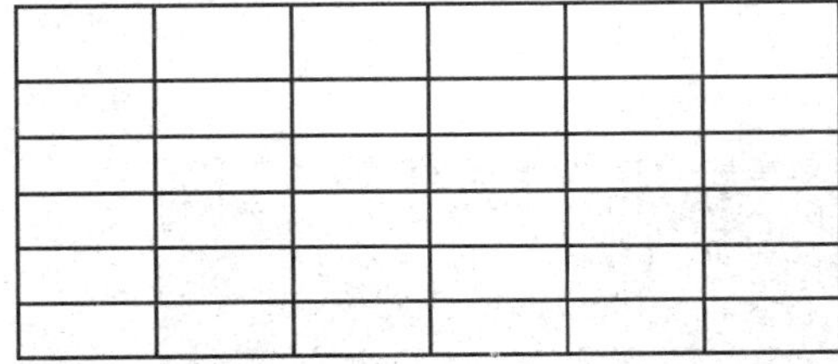

图 3-105

则可以先在 Excel 中制作好表格，然后在 CAD 文件中创建表格时选择“自数据链接”，插入 Excel 表格即可。但这里有要求，所以我们只能在 CAD 文件中完成。又由于默认的表格样式就能够满足要求，所以不用另外创建表格样式，直接创建表格即可。

步骤 1：设置字体样式

按快捷键 <ST> 激活【字体样式】对话框。（图 3-103 为需修改的位置）。

步骤 2：插入表格

修改完成后，激活【创建表格】命令，弹出【插入表格】对话框，修改方法如图 3-104 所示。

温馨提示：

1. 由于给定表格的列宽不同，所以暂时设定为 1000；行高的确定方法和列宽不同，也暂设为 70，待插入表格后修改。

2. 给定表格为 6 行，但是表格样式中的标题行和表头各占一行，则数据行数为：6−2=4。

修改完成后，单击 确定 按钮，在绘图区指定插入点，效果如图 3-105 所示。

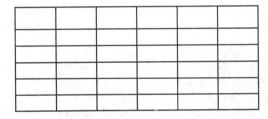

步骤 3：修改行高、列宽

插入表格后，可以修改其行高和列宽。方法如下：

（1）在命令提示区输入快捷键 <MO>，打开【特性】对话框。

（2）选中整个表格，然后将表格高度修改为 4900（7×700=4900）。

（3）依次在每一列选中一个单元格，将单元宽度修改为所在列的列宽。

步骤 4：编辑文字

先利用【属性】对话框依次修改单元格的字体高度，然后双击单元格，使其呈编辑状态，输入相应的文字。

温馨提示：

1. 对于表格中所包含的文字样式，如能提前设定，可节约一定的时间。

2. 除了单击 <Tab> 键之外，还可以通过键盘上的上、下、左、右方向键来完成从当前激活的单元格转到下一个单元格的操作。

3. 如想在同一单元格中换行，可通过同时按住 <Alt> 键和 <Enter> 键强制完成。

项目三任务十二实战 2 视频

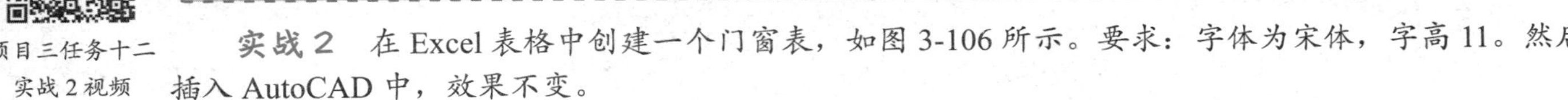

实战 2 在 Excel 表格中创建一个门窗表，如图 3-106 所示。要求：字体为宋体，字高 11。然后插入 AutoCAD 中，效果不变。

门窗表						
	A	B	C	D	E	F
1	类型	门窗名称	门窗形式	洞口尺寸（mm）	门窗数量	备注
2	窗	C-1	70系列铝合金固定窗	ϕ1000		白色铝合金框，清水玻璃
3		C-2	70系列铝合金推拉窗	1600×1000		白色铝合金框，清水玻璃
4		C-3	70系列铝合金平开窗	700×1900		白色铝合金框，清水玻璃
5	门	M-1	木门	1500×2260		见二次装修
6		M-2	夹板门	900×2100		见二次装修
7		M-3	卷帘门	3880×2550		成品

图 3-106

实战 2 参考

在 Excel 中创建文件的过程不予说明，仅从插入表格开始介绍。

在命令提示区输入【TABLE】打开【插入表格】对话框，将【插入选项】调整为【自数据链接】（图 3-107），然后单击按钮打开【选择数据链接】对话框（图 3-108）。单击【创建新的 Excel 数据链接】，在弹出的对话框中输入门窗表，将自动弹出【新建 Excel 数据链接：门窗表】对话框（图 3-109），以供选择文件和文件路径。

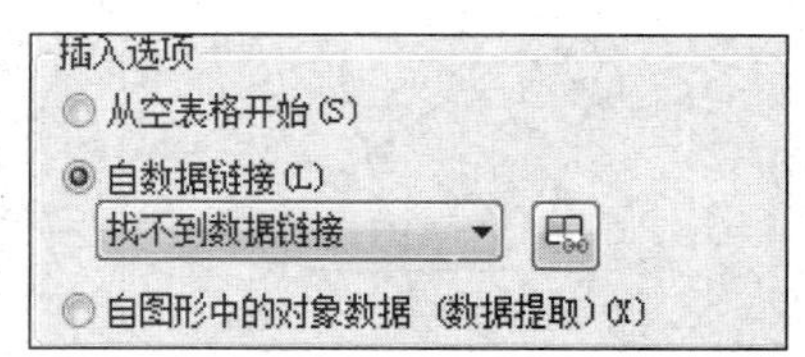

图 3-107

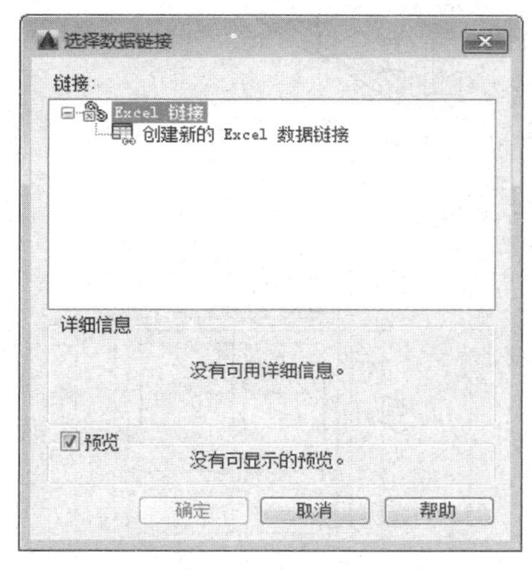

图 3-108

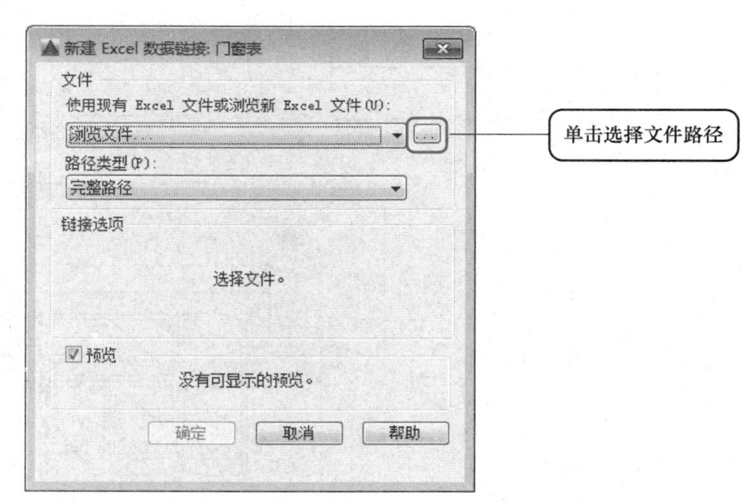

图 3-109

选择好文件后，连续单击 确定 按钮，回到【插入表格】对话框，再次单击 确定 按钮，在绘图区指定一点插入表格，完成。

考考你吧！

1. 利用表格的绘制与编辑命令，创建外窗传热系数判定表。具体设置如下：文字字高为 500，字体采用 gbenor.shx，大字体采用 gbcbig.shx；数字字高为 400，字体采用 SIMPLEX.shx，宽度因子为 0.6。

1.7 外窗传热系数判定

朝向	窗墙面积比	外窗选型	整窗传热系数值 [W/(m^2·K)]	标准限值 [W/(m^2·K)]	备注
北 偏东60°～偏西60°	0.23	塑钢单框中空玻璃门窗 5+9A+5	3.20	4.7	
南 偏东30°～偏西30°	0.14	塑钢单框中空玻璃门窗 5+9A+5	3.20	4.7	
东 偏北30°～偏南60°	0.21	塑钢单框中空玻璃门窗 5+9A+5	3.20	4.7	
西 偏北30°～偏南60°	0.14	塑钢单框中空玻璃门窗 5+9A+5	3.20	3.2	
外墙门窗传热系数满足《夏热冬冷地区居住建筑节能设计标准》（JGJ 134—2010）的要求					

500				比例		第　张	
500				材料		共　张	
500	制图			件数		图号	
500	设计						
500	审核						

2．创建下面的会签栏，文字字高200，宋体，居中布置，尺寸详见图上，不需画出。

综合测评

试绘制以下图形（无须标注）。

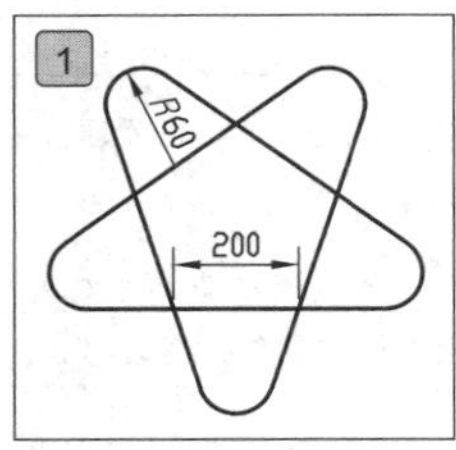

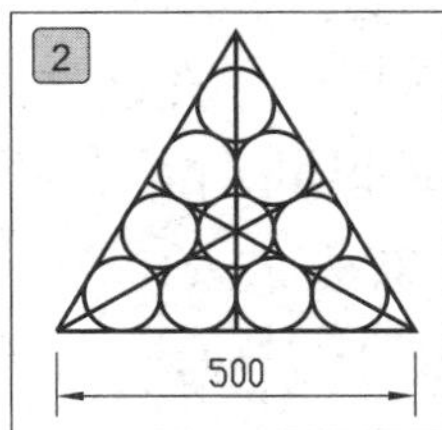

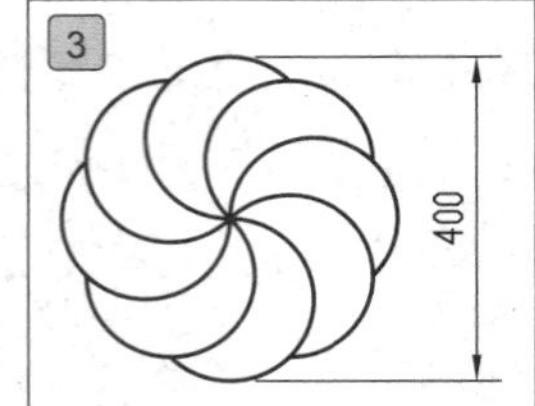

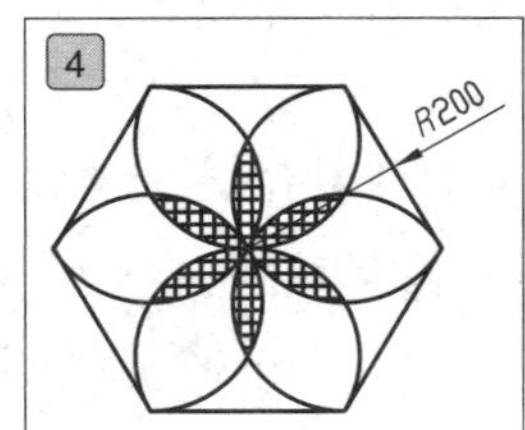

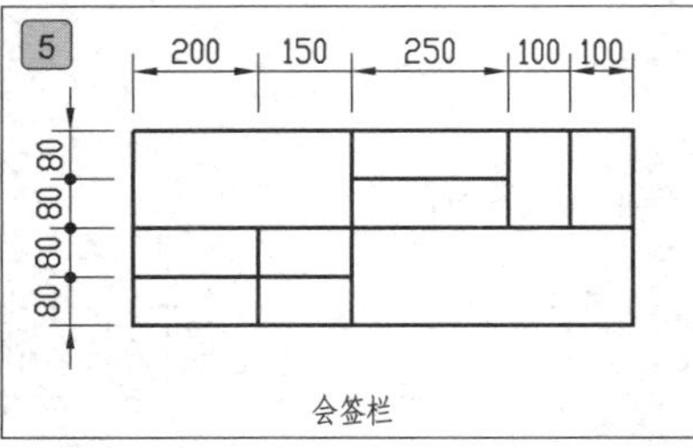

会签栏

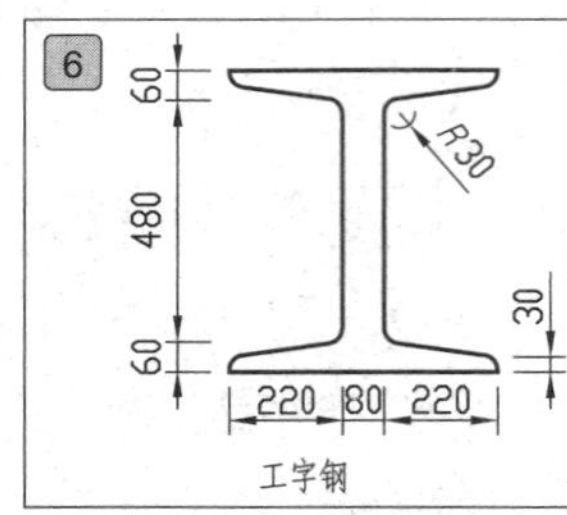

工字钢

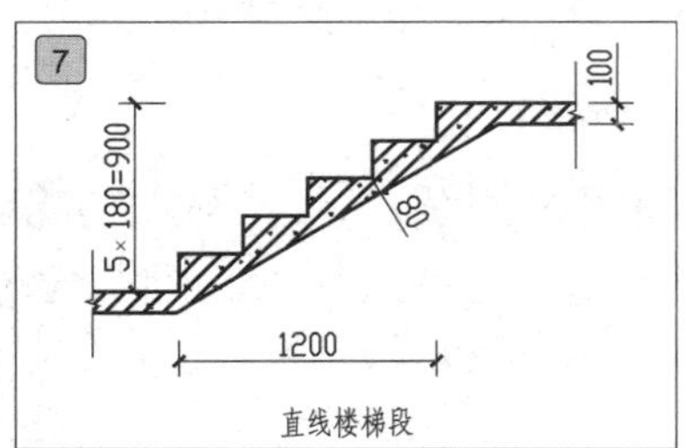

直线楼梯段

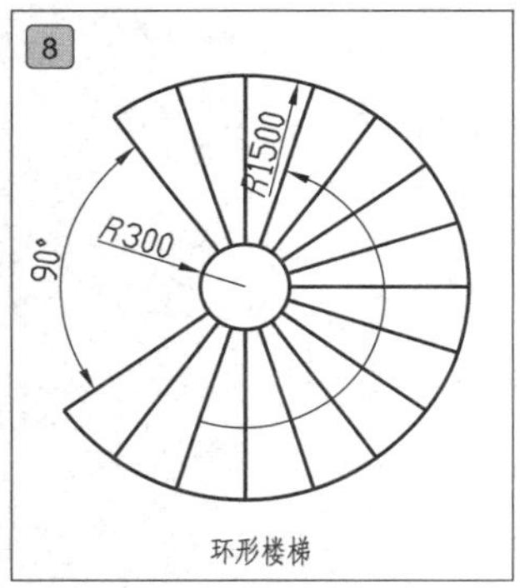

环形楼梯

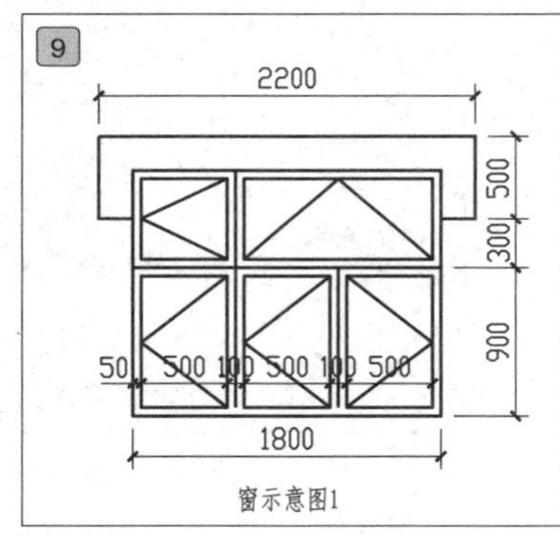

窗示意图1

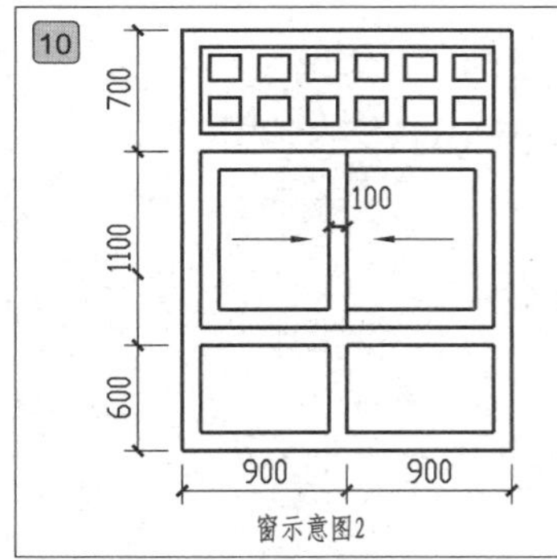

窗示意图2

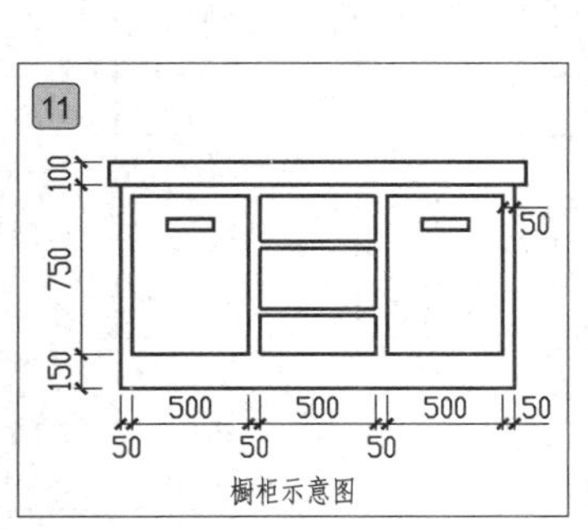

橱柜示意图

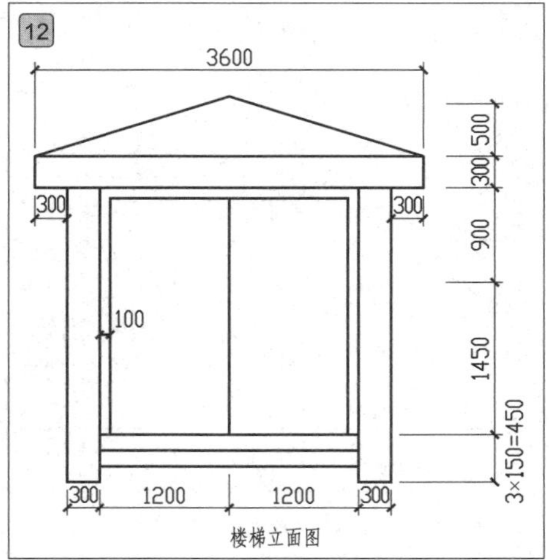

楼梯立面图

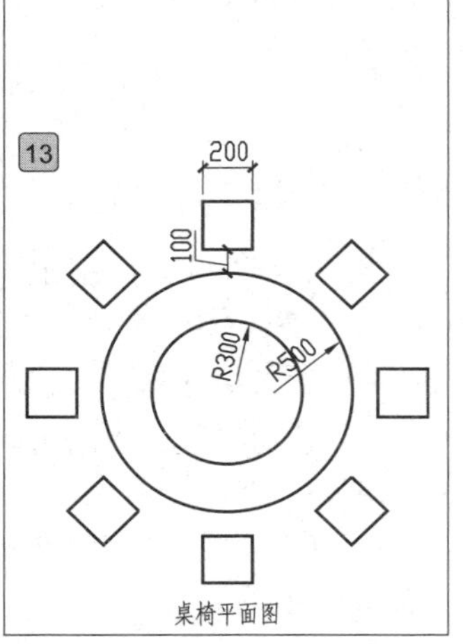

桌椅平面图

工匠人物

程泰宁——匠心无界，创新与传统文化的交融

程泰宁——中国工程院院士。他出生于江苏省南京市，毕业于南京工学院（现东南大学）。程泰宁致力于中国现代建筑理论与实践道路的探索和创新，提出了“立足此时，立足此地，立足自己”的创作主张，他的作品涵盖了多个领域，包括文化、交通、商业等。

在南京博物院二期的设计中，他大胆创新，紧扣“站城融合”的城市新理念，推动了车站和城市在交通组织、城市空间、综合开发等更多层次上的融合发展，提升了城市的整体品质和吸引力。在实际的设计过程中，程泰宁和他的团队成功解决了一个特殊的挑战：如何将老大殿整体抬升，以充分利用地下空间。通过这一设计，参观者可以继续欣赏老大殿的庄严与美丽，同时享受到更加便捷、舒适的公共空间。程泰宁以他的专业知识、创新思维和对中国传统文化的尊重，为中国建筑设计领域带来了新的思路和灵感。

项目四　管理与使用图层

一幅完整的建筑图，往往会涉及很多种类的图形对象、文字和标注等。设想一下，如果这些图形对象、文字、标注具有相同的属性，即具有相同的颜色、线宽、线型等信息，在绘制的过程中势必会增加难度，编辑的过程中不仅很难快速准确定位，也可能会经常选中自己不想编辑的对象，绘图效率将受到限制。AutoCAD 提供的【图层工具】很好地解决了这一问题。

任务一　建立及管理图层特性

图层是绘制较复杂的图形时必须用到的一个工具，那到底什么是图层呢？

一、图层初探

说得简单一点，可以将图层想象成一叠没有厚度的透明的“纸”。将具有不同特性的对象分别置于不同的“纸”上，然后将这些“纸”按同一基准点对齐，就可以得到一幅完整的图形（图 4-1）。当然，也可以对每一层上的对象单独进行绘制、修改、编辑，再将其合在一起。这样，复杂的图形绘制起来就变得简单、清晰、容易管理。

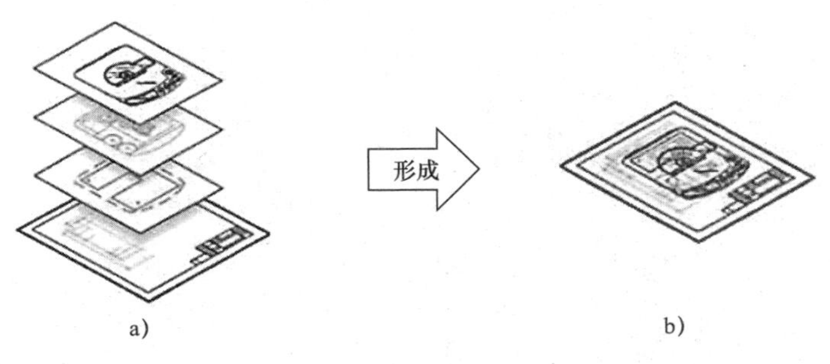

图　4-1

a）每张“纸”都是一个图层　b）一幅完整的图形

实际上，使用 CAD 绘图时，图形总是被绘制在某一图层上。这个图层可能是由系统生成的缺省图层，也可能是由用户自己创建的图层。为了提高绘图效率，可以将有联系的对象放到同一图层上，以方便管理，如将图形、文字、标注分别放到不同的图层中，并且给每个图层赋予不同的线型、颜色和状态等属性。

在绘制工程图形时，可以创建一个中心线图层，将中心线特有的颜色、线型等属性赋予这个图层。每当需要绘制中心线时，只需切换到中心线图层上，而不必在每次画中心线时都为其设置线型、颜色等属性。这样，不同类型的中心线、粗实线、细实线分别放在不同的图层上，使得对象的输出变得十分方便，并且如果不想显示或输出某一图层，我们也可以通过关闭这一图层来解决。

二、图层特性管理器

说到图层，我们不得不学习一下【图层特性管理器】，因为所有图层特性的设置都是在这里完成的。在【图层特性管理器】中可以为图形创建新图层，设置图层的线型、颜色和状态等特性。

1. 激活方式

命令提示区：【LAYER】或快捷键 <LA>

功能区：【默认】➡【图层】➡ 图层特性

【图层】工具栏：

2. 命令解析

激活命令后，将会弹出【图层特性管理器】选项卡，如图 4-2 所示。此选项卡要点如下：

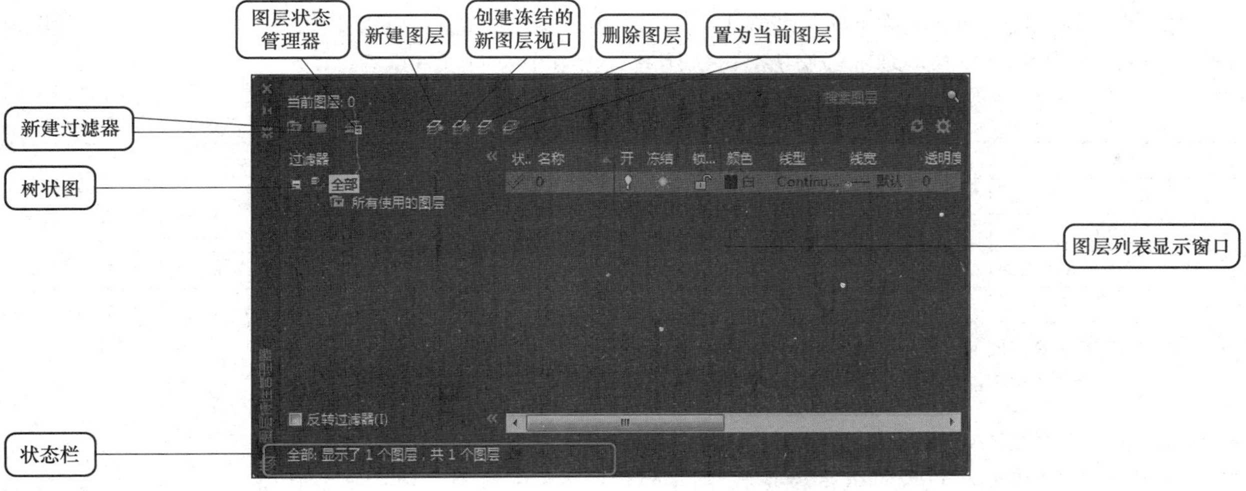

图 4-2

（1）——**新建图层** 单击该按钮，在图层列表显示窗口中将出现一个名为【图层 1】的新图层。注意：新建图层时，图层列表显示窗口中存在着一个被选定图层，新建的图层将完全继承被选定图层的所有特性。这些特性可以通过单击相应图层的【颜色】【线型】和【线宽】进行修改，如图 4-3 所示。

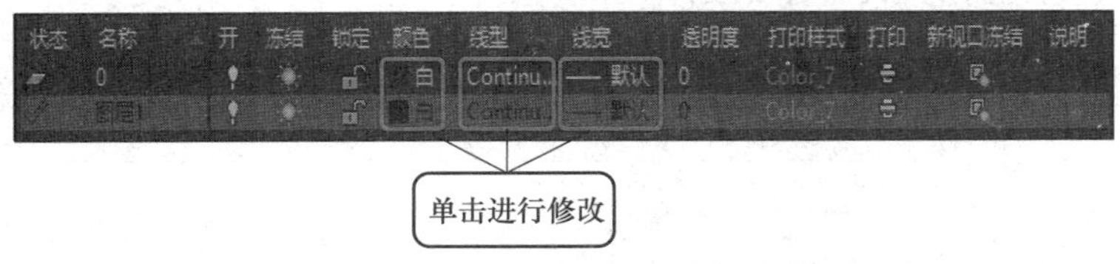

图 4-3

1）我国《房屋建筑制图统一标准》(GB/T 50001—2017）中的相关规定如下。

① 工程建设制图应选用表 4-1 中的图线。

表 4-1

名称		线型	线宽	一般用途
实线	粗	▬▬▬▬	b	主要可见轮廓线
	中粗	━━━━	$0.7b$	可见轮廓线、变更云线
	中	────	$0.5b$	可见轮廓线、尺寸线
	细	────	$0.25b$	图例填充线、家具线
虚线	粗	▬ ▬ ▬ ▬	b	见各有关专业制图标准
	中粗	━ ━ ━ ━	$0.7b$	不可见轮廓线
	中	- - - - -	$0.5b$	不可见轮廓线、图例线
	细	---------	$0.25b$	图例填充线、家具线

（续）

名称		线型	线宽	一般用途
单点长画线	粗		b	见各有关专业制图标准
	中		0.5b	见各有关专业制图标准
	细		0.25b	中心线、对称线、轴线等
双点长画线	粗		b	见各有关专业制图标准
	中		0.5b	见各有关专业制图标准
	细		0.25b	假想轮廓线、成型前原始轮廓线
折断线	细		0.25b	断开界线
波浪线	细		0.25b	断开界线

② 图线的宽度 b（单位为 mm）宜从 1.4、1.0、0.7、0.5 线宽系列中选取。每个图样，应根据其复杂程度与比例大小，先选定基本线宽 b，再选用表 4-2 中相应的线宽组。

表 4-2

线宽比	线宽组			
b	1.4	1.0	0.7	0.5
0.7b	1.0	0.7	0.5	0.35
0.5b	0.7	0.5	0.35	0.25
0.25b	0.35	0.25	0.18	0.13

注：1. 需要缩微的图纸，不宜采用 0.18mm 及更细的线宽。

2. 同一张图纸内，各不同线宽中的细线，可统一采用较细的线宽组的细线。

③ 同一张图纸内，相同比例的图样应选用相同的线宽组。

④ 单点长画线或双点长画线，当在较小图形中绘制有困难时，可用实线代替。

虽然我国《房屋建筑制图统一标准》（GB/T 50001—2017）并没有对图层的颜色进行具体的要求，但用不同的颜色表示不同的组件、功能和区域，在图形的绘制中具有非常重要的作用。图层的颜色实际上是图层中图形对象的颜色。每个图层都有自己的颜色，对不同的图层设置不同的颜色（极少设置成相同的颜色），绘制复杂图形时就可以很容易区分图形的各部分。

根据以上要求，图层的相关设定建议见表 4-3。

表 4-3

图层名称	颜色	线型	线宽
图框	白色	Continuous	默认
轮廓	白色	Continuous	0.35mm
墙体	白色	Continuous	0.35mm
地平	白色	Continuous	0.5mm
散水	洋红	Continuous	默认
楼梯	蓝色	Continuous	默认
填充	红色	Continuous	默认
标注	青色	Continuous	默认
中心线	红色	CENTER	默认
轴线	红色	CENTER	默认
门窗	黄色	Continuous	默认
虚线	绿色	DASHED	默认

除以上常用图层外，也可以设置其他图层进行辅助绘图，名称、颜色的设置无硬性要求。

在 AutoCAD 中，系统虽然对图层数没有限制，对每一个图层上对象的数量也没有任何限制，但每一个图层都应有一个唯一的名字。图层名称要有标识性，便于查找和使用。

2）图层创建后，可随时更改其名称（0 图层和外部参照依赖的图层除外），方法如下。

① 创建新图层后，当图层名称呈可编辑状态时，直接进行修改。

② 如图层名称不可编辑，则可单击待修改的图层名称，使其变为可编辑状态，如 图层1 ，然后输入新的图层名。

③ 选中待修改名称的图层后，按 <F2> 功能键，然后输入新的图层名称。

④ 选中待修改名称的图层后，右击选择“重命名图层”。

温馨提示：

1．当开始绘制一幅新图时，AutoCAD 会自动生成一个名称为【0】的缺省图层，并将这个缺省图层置为当前图层。0 图层既不能被删除也不能重命名，在绘图过程中，不建议将图形对象放在 0 图层上。其它图层都是根据自己的需要而创建的。

2．图层数量不是越多越好，也不是越少越好，需根据图形绘制需要来设定。

（2）**——创建冻结的新图层视口**（图 4-4） 单击此按钮可以新建新图层，但新建的图层会在所有布局视口中被冻结。

状态 名称 开 冻结 锁定 颜色 线型 线宽 透明度 打印样式 打印 新视口冻结 说明
0 白 Continu... 默认 0 Color_7
图层1 白 Continu... 默认 0 Color_7

图 4-4

（3）**——删除图层** 在不需要某些图层时，可在选中图层的情况下单击此按钮进行删除，该操作仅限于未被置为当前的空图层。

下列图层不能进行删除操作：

① 0 图层和 Defpoints 图层，其中 Defpoints 图层是和尺寸标注有关的参数图层，它不用定义，而是在图形中进行尺寸标注后，系统自动生成的。

② 当前图层，即使是空图层，也不能删除。

③ 依赖外部参照的图层。

④ 包含对象的图层，如绘有各种图线、文字、标注等。

（4）**——置为当前图层** 单击该按钮可将选中的图层置为当前图层。虽然一幅图中可以定义多个图层，但绘图只能在当前图层上进行。置为当前图层的方法除了单击图标外，还有以下几种：

① 双击图层列表显示窗口中的某一图层名称。

② 选中某图层，右击，在弹出的快捷菜单中选择“置为当前”。

③ 单击功能区【图层】面板中，如图 4-5 所示的位置，选择要置为当前的图层。

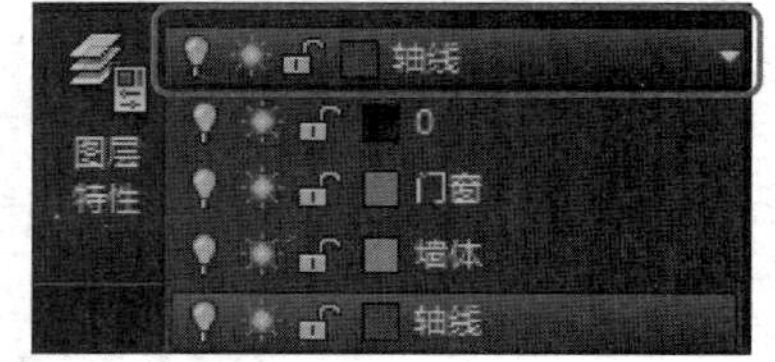

图 4-5

如果想在某一图层上绘图，必须将该图层置为当前。置为当前的图层会在图层名称前出现对号，如： 图层1 ，未置为当前的图层则为 图层1 。

温馨提示：

下面 2 种图层不能置为当前：依赖外部参照的图层和已冻结的图层。

（5）**——图层的关闭和打开** 单击此按钮，图标变暗即关闭该图层；再次单击，图标变亮，图层被打开。被关闭图层上的所有对象都会被隐藏，不能显示和打印输出，同样也不能被编辑，但可以随图形重生成。例如：建立如前所建议的图层，绘制一个平面图，将所有图层关闭，这时绘图区什么也看不见了，在打印出图的时候，这张平面图也不能被打印出来。

（6）**——图层的冻结和解冻** 单击此按钮，图标变成，表明该图层被冻结；再次单击，恢复成，表明图层已经被解冻。被冻结图层上的对象不会显示出来，也不能编辑、打印、重新生成。冻结某一图层时，并不影响其他图层对象的显示或打印。被冻结的图层不能置为当前图层，同样地，当前图层也不能被冻结。

（7）**——图层的锁定和解锁** 单击此按钮，图标变成，表明该图层已经被锁定；再次单击，恢复成，表明图层已经被解锁。与前两个按钮不同的是，虽然被锁定图层上的对象同样不可编辑，但却是可见的，只是颜色稍稍变灰，并且被锁定的图层是可以被打印输出的。

上述 3 个按钮在绘图中如运用得当，则可大大提高绘图速度，区别详见表 4-4。

表 4-4

图层类型	编辑状态	显示状态	打印状态	置为当前	可否绘图
被关闭的图层	不能编辑	不显示	不能被打印	可被置为当前	可在其上绘图
被冻结的图层	不能编辑	不显示	不能被打印	不可置为当前	不可在其上绘图
被锁定的图层	不能编辑	显示	能被打印	可被置为当前	可在其上绘图

关闭图层和冻结图层的另外一个区别在于运行速度的快慢，后者比前者快。当不需要观察某图层上的图形时，可利用【冻结】选项，提高【缩放】、【平移】等命令的运行速度。

温馨提示：

当绘制的图形较复杂且多重叠交叉时，可将妨碍绘图的一些图层锁定，这样既不影响其他图形的编辑及绘图，还可以提供参照。如果不想输出某些图层上的图形，冻结或关闭这些图层，使其不可见即可。

实战练习

实战 建立如表 4-3 所示的图层。

实战参考

步骤 1：打开【图层特性管理器】。在命令提示区中输入快捷键 <LA>，将弹出【图层特性管理器】对话框。

步骤 2：单击新建图层。此处可先新建 1 个图层，然后进行名称以及特性的修改，也可以连续单击，多建几个图层，统一修改，最后把多余的图层删掉。

步骤 3：修改图层名称。可单击图层名称，也可选中图层后按 <F2> 功能键，输入新的图层名称。

步骤 4：修改图层特性。以轴线图层为例进行修改，如图 4-6 所示。

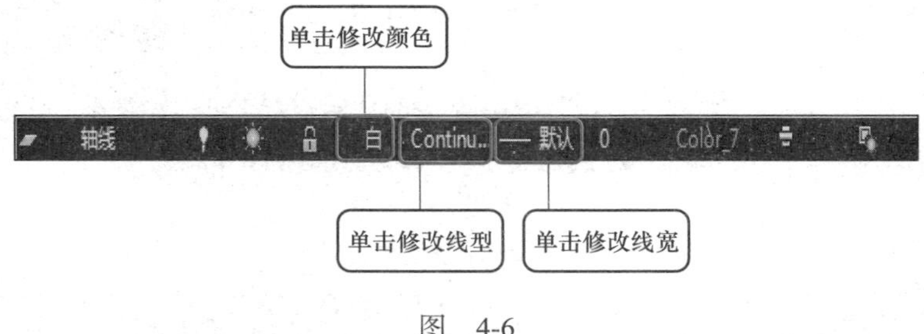

图 4-6

（1）**修改颜色** 单击【颜色】一栏，将弹出如图 4-7 所示的对话框，此对话框包含【索引颜色】、【真彩色】和【配色系统】3 个面板。每种颜色都有自己特定的数字编码，可以通过搜索数字编码选定颜色，也可直接单击选择。这里选择【红色】。

（2）**修改线型** 单击【线型】一栏，将弹出【选择线型】对话框（图 4-8），如该选项卡中没有自己想要的线型，可通过加载获得，但要注意线型加载之后，要选中想要的线型之后，再单击【确定】按钮。轴线线型为 CENTER，需加载。

（3）**修改线宽** 单击【线宽】一栏，将会弹出【线宽】对话框（图 4-9）。选中自己想要的线宽，然后单击 确定 ，即可修改线宽。图层中的线宽与对象属性中的线宽一样，都需要单击状态栏上的按钮来显示。本题中，轴线线宽为默认值，不需修改。

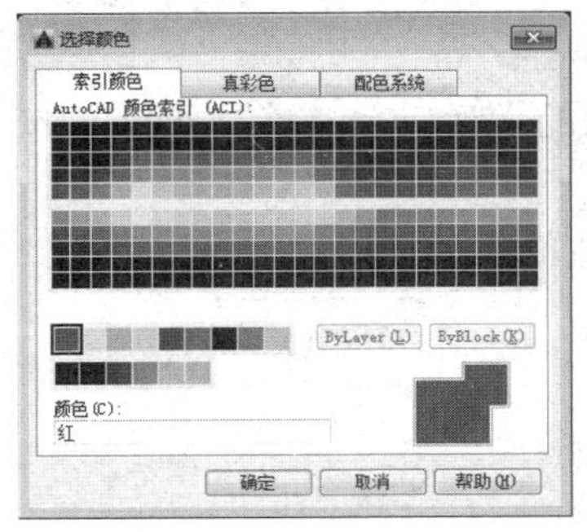

图 4-7

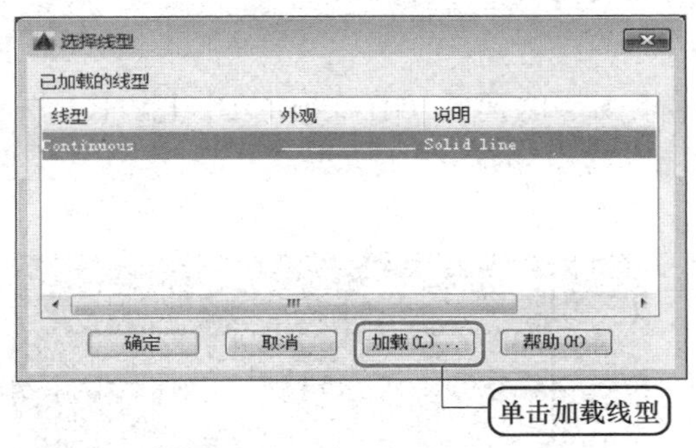

图 4-8

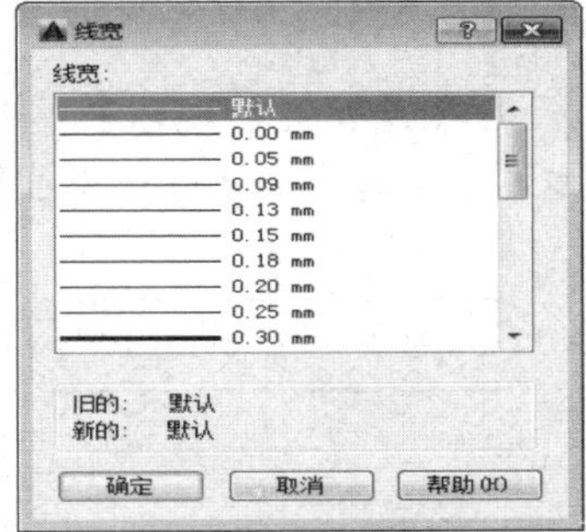

图 4-9

温馨提示：

1. 如果几个图层的某个特性想调成一致（颜色、线宽或线型），可同时选中这几个图层，然后单击其中任何一个图层的这个特性同时进行修改，此方法也适用于图层的开关、冻结（解冻）以及锁定（解锁）。

2. 每个图层上的对象都具有和图层一样的特性，不需也不能修改属性，否则将影响图层的使用。

考考你吧！

建立图层并绘制楼梯详图，具体如下：

图层名称	颜色	线型	线宽
墙体	白色	Continuous	0.35mm
楼梯	蓝色	Continuous	默认
填充	红色	Continuous	默认
标注	青色	Continuous	默认
轴线	红色	CENTER	默认
门窗	黄色	Continuous	默认

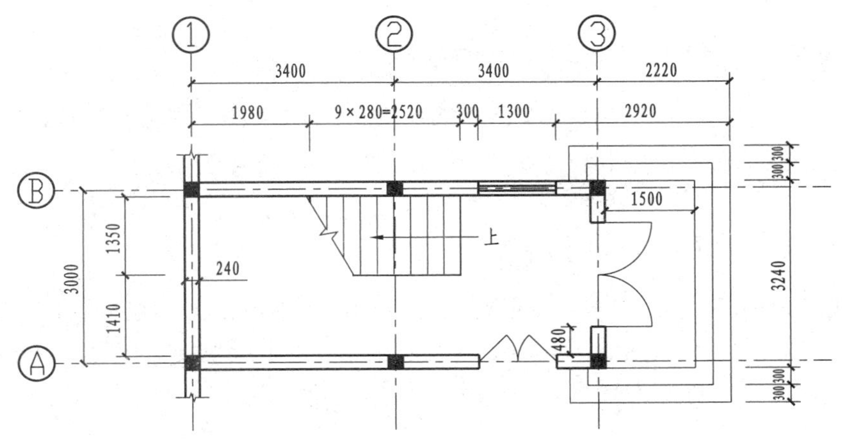

任务二　切换与动态显示图层信息

【图层特性管理器】主要用于图层的建立，在实际绘图过程中，图层的切换以及其他操作更多的是通过功能区的【图层】面板完成的，如图 4-10 所示。

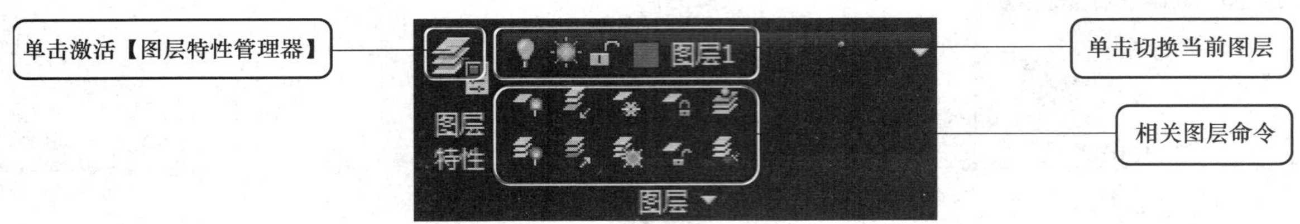

图　4-10

除了【图层】面板之外，还可以从工具栏中调出图层工具（图 4-11），其中的工具与【图层】面板中的相关命令相同。

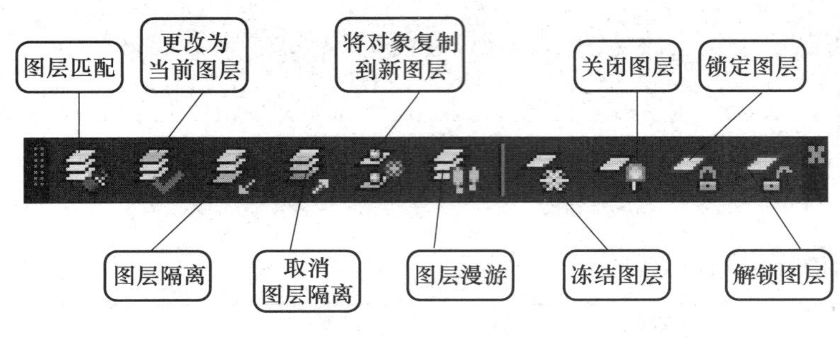

图　4-11

一、【图层匹配】/【LAYMCH】/

与格式刷类似，【图层匹配】命令可以把源对象上的图层特性复制给目标对象，以改变目标对象的特性。例如，在错误的图层上创建了对象，想把它改回到正确的图层上，就可运用此命令。此外，按钮的功能与图层匹配类似，单击它可将对象复制到新的图层。

二、【更改为当前图层】/【LAYMCUR】/

此命令可以将一个或多个图层的对象移至当前图层，可用于对象所在图层的局部修改。例如，发现在错误的图层上绘制了对象，可以利用此功能快速将其更改到当前图层上来。

三、【图层隔离】/【LAYISO】/

图层隔离可以隐藏或锁定除选定对象所在图层外的所有对象，与图层的关闭、冻结以及锁定相反。此图层工具应用极为广泛，当绘图区图层对象较多，可能会影响到操作时，就可以通过图层隔离将要编辑的图层隔离出来，排除干扰。编辑完成后，单击，取消隔离。

四、【图层漫游】/【LAYWALK】/

图层漫游可用于浏览图形中所包含的图层信息。在【图层漫游】选项卡（图 4-12）单击选取要显示图层信息的对象，选项卡中将动态显示选中对象的图层信息；如果未选中任何图层，将会显示所有的图层信息。

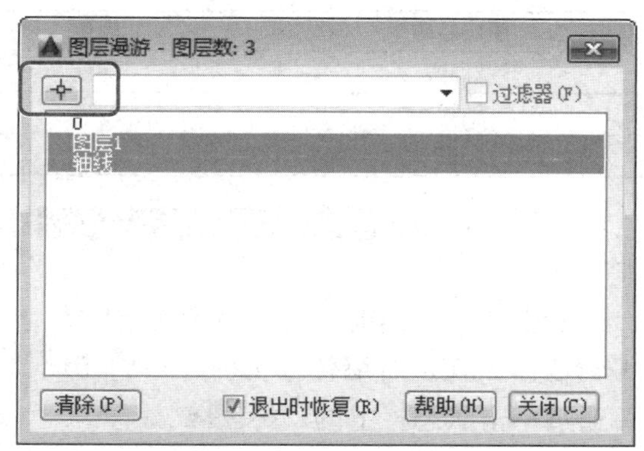

图 4-12

实战练习

实战 建立合适的图层，绘制图 4-13，不需进行标注。

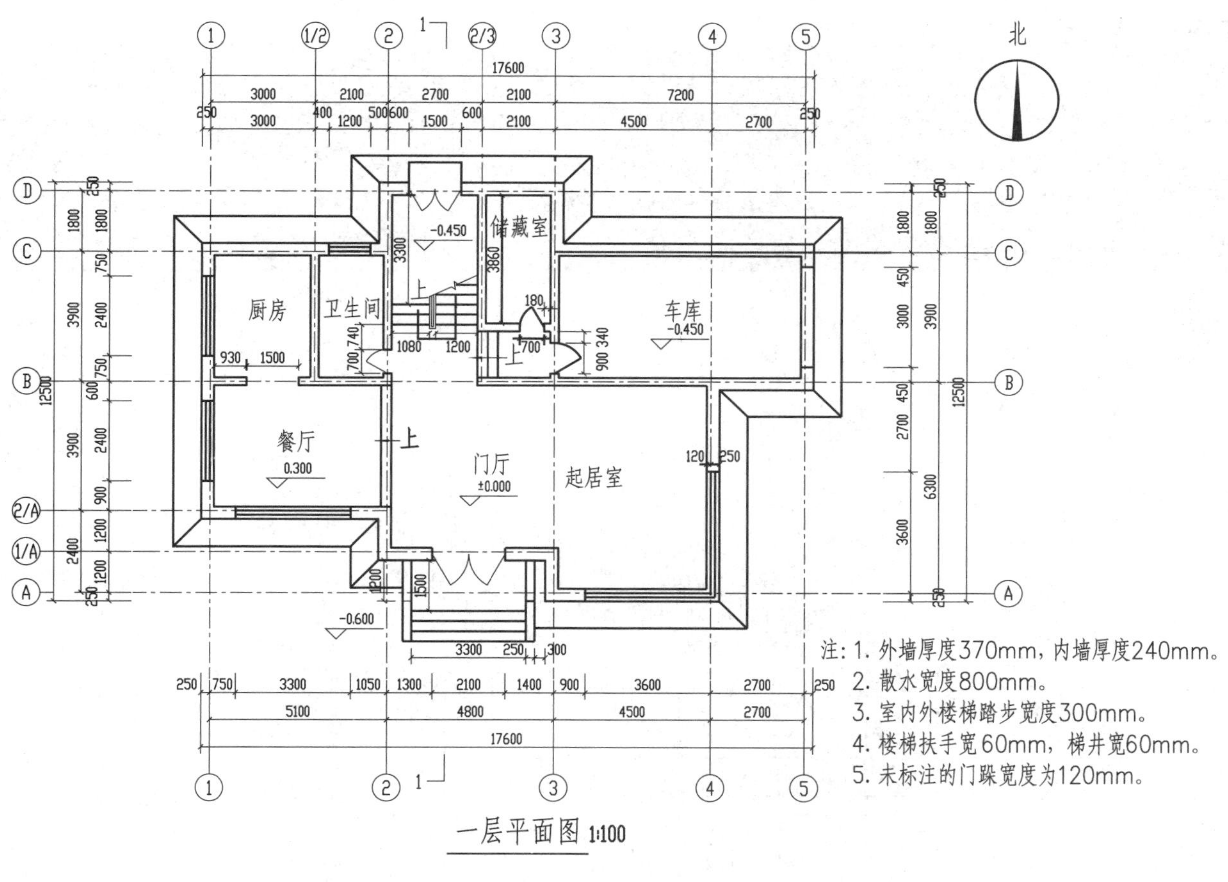

图 4-13

实战参考

步骤 1：建立图层。可采用下列图层（表 4-5），方法参照本项目任务一的实战练习。

表 4-5

图层名称	颜色	线型	线宽
墙体	白色	Continuous	0.35mm
散水	洋红	Continuous	默认
楼梯	蓝色	Continuous	默认

（续）

图层名称	颜色	线型	线宽
标注	绿色	Continuous	默认
轴线	红色	CENTER	默认
门窗	青色	Continuous	默认

步骤 2：单击 0 ，将当前图层切换到【轴线】，然后利用【构造线】命令绘制轴线。

步骤 3：将当前图层切换到【墙体】，然后利用【多线】【分解】【修剪】和【延伸】等命令绘制和编辑墙体。在进行墙体修剪时，可将【墙体】图层隔离出来再编辑。此外，如果想显示墙体的线宽，可通过单击状态栏上的图标实现。

步骤 4：将当前图层切换到【门窗】，然后利用【直线】【圆弧】【旋转】【偏移】等命令绘制门窗。

步骤 5：将当前图层切换到【楼梯】，然后利用【直线】【二维多段线】【偏移】等命令绘制楼梯。

步骤 6：将当前图层切换到【散水】，然后利用【二维多段线】命令将墙体外边线描一遍（辅助线），然后向外偏移 800，得到散水后将辅助线删除。

温馨提示：

如果在绘图过程中，该切换图层而没有切换，并且已经在该图层上绘制了对象，这时除了利用前面讲到的图层工具之外，还可以选中这些图层对象，再切换到正确图层，也可以利用【特性匹配】命令实现图层的更改。特性匹配是指将一个对象的特性复制给另一个对象。只有特性会被复制，而非对象本身。可复制的特性有颜色、图层、线型、厚度、文件和尺寸标注等。命令形式为【MATCHPROP】，快捷键 <MA>，图标为。

综合测评

为下面的立面图建立合适的图层。

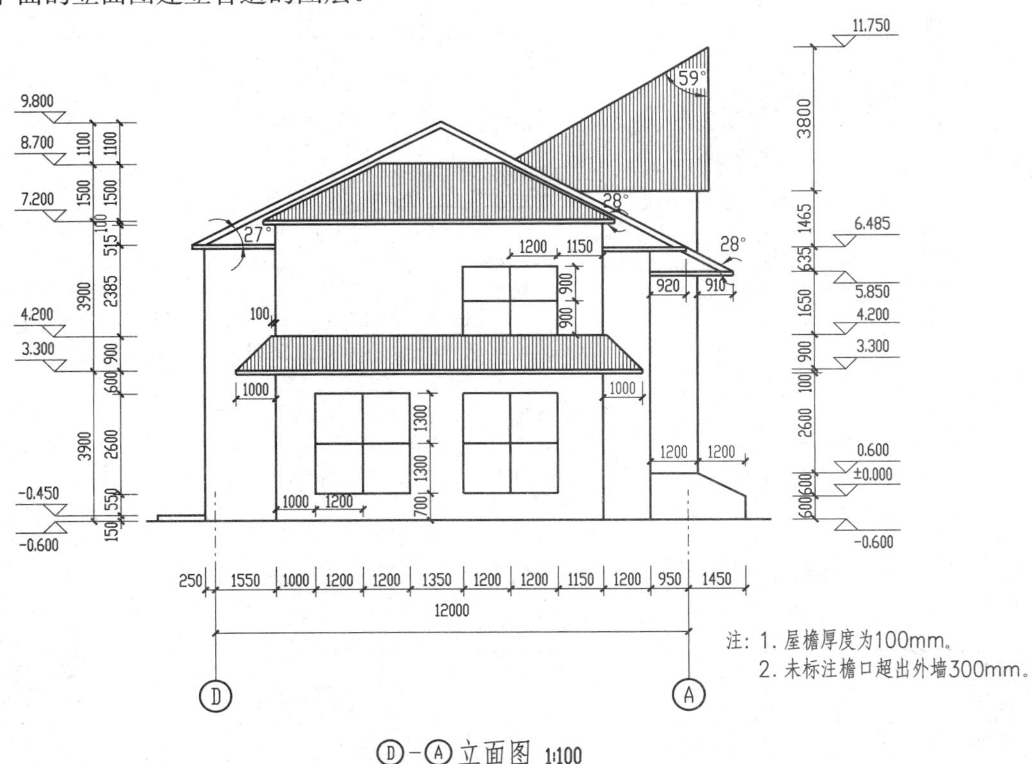

Ⓓ-Ⓐ立面图 1:100

工匠人物

魏敦山——匠心独守，独特之中见卓越

魏敦山——中国工程院院士，体育建筑设计专家。

他出生于浙江省慈溪市，毕业于同济大学。魏敦山曾参与并负责了多个重大建筑项目，包括上海体育馆和埃及开罗国际会议中心等。

魏敦山作为埃及开罗国际会议中心的总建筑师，与团队多次前往埃及进行实地考察和设计工作，最终确定了会议中心的位置在埃及开罗新区，无名英雄纪念碑的一侧。这是他个人建筑生涯中的一次重要里程碑，也提升了中国建筑在国际上的影响力。“和京剧脸谱一样，每一个建筑也都有自己的性格。”魏敦山如此形容他的建筑设计理念。在他看来，每一个建筑项目都是一个独特的挑战，需要独特的解决方案。这种理念体现了他对建筑设计的热情和专注。

项目五　标注文字和尺寸

一幅完整的图除了图形对象之外，还要有必要的文字说明和尺寸标注，这样才能完整、清楚地表达出设计者的设计意图，同时也便于读者正确理解图纸，它是施工人员现场施工的重要依据。

任务一　设定文字样式

AutoCAD 提供了两种输入文字的方式：单行文字和多行文字。无论哪种输入方式，在输入之前都要根据需要定义具有字体、字符大小、倾斜角度、文字方向等特性的文字样式。在 AutoCAD 中绘图，所有标注文字都具有其特定的文字样式。

一、激活方式

- 命令提示区：【STYLE】或快捷键 <ST>
- 功能区：【默认】⇨ 注释 ⇨ A
- 功能区：【注释】⇨ 文字
- 【文字】工具栏：A

二、命令解析

激活文字样式命令后，系统会自动弹出【文字样式】对话框（图 5-1）。在此对话框中可进行当前文字样式、字体、大小以及效果等的设定。

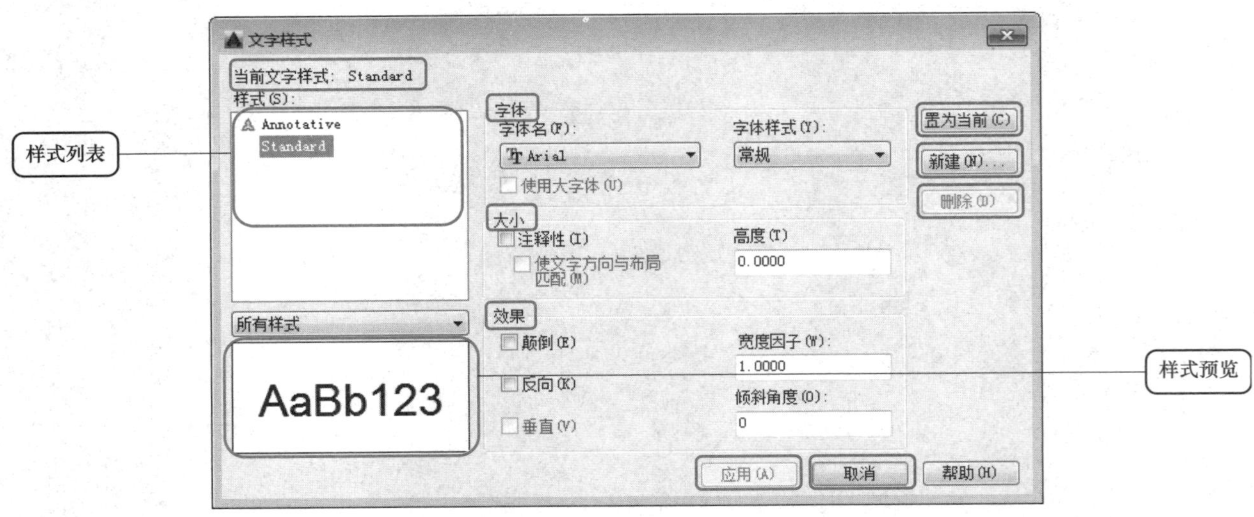

图　5-1

1. 当前文字样式

从【样式】列表中可以单击选择已定义的样式，或者单击右侧的 新建(N) 按钮创建新样式（样式名可以是中文的，也可以是英文的）。文字样式名称最好与其实际用途或字体有关，以便快速选取，例如，在建筑领域，中文文字经常使用长仿宋体，新建的文字样式名可以设为【长仿宋体】。当【样式】列表中的字体样式大于或等于两种时，【删除(D)】按钮会被激活，可以对已有的字体样式进行删除操作。

2．字体

字体可通过打开【字体名】下的下拉菜单进行选择。一般情况下，系统会根据字体名自动分配字体样式；使用【大字体】建议不要勾选，否则每次打开此图纸都会要求选择大字体的字体样式。我国《房屋建筑制图统一标准》(GB/T 50001—2017）中规定：

1）图样及说明中的拉丁字母、阿拉伯数字与罗马数字，宜采用单线简体或ROMAN字体。

2）图样及说明中的汉字，宜采用长仿宋体（矢量字体）或黑体，同一图纸上的字体种类不应超过两种。

温馨提示：

大字体中有一个字体名为gbcbig.shx，其中，gb代表国家标准，c代表Chinese—中文。如要用shx显示中文字体，必须选用这个大字体。如果遇到中文和英文的字体高度和宽度不一致的情况，可选用【gbenor.shx】(控制英文直体）或【gbeitc.shx】(控制英文斜体，中文不斜体)。

3．大小

（1）**注释性** 见本书项目二任务十二。

（2）**文字高度** 用于设置当前字体样式的字符高度。我国《房屋建筑制图统一标准》（GB/T 50001—2017）中规定，文字的字高应从表5-1中选用。字高大于10mm的文字宜采用True type字体；如需书写更大的字，其高度应按$\sqrt{2}$的倍数递增。

表5-1 文字的字高 (单位：mm)

字体种类	汉字矢量字体	True type 字体及非汉字矢量字体
字高	3.5、5、7、10、14、20	3、4、6、8、10、14、20

文字高度建议默认为0，至于上述要求的文字高度，则在具体使用某个文字样式输入文字时再指定，以减少工作量。

4．效果

（1）**颠倒** 选择该复选框后，文字将颠倒显示。

（2）**反向** 选择该复选框后，文字将反向显示。

（3）**垂直** 选择该复选框后，将以垂直方式显示字符，注意：True type字体不能设置为垂直书写方式。

以上3种效果勾选后，将会在预览窗口中显示。设置完字体样式后，可以单击【应用(A)】按钮，将新样式加入到当前图形。在【样式】列表框中选中任意一种文字样式，单击【置为当前(C)】按钮，接下来输入的文字将会以此样式呈现。

（4）**宽度因子** 用于设置字符的“胖瘦”，即字符宽度与高度之比。我国《房屋建筑制图统一标准》(GB/T 50001—2017）中规定，长仿宋体的宽度与高度的关系应符合表5-2的规定，黑体字的宽度与高度应相同。大标题、图册封面、地形图等的汉字可书写成其他字体，但应易于辨认。

表5-2 长仿宋字高宽关系 (单位：mm)

字高	20	14	10	7	5	3.5
字宽	14	10	7	5	3.5	2.5

根据上表中字高和字宽的关系，建议宽度因子采用如下设置：仿宋体0.7或0.8；黑体1。

（5）**倾斜角** 用于设置文字的倾斜角度。倾斜角大于0°时，字符向右倾斜；小于0°时，字符向左倾斜。我国《房屋建筑制图统一标准》（GB/T 50001—2017）中规定，拉丁字母、阿拉伯数字与罗马数字，如需写成斜体字，其斜度应是从字的底线逆时针向上倾斜75°，斜体字的高度和宽度应与相应的直体字相等。

温馨提示：

1. 宽度因子和倾斜角度在【效果】一栏中设置。
2. 【注释性】的用法同图案填充，建议勾选。
3. 系统缺省样式为【Standard】,【删除】选项对【Standard】样式无效，且图形中已使用样式不能被删除。
4. 如果想在一幅图形中使用不同的字体设置，则必须定义不同的文字样式。

考考你吧！

建立以下两种文字样式：

(1) 名称为【标注】的文字样式：字体选用【txt】。

(2) 名称为【文字】的文字样式：字体选用【仿宋】，宽度因子 0.7。

任务二 输入与编辑文字

AutoCAD 提供了两种输入文字的方式：【单行文字】和【多行文字】，其创建方式和适用条件略有不同。当文字数量比较多时，适合用【多行文字】；当需要输入的文字不多时，适合用【单行文字】。此外，【多行文字】在进行保存时耗时较长，如需经常保存，建议使用【单行文字】。

一、【单行文字】

【单行文字】不是每次只能输入一行文字，它可为图形标注一行或几行文字，每一行文字作为一个单独的实体，不能分解。该命令还可以用于设置文字的当前样式、旋转角度、对正方式和字高等。

1. 激活方式

- 命令提示区：【TEXT】或快捷键 <DT>
- 功能区：【默认】⇨【注释】⇨ 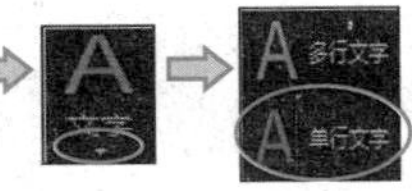

- 【文字】工具栏：A

2. 命令解析

激活【单行文字】命令以后，命令提示区会出现以下提示：

```
当前文字样式 : "Standard"  文字高度 : 2.5000  注释性：是  对正：
左指定文字的起点 或 [ 对正 (J)/ 样式 (S)]:
```

在指定文字起点之前，须先确定当前文字样式需不需要进行修改。

(1)【对正】 AutoCAD 提供了很多种文字对正的方式，其中较常用的为【正中】，它是指在图形中指定的点与标注文字的中心点对齐，如建筑图中的轴线编号的注写通常采用这种对齐方式。

(2)【样式】 执行子命令后，系统会出现提示信息【输入样式名或 [?] <Standard>:】。此时，可输入已定义的文字样式名称将其置为当前样式，也可输入【 ? 】，单击 <Enter> 键，系统会提示【输入要列出的文字样式 <*>:】。这时按 <Enter> 键，屏幕转为 AutoCAD 文本窗口，并列出当前图形中已定义的所有字体样式名称及其相关设置，以供选择。

温馨提示：

同一幅图中可能会用到几种甚至几十种文字样式，所以在使用【单行文字】或【多行文字】命令之前，需先对文字样式进行设置。如果在设置文字样式时没有设置文字的高度，则在激活【单行文字】后默认高度为 2.5，根据后面的提示可以更改这个高度。

二、【多行文字】

【多行文字】是在绘图区指定的文字边界框内输入文字内容，可单行也可多行，并将其视为一个实体。多行文字可进行分解，分解后的每一行将作为一个实体对象。此文字边界框定义了段落的宽度和段落在图形中的位置。

1．激活方式

- 命令提示区：【MTEXT】或快捷键 < T >、<MT>
- 功能区：【常用】⇨【注释】⇨ A 文字 ⇨ A 多行文字 / A 单行文字
- 【文字】工具栏：A

2．命令解析

在激活【多行文字】命令以后，命令提示区会出现以下提示：

> 当前文字样式 : "Standard" 文字高度 : 2.5 注释性：是
> 指定第一个角点 :
> 指定对角点或 [高度 (H)/ 对正 (J)/ 行距 (L)/ 旋转 (R)/ 样式 (S)/ 宽度 (W)/ 栏（C）]:

与【单行文字】略有不同的是，输入多行文字前，可先通过指定两个角点打开文字编辑器和文本框，再设置文字样式；也可以根据提示设置样式后，再指定对角点。文字编辑器（图 5-2）位于功能区，文本框（图 5-3）位于绘图区，包含两个部分：标尺和多行文字输入框。

图 5-2

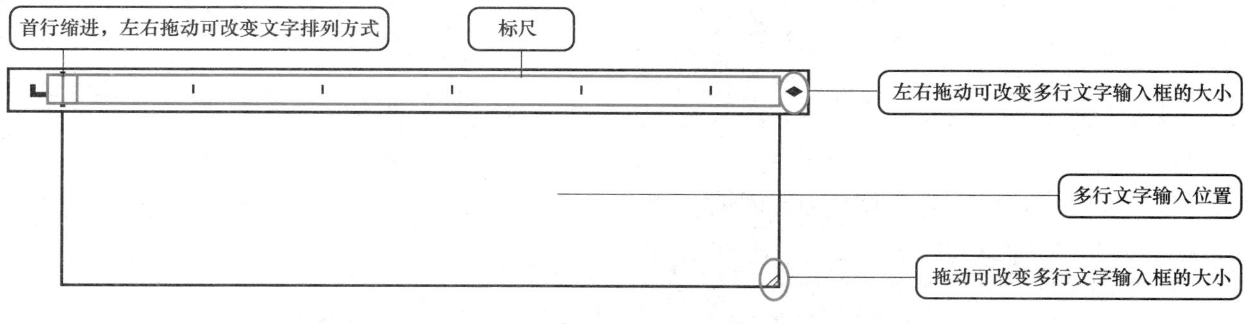

图 5-3

温馨提示：

1．在输入多行文字的过程中或完成后，都可对单个或多个字符进行字体、高度等设置，这点与 Word 文档相同。其操作方法是：在多行文字输入框中按住并拖动鼠标左键，选中要编辑的文字，然后在功能区面板中进行设置。

2．【多行文字】命令与【单行文字】命令有所不同。【多行文字】命令输入的多行文字为一个实体，只能对其进行整体选择、编辑；【单行文字】命令也可以输入多行，但每一行文字单独作为一个实体，可以分别对其进行选择或编辑。

3．文字编辑器中有一个按钮 $\frac{b}{a}$，即【文字堆叠】。当存在符号【#】【/】和【^】时，可实现文字的堆叠效果，如 1#2 堆叠成 $^{1}/_{2}$，1/2 堆叠成 $\frac{1}{2}$，1^2 堆叠成 $\begin{matrix}1\\2\end{matrix}$。

三、特殊字符的输入

在绘制建筑图时，常常需要输入一些特殊字符，如上画线、下画线、上标、下标、直径、度数、公差符号和百分比符号等。对于【多行文字】，可以使用功能区面板的【上画线】按钮、【下画线】按钮、【上标】按钮、【下标】按钮，以及【插入特殊字符】按钮来实现；对于【单行文字】，AutoCAD则提供了几个带两个百分号（%%）的控制代码来生成特殊符号（【多行文字】也适用），见表5-3。

表 5-3

特殊字符	代码输入	说明
±	%%P	公差符号
°	%%D	角度
ϕ	%%C	直径符号

温馨提示：

要输入特殊字符，也可以利用输入法自带的功能，如图5-4所示。

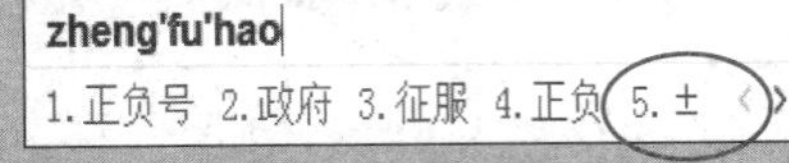

图 5-4

四、【文字编辑】

【文字编辑】命令可以编辑、修改或标注文字的内容，如增减或替换单行文字中的字符、编辑多行文字或文字属性定义。在命令提示区中输入【DDEDIT】或快捷键<ED>，或在文字工具栏中单击图标，然后选中要编辑的文字，都可以进行编辑修改操作。此外，也可以双击一个要修改的文字实体，使其呈可编辑状态，然后直接对标注文字进行修改，或在选中文字后右击，在弹出的快捷菜单中选择【编辑】。

项目五任务二实战1视频

图 5-5

实战练习

实战1 先绘制两个半径为400mm的圆，然后分别利用【单行文字】和【多行文字】实现图5-5的效果（其中数字采用txt.shx格式，字高500，正中位置）。

实战1参考

步骤1：绘圆

绘制两个半径为400mm的圆，一个用于【单行文字】，一个用于【多行文字】。

步骤2：设置文字样式

输入快捷键<ST>，弹出【文字样式】选项卡，修改方法如图5-6所示。

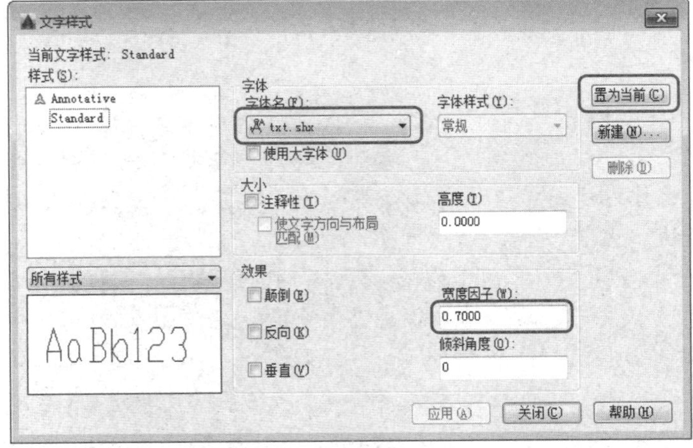

图 5-6

温馨提示：

1. 文字高度可以先不设定，在激活【文字输入】命令后再指定。
2. 宽度因子根据我国《房屋建筑制图统一标准》(GB/T 50001—2017）设定。
3. 字体名可通过点开 Arial 进行选择，也可直接输入【txt.shx】，建议采用后者。

步骤 3：输入文字

1.【单行文字】输入参考

命令 : DT　　激活【单行文字】命令
TEXT 当前文字样式 : "Standard" 文字高度 : 2.5000 注释性 : 否 对正 : 左
指定文字的起点或 [对正 (J)/ 样式 (S)]: j　　选择设置对正方式
输入选项 [左 (L)/ 居中 (C)/ 右 (R)/ 对齐 (A)/ 中间 (M)/ 布满 (F)/ 左上 (TL)/ 中上 (TC)/ 右上 (TR)/ 左中 (ML)/ 正中 (MC)/ 右中 (MR)/ 左下 (BL)/ 中下 (BC)/ 右下 (BR)]: mc
选择正中方式对正
指定文字的中间点 :　　文字中间点为圆心位置
指定高度 <2.5000>:500　　指定文字高度为 500
指定文字的旋转角度 <0>:
按空格键默认旋转角度为 0，然后输入 1，换个位置单击后按【Esc】键退出命令

温馨提示：

1.【单行文字】的对正方式也可选择【中间（M)】或【居中（C)】。
2. 文字的旋转角度是指其倾斜角度。此外，绘图一般采用 1 : 1 的比例，如果不设置注释性，则文字高度应为规范规定值除以绘图的比例（详见尺寸标注样式）。

2.【多行文字】输入参考

命令 : T　　激活【多行文字】命令
MTEXT 当前文字样式 : "Standard" 文字高度 : 2.5000 注释性 : 否
指定第一个角点 :　　在圆的左上角捕捉一点
指定对角点或 [高度 (H)/ 对正 (J)/ 行距 (L)/ 旋转 (R)/ 样式 (S)/ 宽度 (W)/ 栏 (C)]:
在圆的右下角捕捉一点，功能区弹出文字编辑器，进行如图 5-7 的设置。

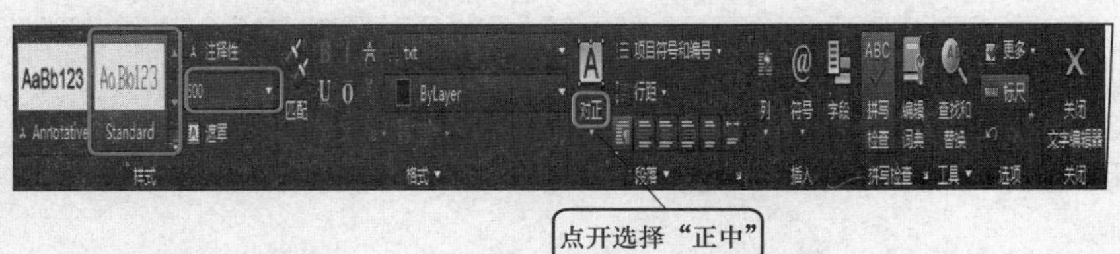

图 5-7

设置完成后，在文本框中输入【1】。

温馨提示：

由于在文字样式中对【Standard】已经进行了设置，所以在这里只需设置字高为【500】(如无可选的文字高度，可在命令提示区中输入【H】进行设置)，对正方式为【正中】即可；如事先未设置文字样式，则此处还需设置字体。

实战 2　利用【单行文字】命令输入下列文字（文字高度为 300，字体为 txt.shx)：“±0.000　ø20　45°”，然后修改成“-0.300　ø18　60°”。

实战 2 参考

步骤 1：设置文字样式，如图 5-8 所示。

步骤 2：设置注释比例。按快捷键 <DT> 激活【单行文字】命令后，将弹出【选择注释比例】选项卡，修改方法如图 5-9 所示。

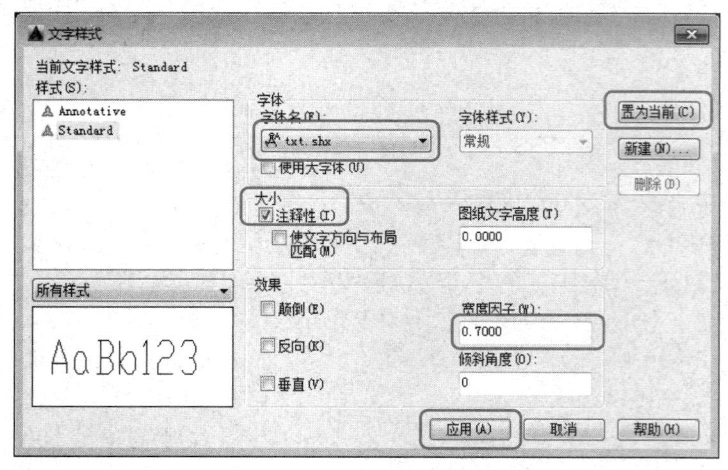

图 5-8

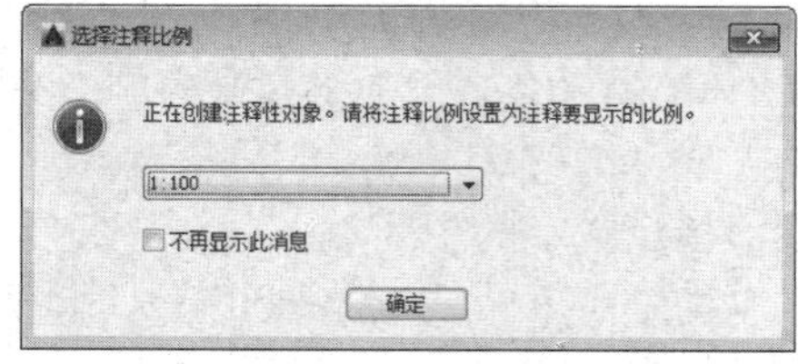

图 5-9

步骤 3：输入文字

TEXT 当前文字样式 :"Standard" 文字高度 :250.000 注释性 : 是 对正 : 正中
指定文字的中间点或 [对正 (J)/ 样式 (S)]:　　任意单击一点作为文字起点
指定文字高度 <250.0000>: 300　　指定图纸高度为 300
指定文字的旋转角度 <0>:
空格键默认不旋转，然后分别输入【%%P0.000】【%%C20】【45%%D】

步骤 4：修改文字

命令 :ED　　激活【文字编辑】命令
TEXTEDIT 选择注释对象 :
单击文字对象进行修改，修改好一行文字后不退出命令，单击下一行文字，全部完成后退出命令

温馨提示：

1. 无论是【单行文字】还是【多行文字】，在退出命令时都要按【Esc】键。如单击空格键，则会输入一个空格，按 < Enter > 键会换行，应注意此点与其他命令的不同。

2.【单行文字】也可连续输入，在退出命令之前，可利用鼠标单击的方式任意确定文字输入的位置，可多次确定。

3. 如果在步骤 2 中没有弹出【选择注释比例】对话框，可单击状态栏右下角 2:1 图标修改。

考考你吧！

利用本项目任务一“考考你吧”设定的【文字】文字样式，分别用单行文字命令和多行文字命令输入下面的设计说明（文字高度 500）。

3　设计标高
3.1　本工程±0.000相当于绝对标高，详见总平面图。
3.2　各层标注标高为完成面标高（建筑面标高），屋面标高为结构面标高。
3.3　本工程标高以m为单位，总平面尺寸以m为单位，其他尺寸以mm为单位。
3.4　本工程总平面放线详见建施总平面图。

任务三　熟知并应用文字工具

AutoCAD 提供了很多文字工具来提高绘图效率，本任务仅作简单介绍。

一、【快显工具】/【QTEXTMODE】

当图形中采用了大量构造复杂的文字时，【缩放】【重画】【重生成】等辅助命令的执行速度就会降低，感觉计算机很卡，这时可以利用【快显工具】将文字用其外轮廓框表示，而文字本身不显示（图 5-10），这样就可以大大提高图形的重新生成速度。

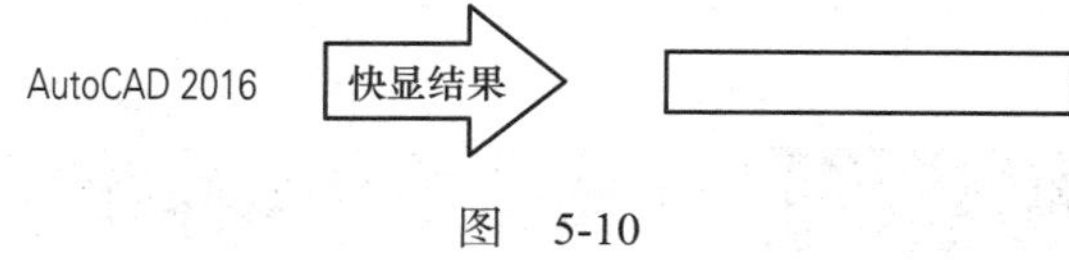

图　5-10

温馨提示：

1. 对【快显工具】命令，当其值为 1 时为激活状态，值为 0 时为关闭状态。
2. 【快显工具】命令激活后，要重生成一次，才会以外轮廓框显示。
3. 在打印文件时要将快显工具关闭，否则打印出来的文字将是一些外轮廓框线。

二、【文字比例】/【SCALETEXT】/

【文字比例】命令（图 5-11）可保持选定文字对象位置不变，只对其进行放大或缩小。该操作分别应用于每个选定的文字对象。

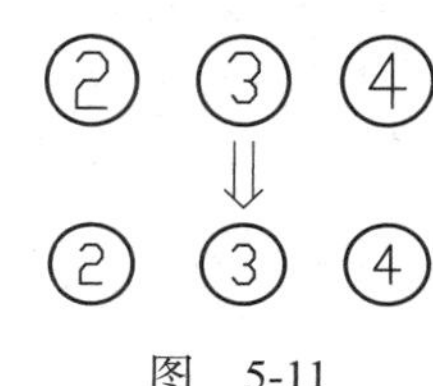

图　5-11

三、【文字屏蔽】/【TEXTMASK】/ 遮罩

利用【文字屏蔽】命令（图 5-12）可在单行文字和多行文字后面放置一个“遮罩”，该遮罩将遮挡其后面的实体，而位于“遮罩”前的文字将保留显示。采用“遮罩”，可使文字内容容易观察，使图纸看起来清楚而不杂乱。如果想取消文字屏蔽，可采用【TEXTUNMASK】命令。

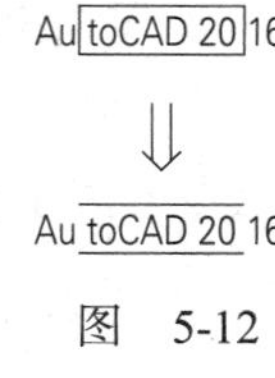

图　5-12

四、【对齐文字】/【JUSTIFYTEXT】/

【对齐文字】命令（图 5-13）不会改变文字的内部排序，而能实现文字的左对齐、右对齐以及中间对齐等操作。可对齐的对象有单行文字、多行文字、标注和对象的属性。

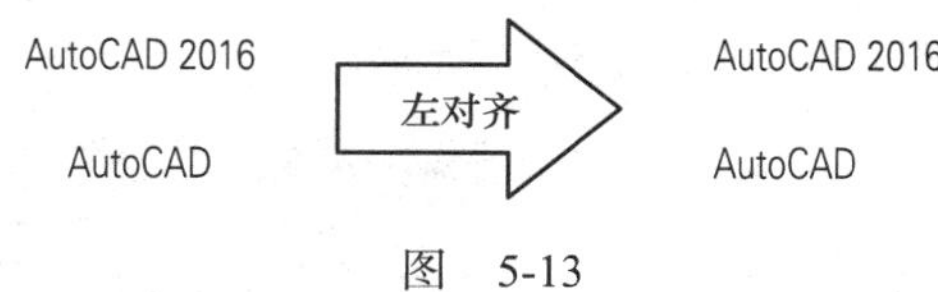

图　5-13

五、【自动编号】/【TCOUNT】

自动编号命令在建筑图的绘制中用到的次数相对较多，利用该命令可以快速对 X 轴方向的轴线进行自动编号（图 5-14）。运用的过程中需注意：此自动编号功能仅适用于数值的递增编号，对于字母或文字是不适用的。

文字工具除了上述几个以外，还有【查找（find)】【拼写检查（spell)】等，有兴趣的自己试着钻研一下吧！

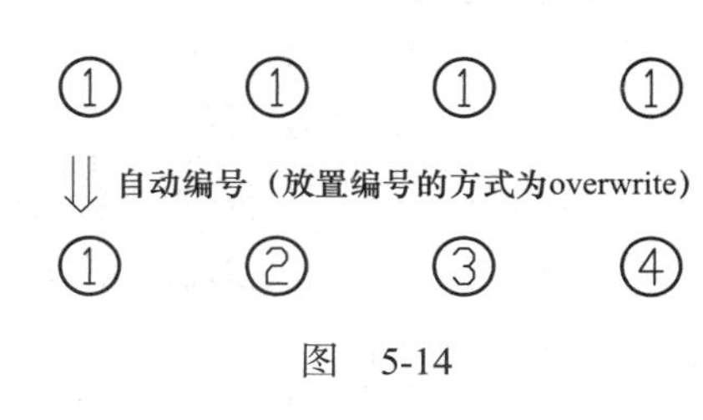

图　5-14

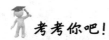

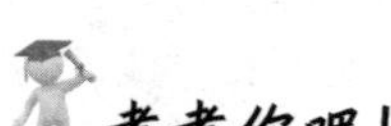

创建以下轴网编号（无须标注）。

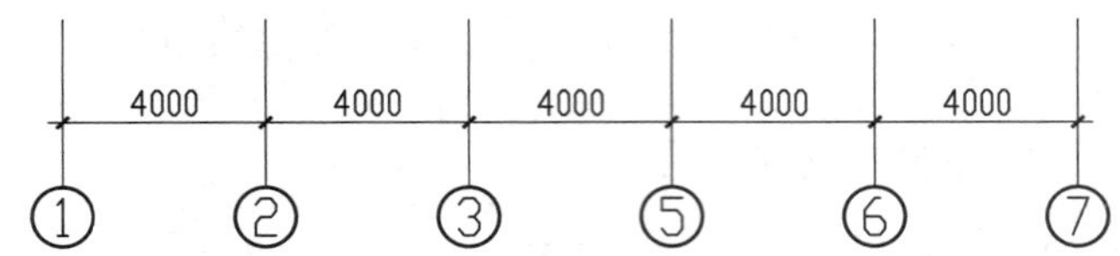

任务四 设定尺寸标注样式

不同领域、不同专业的图纸进行尺寸标注时，采用的标准不同。我国《房屋建筑制图统一标准》（GB/T 50001—2017）规定，一个完整的尺寸标注由尺寸界线、尺寸线、尺寸数字、尺寸起止符号等组成，如图 5-15 所示。在进行尺寸标注前，应首先设置尺寸标注的样式，然后再用设定的样式进行标注。

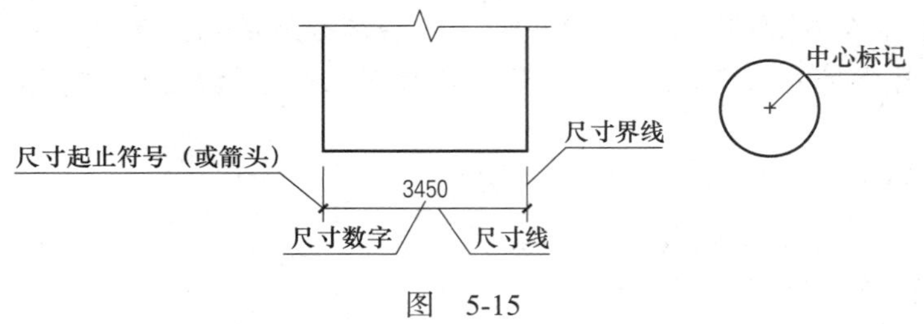

图 5-15

一、激活方式

- 命令提示区：【DDIM】或快捷键 <D>、<DST>
- 功能区：【默认】⇨ 注释 ▾ ⇨
- 【标注】工具栏：
- 功能区：【注释】⇨ 标注 ▾

二、命令解析

激活【尺寸标注】命令后将弹出【标注样式管理器】对话框，如图 5-16 所示。该命令既可以对现有的标注样式进行修改，也可以新建一个标注样式。单击 新建(N)... 按钮，将弹出【创建新标注样式】对话框，如图 5-17 所示。

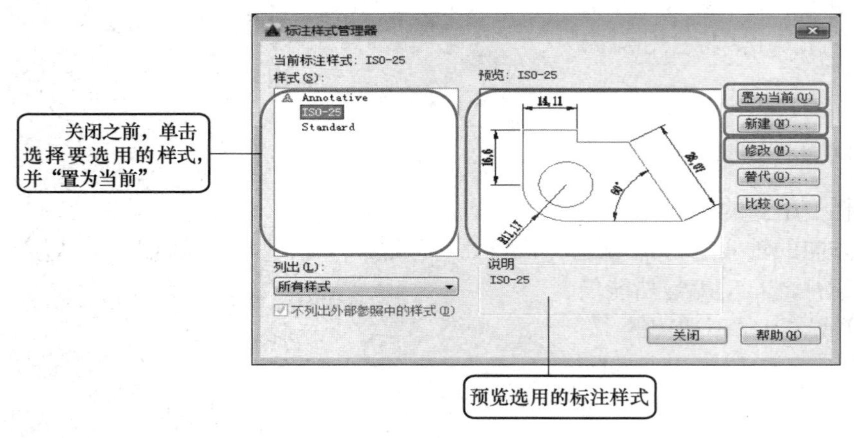

图 5-16

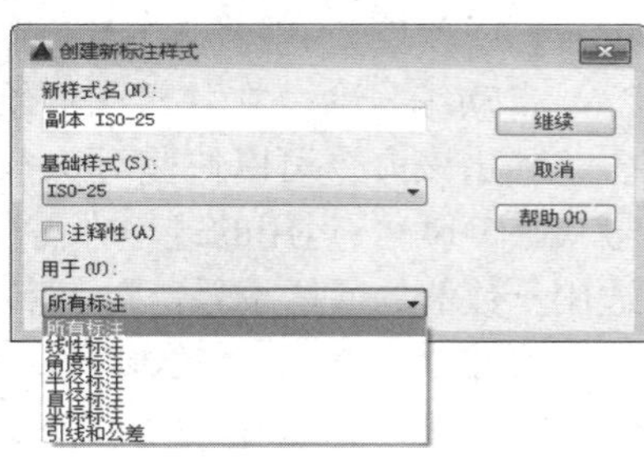

图 5-17

温馨提示：

新标注样式最好根据标注的用途来命名，如【线性标注】【角度标注】等，以便快速选用。此外，新建标注样式时，如【基础样式】和【用于】选项选择得当，在具体设置样式时，会节约很多时间。

设置好标注样式后，单击 继续 按钮，将弹出【新建标注样式】对话框；如果是对原有标注样式进行修改，将弹出【修改标注样式】对话框。两个对话框只是名称不一样，里面包含的内容完全一样。对话框中共有 7 个选项，其中【换算单位】和【公差】在绘图中应用较少。现根据我国《房屋建筑制图统一标准》(GB/T 50001—2017）的相关规定就其余选项面板的设置进行阐述。

1.【线】【符号和箭头】

【线】选项卡由【尺寸线】【尺寸界线】两个部分构成（图 5-18）；【符号和箭头】选项卡由【箭头】【圆心标记】【折断标注】【弧长符号】【半径折弯标注】【线性折弯标注】组成（图 5-19）。

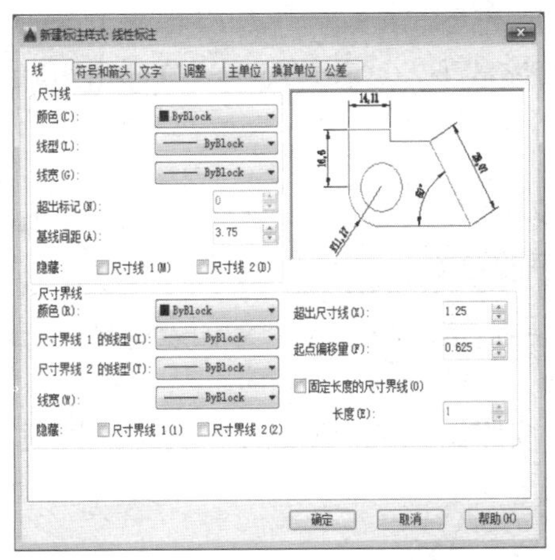

图 5-18

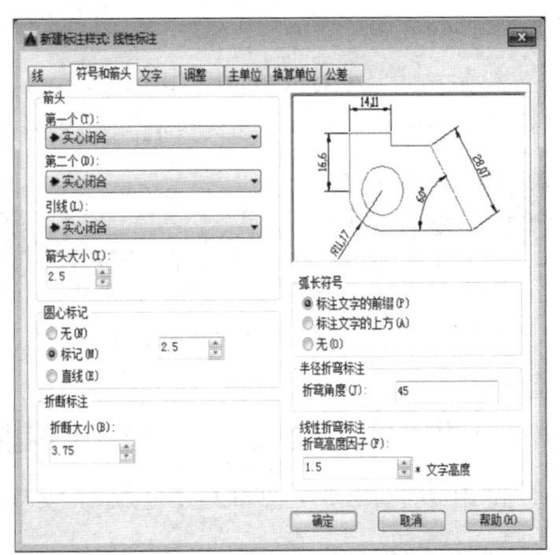

图 5-19

我国《房屋建筑制图统一标准》(GB/T 50001—2017）的相关规定如下：

1）尺寸线应用细实线绘制，与被注长度平行。

2）尺寸界线应用细实线绘制，与被注长度垂直。其一端应离开图样轮廓线不小于 2mm，另一端宜超出尺寸线 2 ～ 3mm。图样轮廓线可用作尺寸界线（图 5-20）。

3）尺寸起止符号一般用中粗斜短线绘制，其倾斜方向应与尺寸界线成顺时针 45° 角，长度宜为 2 ～ 3mm。半径、直径、角度与弧长的尺寸起止符号宜用箭头表示。

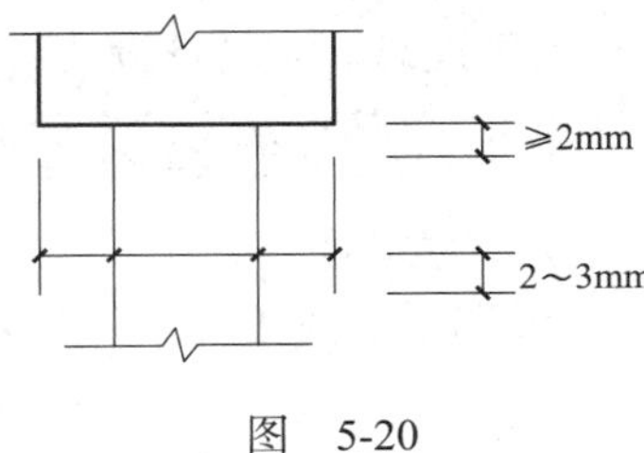

图 5-20

温馨提示：

我国《房屋建筑制图统一标准》（GB/T 50001—2017）的规定值指的都是已经出图的图纸上的实际尺寸，若想在 CAD 中标注出准确的数值，在进行相关尺寸设置时，需将《房屋建筑制图统一标准》(GB/T 50001—2017）中的规定值除以相应图纸的绘图比例。

在设置标注样式中的所有数值类数据时，均可采用 3 种方法确定，下面以图纸比例 1∶100 为例进行讲解。

（1）方法 1 标注特征比例选【使用全局比例】，设置为【1】（此设置在调整选项面板中会涉及），所填数值＝规范规定值 / 比例，如图 5-21 所示。

全局比例为 1，即图上 1cm 在实际建筑上也是 1cm，图纸未进行缩放。这种情况下，为了按照图纸标注的比例进行出图打印，在出图时会集中进行缩放，所以 CAD 中的尺寸标注要提前进行放大（或缩小）。

（2）**方法2** 标注特征比例选【使用全局比例】，设置为图纸比例的倒数（即图纸比例为1∶100，全局比例应设为100），所填数值＝规范规定值，如图5-22所示。

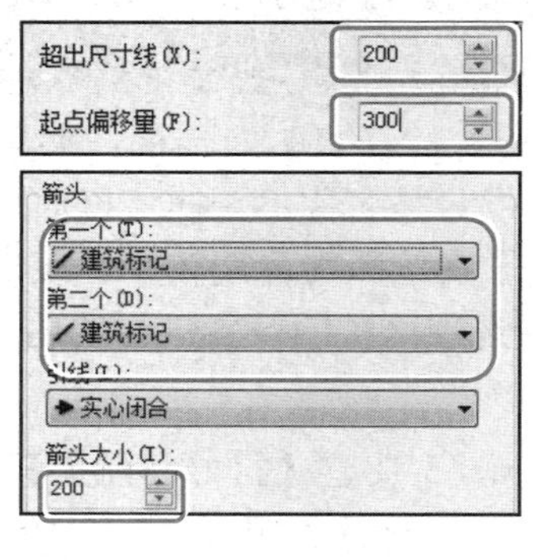

图 5-21

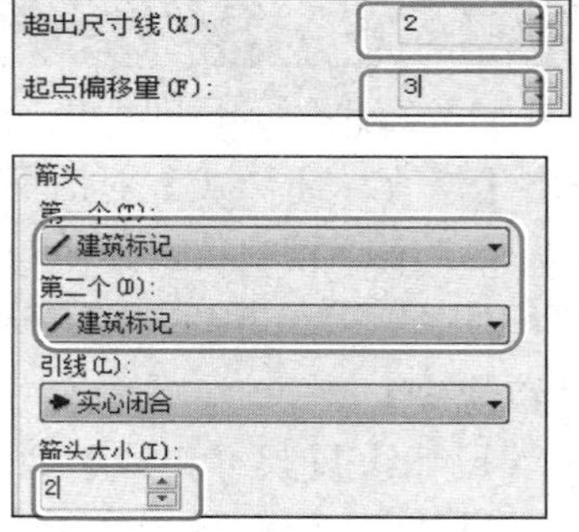

图 5-22

全局比例为图纸比例的倒数，CAD中的图纸已经按照比例进行缩放了，这种情况下，打印出图时不需再进行缩放，所以所有尺寸按规范规定值填写即可。

温馨提示：

以上两种方法的前提均是在【文字样式】对话框中不勾选【注释性】。

（3）**方法3** 标注特征比例勾选【注释性】，所填数值＝规范规定值，然后在状态栏右侧修改注释比例。

注释比例为图纸上标注的比例 1:100，说明注释的内容已按照比例进行缩放了，打印出图时不需再进行缩放，所以所有尺寸按规范规定值填写即可。

温馨提示：

1．所有数值都可以直接输入，不必点取向上、向下箭头选取。

2．上述方法中的数值设定并不是固定的，只要在规范规定的数值范围内，并兼顾美观即可。设置完成后，可通过预览窗口查看效果，实时进行更改。

3．规范中没有涉及的选项可根据个人喜好进行更改，最好不改。

2.【文字】

该选项卡由【文字外观】【文字位置】以及【文字对齐】3个部分构成（图5-23）。【文字外观】中

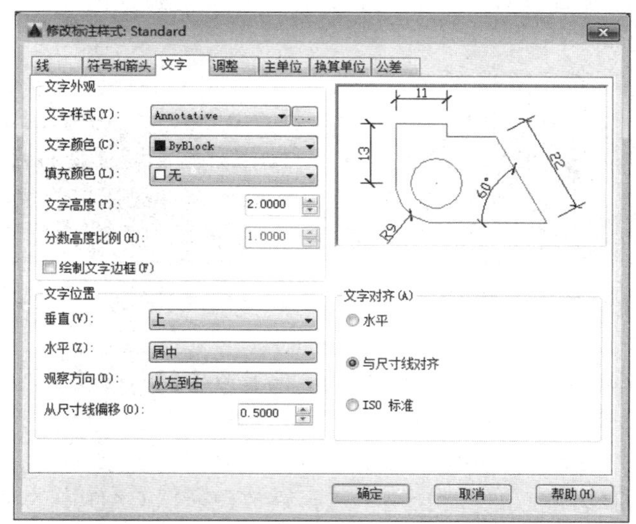

图 5-23

的【文字样式】可通过单击选择一种已经设置好的字体样式（如Annotative），作为尺寸数字的文字样式。如未提前进行文字样式的设置，也可以单击右侧的...按钮，打开【文字样式】对话框进行设置。

对于尺寸数字，我国《房屋建筑制图统一标准》（GB/T 50001—2017）并没有具体要求，建议如下：

（1）【文字高度】：2 ～ 2.5mm，具体填写数值根据全局比例或注释比例确定。

（2）【文字字体】（在【文字样式】一行中进行设置）：txt.shx。

（3）【从尺寸线偏移】：1mm 左右，具体填写数值根据全局比例或注释比例确定。

温馨提示：

【文字样式】中的字高设置值往往会对尺寸标注样式产生干扰，所以在进行文字样式设置时，用于尺寸标注的文字样式的字高通常设置为 0。

【文字外观】中，其余选项的设置可根据个人喜好进行调整，但【文字位置】的其他选项和【文字对齐】不能修改，需采用图 5-23 中的默认设置。

3.【调整】

该选项卡由【调整选项】【文字位置】【标注特征比例】以及【优化】4 个部分构成（图 5-24）。我国《房屋建筑制图统一标准》（GB/T 50001—2017）规定，尺寸数字（图 5-25）一般应依据其方向注写在靠近尺寸线的上方中部。如没有足够的注写位置，最外边的尺寸数字可注写在尺寸界线的外侧，中间相邻的尺寸数字可上下错开注写，引出线端部用圆点表示标注尺寸的位置。根据以上规定的要求，此选项卡设置建议如下：

（1）【调整选项】勾选【文字或箭头（最佳效果）】。

（2）【文字位置】勾选【尺寸线旁边】。

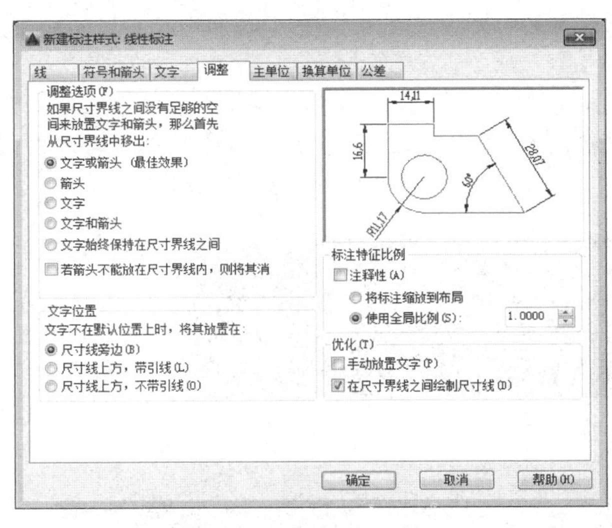

图 5-24

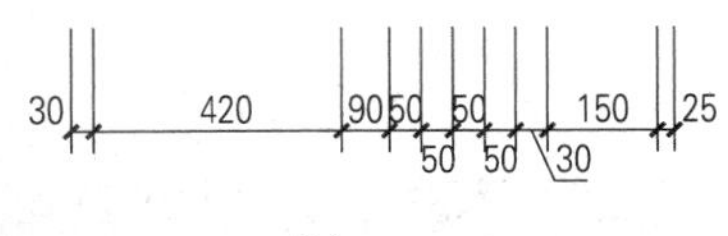

图 5-25

（3）【标注特征比例】勾选【使用全局比例】，全局比例可以默认为 1，但最好设置为图纸比例的倒数。注意：此项会影响到其他数值类选项的填写结果。当然也可直接勾选【注释性】，通过注释比例控制标注大小。

（4）【优化】勾选【在尺寸界线之间绘制尺寸线（D）】。

4.【主单位】

该选项卡由【线性标注】【测量单位比例】【角度标注】和【消零】4 个部分构成（图 5-26）。我国《房屋建筑制图统一标准》（GB/T 50001—2017）对【主单位】各选项并未作出具体要求，设置时可参考建筑模数的相关规定。根据建筑模数的要求，建议如下：

（1）线性标注的单位格式采用【小数】，精度为【0】。

（2）测量单位的比例的比例因子为【1.0000】。

（3）角度标注的单位格式采用【度 / 分 / 秒】，精度为【0d00′00″】，【后续】消零。

【换算单位】和【公差】2 个选项卡不常用到，本任务不予介绍。

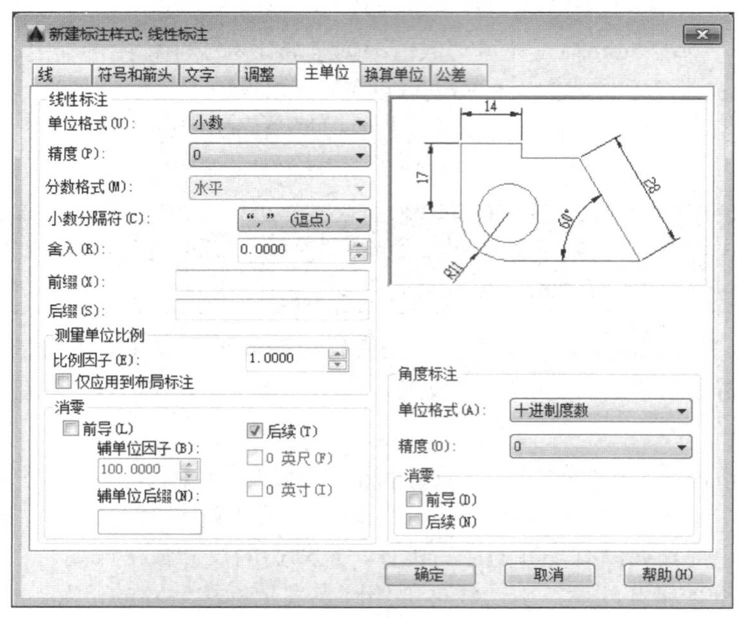

图 5-26

任务五 标注尺寸

AutoCAD 中提供了很多种尺寸标注的方式。用在命令提示区中输入的方式也可以激活命令，但是涉及的命令较多，快捷键也相对复杂，记忆难度较大，所以，对于尺寸标注操作，通常采用单击图标调出命令的方式，如图 5-27 ～图 5-29 所示。其中，图 5-29 为标注工具栏，需自己调用。

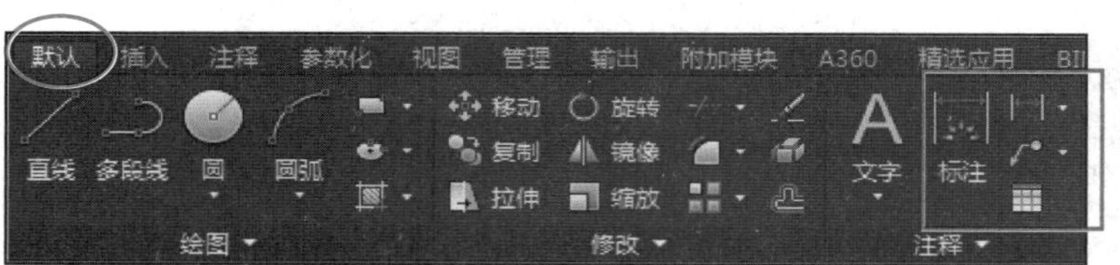

图 5-27

图 5-28

图 5-29

一、【线性标注】/【DIMLINEAR】/ 快捷键 <DLI>/

【线性标注】(图 5-30)是指标注图形对象在水平方向、垂直方向或指定方向上的尺寸，分为水平标注、垂直标注和旋转标注 3 种类型。在使用【线性标注】时，可采用“鼠标三点法”，即单击尺寸界线起点、单击尺寸界线终点、单击尺寸线位置，完成标注。

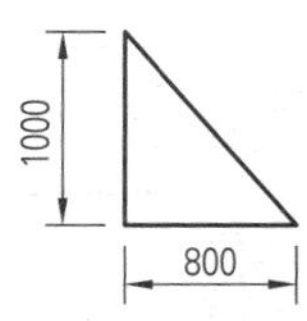

图 5-30

二、【对齐标注】/【DIMALIGNED】/ 快捷键 <DAL>/

【对齐标注】命令(图 5-31)可以用于创建平行于所选对象，或平行于尺寸界线起点和终点连线的直线型标注，一般用于倾斜对象的尺寸标注。标注时，系统能自动将尺寸线调整为与被标注线段平行。【线性标注】命令虽然也能实现这一功能，但是需要选择【旋转】子命令，较麻烦。

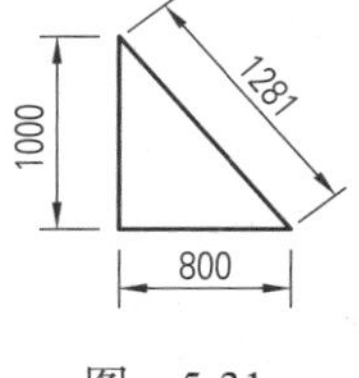

图 5-31

三、【基线标注】/【DIMBASELINE】/ 快捷键 <DBA>/

【基线标注】(图 5-32)是以一个统一的基准线为标注起点，连续建立线性、角度或坐标的标注。相邻尺寸线之间的间距由【标注样式】中【线】选项面板的【基线间距】控制，标注时不能进行修改。另外，在进行基线标注前，必须先创建或选择一个线性、对齐、角度或坐标标注作为基准标注。图 5-32 中，基线标注的基准标注为标注尺寸【800】的线性标注。

我国《房屋建筑制图统一标准》(GB/T 50001—2017)规定，图样轮廓线以外的尺寸线与图样最外轮廓之间的距离不宜小于 10mm。平行排列的尺寸线的间距宜为 7 ～ 10mm，并保持一致。

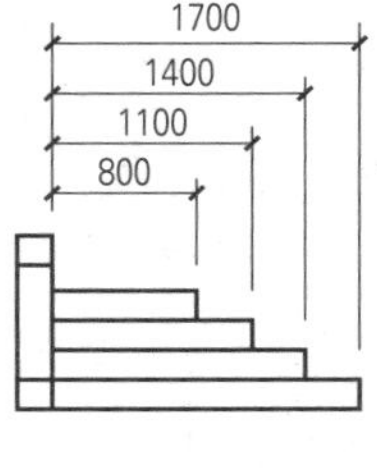

图 5-32

四、【连续标注】/【DIMCONTINUE】/ 快捷键 <DCO>/

【连续标注】(图 5-33)命令是在基准标注的基础上连续建立线性、弧长、坐标或角度的标注。Auto CAD 会默认将基准标注的第二条尺寸界线作为下个标注的第一条尺寸界线。与【基线标注】相同，在进行连续标注前，必须先创建或选择一个线性、对齐、角度或坐标标注作为基准标注。

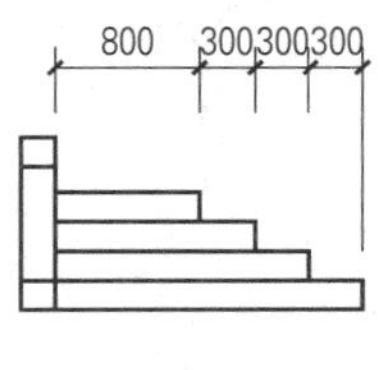
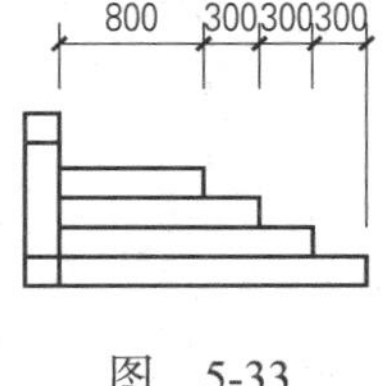

图 5-33

五、【直径标注】/【DIMDIAMETER】/ 快捷键 <DDI>/

【直径标注】命令(图 5-34)用于为选定的圆或圆弧创建直径标注。我国《房屋建筑制图统一标准》(GB/T 50001—2017)中的相关规定如下。

(1)标注圆的直径尺寸时，直径数字前应加直径符号 ϕ。在圆内标注的尺寸线应通过圆心，两端画箭头指至圆弧。

(2)较小圆的直径尺寸，可标注在圆外。

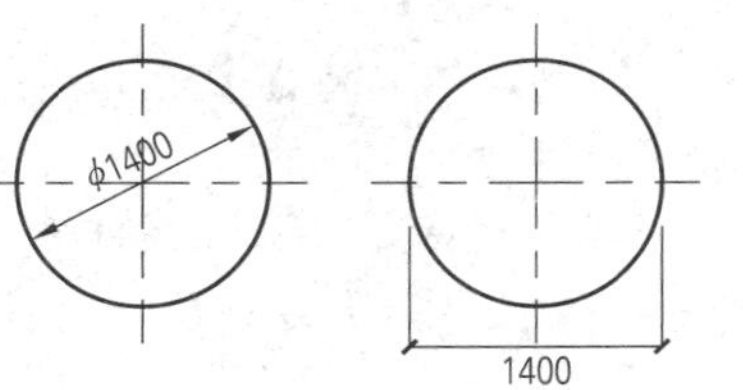

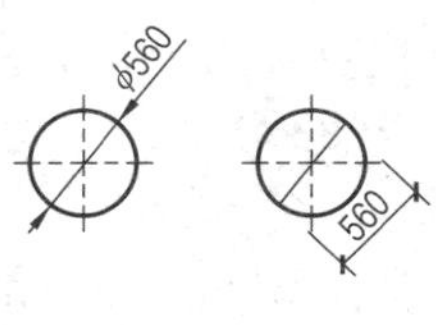

图 5-34

温馨提示：

1. 进行直径标注之前，需创建一个新的标注样式。在【创建新标注样式】对话框中，【用于】一项设置为【直径标注】，这时不需修改的选项会自动变成灰色的不可编辑状态。
2. 标注时，可直接拖动鼠标，确定尺寸线位置，屏幕将动态显示其变化。

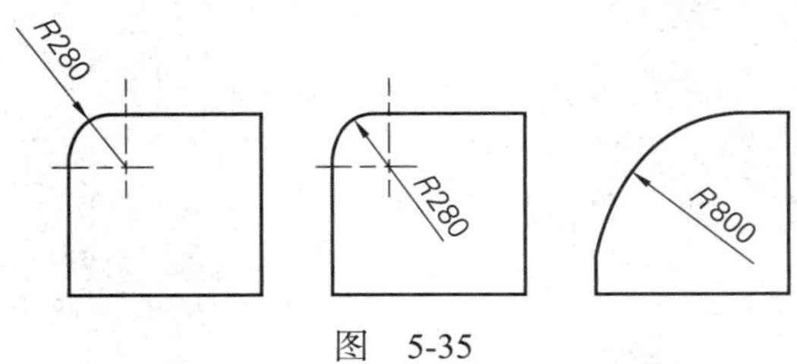

图 5-35

六、【半径标注】/【DIMRADIUS】/ 快捷键 <DRA>/

【半径标注】命令（图 5-35）用于标注选定的圆或圆弧的半径尺寸。我国《房屋建筑制图统一标准》（GB/T 50001—2017）规定，半径的尺寸线应一端从圆心开始，另一端画箭头指向圆弧。半径数字前应加注半径符号“*R*”。

【半径标注】的标注方法及标注样式设置方法同直径标注。

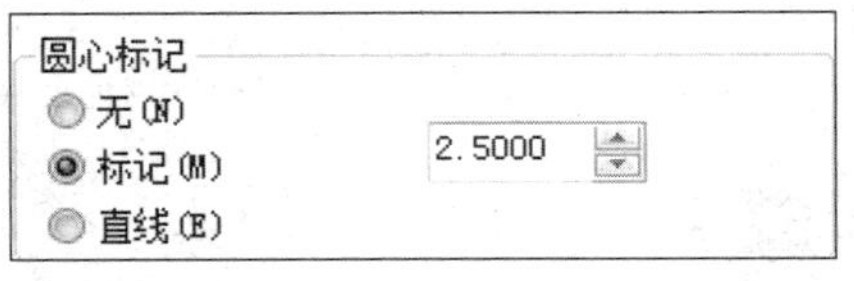

图 5-36

七、【圆心标记】/【DIMCENTER】/ 快捷键 <DCE>/

【圆心标记】是绘制在圆心位置的特殊标记。使用【圆心标记】之前，需先对圆心标记的类型和大小进行设置。打开【标注样式】对话框，在【符号和箭头】选项卡中，找到【圆心标记】进行设置，如图 5-36 所示。

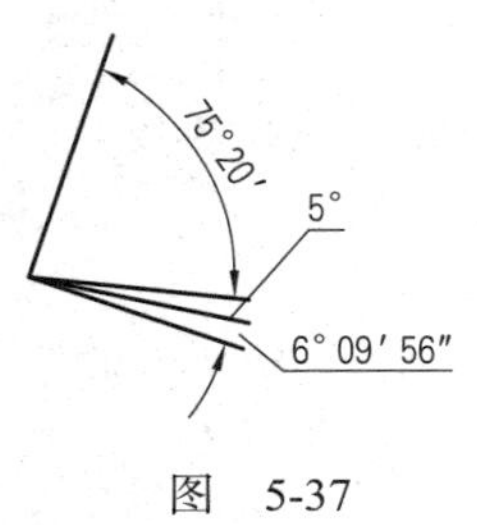

图 5-37

八、【角度标注】/【DIMANGULAR】/ 快捷键 <DAN>/

【角度标注】命令（图 5-37）用于圆、弧、任意两条不平行的直线或两个对象之间的角度标注。我国《房屋建筑制图统一标准》（GB/T 50001—2017）规定，角度的尺寸线应以圆弧表示。该圆弧的圆心应是该角的顶点，角的两条边为尺寸界线。起止符号应以箭头表示，如没有足够位置画箭头，可用圆点代替，角度数字应沿尺寸线方向注写。

温馨提示：

1. 进行角度标注时，命令提示区会提示【选择圆弧、圆、直线或 <指定顶点>：】。其中，选择【圆】所进行的【角度标注】是指圆弧上两点与圆心的连线所组成的角度值；选择【直线】应是指两条不平行的直线，系统会自动测量两条直线间的夹角，若两条直线不相交，系统会将其隐含的交点作为顶点。

2. 当命令提示区中出现【指定标注弧线位置或 [多行文字 (M)/ 文字 (T)/ 角度 (A)/ 象限点 (Q)]:】时，可以选择子命令自行输入要标注的数值、角度或文字说明等。

九、【弧长标注】/【LEADER】/

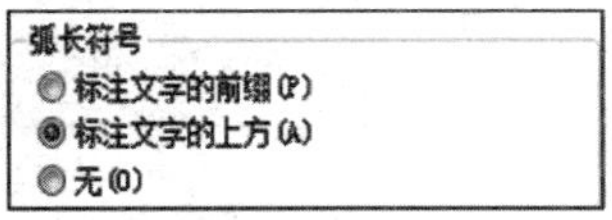

弧长符号
标注文字的前缀(P)
标注文字的上方(A)
无(O)

图 5-38

【弧长标注】命令可以为圆弧或者多段线的圆弧段创建长度标注。默认情况下，标注文字前面会显示一个圆弧符号，表明此标注是线性标注而非角度标注。在【标注样式】对话框的【符号和箭头】选项面板中可以修改其显示位置（图 5-38）。我国《房屋建筑制图统一标准》（GB/T 50001—2017）中的相关规定如下：

（1）标注圆弧的弧长时，尺寸线应以与该圆弧同心的圆弧线表示，尺寸界线应指向圆心，起止符号用箭头表示，弧长数字上方应加注圆弧符号⌒。

（2）标注圆弧的弦长时，尺寸线应以平行于该弦的直线表示，尺寸界线应垂直于该弦，起止符号用中粗斜短线表示（图 5-39）。

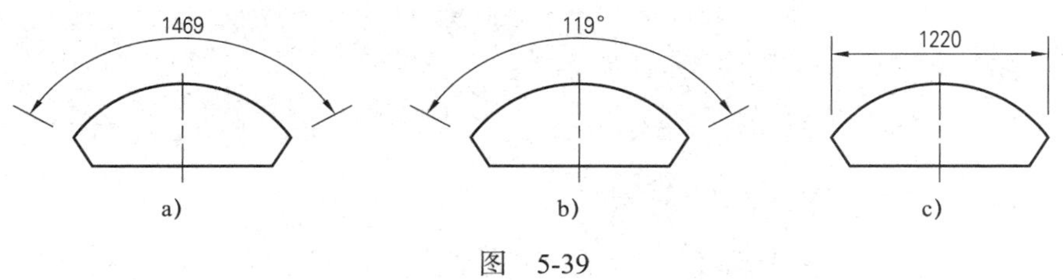

图 5-39

a）弧长标注 b）角度标注 c）线性标注弦长

温馨提示：

在对图形对象进行尺寸标注之后，如果对尺寸标注的位置不满意，可以通过【夹点编辑】操作实现尺寸位置的移动，不同位置的夹点效果不同（图 5-40）。

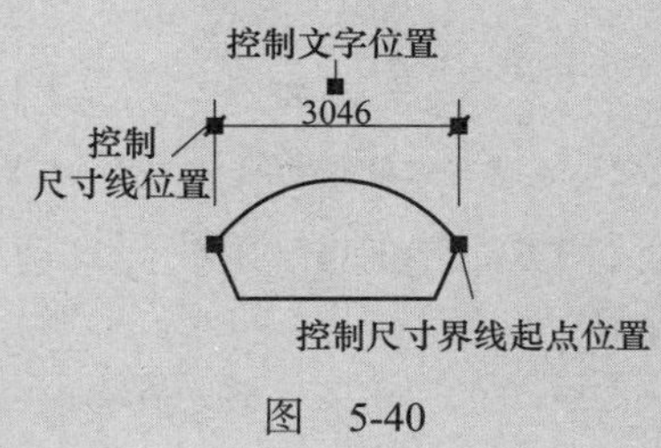

图 5-40

十、【引线标注】/【LEADER】/ 快捷键 <LEAD>

【引线标注】用于创建注释和引线，表示文字和相关的对象。我国《房屋建筑制图统一标准》（GB/T 50001—2017）中的相关规定如下：

（1）引出线应以细实线绘制，宜采用水平方向的直线，或与水平方向成 30°、45°、60°、90° 的直线，并经上述角度再折为水平线。文字说明宜注写在水平线的上方或端部。索引详图的引出线应与水平直径线相连接（图 5-41）。

（2）同时引出的几个相同部分的引出线，宜互相平行，也可画成集中于一点的放射线（图 5-42）。

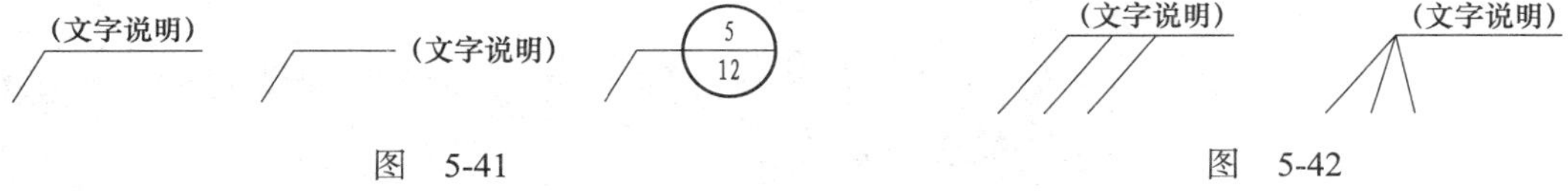

图 5-41　　图 5-42

（3）多层构造或多层管道共用引出线应通过被引出的各层，并用圆点示意对应各层次。文字说明宜注写在水平线的上方或端部，说明的顺序应由上至下，并与被说明的层次对应一致；如层次为横向排序，则由上至下的说明顺序应与由左至右的层次对应一致（图 5-43）。

除了采用【LEADER】命令进行引线标注外，还可采用功能区面板【引线】（图 5-44）中的命令进行标注。需说明的是，采用多重引线标注只能标注出一条引线，可通过和来增加或减少引线的数量。

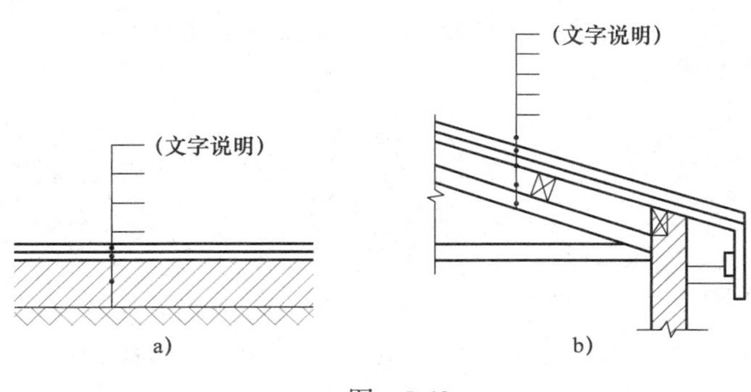

图 5-43

图 5-44

温馨提示：

在创建引线标注时，常遇到文字与引线的位置不合适的情况，这时可以通过【夹点编辑】的方式来调整引线与文字的相对位置。

十一、【快速标注】/【QDIM】/

【快速标注】能一次性标注多个对象，它可以对直线、多段线、正多边形、圆环、点、圆和圆弧（圆和圆弧只有圆心有效）同时进行标注。标注形式有基准型、连续型、直径型等，图 5-45 为连续型快速标注。

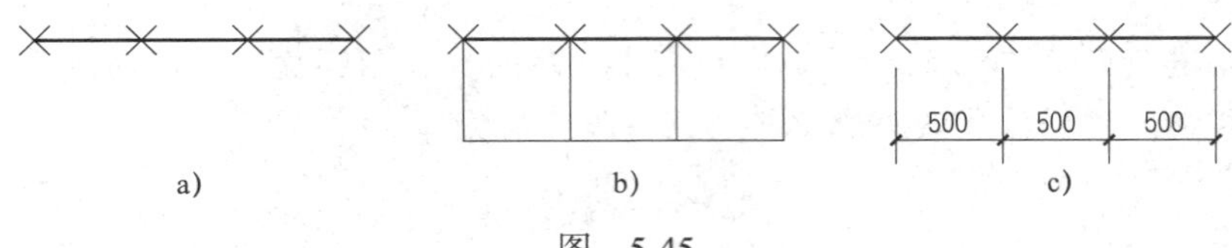

图 5-45

a）待标注的 3 段直线，╳为直线的端点位置　b）选择对象后效果，╳为标注位置有效点　c）单击鼠标确定尺寸线位置

选中待标注对象之后，执行子命令【编辑（E）】，系统会自动生成标注位置的有效点。有效点可以根据需要增加或减少，如图 5-46 所示。

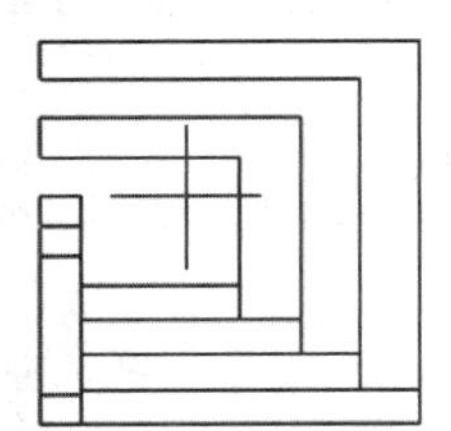

第1步：选择【快速标注】子命令【基线（B）】。

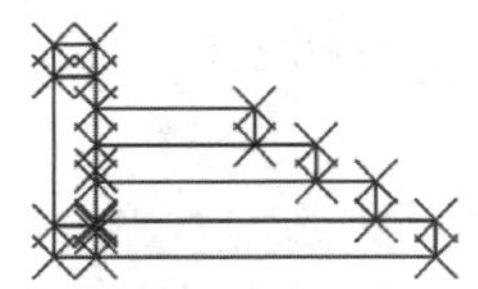

第2步：选择【快速标注】子命令【编辑（E）】，显示标注有效点。

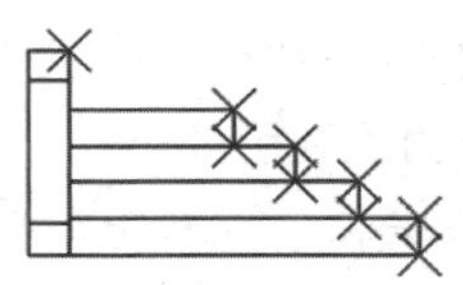

第3步：根据提示删除无用的有效点，也可添加有效点。

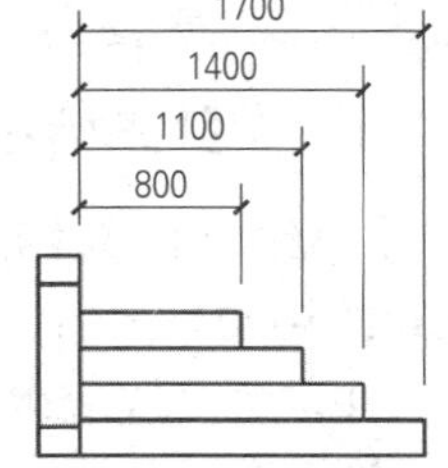

第4步：按空格键确定上一步的操作后，拖动鼠标确定尺寸线位置。

图 5-46

十二、【坐标标注】/【DIMORDINATE】/快捷键<DIMORD>/

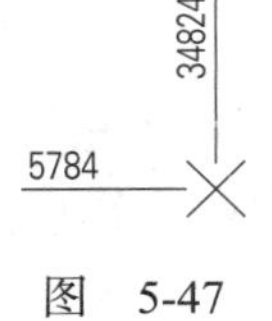

图 5-47

【坐标标注】用于自动测量并根据引出线的方向自动标注选定点的 X 轴或 Y 轴的绝对坐标值。例如，标注图 5-47 中，点的绝对坐标值 X=5784，Y=34824。

实战练习

实战　利用【尺寸标注】命令标注图 5-48。

实战参考

步骤 1：设置标注样式

由于此标注样式与建筑标注有所不同，可先修改【使用全局比例】为【30】或【40】，其他项根据标注效果进行微调，美观即可（此步骤也可放在第 1 次线性标注之后）。

步骤 2：标记圆心

单击图标，激活【圆心标记】命令，选择图中的圆弧进行标注，效果如图 5-49 所示。

项目五任务五实战视频

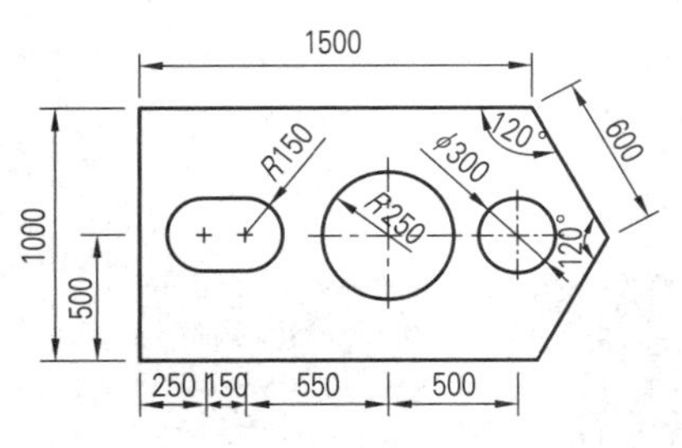

图 5-48

步骤 3：线性标注

单击图标▇，激活【线性标注】命令，运用“鼠标三点法”，即单击尺寸界线起点、单击尺寸界线终点、单击尺寸线位置，确定 3 个线性标注（图 5-50）。

步骤 4：基线标注

修改标注样式中的“基线间距”为 7 左右，然后激活【基线标注】命令（图 5-51）。操作如下：

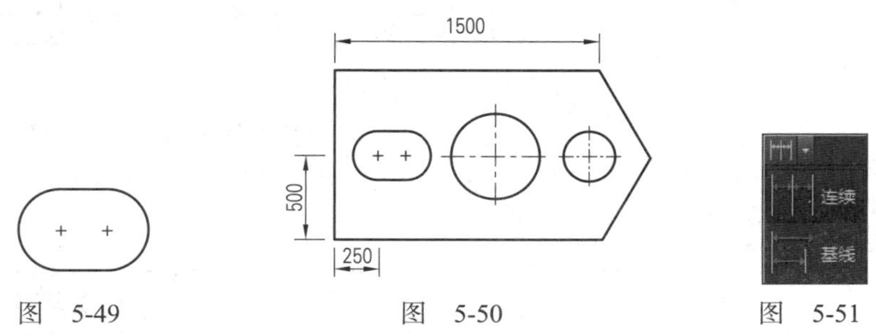

图 5-49　　图 5-50　　图 5-51

命令 : _dimbaseline	激活【基线标注】命令
指定第二条尺寸界线原点或 [选择 (S)/ 放弃 (U)] < 选择 >: s	选择修改基准标注
选取基准标注 :	选择基准标注为“500”的线性标注
指定第二条尺寸界线原点或 [选择 (S)/ 放弃 (U)] < 选择 >:	单击交点位置指定终点，详细操作见图 5-52

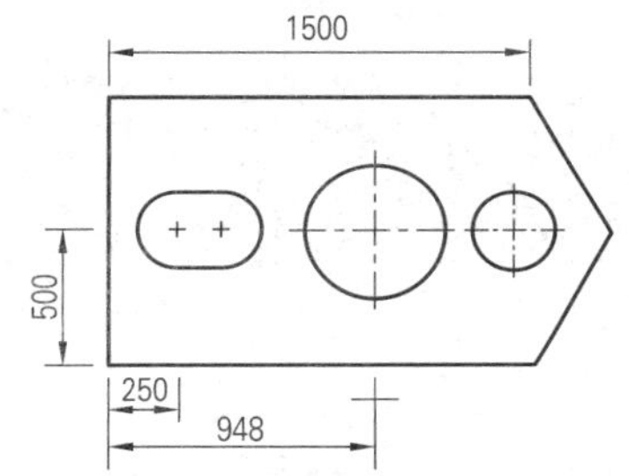

第1步：激活【基线标注】命令，系统会默认上一个标注为基准标注。

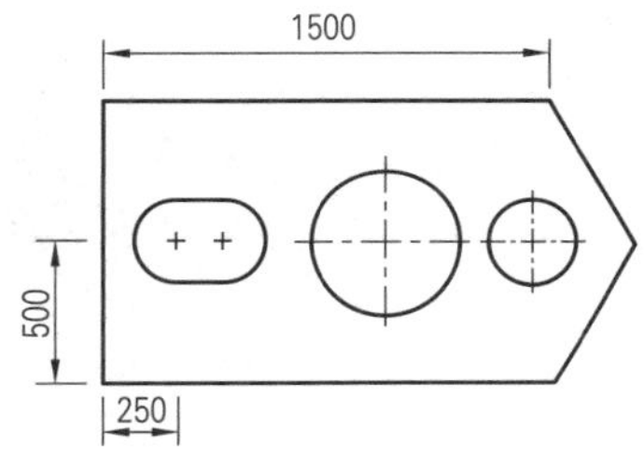

第2步：输入【S】，并重新指定一个基准标注。

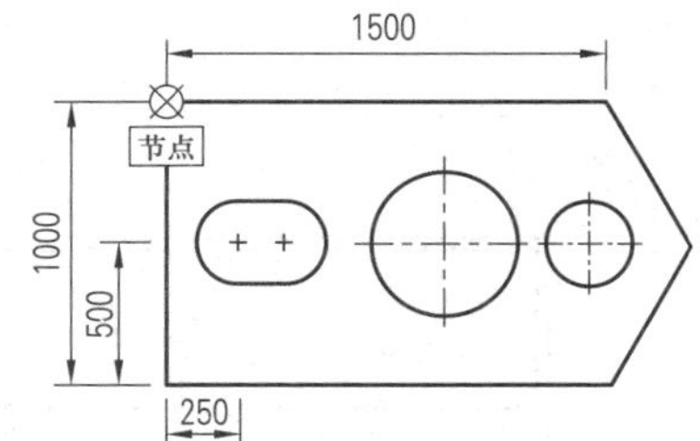

第3步：选择如图所示的点为尺寸界限终点。

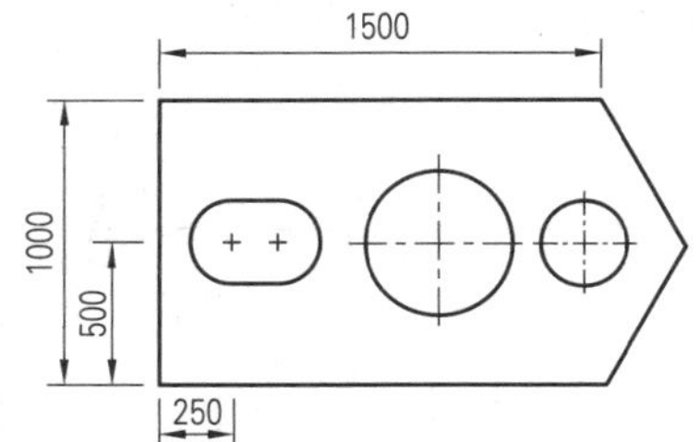

第4步：完成【基线标注】。

图 5-52

温馨提示：

在选择基准标注时，系统会自动捕捉到离光标最近的那个尺寸起止符号作为基准点进行标注，此原则同样适用于连续标注。

步骤 5：连续标注▇连续

参照基线标注的方法进行连续标注，效果如图 5-53 所示。

步骤 6：直径标注和半径标注

单击◯激活【半径标注】(直径标注方法同半径标注)，方法和效果如图 5-54 所示。

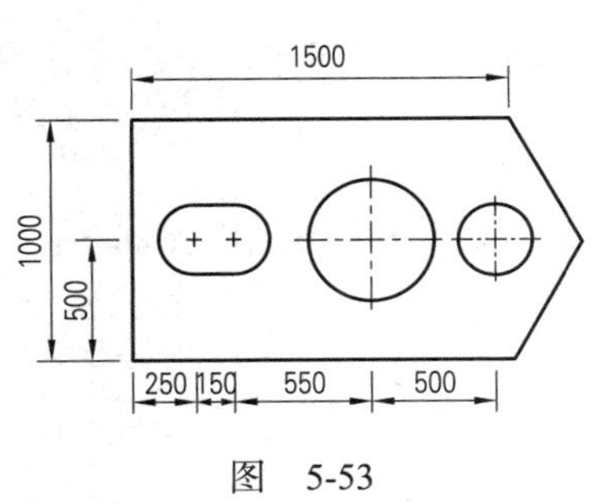

图 5-53

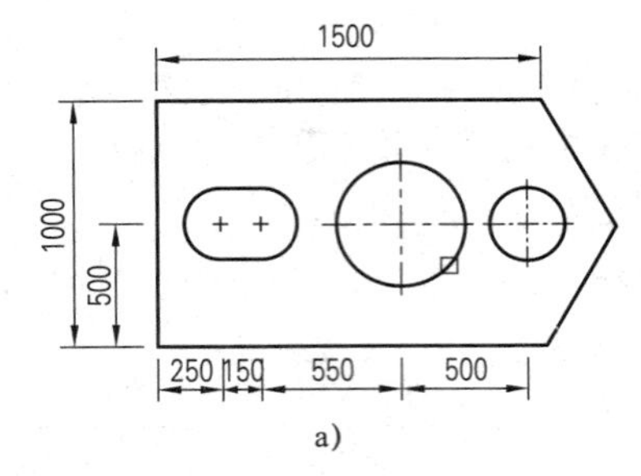

a)

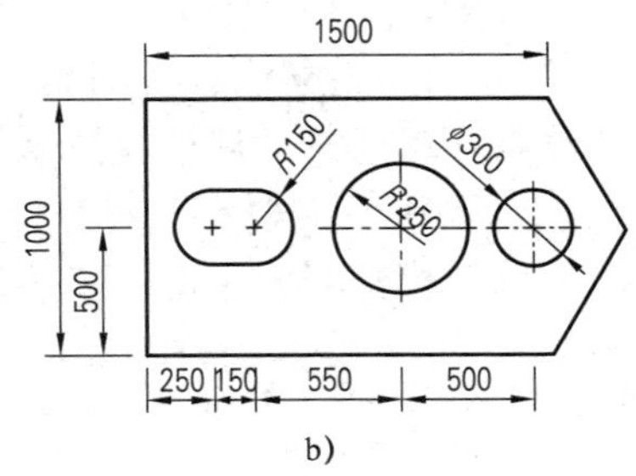

b)

图 5-54

a）选择待标注的圆 b)【半径标注】和【直径标注】效果

步骤 7：角度标注

命令：_dimangular	激活【角度标注】命令
选择圆弧、圆、直线或 <指定顶点>:	选择待标注角度的第 1 条边
选择第二条直线：	选择待标注角度的第 2 条边
指定标注弧线位置或 [多行文字 (M)/ 文字 (T)/ 角度 (A)/ 象限点 (Q)]:	拖动鼠标选择合适的位置

步骤 8：对齐标注

对齐标注方法同线性标注，不再赘述。

温馨提示：

1．尺寸线位置可通过作辅助线的方式来确定。
2．在进行尺寸标注时，注意适当运用夹点编辑，可提高速度。

考考你吧！

1．请对图 4-13 进行尺寸标注及文字注释，具体要求参见我国《房屋建筑制图统一标准》（GB/T 50001—2017）的相关规定。

2．绘制下列图形并进行尺寸标注。

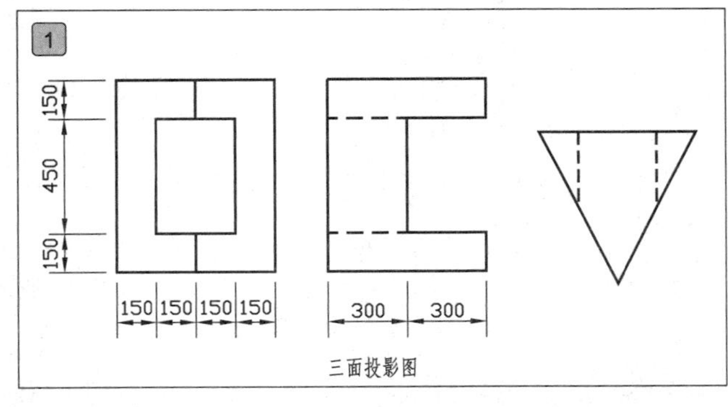

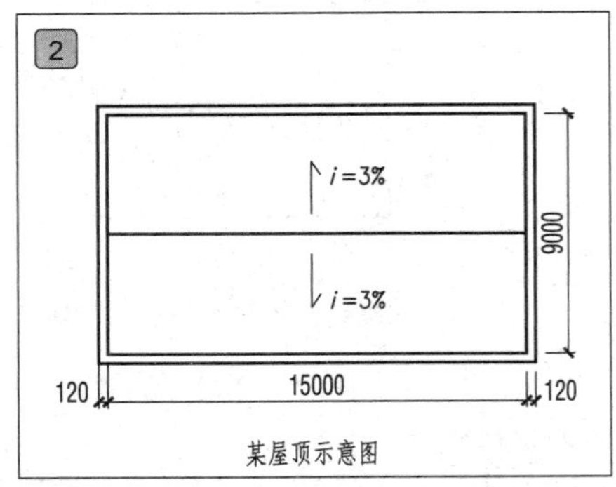

任务六 修改尺寸标注

在进行尺寸标注时，我们可能会遇到由于图形绘制不精确或尺寸标注捕捉点不精确而造成标注出来的尺寸并不理想的情况，但是删除图形重画或重新捕捉标注点似乎又很麻烦，怎么办呢？我们可以通过一系列尺寸标注编辑命令进行微调。

一、【编辑标注】

【编辑标注】命令可用于对标注的尺寸数字、文字的位置、尺寸界线的角度等进行编辑操作。

1. 激活方式

- 命令提示区：【DIMEDIT】或快捷键 <DED>
- 【标注】工具栏：

2. 命令解析

激活【编辑标注】命令之后，命令提示区会出现以下提示：

输入标注编辑类型 [默认 (H)/ 新建 (N)/ 旋转 (R)/ 倾斜 (O)] < 默认 >:

各项子命令的具体含义如下：

(1)【默认】(H)：执行此项操作后，尺寸标注会恢复成默认设置。

(2)【新建】(N)：用于修改指定标注的标注文字（图 5-55）。

(3)【旋转】(R)：用于修改指定标注文字的角度。

(4)【倾斜】(O)：用于设置线性标注尺寸界线的倾斜角度。

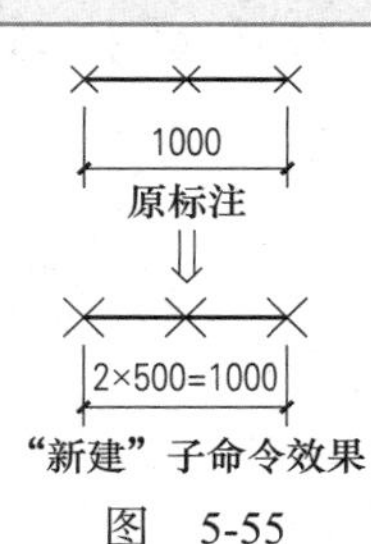

图 5-55

温馨提示：

1. 在使用【新建】子命令时，一定要注意：当出现文字编辑窗口时，需将原有数据删除干净之后再进行输入，否则将达不到想要的效果。

2.【倾斜】子命令常用于轴测图标注，此部分暂不讲解。

3.【编辑标注】命令不能修改尺寸文字放置的位置。

二、【编辑标注文字】/【DIMTEDIT】/ 快捷键 <DIMTED>

【编辑标注文字】命令可用于重新定位标注文字的位置，但是不能对标注文字进行编辑。利用此命令可以实现尺寸数字在尺寸线上【左对齐 (L)】【右对齐 (R)】【居中 (C)】以及【旋转角度 (A)】等操作（也可以单击功能区 标注 ，从 中选择），如图 5-56 所示。

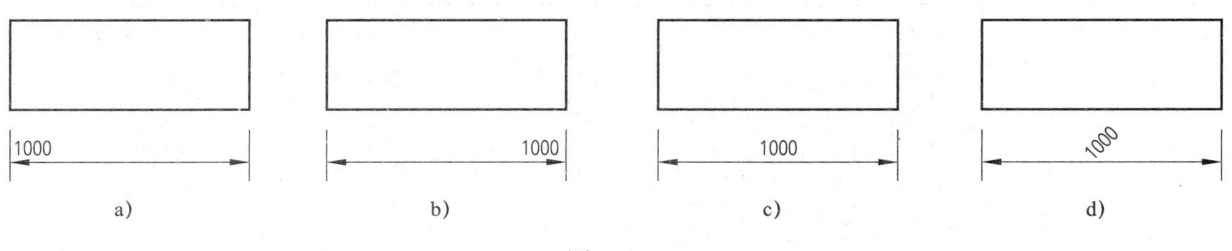

图 5-56

a) 左对齐 b) 右对齐 c) 居中 d) 角度 30°

温馨提示：

1. 如果是单纯对尺寸数字进行修改，通常采用【文字编辑】命令【ED】来实现。

2. 如果对尺寸标注进行了多次修改，要想恢复原来的标注，可在命令行输入【DED】，选择【默认】子命令后单击【尺寸标注】按钮，然后按回车键。

三、【修改标注间距】/【DIMSPACE】

【修改标注间距】命令（图 5-57）可用于修改相邻的平行标注或角度标注之间的距离。

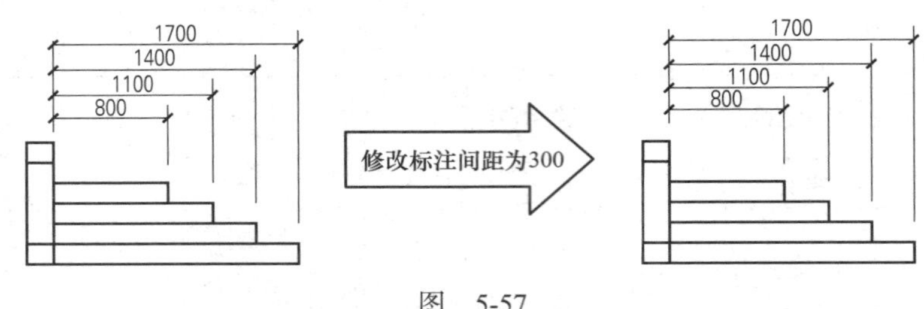

图 5-57

实战练习

实战 对图 5-58 的尺寸标注进行编辑，最终效果如图 5-59 所示。

图 5-58 图 5-59

实战参考

方法 1

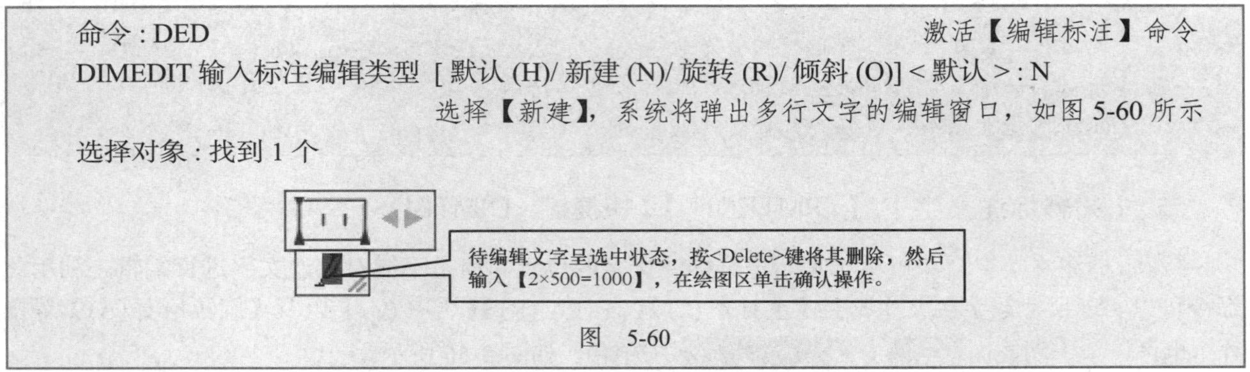

命令 : DED 激活【编辑标注】命令

DIMEDIT 输入标注编辑类型 [默认 (H)/ 新建 (N)/ 旋转 (R)/ 倾斜 (O)] < 默认 > : N

选择【新建】，系统将弹出多行文字的编辑窗口，如图 5-60 所示

选择对象 : 找到 1 个

待编辑文字呈选中状态，按<Delete>键将其删除，然后输入【2×500=1000】，在绘图区单击确认操作。

图 5-60

方法 2

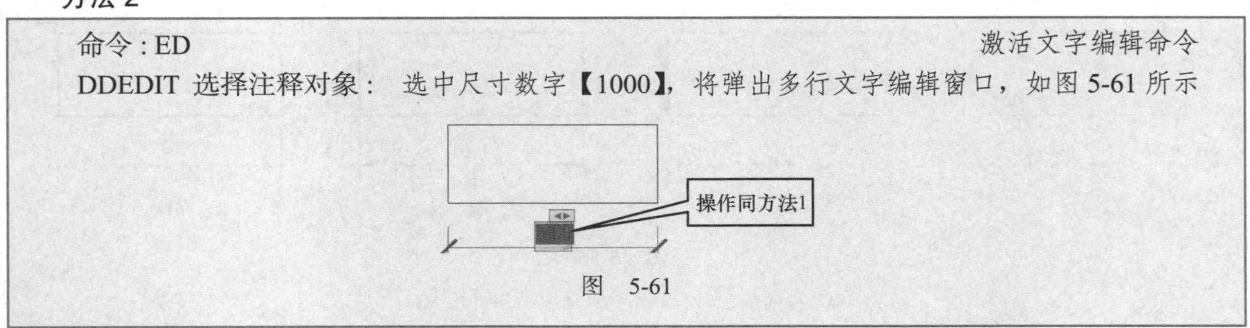

命令 : ED 激活文字编辑命令

DDEDIT 选择注释对象 : 选中尺寸数字【1000】，将弹出多行文字编辑窗口，如图 5-61 所示

图 5-61

温馨提示：

通过编辑命令的学习，你可能会发现，如果将尺寸标注进行分解，然后再对其中的文字进行编辑，也能实现本任务所要达到的效果。但实际上，这种方法并不适用，因为一旦对尺寸标注进行分解，所有的标注都会变成单独的对象，而非一个整体，并且对象的线宽等属性可能会发生变化。

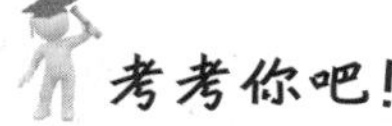

考考你吧！

对项目四任务一的“考考你吧”的楼梯详图进行尺寸标注。

任务七 插入、更新与编辑字段

字段是在图形生命周期中的一种可更新的特殊文字。这种文字的内容会自动根据图形的环境（如系统变量、自定义属性）而动态地发生改变。字段的动态更新和全局控制可以更好地为设计服务，它可用来表达一些需要动态改变的文字信息，如图纸编号、日期和标题等。

一、【插入字段】/【FIELD】

激活命令，将弹出【字段】选项卡（图 5-62）。【插入字段】命令可用来创建带字段的多行文字对象。根据字段使用范围，可将字段分为命名对象（标注样式、表格样式、块、视图、图层、文字样式、线型）、打印、日期和时间、文档、链接以及其他类型。选择任意一种字段类型，字段名称列表将会列出属于该字段类型的所有字段。

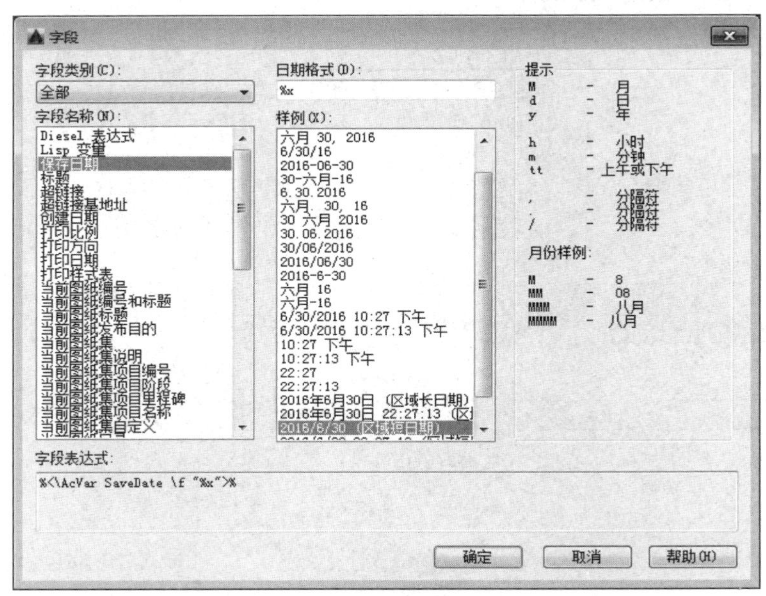

图 5-62

在上述选项卡中，可以选择自己想要的字段名称和格式，单击【确定】按钮，然后在绘图区指定插入位置。此外，也可以在多行文字中插入字段，操作如下：双击多行文字对象使其呈编辑状态，将光标移动到要显示字段文字的位置上右击，在弹出的快捷菜单中选择【插入字段】，或单击文字编辑器中的【字段】按钮，打开【字段】对话框进行设置。

温馨提示：

字段文字所使用的文字样式与其插入到的文字对象所使用的文字样式是相同的。默认情况下，字段文字带有浅灰色背景，打印时该背景不会被打印。

二、【更新字段】/【UPDATEFIELD】

此命令用来手动更新图形中对象所包含的字段。

三、【编辑字段】

字段作为文字对象的一部分不能直接被编辑，必须先让该文字对象处于编辑状态，然后选择所要编辑的字段，右击，在弹出的快捷菜单中选择【编辑字段】选项来编辑；或者在文字框中双击该字段，显示【字段】对话框（图 5-62），通过该选项卡编辑所选字段。

实战练习

项目五任务七
实战视频

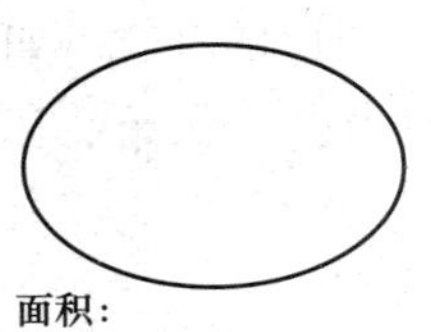

图 5-63

实战 在图 5-63 中的【面积:】后插入字段，以动态显示椭圆的面积。

实战参考

打开【字段】对话框，采用如图 5-64 所示的设置。设置好后单击【确定】按钮，回到绘图区，在【面积:】后的合适位置单击，将字段固定下来。

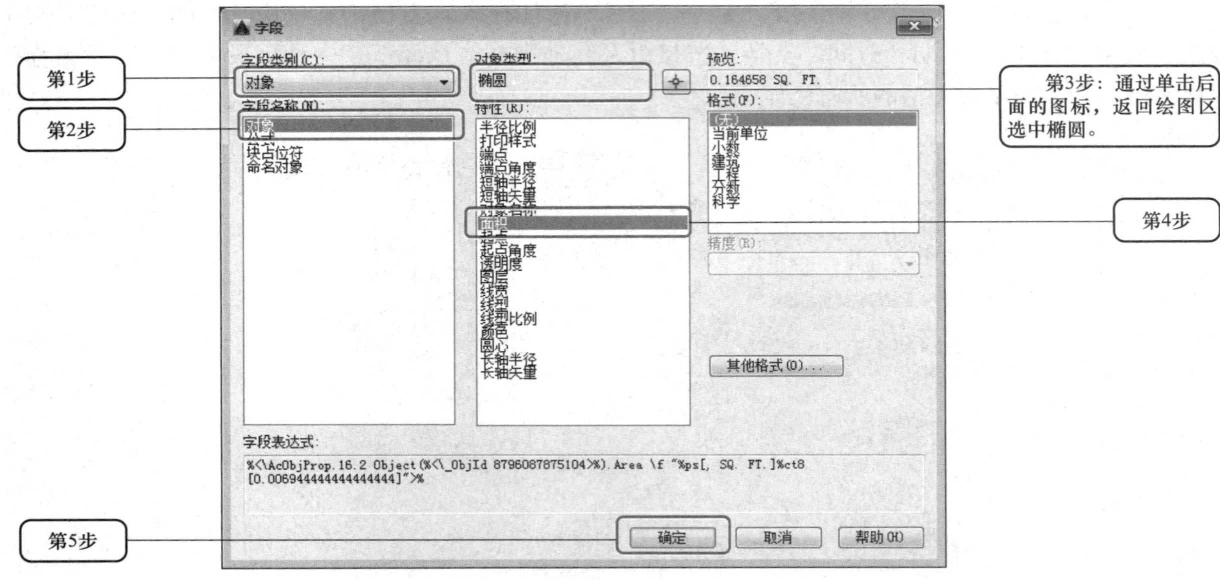

图 5-64

综合测评

1．标注项目四综合测评的立面图，并进行文字注释。

2．绘制下列图形并进行文字注释。

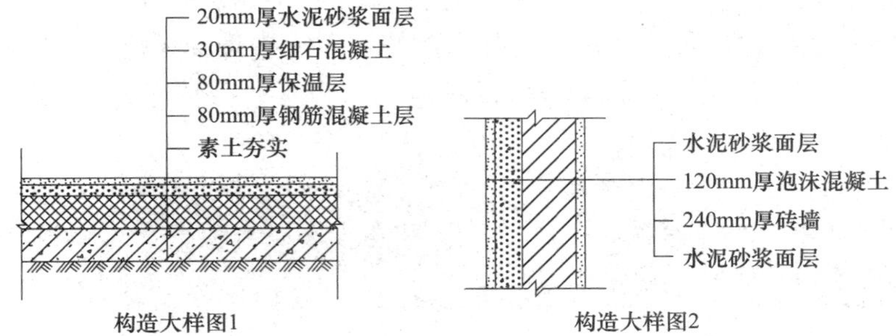

3．绘制下列图形并进行尺寸标注。

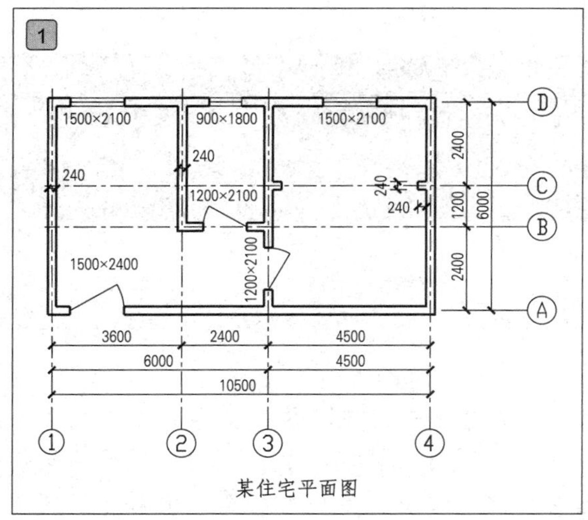

某住宅平面图

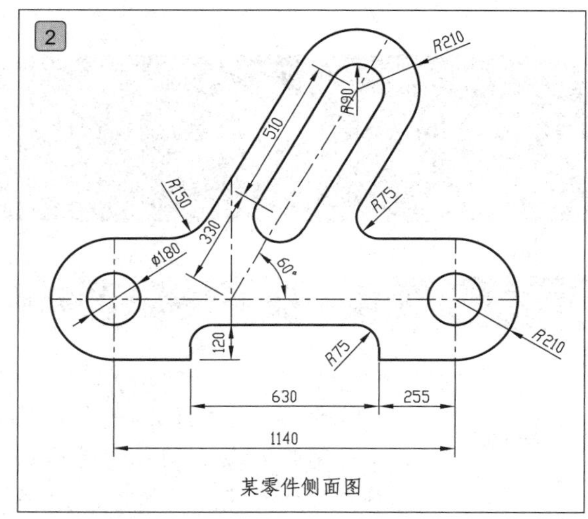

某零件侧面图

工匠人物

朱合华——匠心闪耀，在深入研究中创造非凡

朱合华——中国工程院院士，隧道与地下空间工程专家，同济大学特聘教授。

朱合华出生于安徽巢湖，毕业于重庆大学。他的研究领域涵盖了数字地下空间、数字化工程等多个方面，如上海世博地下空间、广州龙头山双洞八车道公路隧道等。在攻读博士期间，朱合华开始尝试将计算机技术应用于土木工程领域。他利用计算机建模和仿真技术，对地下空间进行数字化研究。他深入研究了数字地层、数字地下空间等课题，并逐步发展出数字化工程的研究方向。

他针对大规模、集群化的地下空间的建造难题，组织国内相关单位联合攻关，成功攻克了当前我国在城市高密集地区建造地下空间面临的周边环境控制、改扩建及安全穿越等难题，建立了以点状新建与改扩建、线状穿越、面上集成示范为主线的核心技术体系，并成功应用于多项重大工程。他的这些应用成果被遴选为国家注册土木工程师（岩土）继续教育内容，并培训了近万名注册工程师。

在与数字化结缘的40多年中，朱合华不断推动数字化技术在土木工程领域的应用和发展。通过不断探索和创新，他成功地将数字化技术应用于地下空间的开发和利用中，为我国的城市地下空间和地下工程建设作出了重要的贡献。

项目六　图块、【外部参照】和【设计中心】

任务一　创建、插入与编辑图块

普通插座
空调插座
电视插座
电话插座
网络插座

图　6-1

随便用 CAD 打开一张建筑设备图纸，你可能会发现，这些设备图明明包含了很多单个图形对象，但是单击它时，却又是一个整体？其实，这就是图块！图块就是将多个实体组合成一个整体，并将这个整体命名、保存。在以后的图形编辑中，这个整体就会被视为一个实体。例如，图 6-1 中的各种插座在建筑设施图中应用较多，虽然图形较为简单，但如果每次用到时都要画一遍，会十分繁琐，绘图效率大打折扣。如果将其各自定义为图块，在绘图中涉及之处以合适的比例插入到图形中，既能简化相同或者类似图形的绘制，大大减少工作量，又能减少文件的存储空间。

一、创建块

在 AutoCAD 中，图块分为内部块和外部块两大类，可分别用【创建内部块】和【写块】命令进行创建。

(一)【创建内部块】

内部块是指只能在定义图块的 CAD 文件中调用，而不能在其他文件中调用的块。一个图块包括可见的实体线、圆弧、圆，以及可见或不可见的属性数据。

1. 激活方式

- 命令提示区：【BLOCK】(快捷键 <B>)
- 功能区：【插入】➡【块定义】➡ 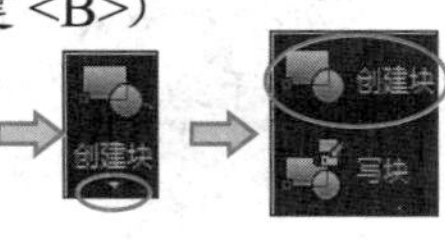

- 

2. 命令解析

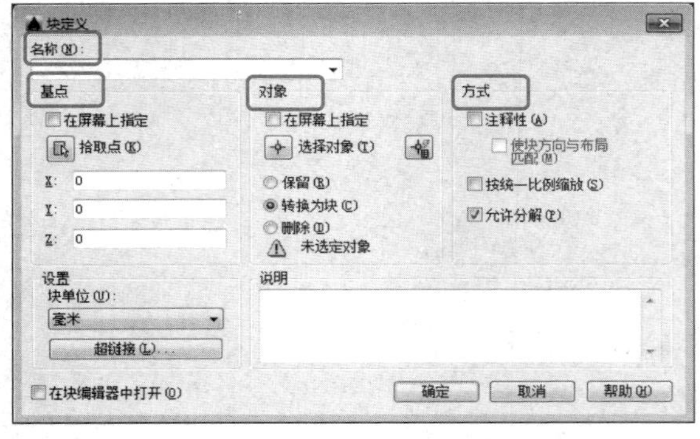

图　6-2

激活命令后，将弹出【块定义】对话框（图 6-2）。该对话框包含【名称】【基点】【对象】【方式】4 个部分。

（1）【名称】：此框用于输入图块名称，单击▾展开显示已经定义过的图块名。选取后，将在此项后显示预览图形。

（2）【基点】：用于指定图块的插入基点。基点是指插入块时，光标附着在图块中的位置。插入基点的方法有两种，分别如下：

方法 1：单击按钮拾取点，返回到绘图区，利用鼠标拾取图块插入基点。拾取后，系统将自动填写 X、Y、Z 轴坐标值。

方法 2：在 X、Y、Z 轴编辑框中分别输入所需基点的坐标值。

（3）【对象】：用于确定图块的组成实体。单击按钮返回绘图区，选取块的组成对象，也可通过单击按钮进行快速选择。

①【保留】：选择此选项后，所选取的实体生成块后仍保持原状，即在创建块的同时，被选择的对象不会转换为块。

②【转换为块】：选择此选项后，所选取的实体生成块后，原图形也转变成块，即在创建块的同时，被选择的对象也会转换为块，不能用普通命令对其进行编辑。

③【删除】：选择此选项后，所选取的实体生成块后将在图形中消失。

（4）【方式】：用于指定块的行为。

①【注释性】：创建注释性块参照。使用注释性块和注释性属性，可以将多个对象合并为可用于注释图形的单个对象。

②【按统一比例缩放】：勾选【注释性】后，该项不可用。

③【允许分解】：允许将创建好并插入图形中的块分解为多个对象。

温馨提示：

1. 基点虽然可以定义在任何位置，但此点是插入块时的定位点，所以在拾取基点时，应选择一个在插入块时能准确定位图块位置的特殊点。

2. 用【ERASE】命令删除图形中的图块，其块定义依然存在，因为它储存在图形文件的内部，并且随时可以在图形中调用。如果想清除块定义，可用【清理】命令中的【块】选项完成。

（二）【写块】

【写块】命令可将图形文件中的整个图形、内部块或某些实体写入一个新的图形文件，其他 CAD 图形文件均可以将其作为块调用。【写块】命令定义的图块是一个独立存在的图形文件。相对于内部块，它被称作外部块。

1. 激活方式

命令提示区：【WBLOCK】（快捷键 <W>）

功能区：【插入】➡【块定义】➡ 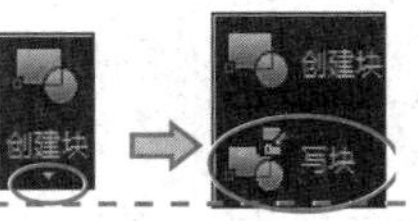

2. 命令解析

图 6-3

激活命令后，将弹出【写块】对话框（图 6-3），该对话框包含【源】【基点】【对象】和【目标】4 个部分。其中【源】用于定义写入外部块的源实体，可以是内部块、整个图形，也可以是自己在绘图区选择的对象；【基点】和【对象】两部分与内部块中的含义相同，并且只有当选择【对象】作为源时，才能使之处于编辑状态；【目标】则用于设置外部块的存储路径。

与【创建内部块】命令不同的是，通过【写块】命令创建的外部块是一个后缀为“.dwg”的图形文件，需要指定存储路径。通过【文件名和路径（F）：】后的可选择存储路径，填写外部块的名称。

温馨提示：

1. 当用【写块】命令将图形文件中的整个图形定义成外部块写入一个新文件时，它将自动删除文件中未使用的层定义、块定义、线型定义等，相当于用【清理】对话框的【全部清理】按钮清理文件后，再将其复制到一个新文件中，减少了文件的大小。

2. 所有的 DWG 图形文件均可作为外部块插入其他图形文件中。不同的是，用【写块】命令定义的外部块文件，其插入基点是自己设定的，而用【NEW】命令创建的图形文件，在插入其他图形中时，将以坐标原点（0,0,0）作为其插入基点。

二、【插入块】

无论是内部块还是外部块，都可以通过【插入块】的方式进行调用。利用图块可快速创建与修改图形，减少图形文件的大小。在使用图块时，可以事先创建一个自己经常使用的符号库，然后以图块的形式插入符号，而不是从空白开始重画该符号。

1. 激活方式

- 命令提示区：【INSERT】(快捷键 < I >)
- 功能区：【插入】➡【块】➡ 

- 【绘图】工具栏：

2. 命令解析

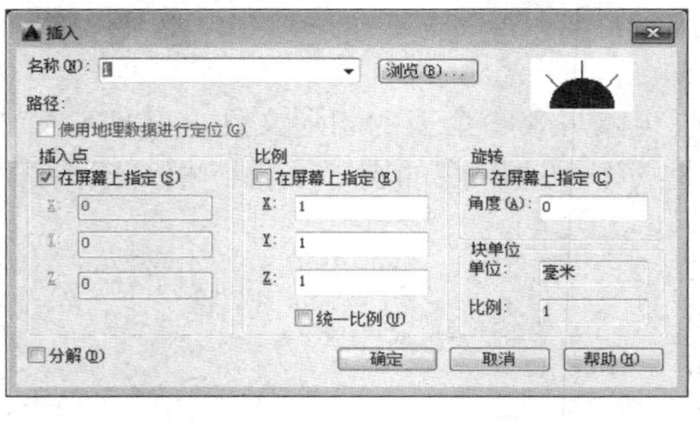

图 6-4

【插入块】命令可以用于插入图块或图形。其中，图块是作为单个实体插入的，而图形则是被作为一个图块插入到当前文件中的。改变原始图形对当前图形无影响。

激活【插入块】命令后，将弹出如图 6-4 所示的【插入】对话框，操作步骤如下：

步骤 1：选择要插入的块

对内部块，可通过单击【名称】后的▾，在下拉列表框中选取；对外部块，则可通过单击 浏览(B)... ，选择要插入的路径及名称。

步骤 2：指定插入点

【插入块】是以创建块时定义的基点为基点的，通过输入 X、Y、Z 坐标或在屏幕上指定两种方式，可以确定图块插入点。注意：一旦勾选【在屏幕上指定】，输入坐标的方式将会变成灰色，该功能不可用。

步骤 3：指定比例、旋转等（此步骤不是必经步骤）

图块在插入时，可以通过【比例】调整其大小，也可对其进行旋转。如果想让插入的图块恢复到元素的原始状态，不再是一个整体，可勾选 □ 分解(D) 将图块炸开。如果炸开图块，只有被炸开的图块引用体会受影响，图块的原始定义仍保存在图形中；如果炸开的图块包括属性，属性会丢失，但原始定义的图块属性仍将保留。

步骤 4：确定操作

单击【确定】按钮，确定操作。

温馨提示：

1. 外部块插入当前图形后，其块定义也储存在图形内部，生成同名内部块，以后可在该文件中随时调用，而无须重新指定外部块文件的路径。

2. 图块在插入时，如果选择了【插入时分解图块】，插入后图块将自动分解成单个的实体，其特性（如图层、颜色、线型等）也将恢复为生成块之前实体具有的特性。

三、定义块的属性

图块（如零件、符号）除自身的几何形状外，还会包含很多参数和文字说明信息（如规格、型号、技术说明等）。图块所含的这些附加信息就是图块属性，而具体的信息内容则称为属性值。图块属性可分为可见属性和隐藏属性，隐藏属性既不显示，也不出图，但该信息储存于图形中，并会在提取时被写入文件。

1. 激活方式

- 命令提示区：【ATTDEF】(快捷键 <ATT>)
- 功能区：【插入】➡【块定义】➡ 

2. 命令解析

激活【定义属性】命令后，将弹出【属性定义】对话框，如图 6-5 所示。

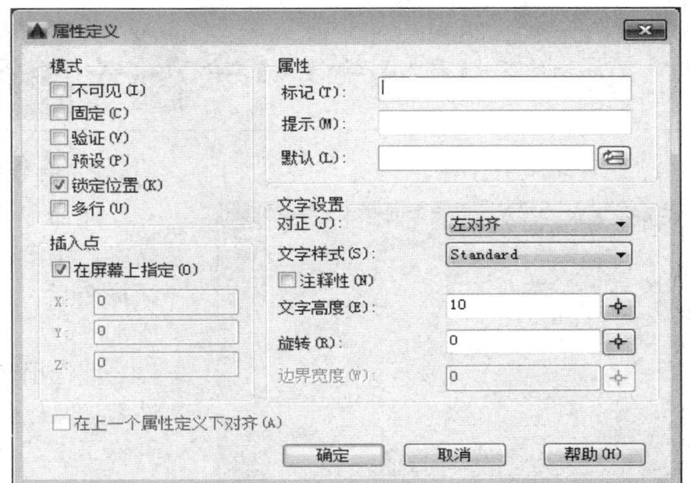

图 6-5

【标记】文本框和【提示】文本框中可以输入图块属性说明。例如：对钢筋的直径进行属性定义时，可以在【标记】文本框中输入【直径】，【提示】文本框中输入【请输入钢筋直径】。这些属性的文字显示样式可在右下角的【文字设置】区域进行设置。【插入点】用于设置属性说明的显示位置。【模式】各选项的具体含义如下：

(1)【不可见】(I)：在插入块对象时，确定是否显示属性值。

(2)【固定】(C)：用于确定是否赋予属性固定值。勾选后，属性的提示将不显示。

(3)【验证】(V)：在插入块对象时，控制是否检验此属性值的有效性。

(4)【预设】(P)：在插入包含默认属性值的块对象时，控制是否将属性设置为预设值。

(5)【锁定位置】(K)：在插入块对象时，控制是否锁定属性值的位置。

(6)【多行】(U)：在插入块对象时，控制是否创建多行文字属性。

属性是图块的附属物，它必须依赖于图块而存在，没有图块就没有属性。因此，虽然此命令可以用来定义块的属性，但定义好后必须将此属性与相应的图块关联起来，才算是完成了属性块定义的整个过程。

温馨提示：

属性在未定义成图块前，其标志只是文字，可用【编辑文字】命令对其进行修改、编辑。属性只有在连同图形被定义成块后，才能按指定的值插入图形中。当一个图形符号具有多个属性时，要先将其分别定义好，再将其一起定义成块。

四、制作和插入属性块

制作属性块是指将定义好的属性连同相关图形一起，用【BLOCK】或【BMAKE】令定义成块(生成带属性的块)，方法基本同创建普通块，只是在选择对象时，需同时选中图形和属性说明。插入属性块的方法同插入普通块。

五、编辑图块属性

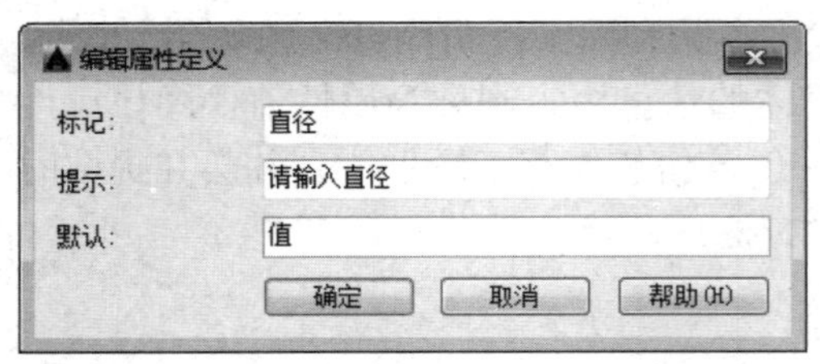

图 6-6

编辑属性分为两种情况。第一种情况是块的属性标志未与块创建关联，这时可采用【文字编辑】命令进行编辑。不同的是，当输入快捷键 <ED> 激活命令之后，将弹出如图 6-6 所示对话框，以供编辑。此外，<ED> 命令也可编辑已分解的属性块的属性标志。另外一种情况是块的属性标志已与块创建了关联，如果只修改其属性值，可采用上述方法完成；如果想对属性块进行全局性的编辑，则可以采用【编辑属性】命令，具体如下：

1．激活方式

命令提示区：【ATTEDIT】(快捷键 <ATE>)

功能区：【插入】➡【块】➡ 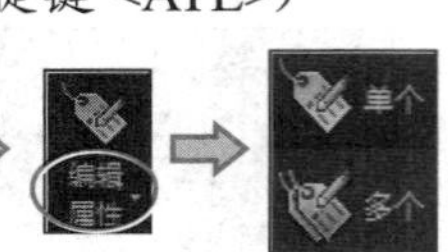

2．命令解析

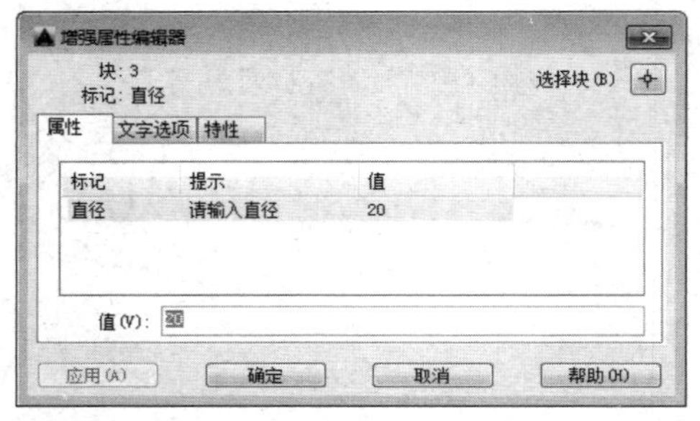

图 6-7

此命令可以用于修改属性值、属性位置、属性文字高度、角度、字体、图层、颜色等。以单个属性为例，激活命令后，将弹出【增强属性编辑器】选项卡，如图 6-7 所示。

此选项卡包含 3 个标签页，即【属性】【文字选项】【特性】，通过这 3 个标签页可对图块的属性进行修改。此选项卡除了上述的激活方式之外，还可以在要修改属性的对象上双击打开。

六、【分解为属性文字】/【BURST】

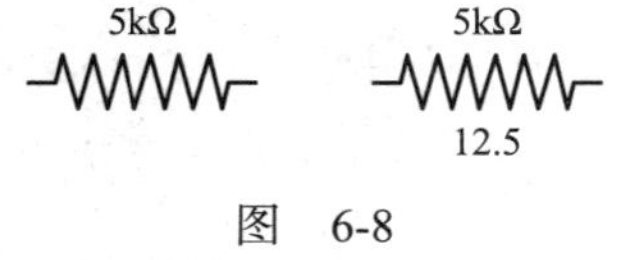

图 6-8

当需要将图块的属性值分解为文字，而不是属性标签时，可以通过【分解为属性文字】命令（图 6-8）来实现。【分解】命令【EXPLODE】虽然与其功能相似，但会将属性值分解成属性标签，而不是文字。

实战练习

项目六任务一实战 1 视频

实战 1　将相对标高符号创建为一个普通的外部块，名称为【相对标高】。要求创建块后，原相对标高符号转化为块，然后将其用 1 : 1 的比例插入一个新的 DWG 文件中。

实战 1 参考

步骤 1：用【直线】【修剪】【删除】等命令绘制相对标高符号（图 6-9）

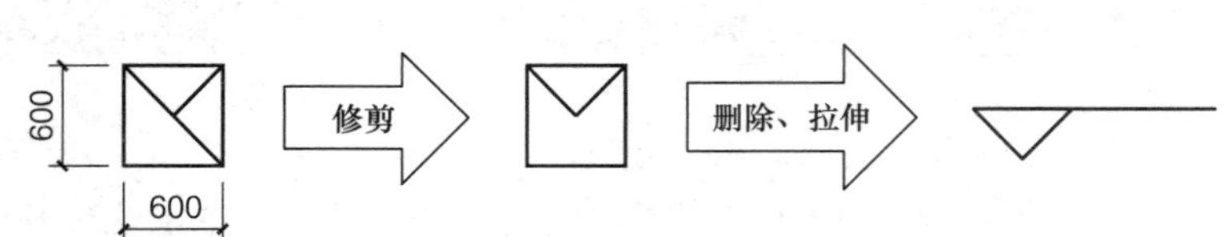

图 6-9

步骤 2：创建外部块（快捷键 <W>，图 6-10）

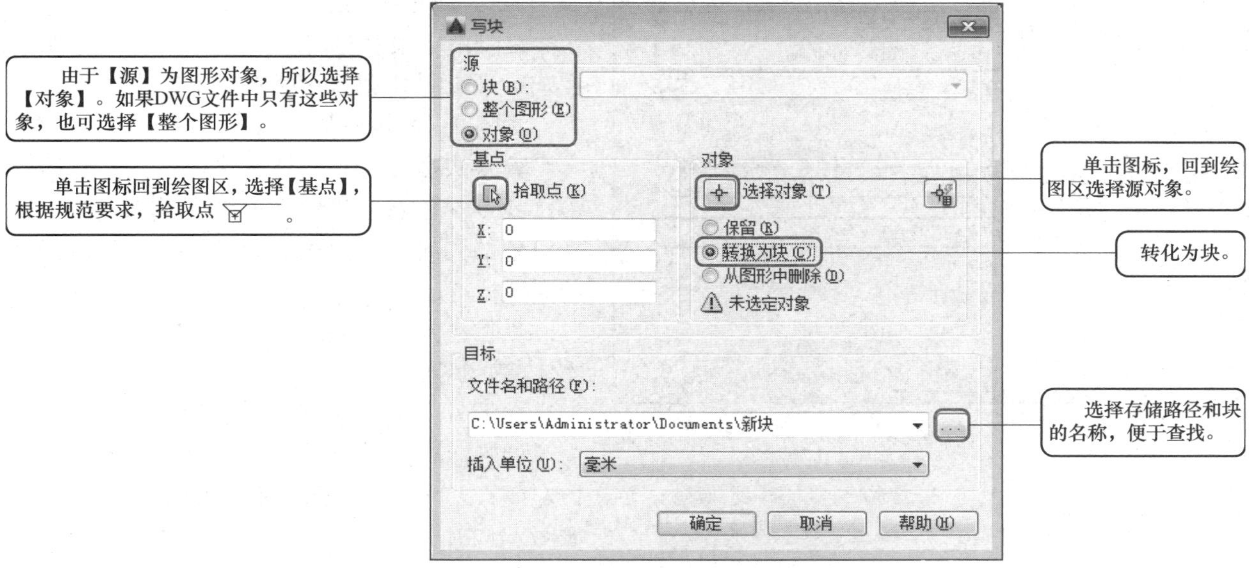

图 6-10

步骤 3：在新的 DWG 文件中插入图块

打开一个新的 CAD 文件，在命令提示区输入【I】打开【插入】对话框，操作如图 6-11 所示。

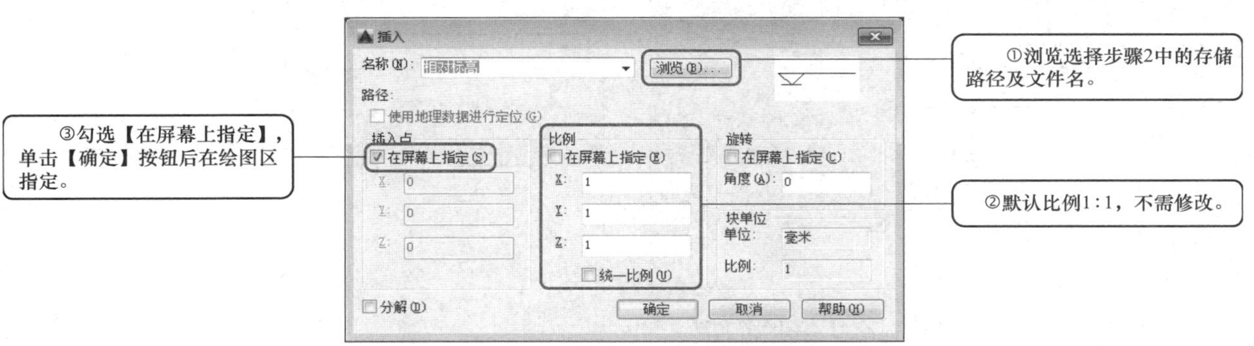

图 6-11

温馨提示：

我国《房屋建筑制图统一标准》（GB/T 50001—2017）规定，标高符号应以等腰直角三角形表示，用细实线绘制；总平面图室外地坪标高符号宜用涂黑的三角形表示；标高符号的尖端应指至被注高度的位置，尖端宜向下，也可向上。详见图 6-12。

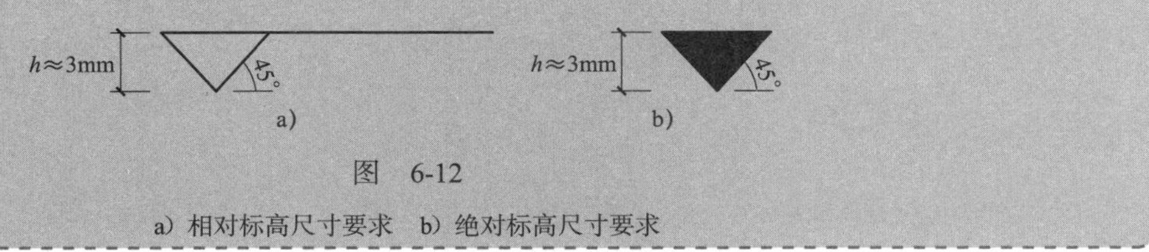

图 6-12

a）相对标高尺寸要求 b）绝对标高尺寸要求

实战 2 将相对标高符号创建成属性块，名称为“相对标高”。要求创建块后，原相对标高符号不发生任何变化，然后插入一个新的 DWG 文件中，比例为 1∶1，并赋予属性值 ±0.000。

项目六任务一实战 2 视频

实战 2 参考

步骤 1：同实战 1

步骤 2：创建块属性标签（快捷键 <ATT>，图 6-13）

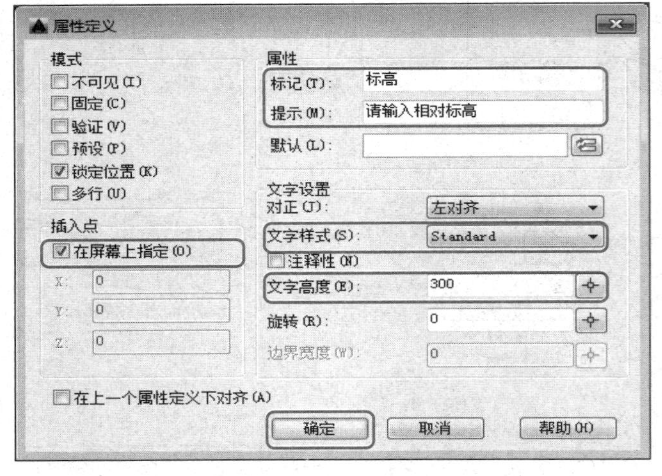

图　6-13

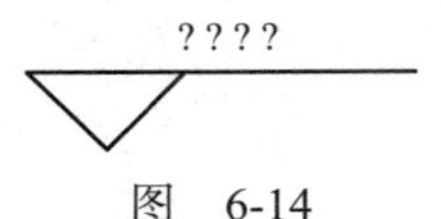

图　6-14

创建后的效果如图 6-14 所示。图中出现“？？？”，属正常现象。

这是由于文字样式设置为【txt.shx】（数字样式），而标注的是汉字【标高】。

步骤 3：创建块和块属性标签之间的关联

输入快捷键 <B>，调出【块定义】对话框（图 6-15）。注意：拾取点的位置同实战 1；选择对象的同时可选中相对标高符号和相对标高的属性标志。

步骤 4：打开新的 CAD 文件，插入属性块（快捷键 <I>）

在图 6-16 中，点击【浏览】选择块名称为【相对标高】，单击【确定】按钮，在绘图区指定插入点之后，将弹出【编辑属性】对话框，如图 6-17 所示。最终效果见图 6-18。

图　6-15

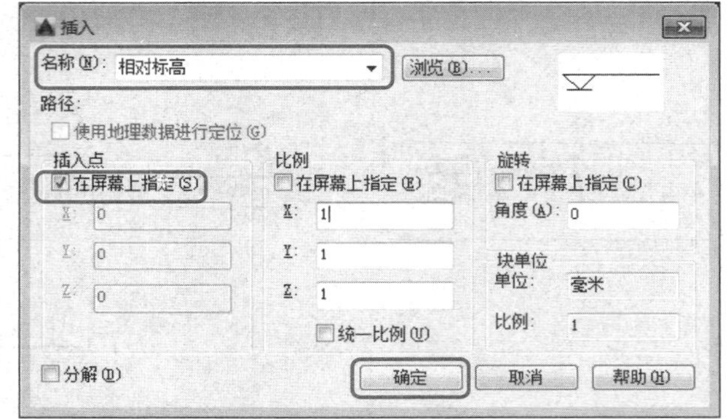

图　6-16

图　6-17

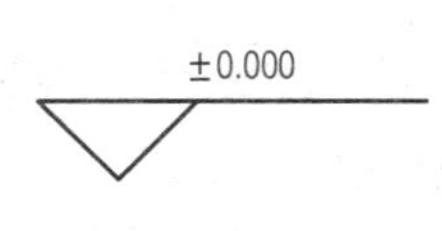

图　6-18

温馨提示：

1. 我国《房屋建筑制图统一标准》（GB/T 50001—2017）规定，标高数字应注写在标高符号的上侧或下侧，以 m 为单位，注写到小数点以后第 3 位。在总平面图中，可注写到小数点以后第 2 位。零点标高应注写成 ±0.000，正数标高不注“+”，负数标高应注“-”，如 3.600、-4.200，详见图 6-19。

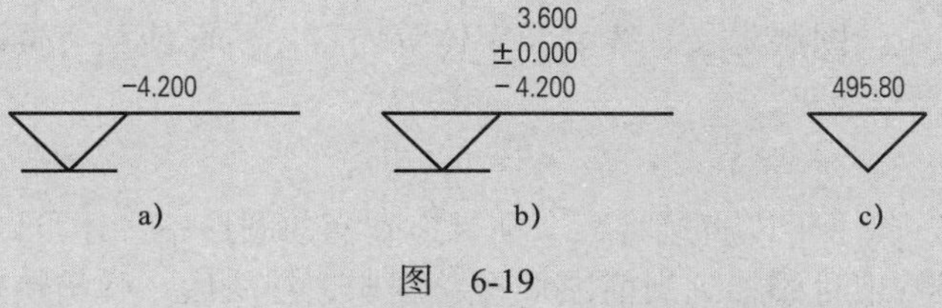

图 6-19

a）相对标高 b）同一位置表示几个不同标高 c）绝对标高

2. 还记得前面提到的一个特殊图层——0 图层吗？这个图层一般不是用来画图的，而是用来定义块的。这样，在插入图块时，图块中 0 图层上的对象就会随插入层的对象特性改变到图块的插入层。反过来，也使我们联想到一个现象：很多人一直在 0 图层画图，其他的图层基本上不用。如果要改变某一实体的颜色，也是采用对象特性来改，这是很不好的操作习惯。

考考你吧！

1. 创建带属性的外部块，并在本文件中插入如下所示的轴线编号和标高符号。

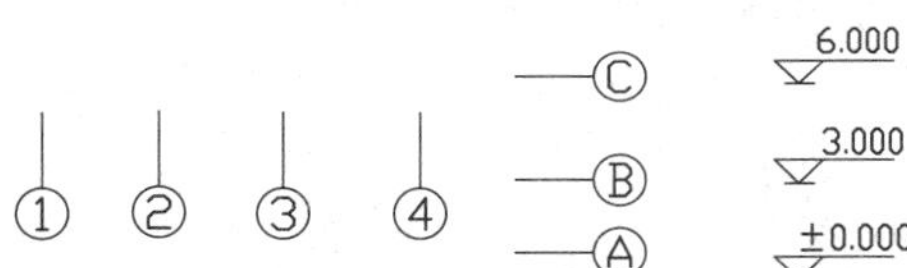

2. 将上述带属性的外部块修改成下列形式。

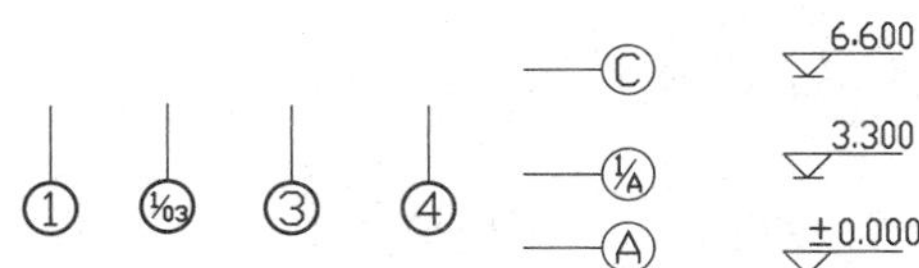

任务二 熟知【外部参照】和【设计中心】

一、【外部参照】/【XREF】/快捷键 <XR>/

【外部参照】是把已有的图形文件像块一样插入图形中，但【外部参照】不同于【插入图块】。在【插入图块】时，插入的图形对象作为一个独立的部分存在于当前图形中，与原来的图形文件丧失了关联性；在使用【外部参照】的过程中，那些被插入的图形文件的信息并不直接加入当前的图形文件中，而只是记录引用的关系，对当前图形的操作无任何影响，也不会改变外部引用图形文件的内容。当每次打开包含外部参照的文件时，图形文件会自动更新。如果外部参照已修改，可以随时重新加载外部参照。从分图汇成总图时，外部参照是非常有用的。

激活命令后，将弹出【外部参照】对话框，可以查看到当前图形中所有外部参照的状态和关系，并且可以在管理器中完成附着、拆离、重载、卸载、绑定、修改路径等操作。感兴趣的同学可以使用功能键 <F1>，打开【帮助】进行自主学习。

二、【设计中心】/【ADCENTER】/组合键 <Ctrl+2>/

AutoCAD 的【设计中心】是一个既方便又有效率的工具，与 Windows 资源管理器类似。利用【设计中心】不仅可以浏览、查找、预览和管理 AutoCAD 的图形、块、外部参照及光栅图像等不同资源文件，而且可以通过简单的拖放操作，将位于本地计算机或网上邻居中的块、图层、外部参照等内容的文件插入当前图形中。

如果打开多个图形文件，在多文件之间也可以通过简单的拖放操作实现图形的插入。所插入的内容除包含图形本身外，还包括图层定义、线型及字体等内容，从而使已有资源得到再利用和共享，提高了图形管理和设计的效率。

1．添加项目

打开【设计中心】后，除了可以直接将某个项目拖到当前图形中，还可以在选择项目后单击右键，弹出相应的对话框，选择将项目添加到当前图形中。例如选择块后，弹出快捷菜单，选择【插入块】，将块插入当前图形中。

2．打开文件

通过【设计中心】可以直接打开某个文件。一般有两种方法：一是在内容区域中选择要打开的文件，然后右击，在出现的快捷菜单中选择【在应用程序窗口中打开】；二是选中需要打开的文件并按住鼠标左键，将其拖动到主窗口中除绘图框以外的任何地方（如工具栏或命令区），松开鼠标左键后即打开该文件。如果将文件拖动到绘图区，则文件将以一个块的形式插入当前图形中，而不是打开该文件。

一、填空

1．在 AutoCAD 中，图块分为 ______ 和 ______ 两类，区别为 ______。

2．无论是内部块还是外部块，都可以进行调用，其快捷键为 ______。

3．图块的属性是指 ______。

4．制作属性块就是将定义好的属性连同相关图形一起，用 ______ 或 ______ 命令定义成块，即生成带属性的块。

5．外部参照是 ______，但外部参照不同于图块插入。

二、判断

1．块定义可以通过【ERASE】命令进行删除。（　　）

2．创建外部块时不需指定存储路径，但创建内部块时需要。（　　）

3．插入图块后，如果改变原始图形，对当前图形无影响。（　　）

4．图块的属性一经定义不可编辑。（　　）

工匠人物

邹彬——匠心致远，以质量铸就无限可能

邹彬——第 43 届世界技能大赛中国区砌筑项目的冠军。

邹彬出生于湖南新化县的一个小山村，家庭条件并不富裕。初中毕业后，他便跟随父母到建筑工地打工，承担起搅砂浆、搬砖头、砌墙等重体力劳动。尽管工作艰苦，但他从未抱怨，一直默默地努力工作。

在工地上，邹彬非常注重砌墙的质量和美观度。虽然砌墙的工资与砌墙的数量直接挂钩，但他始终坚持自己的标准，要求自己砌出的墙一定要美观。如果砌出的墙不满意，他会毫不犹豫地推倒重砌。这种做法在工地上并不被所有人理解，有时甚至被其他工友嘲笑为“傻气”。然而，正是这种对完美的追求和对质量的坚守，让邹彬逐渐展现出一种独特的工匠精神。

2015年，邹彬凭借自己过硬的砌墙技艺和独特的工匠精神，被中建五局推荐参加第43届世界技能大赛砌筑项目比赛。他以精湛的技艺、独特的砌筑方式和追求完美的态度，最终获得了砌筑项目优胜奖，实现了中国在该奖项上的零突破。获得大奖后，邹彬并没有因此而骄傲自满，而是更加努力地工作和学习。他被中建五局总承包公司聘为项目质量管理员，并成立了“小砌匠”创新工作室。他不仅严格把控项目质量，还通过言传身教的方式，将他的技艺和工匠精神传授给更多的年轻人。

邹彬的成长故事被广泛报道，并成为全国人大代表。他在全国人大会议上分享了自己的成长经历和感悟，并呼吁全社会重视工匠精神，尊重手艺人。他认为，只有注重质量、追求完美、精益求精，才能真正打造出好的产品和服务。邹彬的故事和工匠精神感动了很多人，成为新时代劳动模范的代表。他用自己的行动诠释了“劳动光荣、技能宝贵、创造伟大”的真谛，也为广大劳动者树立了榜样和标杆。

项目七　打印和发布图纸

一套图纸绘制完成后，为便于交流、观察和指导实际施工操作，可将其输出或打印出图。本项目我们就一起来学习一下图形输出和打印出图的相关知识吧！

任务一　输出图形

AutoCAD 绘制出的图形有时可能需要被其他软件引用，这就要求在输出图形时，能将图形文件转换成其他软件可以识别的类型，达到软件的兼容。

1. 激活方式

- 命令提示区：【EXPORT】(快捷键 <EXP>)
- 功能区：【输出】➡ DWF（或 PDF）➡ 输出

2. 命令解析

激活命令后，将弹出【数据输出】对话框（图 7-1）。

图 7-1

图形输出操作类似于保存文件：选择存储路径→填写文件名称→选择文件类型→单击 保存(S) 按钮→框选要进行保存的图形对象（部分文件类型）。目前，AutoCAD 2016 可以输出的文件类型包括三维 DWF、三维 DWFx、FBX、图元文件、ACIS、平板印刷、封装 PS、DXX 提取、位图、块、V8 DGN、V7 DGN、IGES（*.iges）和 IGES（*.igs）等 14 种。

输出后的图面与输出时 AutoCAD 中绘图区显示的图形效果是相同的。

温馨提示：

1. 图形输出和保存文件不同。保存文件只能生成 DWG 文件、DWS 文件、DWT 文件和 DXF 文件，并且是对整个图形的保存，而图形输出则是生成图元文件、ACIS 文件、位图文件以及块等文件，并且部分文件类型是有选择性输出的。

2．在输出的过程中，有些图形类型发生的改变比较大，AutoCAD 不能把这些图形重新转化为可编辑的图形格式。

任务二 基于模型空间出图

一、传统打印

AutoCAD 可以从模型空间或布局空间进入打印界面，本任务将主要介绍模型空间。无论采用哪种方式，如果在打印出图时想要得到理想的效果，在打印之前，都要设置打印的参数，如选择打印设备、设定打印样式、指定打印区域等，这些都可以通过【打印】选项卡来实现。【打印】选项卡可以通过按组合键 <Ctrl+P> 或单击快速访问工具栏图标来调用（图 7-2）。现将各区域设置分述如下：

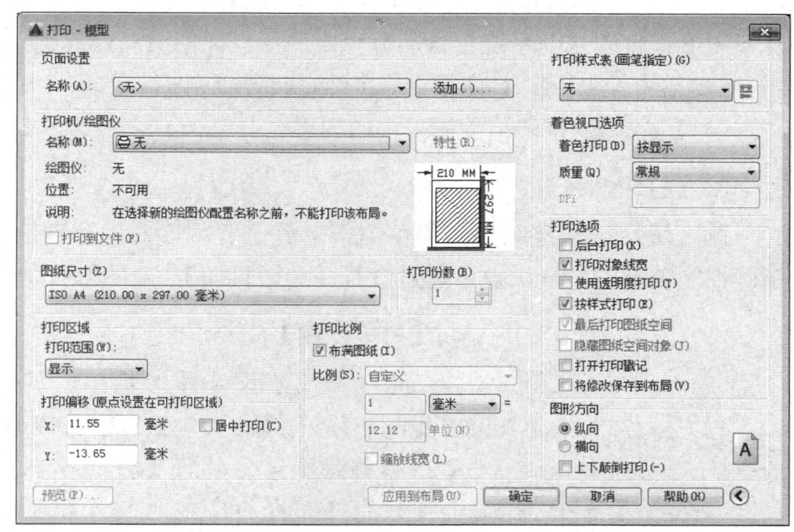

图 7-2

1．【打印机 / 绘图仪】

此区域可以设置输出图形所要使用的打印设备、纸张大小、打印份数等参数。若要修改当前打印机配置，可单击名称后的 特性(R)... 按钮，打开【绘图仪配置编辑器】对话框（图 7-3）。

在该对话框中可设定打印机的输出设置，如打印介质、图形、自定义图纸尺寸等。一般做法为：在【设备和文档设置】栏选中【修改标准图纸尺寸（可打印区域）】，然后在【修改标准图纸尺寸】栏选择需要的图纸尺寸（例如：A4、A3 等），单击 修改(M)... 按钮，进行页边距的修改。

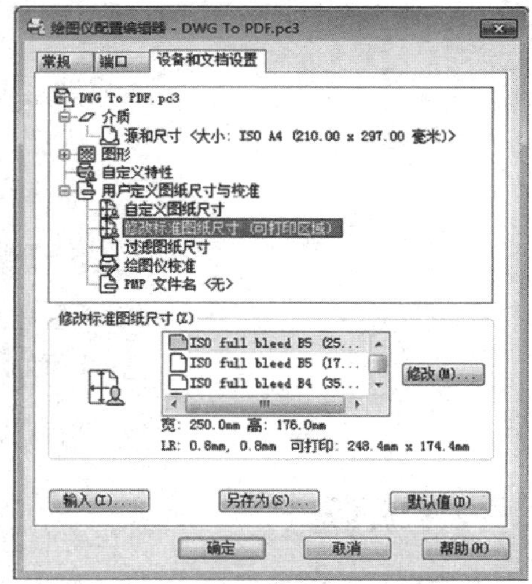

图 7-3

温馨提示：

默认状态下，【打印】选项卡中的【特性】按钮呈灰色状态，不能编辑，只有在“名称”后的下拉菜单中选择了打印机或绘图仪后，才会变亮，单击其将弹出【绘图仪配置编辑器】对话框（图 7-3）。

2.【打印区域】

【打印区域】的设置有 4 种方式:【窗口】【范围】【图形界限】和【显示】。各项含义如下:

(1)【窗口】: 在当前绘图区选择矩形区域作为打印内容,这是选择打印区域最常用的方法之一。如果希望打印出来的图填满整张图纸,可将打印比例选择为【布满图纸】,以达到最佳的效果。但这样打印出来的图纸比例很难确定,常用于比例要求不高的情况。

(2)【范围】: 打印当前视口中除了被冻结图层中的对象之外的所有对象,即在布局空间打印所有几何图形。打印之前系统会自动重生成图形,以便重新计算图形范围。

(3)【图形界限】: 打印模型空间中的图形文件时,打印区域为图形界限所定义的绘图区域。

(4)【显示】: 打印当前视口中的内容。

3.【打印偏移】

此区域用于指定图形打印在图纸上的位置。可通过分别设置 X(水平)偏移和 Y(垂直)偏移来精确控制图形的位置,也可通过设置【居中打印】,使图形打印在图纸中间。

4.【打印比例】

此区域用于设定图形输出时的打印比例。单击 自定义 可选择需要的出图比例。如勾选 布满图纸(I),则是根据打印图形范围的大小自动布满整张图纸,并且【打印比例】的其他选项均不可用; 缩放线宽(L) 选项只有在布局打印的时候才能使用,勾选后,图纸所设定的线宽会按照打印比例进行放大或缩小,而未勾选时,则不管打印比例是多少,打印出来的线宽就是设置的线宽尺寸。

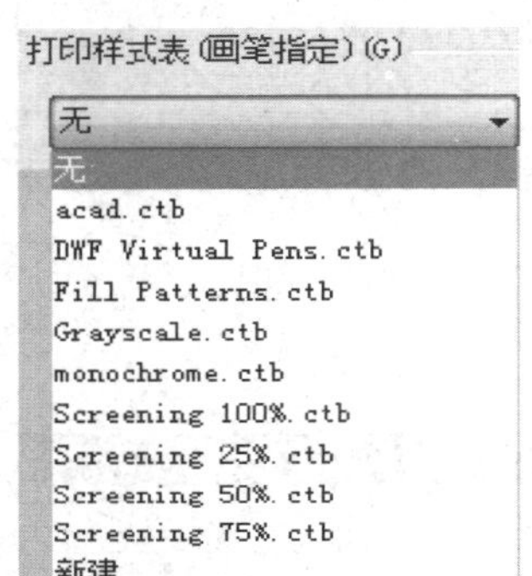

图 7-4

5.【打印样式表】

【打印样式表】(图 7-4)用于修改打印图形的外观。图形中的每个对象或图层都具有打印样式属性,通过修改打印样式可改变对象输出的颜色、线型、线宽等特性。如果想让打印出来的图纸呈黑白显示,则要选择【Monochrome.ctb】打印样式。

6.【着色视口选项】

【着色视口选项】只有在模型空间打印时才可以使用,包含两方面:着色打印和质量。

7.【图形方向】

【图形方向】用于指定图形输出的方向。因为图纸有纵向和横向之分,所以在图纸打印时要注意设置【图形方向】,否则可能会出现超出纸张的图形无法打印出来的情况。

(1)【纵向】: 以图纸的短边作为图形页面的顶部定位来打印该图形文件。

(2)【横向】: 以图纸的长边作为图形页面的顶部定位来打印该图形文件。

(3)【上下颠倒打印】: 控制是否上下颠倒图形方向来打印图纸。

除上述的设置之外,还可以根据具体情况勾选打印选项,待一切设置完成后,可单击 预览(P)... 按钮进行打印前的预览。在预览效果的界面下右击,在弹出的快捷菜单中有【打印】选项,单击即可直接在打印机上出图了,也可以在预览窗口的左上角单击打印按钮进行打印。

温馨提示:

每次进行打印的设置是可以保存的,我们可以通过选项卡最上面的【页面设置】来新建页面设置的名称,保存所有的打印设置,以便下次打印时使用。

二、虚拟打印

除了使用传统的绘图仪（或打印机）打印外，很多时候不一定要打印成纸质图纸，而是采用虚拟打印的方式。下面简单介绍两种虚拟打印方式。

1．PDF 虚拟打印

AutoCAD 2016 中自带 PDF 打印驱动，可以把【打印机 / 绘图仪】的名称设定为【 DWG To PDF.pc3】，其他各项设置同上述讲解，然后直接使用 AutoCAD 自带的 PDF 驱动程序来实现 DWG 图纸与 PDF 格式文件的转换。

2．DWF 虚拟打印

DWF 文件是一种不可编辑的安全的文件格式，优点是文件更小、便于传递，可用于在互联网上发布图形。同样，AutoCAD 中自带 DWF 打印驱动，可以把【打印机 / 绘图仪】的名称设定为【DWF6 ePlot.pc3】来打印 DWF 格式的文件。

实战练习

项目七任务二实战视频

实战 在模型空间中进行 A3 横向图纸（图 7-5）的【 PDF 虚拟打印】，将图纸生成 PDF 文档，生成的图幅大小为 A4。打印设置要求如下：

1）采用 1∶1 的比例绘制图样，窗口、居中打印。

2）PDF 虚拟打印机的可打印区域上、下、左、右页边距均设置为 0。

3）打印样式为【 monochrome.ctb 】。

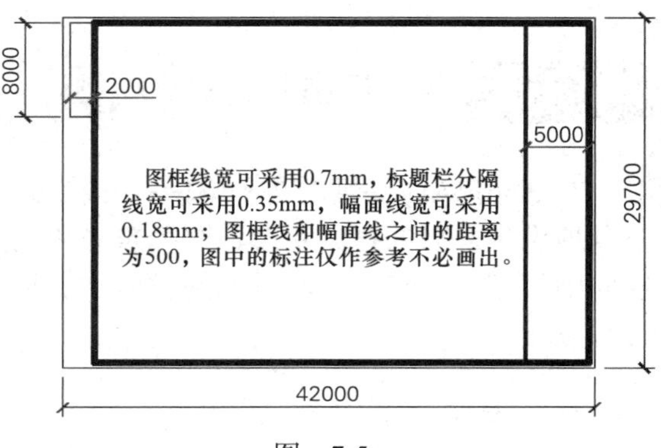

图 7-5

实战参考

分析：图框的尺寸和线宽已经给出，不再赘述。下面从模型空间的虚拟打印出图开始讲解。

步骤 1：调出【打印】对话框并设置页面名称

按组合键 <Ctrl+P> 调出【打印】对话框，单击 添加(.)... 按钮设置页面名称（图 7-6），以便下次打印时快速调用本次打印的所有设置。

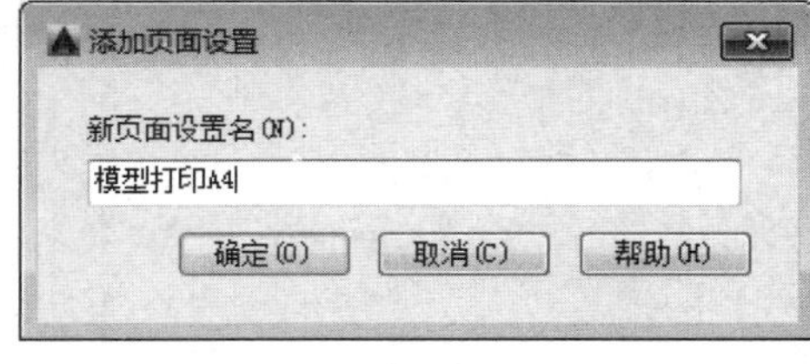

图 7-6

步骤 2：选择绘图仪并修改页边距

如图 7-7 所示，选择打印机的名称和图纸尺寸，然后单击 特性(R) 按钮，在打开的【绘图仪配置编辑器】中单击【修改标准图纸尺寸（可打印区域)】，选择图纸尺寸为【 ISO A4 (297.00×210.00 毫米)】，单击 修改(M)... 按钮，将上、下、左、右页边距均修改为 0。

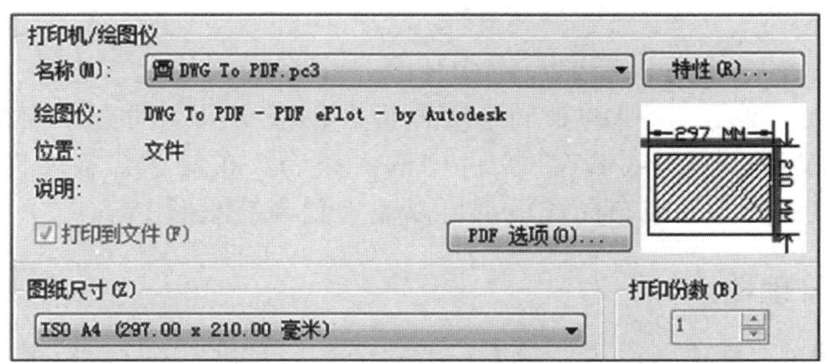

图 7-7

步骤 3：选择打印区域

打印范围选择【窗口】，回到绘图区窗选打印区域，如图 7-8 所示。

步骤 4：其他设置（图 7-9 和图 7-10）

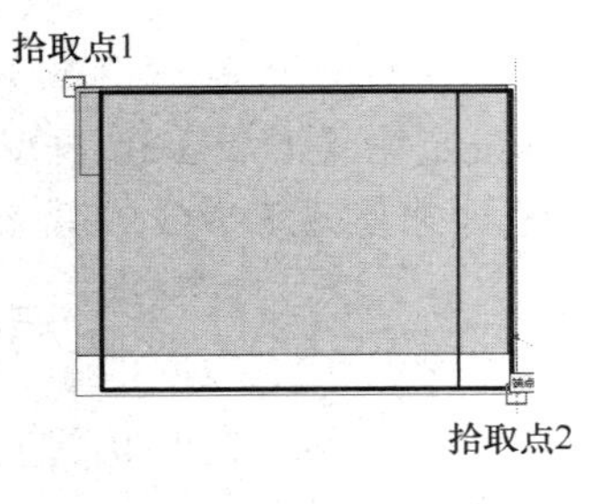

图 7-8

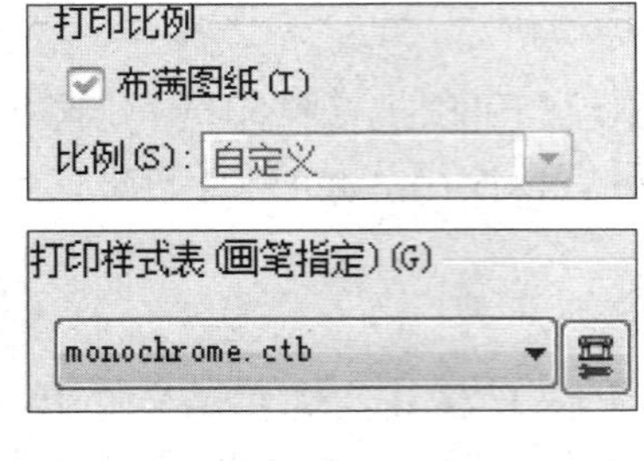

图 7-9

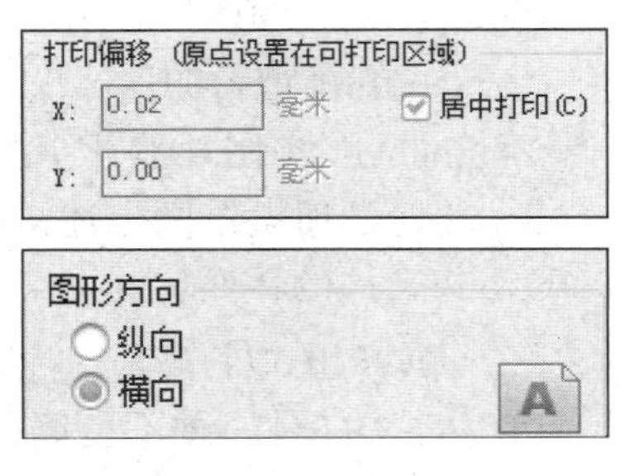

图 7-10

设置完成后，单击【确定】按钮进行打印。

任务三 基于布局空间出图

在 AutoCAD 提供的 2 种空间打印模式中，布局空间打印更具有优越性：从布局空间打印可以更直观地看到最后的打印状态、图纸布局和比例控制，并且多个视口中的图形可以同时打印；而在模型空间中打印，只有在打印预览的时候才能看到打印的实际状态，并且模型空间对于打印比例的控制不是很方便。

一、布局空间

单击绘图区下的【布局】（默认状态下，AutoCAD 提供了“布局 1”和“布局 2”两个布局空间），转换到布局空间，如图 7-11 所示。

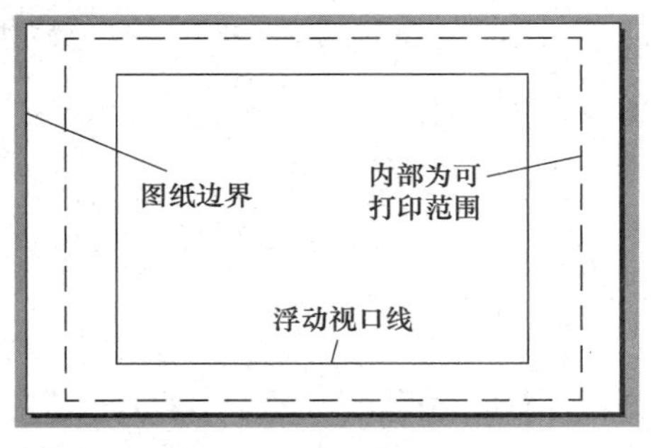

图 7-11

布局空间与模型空间最大的区别是前者的背景是所要打印图纸的范围，与最终的实际纸张大小是一样的。

布局空间可以重命名，也可以新建。选中任意一个布局名称，右击，在弹出的菜单中选择即可。此外，也可以从 AutoCAD 提供的布局空间样板中创建布局空间，即从右键菜单中选择【从样板】，系统将直接从 DWG、DXF 或 DWT 文件中输入布局，布局中样板文件的扩展名为【.dwt】。来自任何图形或图形样板的布局或布局样板都可以输入到当前图形中。

二、【页面设置管理器】

布局打印之前，需对页面进行设置。单击任意一个布局名称，右击，在弹出的菜单中选择【页面设置管理器】，将弹出一个对话框（图 7-12）。单击【新建(N)...】或【修改(M)...】按钮弹出【页面设置】选项卡，具体的设置同模型空间打印。

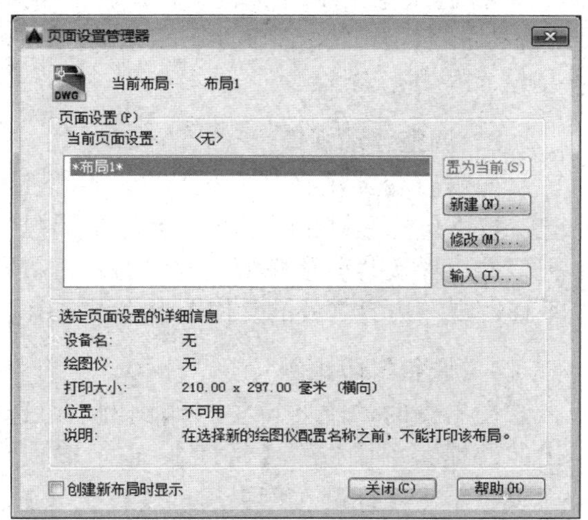

图 7-12

三、【创建和控制布局视口】/【MVIEW】/ 快捷键 <MV>

在布局空间内，浮动视口有两种状态：冻结和激活。我们可以将浮动视口视为图纸空间中的图形对象，对其进行移动和调整，浮动视口可以相互重叠或分离。默认情况下，布局空间的浮动视口是处于冻结状态的，不能编辑，只有激活之后，才可以进行相关的操作。

激活【创建和控制布局视口】命令后，命令提示区将出现以下提示：

> 指定视口的角点或 [开 (ON)/ 关 (OFF)/ 布满 (F)/ 着色打印 (S)/ 锁定 (L)/ 对象 (O)/ 多边形 (P)/ 恢复 (R)/ 图层 (LA)/2/3/4] < 布满 >:

主要项含义如下：

（1）【开】：将选定的视口激活，使其成为活动视口。活动视口中将显示模型空间中绘制的对象。每次可激活的最大视口数由系统变量 MAXACTVP 控制。若图形中的活动视口超过 MAXACTVP 中指定的数目，系统将自动关闭其他视口。

（2）【关】：使选定的视口处于非活动状态，不能显示模型空间中绘制的对象。

（3）【布满】：创建的视口从布局空间的图纸页边距边缘开始布满整个布局显示区域。

（4）【着色打印】：仅支持【线框】和【消隐】两种模式。指定视口后，可以通过【特性】栏修改，或通过右键菜单设置。

（5）【锁定】：锁定选取的视口，禁止修改选定视口中的缩放比例因子。

（6）【对象】：选择要剪切视口的对象以转换到视口中。

（7）【多边形】：通过指定多个点来创建多边形视口。

四、视口编辑

除了以上的页面设置和激活视口外，打印之前往往还需对视口进行编辑，才能达到理想的输出效果。

1. 使用夹点编辑视口

无论是默认的矩形视口还是自己编辑的非矩形视口，在被选中之后，都会在视口的关键点上显示夹点。通过这些夹点可以对视口进行编辑，例如移动、旋转、缩放等。在创建不规则视口时，可通过拖拉夹点的方式，使所打印图形完全显示在视口线内。

2．激活和删除浮动视口

除了双击浮动视口区域中的任意位置来激活选中的浮动视口进行编辑外，还可以使用【MSPACE】命令（快捷键 <MS>）激活浮动视口。在操作的过程中如有多余的浮动视口，可以先选中浮动视口边界线，然后按 <Delete> 键或快捷键 <E> 进行删除。

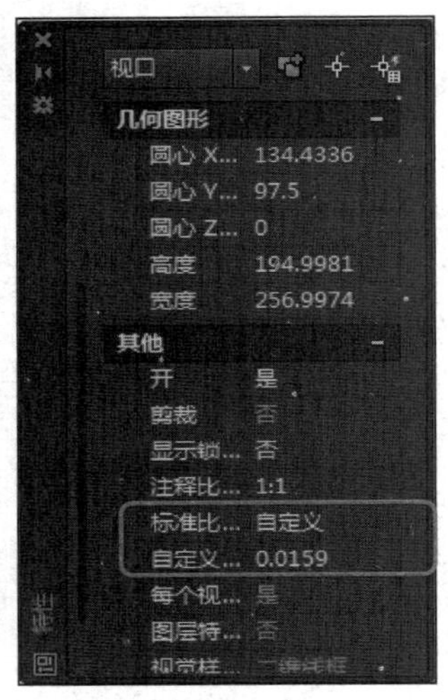

图 7-13

3．调整浮动视口

如需改变浮动视口的位置，可以直接将鼠标放在浮动视口边界线上，按下鼠标左键拖动即可。在非矩形视口中进行缩放或平移时，将按视口的边界实时剪裁模型空间中的几何图形。若是在矩形视口中缩放或平移，视口边界之外的几何图形将不显示。

4．调整打印比例

在出图时，想要调整打印比例，可选中浮动视口线，右击，在弹出的快捷菜单中选择【特性】，也可输入快捷键 <MO> 来打开【特性】面板。单击【标准比例】后的【自定义】（图 7-13），将出现 自定义 ，可以单击它选择合适的比例，也可以自主输入比例。一般情况下，绘图采用 1 : 1 的比例，但实际的图纸大小是被缩放了的，所以在打印出图时，这个【标准比例】就被设定为图纸的缩放比例，即图纸上所标注的比例。

5．冻结视口

在打印出图时，如果不希望显示某一图层，可以利用【图层特性管理器】选项卡在所有视口中冻结该层。同理，如果不需要打印视口的边界，可以将视口边界单独放在一个图层中，然后将其冻结。

实战练习

项目七任务三实战视频

实战 在布局空间中，对图 7-5 进行 PDF 虚拟打印。打印设置要求如下：

1）修改布局的名称为【PDF】。

2）采用 1 : 1 的比例绘制图样，假设图中标注比例为 1 : 100。

3）PDF 虚拟打印机的可打印区域上、下、左、右页边距均设置为 0。

4）打印样式为【monochrome.ctb】。

实战参考

图框的尺寸和线宽已经给出，根据绘图和编辑命令自行绘制，不再赘述。下面从布局空间的虚拟打印出图开始讲解。

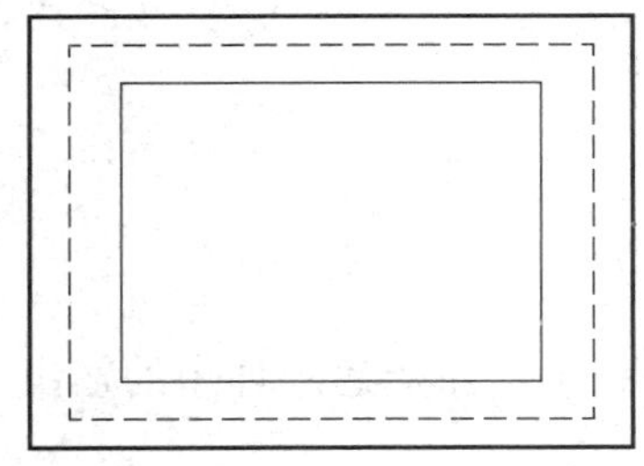

图 7-14

步骤 1： 进入布局空间

单击绘图区下的【布局】进入布局空间，如图 7-14 所示。

步骤 2： 重命名布局空间

在所选布局空间的名称上右击，弹出如图 7-15 所示的快捷菜单。选择【重命名】，使布局名称呈编辑状态，输入名称：【PDF】。

步骤 3： 页面设置

在图 7-15 所示的快捷菜单中调出【页面设置管理器】，单击 修改(M)... 按钮，进入【页面设置】选项卡。设置如下：

（1）打印机 / 绘图仪名称：DWG To PDF.pc3。

（2）单击 特性(R) 按钮，在打开的【绘图仪配置编辑器】中单击【修改标准图纸尺寸（可打印区域）】，选择图纸尺寸为【ISO A3（420.00×297.00 毫米）】，单击 修改(M)... 按钮，将上、下、左、右页边距均修改为 0。

（3）图纸尺寸：ISO A3 (420.00×297.00 毫米)

（4）打印样式表：monochrome.ctb。

步骤 4：创建视口

前 3 个步骤完成后，布局空间变为图 7-16 的形式。单击选中浮动视口线，并将其删除，然后输入快捷键 <MV>，调用其中的子命令【F】，进行布满视口操作。

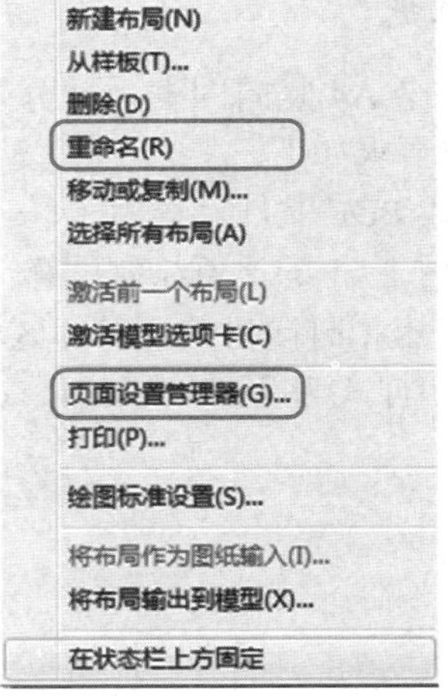

图 7-15

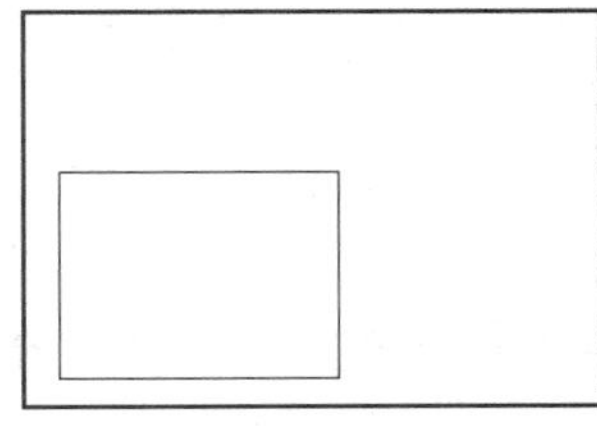

图 7-16

步骤 5：调整比例

经过前 4 个步骤，幅面线的边界已经十分接近浮动视口线了（浮动视口线位于图纸的边缘，不容易看到）。选中浮动视口线，输入快捷键 <MO> 打开【特性】选项卡，将标准比例修改为 1∶100。

温馨提示：

绘图比例、出图比例与图样的最终比例

1．绘图比例：绘图单位数与所表示的实际长度（mm）之比。如长度为 1000mm 的直线在 AutoCAD 中画成 100，则绘图比例为 1∶10，AutoCAD 中常用 1∶1 的比例绘图。

2．出图比例：要打印的长度（mm）与 AutoCAD 中绘图单位数之比。如 AutoCAD 中长度为 1000 的直线，打印出来为 100mm，则出图比例为 1∶10。

3．图样的最终比例：打印输出的图样中，图形的长度与所表示的真实物体相应要素尺寸之比。很显然，图样的最终比例 = 绘图比例 × 出图比例。

步骤 6：打印出图

通过按组合键或单击图标调出【打印】对话框，打印之前可单击 预览(P)... 按钮进行预览，结果满意后，单击预览界面的按钮直接进行打印，也可返回【打印】对话框单击 确定 按钮进行打印。

温馨提示：

1．以上的步骤中，只有前 3 个步骤都完成之后再进行第 4 个步骤，才能达到自己想要的出图效果。

2．采用 1∶1 的比例绘制图样时，应按照图中标注的比例生成；采用图中标注的比例绘制图样时，则应按照 1∶1 的比例生成。

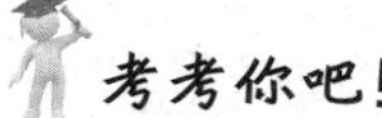

考考你吧！

绘制一个 A4 竖向图框，并分别利用模型空间和布局空间进行打印出图，具体要求如下：

1）生成 PDF 文件。

2）采用 1∶1 的比例绘制图样，假设图中标注比例为 1∶100。

3）PDF 虚拟打印机的可打印区域上、下、左、右页边距均设置为 0。

4）打印样式为【monochrome.ctb】。

布局空间 PDF 打印评分表见表 7-1。

表 7-1　布局空间 PDF 打印评分表

采分点	正确设置	分值分配	得分
修改布局名称	PDF	10	
图纸尺寸选择是否正确	ISO A3 (420.00×297.00 毫米)	10	
页边距是否设置	0	10	
打印样式	monochrome.ctb	10	
视口尺寸是否正确	420×297	10	
视口显示比例	采用 1∶1 的比例绘制图样时，应按照图中标注的比例生成；采用图中标注的比例绘制图样时，则应按照 1∶1 的比例生成	20	
显示位置是否合理	美观	10	
生成 PDF 文档	正确生成	20	
合计		100	

综合测评

一、填空

1．AutoCAD 输出文件时可选择的文件类型有 ________、________、________ 和 ________4 种。

2．在打印图纸时，如想修改图纸的页边距，操作为 ____________。

3．AutoCAD 中自带 PDF 打印驱动，【打印机 / 绘图仪】应设定为 ____________。

二、判断

1．如果想让打印的图纸呈彩色显示，则要选择【Monochrome.ctb】这个打印样式。（　　）

2．采用窗口方式打印图纸时，打印出来的图纸的比例难以确定。（　　）

3．利用布局打印可很好地控制打印出来的图纸比例。（　　）

工匠人物

梁智滨——匠心如初，不忘初心

梁智滨——第 44 届世界技能大赛砌筑项目冠军。

1998 年梁智滨出生于广东省吴川市兰石镇，被称为“建筑之乡”的地方。父母都是本分的小生意人，生活条件并不富裕。他的父亲坚持让他去职业高中学习，希望他能有一技之长，可以过上更好的生活。在职业高中，梁智滨对砌筑产生浓厚的兴趣，他下定决心要学好这门技术。他在不断的努力和实践中，逐渐展现出高超的技艺和天赋，成为一名出色的砌筑师。

2017年，梁智滨在第44届世界技能大赛砌筑项目比赛中，以出色的表现夺得了冠军，这是中国人在该项比赛中获得的第一枚金牌。他的出色表现和卓越成绩立刻引起了众多企业的关注，许多企业纷纷向他抛出了“橄榄枝”，开出了百万年薪的丰厚条件邀请他加入自己的商业版图。然而，梁智滨并没有被这些诱惑所动摇，他选择回到了母校，开始教导更年轻的下一代砌筑人才。他认为，即使获得了“世界冠军”的头衔，也不能忘记初心和自己的梦想。他的梦想是帮助更多的人，特别是那些像他一样来自贫困家庭的孩子，让他们有机会改变自己的命运。

梁智滨的成就和选择不仅体现了他个人的才华和努力，也展现了中国技能人才队伍的实力和潜力。他的故事激励着更多的人不断追求自己的梦想，为实现自己的人生价值而努力奋斗。

项目八　绘制及标注等轴测图

每个学建筑的人在学习三面投影时都有抄绘等轴测图（即正等测）的经历吧！有没有想过在AutoCAD中如何实现它的绘制呢？实际上，等轴测图在AutoCAD中被称为“假”三维图，它是用二维线条来表现三维效果。与三维图相比，等轴测图画法简单，命令很少，容易修改，视图清晰，方便指导施工。

任务一　绘制等轴测图

等轴测图是指用平行投影法将物体连同确定该物体的直角坐标系一起沿不平行于任一坐标平面的方向投射到一个投影面上所得到的图形。在正式绘制等轴测图之前，需要先将捕捉类型设置为【等轴测捕捉】，如图8-1所示。这时，系统会沿-30°、90°和210°（或30°、90°和150°）方向建立三个轴，这三个轴关联成3个绘图平面（图8-2），即左等轴测平面、右等轴测平面和顶部等轴测平面。绘图时可通过单击状态栏上后的向下的白色三角形进行切换。

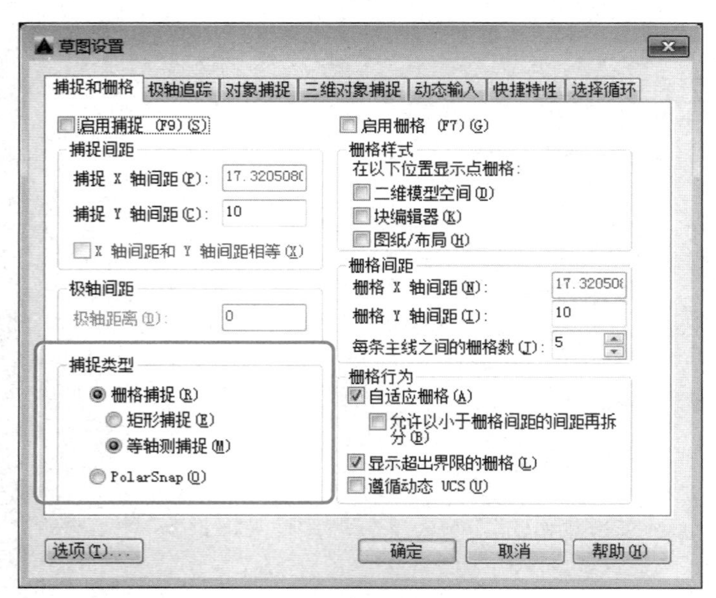

图　8-1

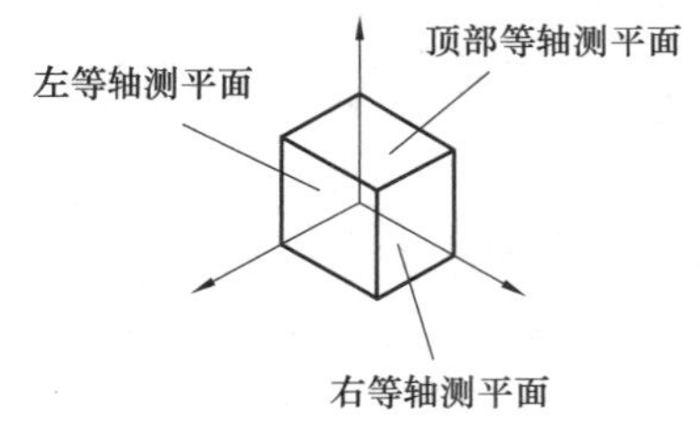

图　8-2

温馨提示：

1. 除了在【草图设置】中开启【等轴测捕捉】之外，还可以单击状态栏上的使之成为。

2. 绘图时需一个面一个面的绘制，不同面之间的切换除可采用上面单击图标的方法外，功能键<F5>或组合键<Ctrl+E>也可实现。

3. 用【等轴测捕捉】绘图时，需开启【正交】命令，这样画出的线条将会被严格限制在三个轴的方向，能够很容易地创建等轴测图形。

实战练习

实战 1　绘制如图 8-3 所示的等轴测图，不进行标注。

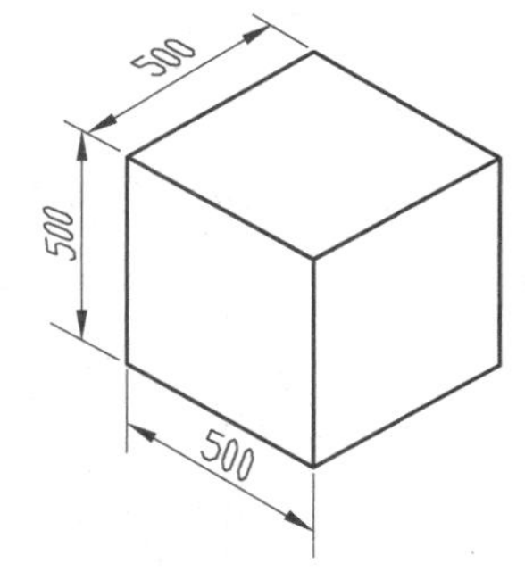

图　8-3

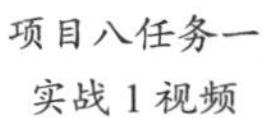

项目八任务一
实战 1 视频

实战 1 参考

步骤 1：设置捕捉模式

单击状态栏上的按钮开启等轴测捕捉，使之成为，即控制光标仅在左等轴测平面的轴上移动，当然也可打开【草图设置】进行点选。

步骤 2：正式画图

命令 : L < 正交 开 >	激活【直线】命令并开启【正交】
LINE 指定第一个点 :	任意单击一点作为起点，这个点就在左侧面的边上
指定下一点或 [放弃 (U)]: 500	光标移动到竖直向上方向，输入直线长度
指定下一点或 [放弃 (U)]: 500	光标移动到右侧，输入直线长度
指定下一点或 [闭合 (C)/ 放弃 (U)]: 500	光标移动到下侧，输入直线长度
指定下一点或 [闭合 (C)/ 放弃 (U)]: 500	光标移动到左侧，输入直线长度，然后退出命令
命令 : LINE	按空格键重复上一次命令
指定第一个点 : < 捕捉 开 >	【对象捕捉】到左上角点
指定下一点或 [放弃 (U)]: < 等轴测平面 俯视 > 500	按功能键 <F5> 切换绘图平面为顶部等轴测平面，光标移动到上侧，输入直线长度
指定下一点或 [放弃 (U)]: 500	光标移动到右侧，输入直线长度
指定下一点或 [闭合 (C)/ 放弃 (U)]: 500	光标移动到下侧，输入直线长度后退出命令
命令 : CO	激活【复制】命令
COPY 选择对象 :	选中顶面右侧 30° 边
当前设置 : 复制模式 = 多个	
指定基点或 [位移 (D)/ 模式 (O)] < 位移 >:	【对象捕捉】到左侧面和顶面的右侧交点
指定第二个点或 [阵列 (A)] < 使用第一个点作为位移 >:	【对象捕捉】到左侧面右下交点，然后退出命令
命令 : COPY	按空格键重复上一次命令
选择对象 :	选择左侧面的右侧竖直边
当前设置 : 复制模式 = 多个	
指定基点或 [位移 (D)/ 模式 (O)] < 位移 >:	【对象捕捉】到左侧面和顶面的右侧交点
指定第二个点或 [阵列 (A)] < 使用第一个点作为位移 >:	【对象捕捉】到顶面最右侧角点，然后退出命令

温馨提示：

1．绘图命令和编辑命令在绘制等轴测图时同样适用，但是如果想得到某段直线的偏移效果，则需要采用【复制】命令来实现。

2．绘图时要根据实际角度切换绘图平面。

实战 2　绘制图 8-4 的等轴测图，不进行标注。

实战 2 参考

图中圆的位置不能直接确定，需作辅助线，先根据实战 1 的步骤绘制出长方体，然后利用【复制】命令复制出辅助线，即图 8-5 中蓝色的直线，下面仅对圆的绘制作介绍。

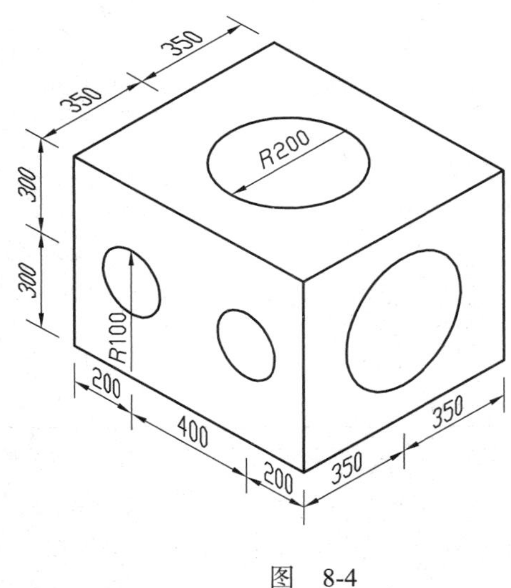

图 8-4

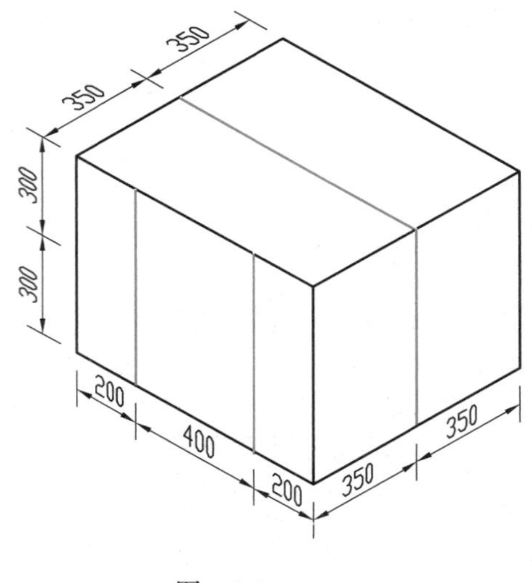

图 8-5

命令 : EL　　激活【椭圆】命令
ELLIPSE 指定椭圆轴的端点或 [圆弧 (A)/ 中心点 (C)/ 等轴测圆 (I)]: i
指定等轴测圆的圆心 :　　选择顶面辅助线的中点位置
指定等轴测圆的半径或 [直径 (D)]: < 等轴测平面 俯视 > 200
按 <F5> 功能键切换到顶部等轴测平面，输入圆的半径

绘制其他 3 个等轴测圆的步骤同上，不赘述。

温馨提示：

1. 由于圆在等轴测图中显示为椭圆形状，因此在等轴测图中绘制圆时，需用椭圆命令下的子命令【等轴测圆】绘制。

2. 实战 2 中，左侧面上的两个圆虽然对称，但是【镜像】命令实现不了，可选用【复制】命令。

项目八任务一实战 3 视频

实战 3 绘制如图 8-6 所示的圆柱，不进行标注。

实战 3 参考

绘图顺序如图 8-7 所示，下面仅对修剪部分作介绍。

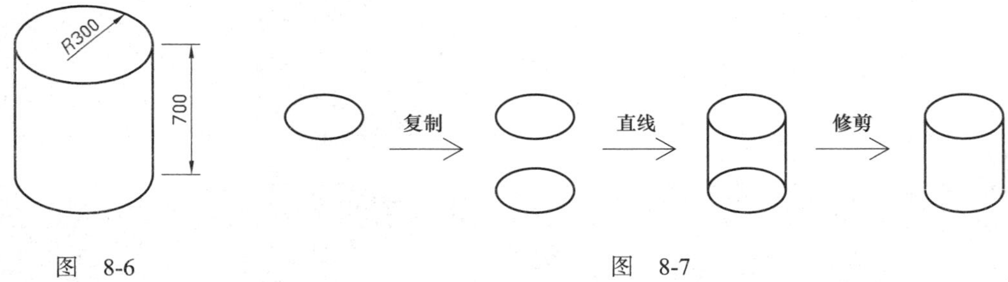

图 8-6　　图 8-7

命令 : TR　　激活【修剪】命令
TRIM 当前设置 : 投影 =UCS，边 = 延伸
选择剪切边 ... 选择对象或 < 全部选择 >:　　按空格键将全部对象作为修剪边界线
选择要修剪的对象，或按住 Shift 键选择要延伸的对象，或 [栏选 (F)/ 窗交 (C)/ 投影 (P)/ 边 (E)/ 删除 (R)/ 放弃 (U)]:　　单击待修剪圆的上半个圆弧，然后退出命令

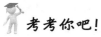

考考你吧！

绘制右图，不进行标注。

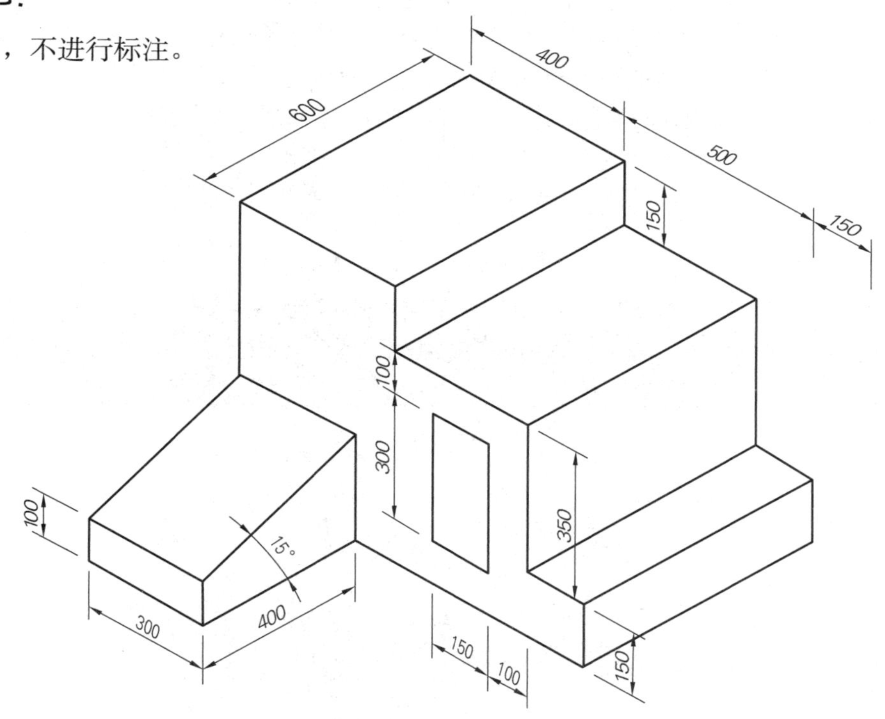

任务二 标注等轴测图

对等轴测图的标注，尺寸数字和尺寸线跟所标注的对象在同一个等轴测面上，这是为了使图纸看起来整齐、清晰、美观。为了达到这个效果，在进行标注之前需事先设置两个文字样式：倾斜角度分别设为30°和-30°，其他设置建议如图8-8所示。

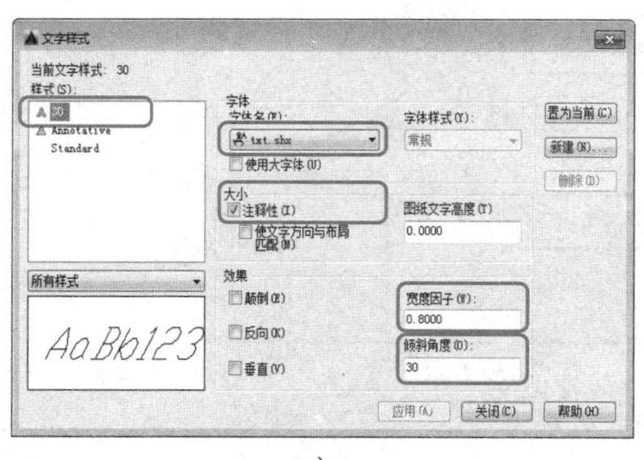

a)

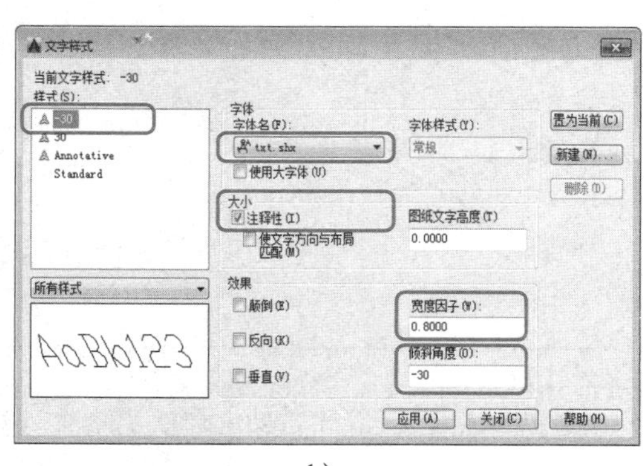

b)

图 8-8

a）文字样式名称为“30” b）文字样式名称为“-30”

温馨提示：

一般情况下，在标注时，倾斜角度需根据尺寸数字和尺寸线的相对位置来选用。如果想让尺寸数字绕尺寸线顺时针旋转，则选用30°，逆时针则为-30°，这和一般的角度规定正好相反。但是这种方式较难判断，可以用两者中任意一种文字样式进行尺寸标注，然后按快捷键<MO>打开【特性】对话框进行调整。

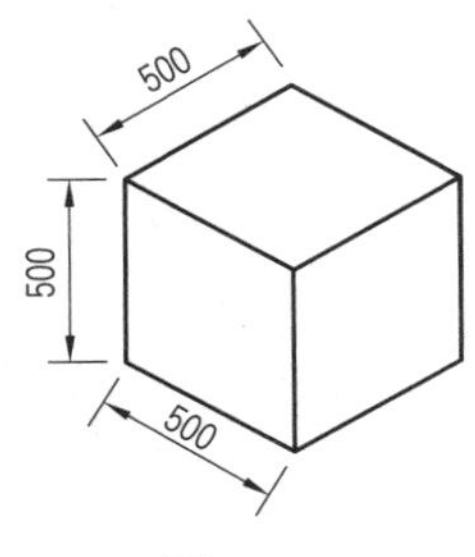

图 8-9

在进行等轴测图的尺寸标注时，若选择对齐标注（快捷键 <DAL>），则标注效果如图 8-9 所示（假定已事先选定文字的倾斜角度）。这时的尺寸数字看起来跟所标注的对象在同一个等轴测面上，但尺寸线却不是，还需对尺寸标注进行倾斜操作。倾斜的角度遵循以下原则：

① 如果尺寸界线要与 -30° 轴或 150° 轴平行，倾斜角度为 -30°。

② 如果尺寸界线要与 30° 轴或 210° 轴平行，倾斜角度为 30°。

③ 如果尺寸界线要与 90° 轴平行，倾斜角度为 90°。

在对尺寸标注进行倾斜操作时，除了输入倾斜角度之外，还有更为便捷的方法，即在与尺寸界线平行的任意直线上单击两点即可。记得打开对象捕捉哦！

实战练习

实战 对图 8-4 进行标注。

实战参考

步骤 1：设置文字样式

按快捷键 <ST> 打开【文字样式】对话框，新建两个文字样式，名称分别为 30 和 -30，具体参照图 8-8 的参数设置。然后修改尺寸标注样式：全局比例 15 或 20；单位格式：小数；精度：0。

步骤 2：对齐标注

在命令提示行输入 <DAL> 快捷键，利用“鼠标三点法”进行标注，即单击尺寸界线起点、终点和尺寸线的位置。这里可结合连续标注使用，提高速度，效果如图 8-10 所示。

步骤 3：对尺寸标注进行倾斜操作（倾斜角度见图 8-11）

以尺寸为 300 的标注为例。

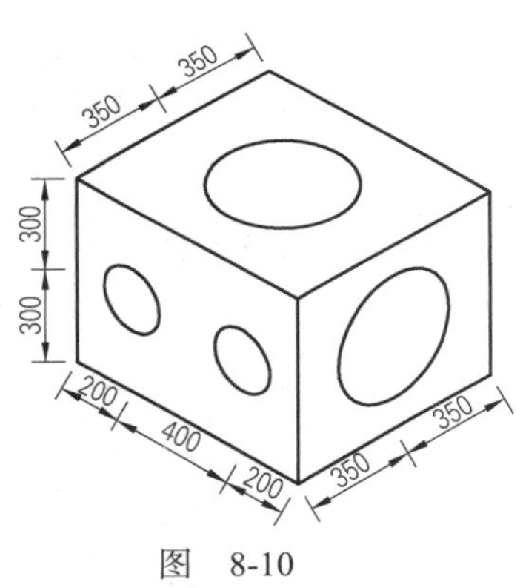

图 8-10

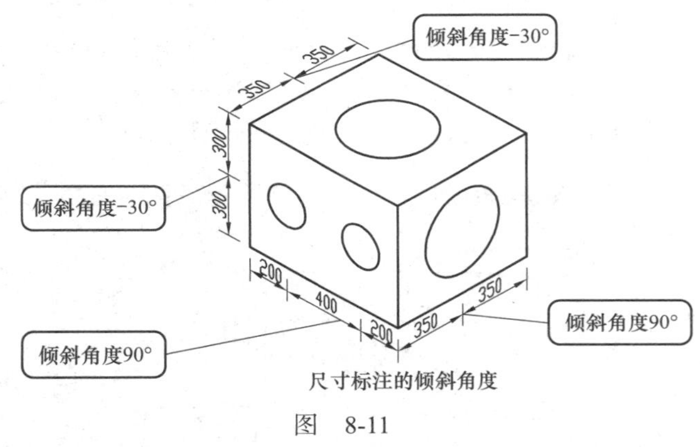

图 8-11

命令 : DED	激活【编辑标注】命令
DIMEDIT 输入标注编辑类型 [默认 (H)/ 新建 (N)/ 旋转 (R)/ 倾斜 (O)] < 默认 >: o	选择对尺寸标注进行倾斜操作
选择对象 :	单击选中要进行倾斜操作的尺寸为 300 的标注
输入倾斜角度 (按 ENTER 表示无):	可输入 -30，也可单击图 8-12 中的 *A* 点
指定第二点 :	单击图 8-12 中的 *B* 点

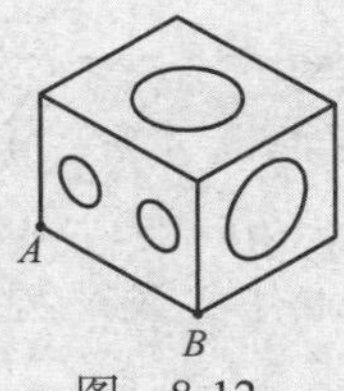

图 8-12

步骤 4：绘制辅助圆，并进行标注

按快捷键 <C> 激活【圆】命令，以等轴测圆的圆心为圆心，以其半径为半径绘制出辅助圆，效果如图 8-13 所示。然后运用【半径标注】命令对圆进行标注，这个标注即为等轴测圆的标注，然后将辅助圆删掉。

步骤 5：调整尺寸数字的角度

选中要进行调整的尺寸标注，然后按快捷键 <MO> 打开【特性】选项卡，找到 文字样... Standard ，单击白色的向下三角形，弹出选项以供选择（图 8-14），单击切换到合适的文字样式即可。

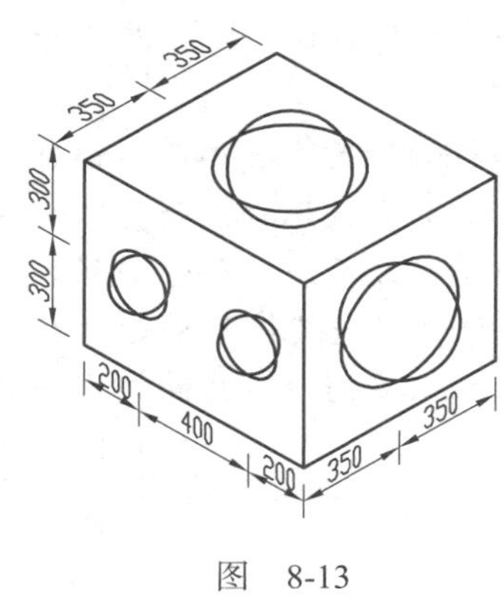

图 8-13

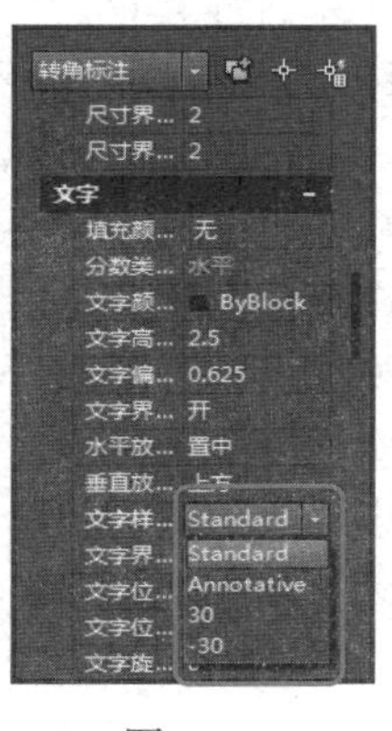

图 8-14

温馨提示

1.【等轴测捕捉】模式下的自动捕捉功能不如平面模式下强大。如果需要标注的两点不太好选，一定要作辅助线以确定交点，否则容易出错。

2. 平面画法中的直径、半径和角度的标注不再适用于等轴测图。如果想在等轴测图中标注直径，可以先画出图，然后再进行标注；如果要标注角度，可以采用文字替代。

轴测图可按表 8-1 评分。

表 8-1 轴测图评分表

采分点	正确设置	分值分配	得分
0 图层上是否有图形对象	除图块外无其他对象	8	
轮廓图线线宽设置合理	b 或 $0.7b$	5	
是否符合三视图绘制规则	正等测投影	10	
轴测图绘制是否在二维空间	绘制在模型空间	2	
轴测图结果是否正确	图形尺寸正确	30	
文字样式设置是否正确	30° 和 −30°	20	
轴测图标注	标注尺寸线及文字的方向	20	
保存位置与名称	按要求	5	
合计		100	

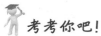

考考你吧！

请对本项目任务一的“考考你吧”图形进行标注。

工匠人物

邵茹鹏——匠心沉淀，厚积薄发

邵茹鹏——第 45 届世界技能大赛精细木工项目冠军。

邵茹鹏出生于 2002 年，他曾进入上海的一家木工坊实习，并逐渐展现出了过人的技艺和天赋。在第 46 届世界技能大赛特别赛中，邵茹鹏获得了精细木工项目的金牌，这是中国在该项目中的首枚金牌。

备战世界技能大赛的过程中，他和基地队员们反复练习赛题的加工方法和工艺，每天早上八点钟开始训练，一直持续到晚上九点钟。除了中午和晚上吃饭的时间外，其他时间几乎都在训练，力求达到极致的精细，以符合国际大赛的评分标准。

然而在赛场，邵茹鹏遇到了比赛题目和往届不一样的情况。往届比赛都会公布完整的图纸，但这次只提供了概念化视图。这意味着选手只能看到标的的大致形状，而具体的尺寸却没有标出。这导致邵茹鹏在时间把控上出现了失误，最后阶段的时间必须压缩。尽管遇到了困难和挑战，但邵茹鹏并没有放弃，他继续努力。得益于备赛中的经验，他成功地获得了金牌，为中国争得了荣誉。

邵茹鹏的成就告诉我们，没有一件事情是容易的，只有经过不断的努力和艰苦卓绝的训练才能够临危不乱，以不变应万变。

项目九　绘制建筑施工图

一套完整的建筑施工图一般包括图纸目录、建筑设计说明、平面图、立面图、剖面图以及大样图等。本项目选取一套较简单的建筑施工图纸的平面图、立面图、剖面图以及详图，并根据实际绘图中的常用方法进行任务驱动教学。另外，在绘图的过程中会涉及很多规范上的要求，其中大部分都在前文中介绍过，本项目仅对未涉及的部分进行补充。

任务一　建立样板文件

任务要求

建立绘图模板，并保存成模板文件。

温馨提示：

在绘图以及出图打印的过程中，对于不同的图纸中相同或相似的部分，可以提前建立好，并保存成模板文件，以后每次画图时不必重新设置，调用即可。

模板要求

1. 建立图层

在图层特性管理器中新建图层。

2. 设置文字样式

设置两种文字样式，分别用于汉字和非汉字的注写，宽度因子为 0.7。

（1）**用于汉字**　文字样式命名为【HZ】，字体选择【仿宋】。

（2）**用于非汉字**　文字样式命名为【XT】，字体选择【Simplex.shx】和【gbcbig.shx】。

3. 设置标注样式

名称为【BZ】，文字样式选用【XT】，尺寸界线超出尺寸线【2】，尺寸界线起点偏移量【2】，文字高度【3】，文字从尺寸线偏移【1】。

4. 创建布局

1）将布局 1 重命名为【PDF-A3】，并删除缺省的窗口。

2）设置【页面设置管理器】。配置打印机 / 绘图仪名称为【DWG TO PDF.pc3】，纸张尺寸为【ISO A3（420.00×297.00 毫米）】，【横向】，打印样式表选择【Monocrome.cbt】，纸张上、下、左、右页边距均设置为【0】。

5. 绘制图框

在布局【PDF-A3】上以 1∶1 的比例绘制 A3 横向图框。注意：绘制图框时，需在相应图层下绘制。

6. 保存文件

设置自动保存时间为 8 min。保存名称为【PDF-A3 模板 .dwt】。

其他未提到的设置均需符合我国《房屋建筑制图统一标准》（GB/T　50001—2017）的规定。

设置步骤

1. 建立图层

按快捷键 <LA> 打开【图层特性管理器】建立图层，如图 9-1 所示。

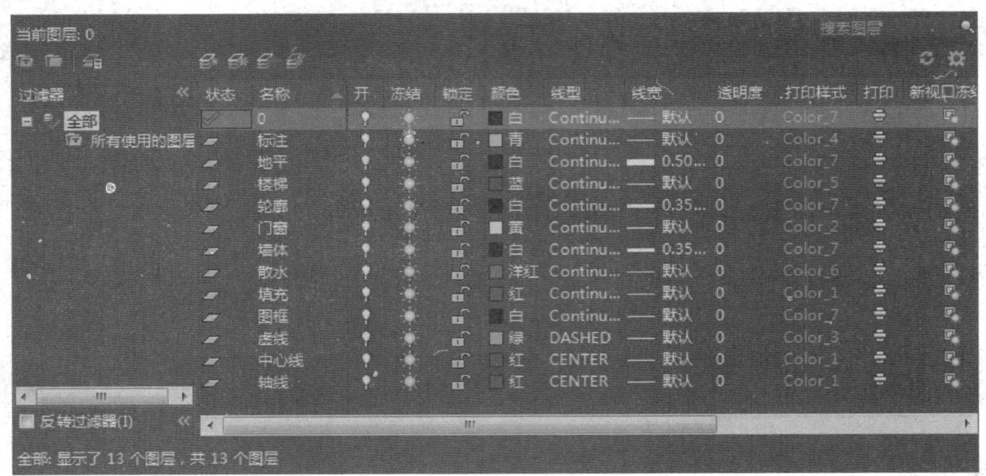

图 9-1

温馨提示：

1. 我国《房屋建筑制图统一标准》（GB/T 50001—2017）中规定：图层是计算机辅助制图文件中相关图形元素数据的一种组织结构。属于同一图层的实体具有统一的颜色、线型、线宽、状态等属性。

2. 在建立图层时，可先新建一个图层。修改图层名称后，直接按 <Enter> 键确认，然后再次单击 <Enter> 键，会自动再新建一个图层，并且图层名称呈可编辑状态。修改图层名称后重复上面的操作。所有图层名称修改完成后，再统一修改颜色、线宽和线型。

2. 设置文字样式

按快捷键 <ST> 打开【文字样式】对话框，建立如图 9-2 所示的两个文字样式。

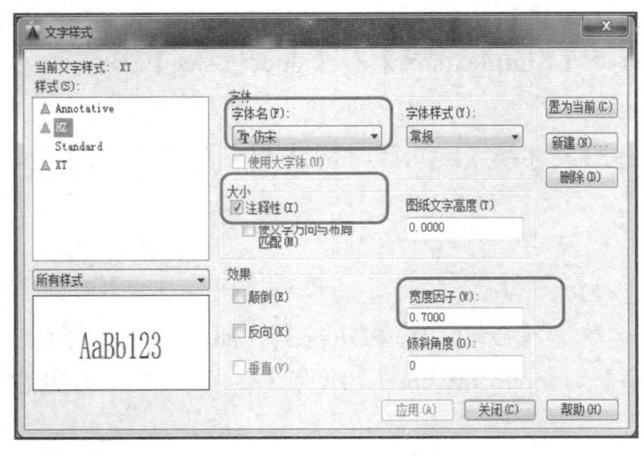

a)

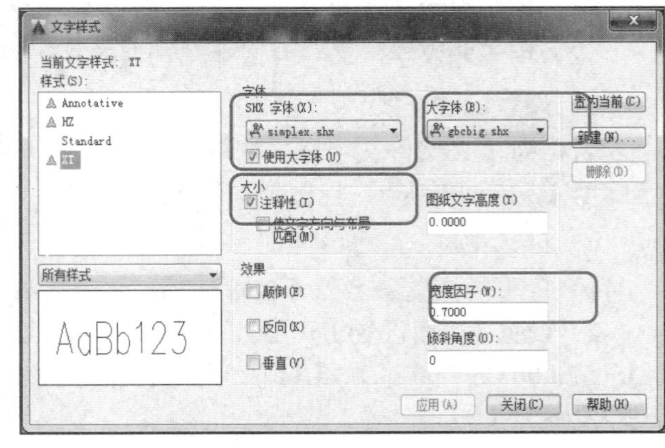

b)

图 9-2

a) HZ 文字样式设置　b) XT 文字样式设置

3. 设置标注样式

按快捷键 <D> 打开【标注样式管理器】对话框，新建名称为【BZ】的标注样式，用于所有标注，设置如图 9-3 ～图 9-7 所示。

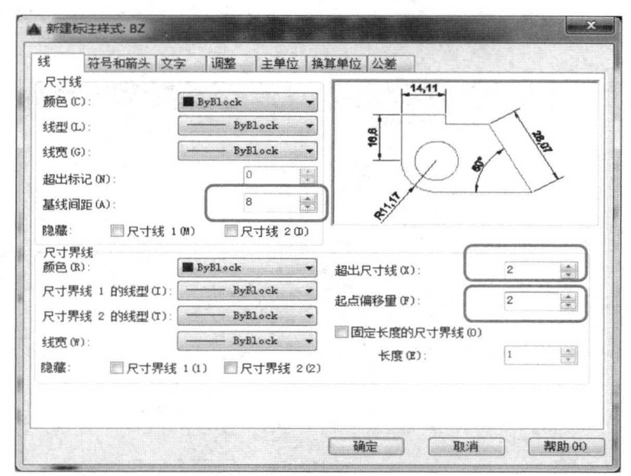

图 9-3

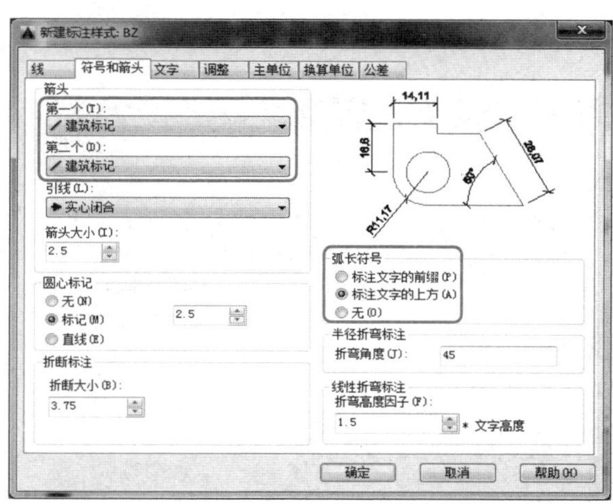

图 9-4

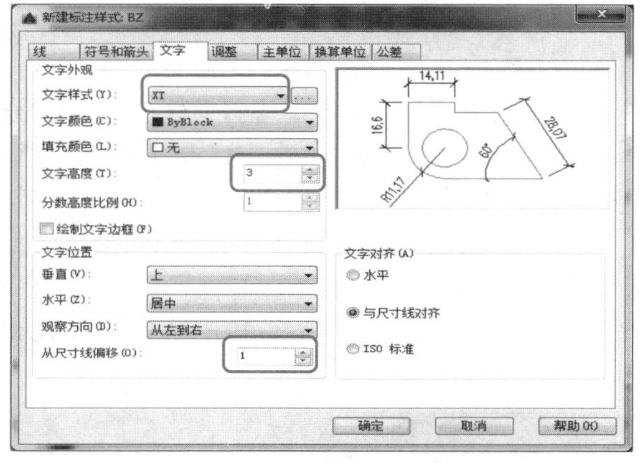

图 9-5

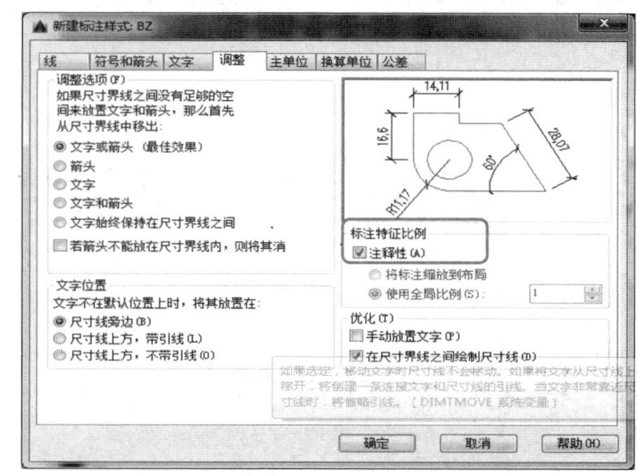

图 9-6

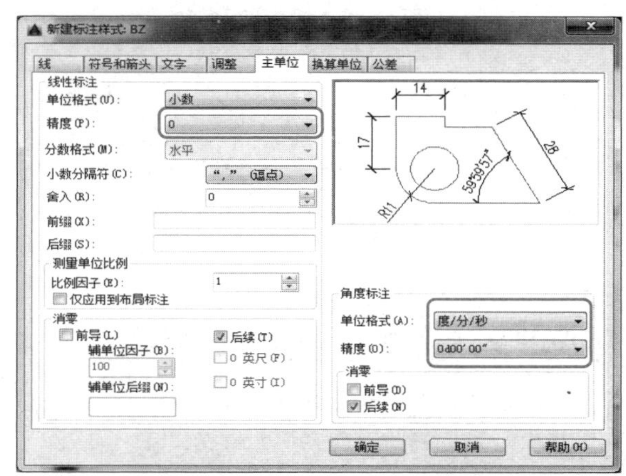

图 9-7

4. 创建布局

单击状态栏上的【布局 1】，切换到布局空间，然后单击选中视口线（图 9-8），按快捷键 <E> 进行删除；双击【布局 1】的名称，使其呈可编辑状态，修改名称为【PDF-A3】，然后在名称上右击，选择【页面设置管理器】修改页面设置（图 9-9）。

单击[修改(M)...]按钮后，将弹出【页面设置 -PDF-A3】对话框，设置如图 9-10 所示。

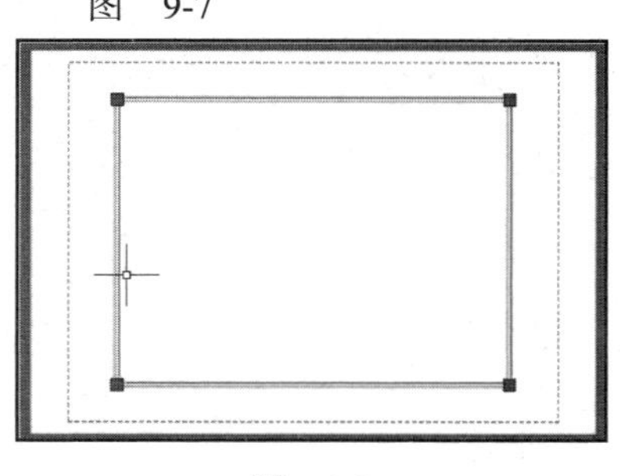

图 9-8

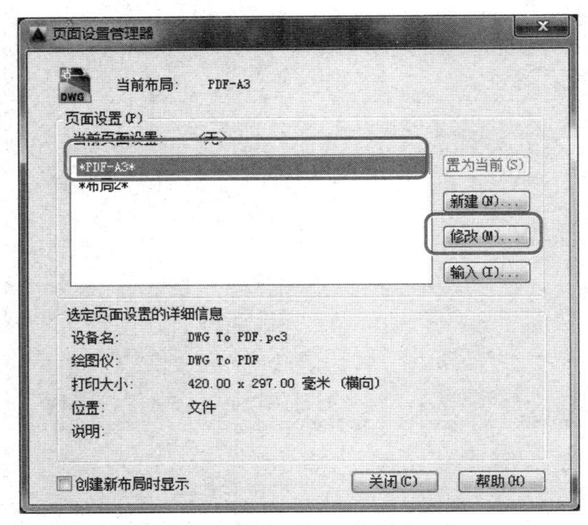

图 9-9

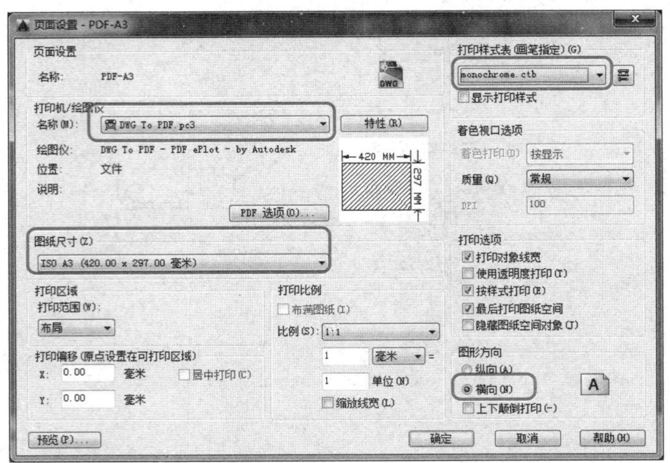

图 9-10

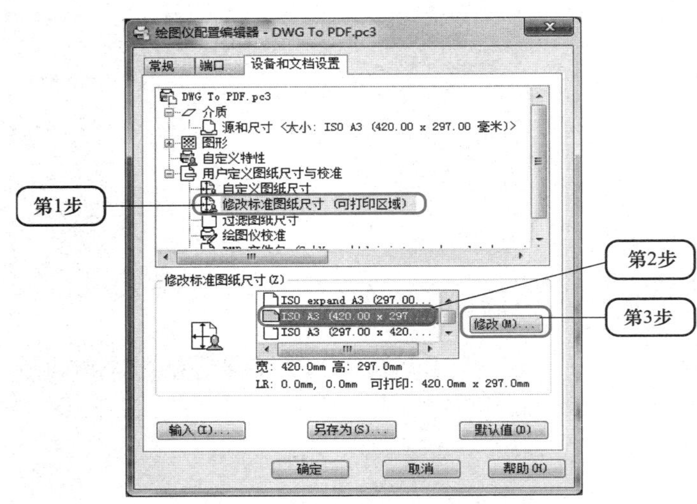

图 9-11

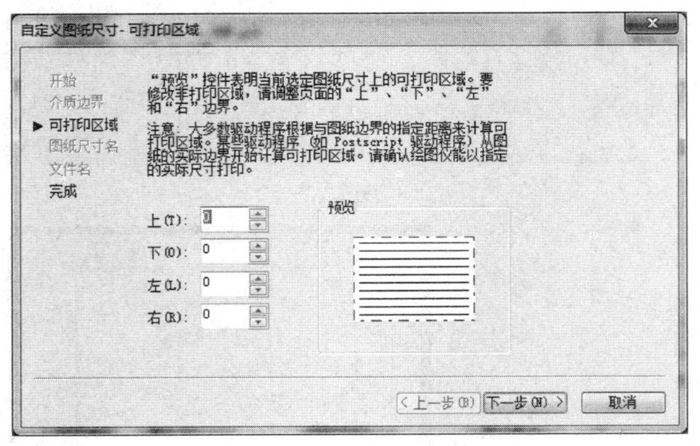

图 9-12

设置好后,单击【打印机/绘图仪】名称后的 特性(R) ,打开【绘图仪配置编辑器】,设置如图 9-11 所示。单击 修改(M)... 按钮,对打印区域进行修改,如图 9-12 所示。

经过以上步骤后,PDF-A3 这个布局上将是一片空白,设置完成。

温馨提示:

AutoCAD 2016 中,可打印区域的页边距在默认状态下为 0,如果从未进行过修改,可省略这个修改步骤。

5. 绘制图框

根据我国《房屋建筑制图统一标准》(GB/T 50001—2017)的相关规定,将采用的 A3 横向图框设计为如图 9-13 所示格式。绘制图框可采用以下步骤。

1)切换图层。单击功能区面板【图层】上的向下白色三角形(图 9-14),弹出如图 9-15 所示的下拉菜单,单击 图框 ,将【图框】置为当前图层。

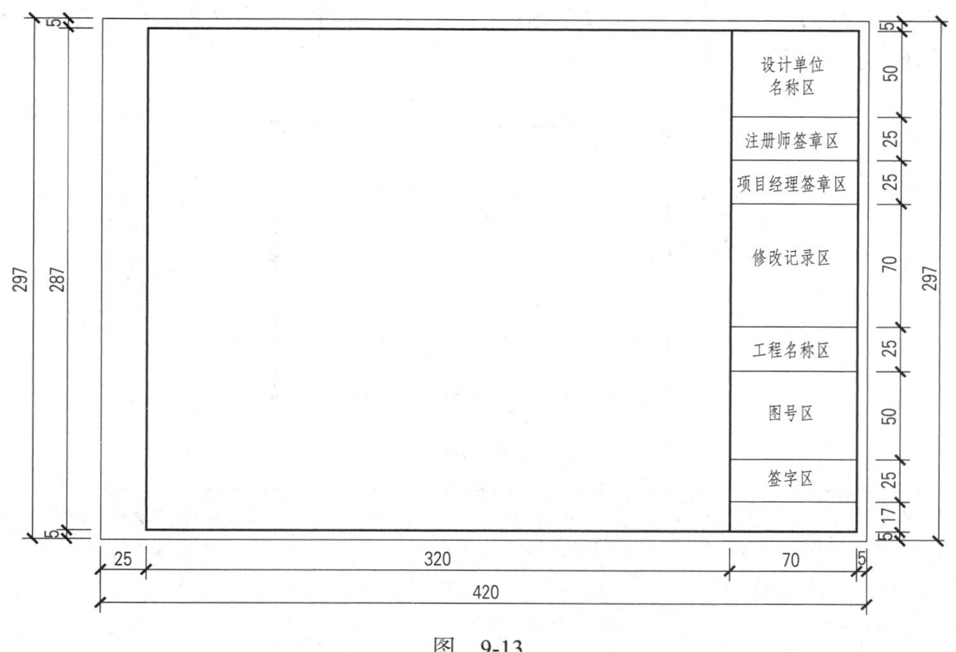

图 9-13

图 9-14

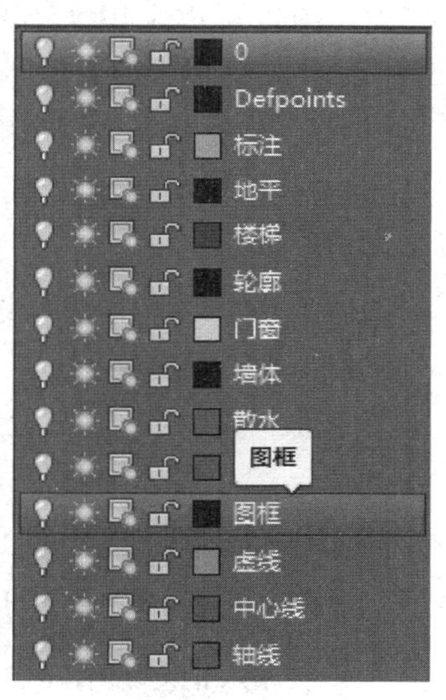

图 9-15

2）绘制图框。

命令 : REC	激活【矩形】命令，绘制幅面线
RECTANG 指定第一个角点或 [倒角 (C)/ 标高 (E)/ 圆角 (F)/ 厚度 (T)/ 宽度 (W)]: 0,0	
	由于布局的大小和图框的大小一致，所以选择坐标原点为图框的左下角点
指定另一个角点或 [面积 (A)/ 尺寸 (D)/ 旋转 (R)]: 420,297	指定图框的右上角点
命令 : O	激活【偏移】命令
OFFSET 当前设置 : 删除源 = 否 图层 = 源 OFFSETGAPTYPE=0	
指定偏移距离或 [通过 (T)/ 删除 (E)/ 图层 (L)] <25.0000>: 5	先将矩形整体向内偏移 5
选择要偏移的对象，或 [退出 (E)/ 放弃 (U)] < 退出 >:	选中刚绘制好的矩形
指定要偏移的那一侧上的点，或 [退出 (E)/ 多个 (M)/ 放弃 (U)] < 退出 >:	
	在矩形内侧指定一点

单击内侧矩形，使其出现夹点，单击左侧边的中间夹点，使之成为热加点，将鼠标移动到左侧，输入【20】，图框线绘制完毕（图 9-16）。

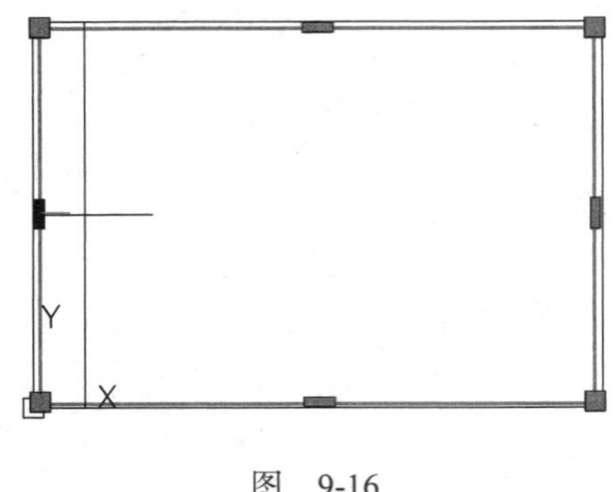

图 9-16

命令 : L	激活【直线】命令，绘制辅助线
LINE 指定第一个点 :	捕捉到内矩形的右上角点
指定下一点或 [放弃 (U)]: 70	开启正交的情况下，鼠标移到左侧，输入【70】
指定下一点或 [放弃 (U)]:	鼠标移到下侧，捕捉到内矩形的垂足点，然后退出命令

按照图示距离对辅助线进行偏移（快捷键 <O>），绘制标题栏分隔线。由于图框线采用的是粗实线，而且图框线较少，所以可以采用强制改变其线宽属性的方法。操作如下：选中要修改线宽的线（即图框线），单击功能区面板【特性】中第二个向下的白色三角形（图 9-17），展开下拉菜单，拖动滑块，选中【0.70 毫米】（图 9-18），完成绘制，然后删除辅助线，按上述方法修改。

图 9-17

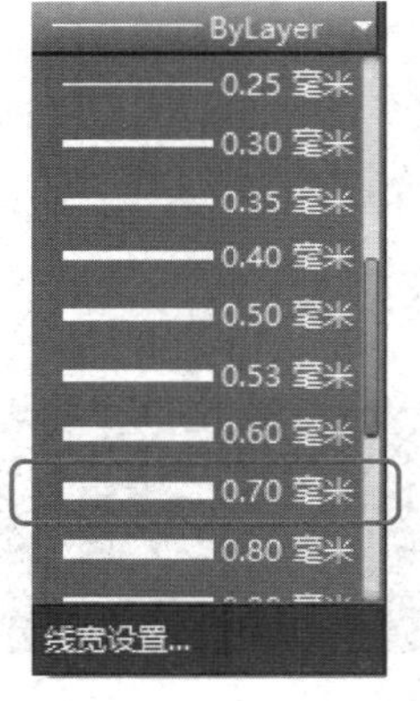

图 9-18

命令 : DT	激活【单行文字】命令，选择注释比例 1 : 1（也可采用多行文字）
TEXT 当前文字样式 : “XT” 文字高度 : 2.5000 注释性 : 是 对正 : 左	选择修改文字样式
指定文字的起点 或 [对正 (J)/ 样式 (S)]: S	
输入样式名或 [?] <XT>: HZ	修改文字样式为【HZ】
当前文字样式 : “XT” 文字高度 : 2.5000 注释性 : 是 对正 : 左	此处虽然文字样式显示为 XT，但是已经修改成功
指定文字的起点 或 [对正 (J)/ 样式 (S)]:	单击指定文字的起点
指定文字高度 <2.5000>: 7	指定文字高度为 7，无硬性要求，美观即可
指定文字的旋转角度 <0>:	空格键默认旋转角度为 0，然后输入想要的文字，再单击其他位置接着输入

所有文字都输入完成后，利用夹点调整文字位置，效果如图 9-19 所示。

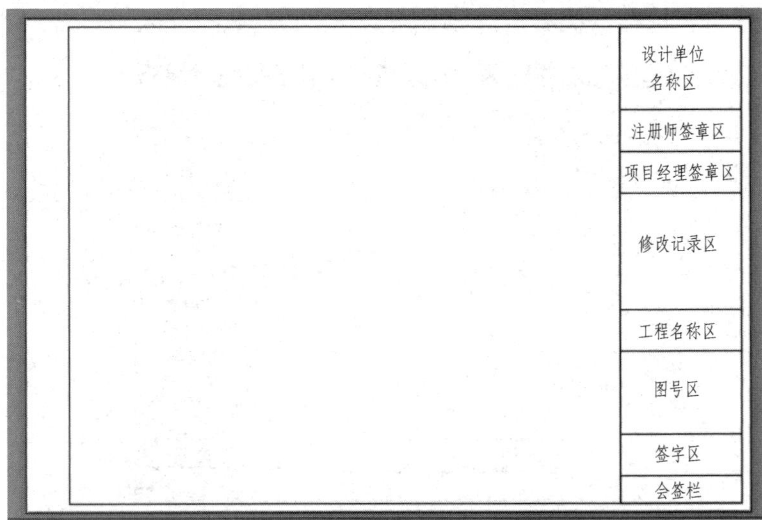

图 9-19

A3 横向图框评分表见表 9-1。

表 9-1 A3 横向图框评分表

采分点	正确设置	分值分配	得分
绘图空间	布局空间	10	
A3 横向幅面尺寸	420mm×297mm	20	
图框线宽差别	b,0.7b,0.35b	10	
图层	满足绘图使用要求	30	
标题栏分格尺寸	参照规范要求	10	
标题栏内容	如“建筑平面图”	20	
合计		100	

6. 保存文件

按快捷键 <OP> 打开【选项】对话框，设置如图 9-20 所示。

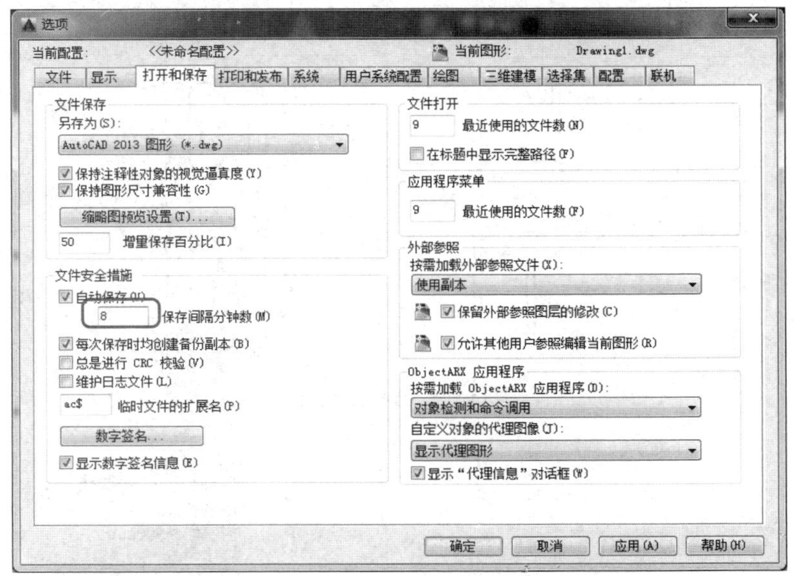

图 9-20

单击【保存】按钮进行保存，如图 9-21 所示。

图 9-21

项目九任务一视频

温馨提示：

在保存模板文件时，需先选择文件类型。在选择完文件类型之后，文件的保存路径会自动跳转到默认的模板文件路径。

任务二 绘制建筑平面图

任务要求

抄绘如图 9-22 所示的建筑平面图，并利用任务一的模板打印成名称为【一层平面图】的 PDF 文件。

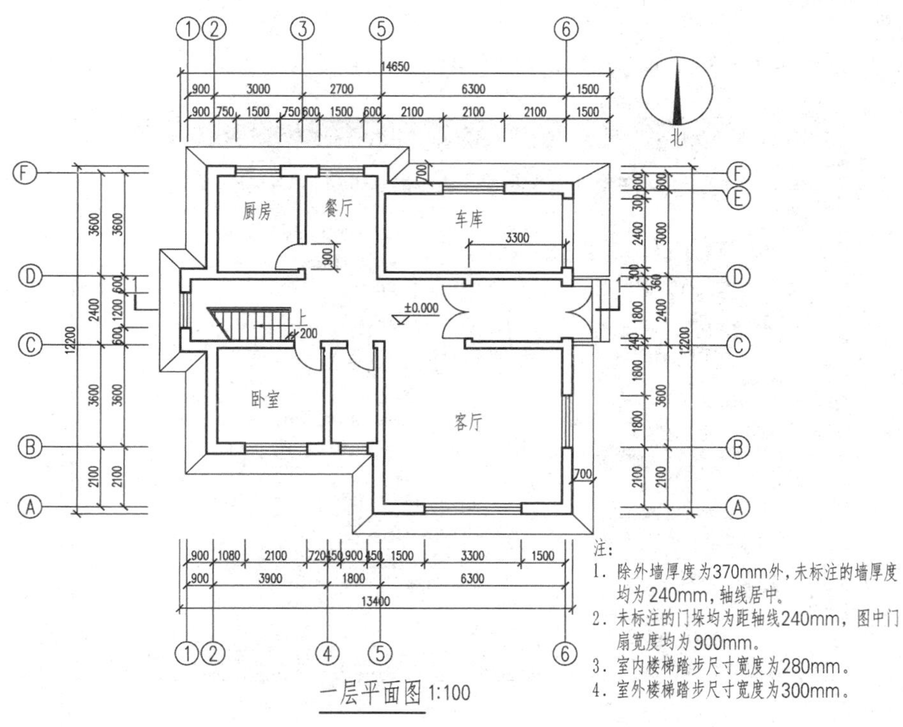

图 9-22

绘图要求

（1）调用模板文件。

（2）细部尺寸标注线与建筑外轮廓间距为 12，各尺寸标注的尺寸线间距为 8。

（3）标高符号的文字高度为 3。

（4）轴网编号、剖切符号编号的半径是 4，字高为 5，剖切符号的剖切位置线长为 8，投射方向线长为 5；指北针符号、房间功能文字的文字高度为 5，指北针符号半径为 12。

（5）图名文字高度为 7，比例文字高度为 5，下画线为线宽 0.5 的粗实线。

（6）线型比例自行调整。

（7）注解文字内容需抄写，字高 5。

其他未提到的设置均需符合我国《房屋建筑制图统一标准》（GB/T 50001—2017）的规定。另外，若图纸中有细部尺寸没有标注，可按照图纸大小比例自拟尺寸。

绘图步骤

1. 调用模板

在打开的 CAD 文件中新建一个文件，将弹出【选择样板】对话框，操作如图 9-23 所示。

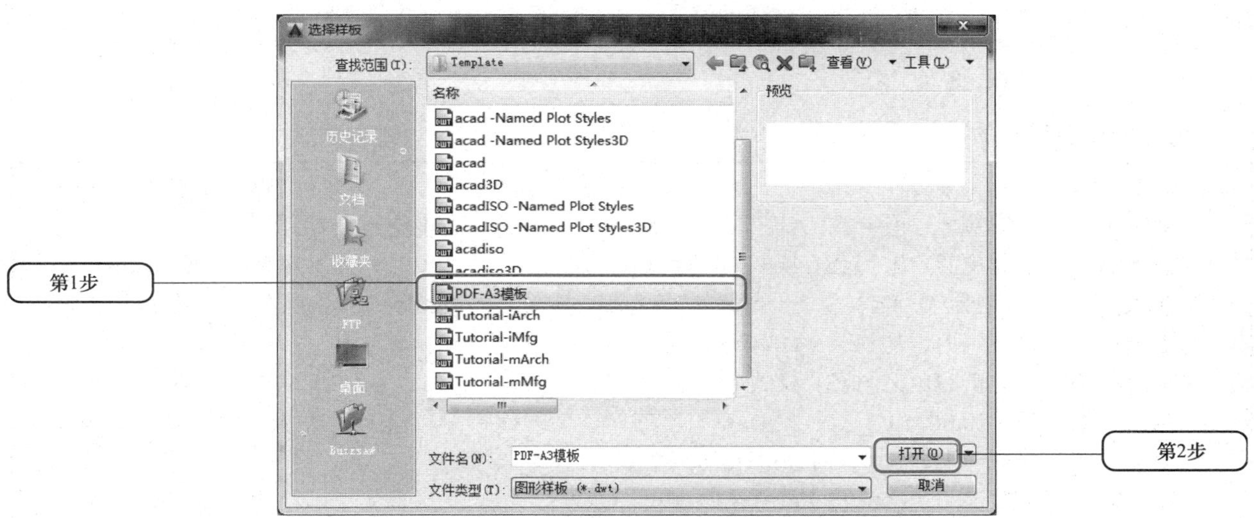

图 9-23

温馨提示：

虽然直接双击模板文件也能打开模板文件，但是这种方式会对模板进行修改，而采用调用模板的形式，只是引用了这个模板，原模板不会有任何变化。

2. 绘制定位轴线

将图层切换到【轴线】，然后利用【构造线】命令（快捷键 <XL>）和【偏移】命令（快捷键 <O>）绘制图中的定位轴线。此外，还可以用【复制】命令（快捷键 <CO>）绘制定位轴线，具体根据个人习惯采用，效果如图 9-24 所示。

选中全部图形（建议用组合键 <Ctrl+A>），按快捷键 <MO> 打开【特性】选项卡，对线型比例进行调整。经过反复调整，30 ～ 50 较为合适，此处调整为 50，效果如图 9-25 所示。

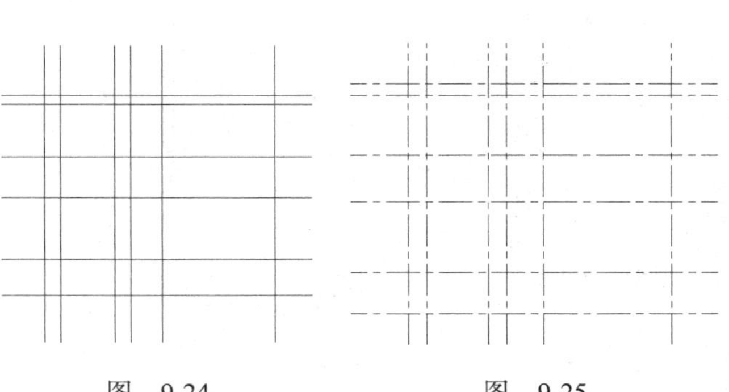

图 9-24　　图 9-25

温馨提示：

1. 画图之前需仔细观察整个图形的特征，看是否可采用【镜像】命令或其他较为简洁的方式，做到心中有数。

2. 我国《房屋建筑制图统一标准》(GB/T 50001—2017) 中规定，定位轴线应用细单点长画线绘制。

3. 绘制墙体等构件轮廓

将图层切换到【墙体】，然后新建两个多线样式（MLSTYLE, 无快捷键），名称分别为【240】(图 9-26) 和【370】(图 9-27)。

图 9-26

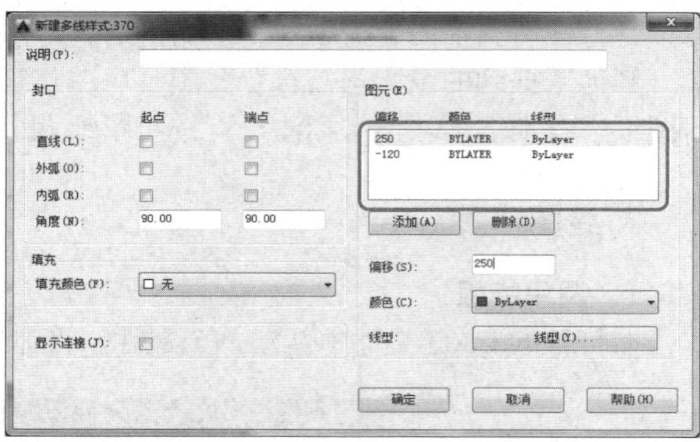

图 9-27

设置好多线样式后，用【多线】命令绘制 370 墙体，方法如下：

命令 : ML　　激活【多线】命令
MLINE　当前设置 : 对正 = 上，比例 = 20.00，样式 = STANDARD
指定起点或 [对正 (J)/ 比例 (S)/ 样式 (ST)]: st　　选择修改多线样式
输入多线样式名或 [?]: 370　　修改多线样式为 370，绘制外围的偏心墙体
当前设置 : 对正 = 上，比例 = 20.00，样式 = 370
指定起点或 [对正 (J)/ 比例 (S)/ 样式 (ST)]: s　　选择修改多线比例
输入多线比例 <20.00>: 1　　修改多线比例为 1
当前设置 : 对正 = 上，比例 = 1.00，样式 = 370
指定起点或 [对正 (J)/ 比例 (S)/ 样式 (ST)]: j　　选择修改对正方式
输入对正类型 [上 (T)/ 无 (Z)/ 下 (B)] < 上 >: z　　修改对正方式为无对正

根据提示从起点位置顺时针分段输入长度（门窗位置不截断，以多线代替，待后面统一修改），绘制出偏心墙体。图 9-28 为左侧外墙的绘制方法和整个外墙的绘制效果。

绘制完外墙后，重新激活多线命令，将多线样式修改为 240，绘制内墙，要点提示如图 9-29 所示。

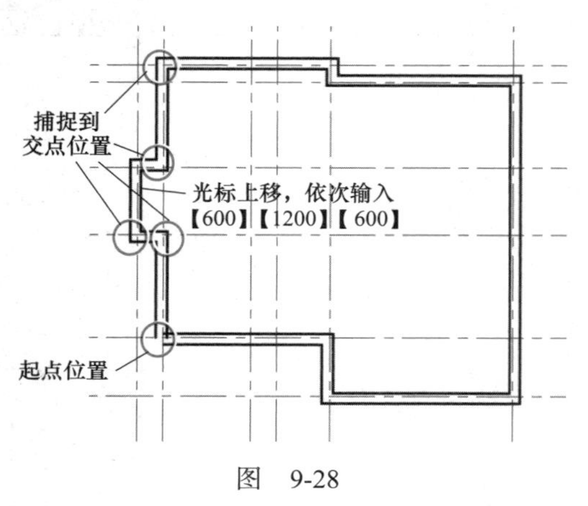

图 9-28

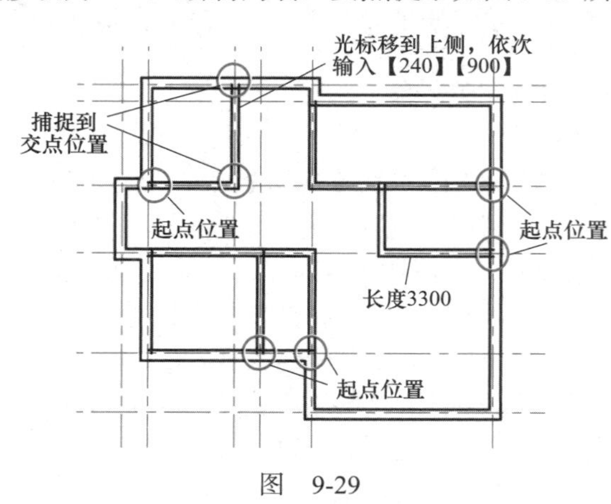

图 9-29

温馨提示：

1. 除上述绘图顺序之外，还可以在绘制完轴线之后紧接着绘制轴线的编号，并进行轴线的标注。方法很多，没有对错之分。

2. 绘制墙体时，需根据给定的尺寸确定起点位置。

3. 某些尺寸需通过给出的文字说明确定。

4. 绘制细部构造

（1）**对墙线进行调整** 选中所有的墙线（采用从左到右窗口选择），然后进行分解（快捷键 <X>），使之成为单个对象，再选中门窗位置的双直线将其删除（快捷键 <E>）。选中效果如图 9-30 所示。

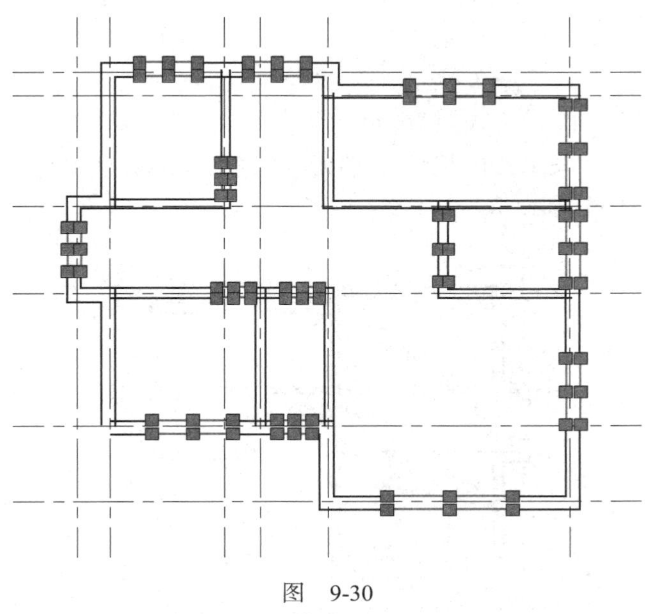

图 9-30

温馨提示：

选择门窗位置直线时，可通过从左到右的窗口选择，也可采用点选的方式。如果选多了也没关系，可以在按住 <Shift> 键的同时进行反选。

利用【修剪】命令（快捷键 <TR>）。【延伸】命令（快捷键 <EX>）或夹点编辑命令对墙线进行调整，然后用直线封口，结果如图 9-31 所示。

（2）**绘制散水** 将图层切换到【散水】。由于外墙形状并不规则，直接绘制散水需作大量的辅助线，因此可采用二维多段线（快捷键 <PL>）描边，然后向外偏移并进行微调的方法。描边结果如图 9-32（图中选中部分）所示。

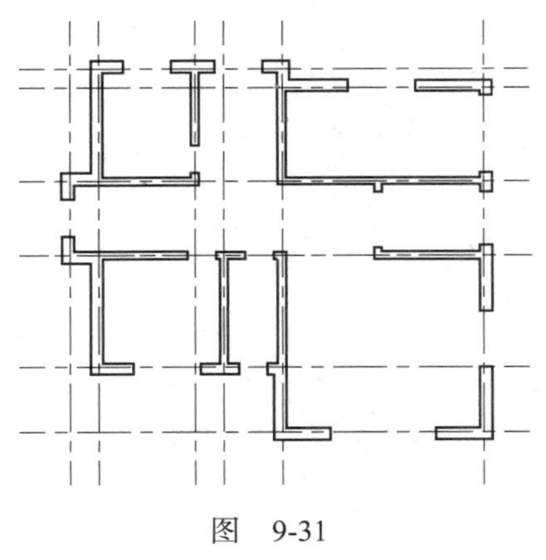

图 9-31

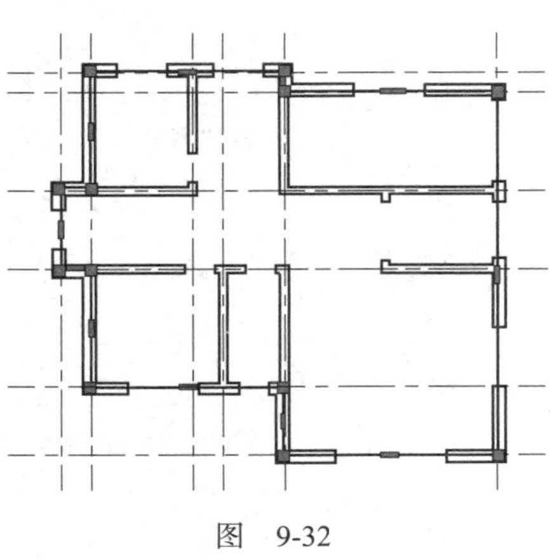

图 9-32

从平面图中可以看出，散水距离外墙外表面为 700，加上外墙外边线到轴线的距离 250，所以需向外偏移（快捷键 <O>）950。偏移后，将辅助线删除。然后对偏移出的散水线进行局部编辑，得到平面图中的效果。

（3）绘制门 将图层切换到【门窗】，单开门绘制步骤如图 9-33 所示。

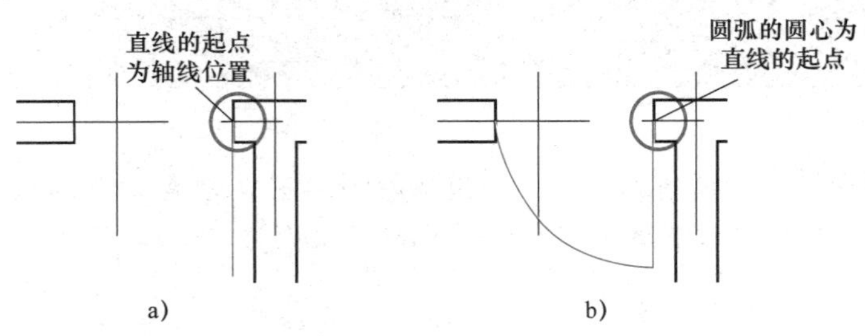

图 9-33

a）绘制门的直线部分 b）绘制门的圆弧部分

由于双开门的每扇门尺寸与单开门相同，所以可以通过将单开门镜像（快捷键 <MI>）的方法来完成绘制。最终效果如图 9-34 所示。

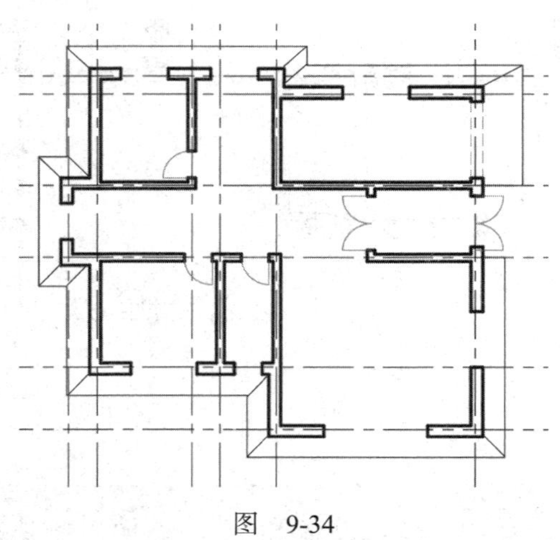

图 9-34

温馨提示：

绘制门时要仔细观察，相同或相似的门可以进行复制、旋转、镜像等操作，当然也可以将门创建成块进行插入。由于本例中门数量较少，故未创建块。

（4）绘制窗 窗的绘制除了采用多线绘制外，也可采用下列方法。

方法 1（图 9-35）。

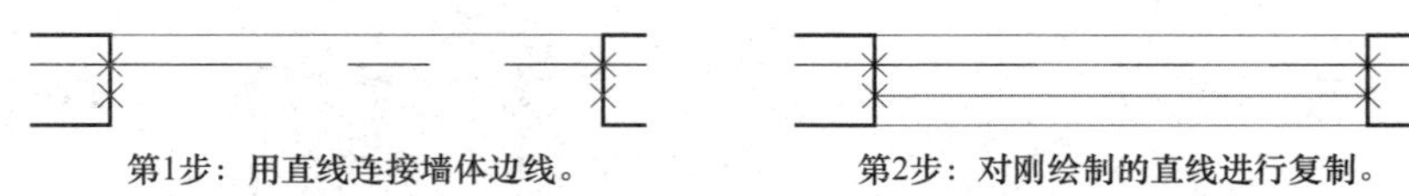

第1步：用直线连接墙体边线。
第2步：对刚绘制的直线进行复制。

图 9-35

方法 2（图 9-36）。

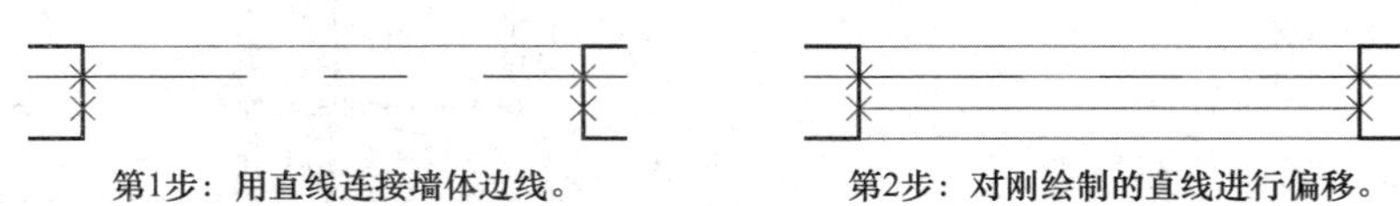

第1步：用直线连接墙体边线。
第2步：对刚绘制的直线进行偏移。

图 9-36

温馨提示：

1．在确定直线的偏移距离时，可能会遇到不能整除的情况，例如 370/3，这时没有必要保留几位小数，可直接输入分数作为偏移距离。

2．若采用方法 2，则可以先将所有窗洞用直线连好，然后依次进行偏移。

窗的效果如图 9-37 所示。

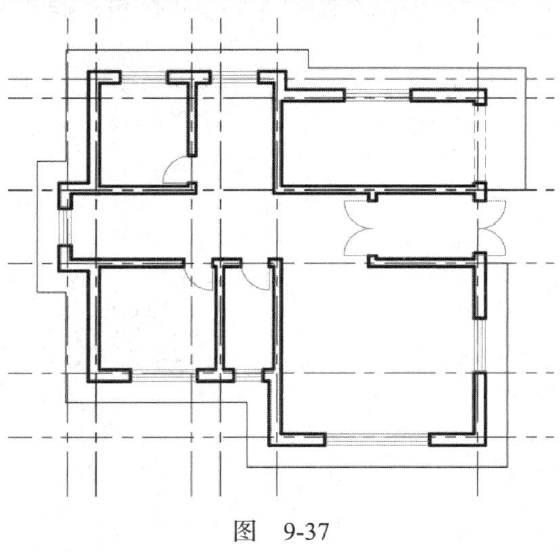

图 9-37

（5）**绘制楼梯** 将图层切换到【楼梯】，然后利用【直线】【偏移】（或【复制】）、【二维多段线】【修剪】等命令绘制楼梯。可采用如图 9-38 所示的方法（方法不唯一）。

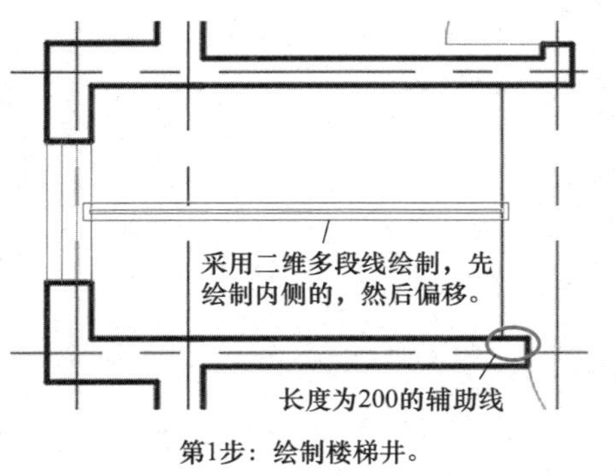
采用二维多段线绘制，先绘制内侧的，然后偏移。
长度为200的辅助线

第1步：绘制楼梯井。

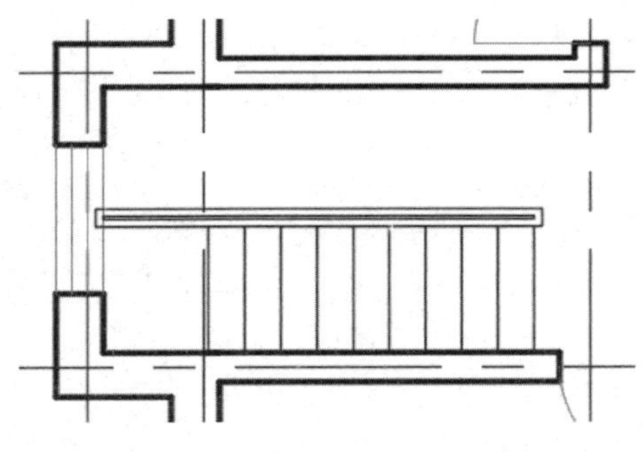

第2步：偏移楼梯线，删除辅助线。

图 9-38

折断线的绘制在我国《房屋建筑制图统一标准》（GB/T 50001—2017）中并没有相关规定，可采用二维多段线绘制，效果如图 9-39 所示。

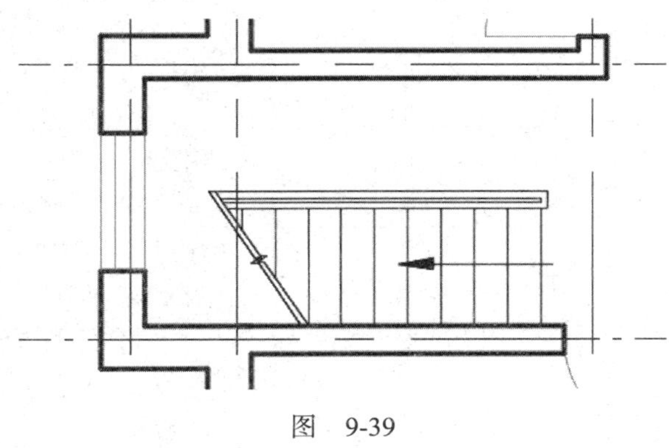

图 9-39

温馨提示：

在其他的 CAD 软件（如浩辰 CAD、中望 CAD 等）中有直接绘制折断线的命令，但 AutoCAD 暂时不具有该功能。另外，箭头用引线来绘制，也较为方便。

（6）**绘制台阶** 在绘制台阶时，注意使用对象捕捉追踪，如图 9-40、图 9-41 所示。

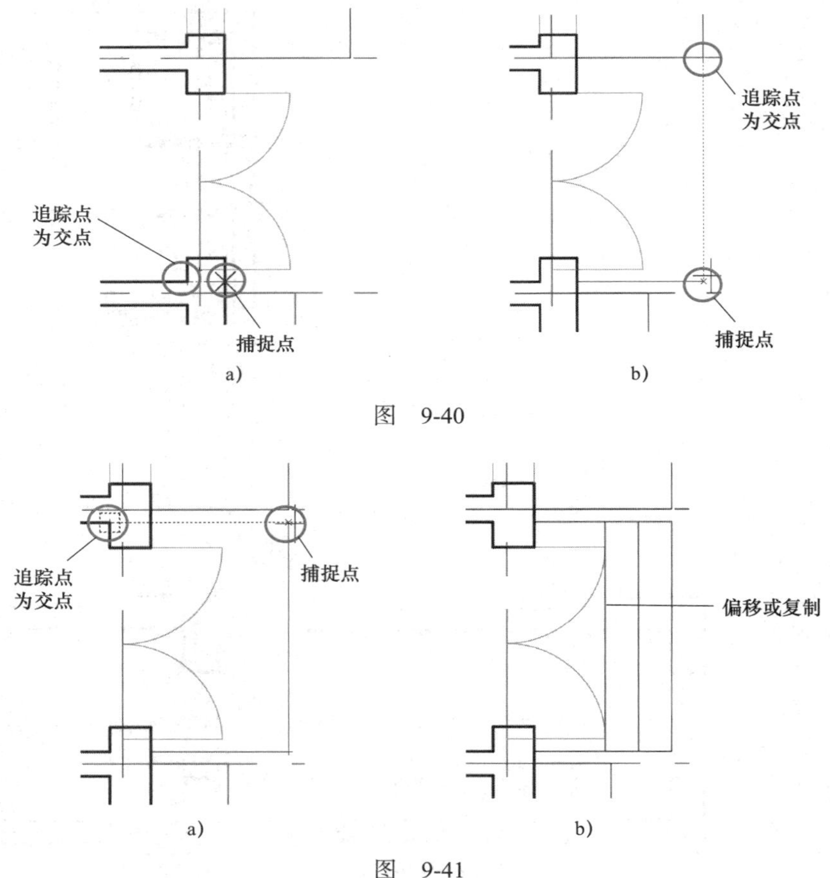

图 9-40

图 9-41

温馨提示：

如不想使用对象捕捉追踪，也可以作辅助线，但较为麻烦。

5. 添加尺寸标注、轴线编号及文字注释

（1）**尺寸标注** 我国《房屋建筑制图统一标准》（GB/T 50001—2017）中规定：

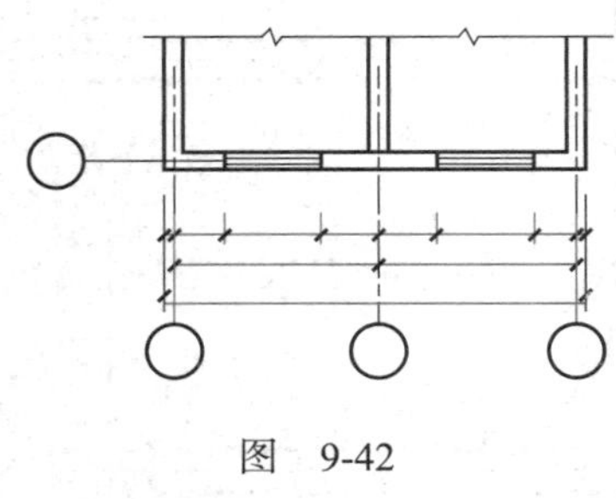

图 9-42

1）尺寸宜标注在图样轮廓以外，不宜与图线、文字及符号等相交。

2）互相平行的尺寸线，应从被注写的图样轮廓线由近向远整齐排列，较小尺寸应离轮廓线较近，较大尺寸应离轮廓线较远，如图 9-42 所示。

3）图样轮廓线以外的尺寸界线，与图样最外轮廓之间的距离不宜小于 10mm。平行排列的尺寸线的间距宜为 7 ～ 10mm，并应保持一致。

4）总尺寸的尺寸界线应靠近所指部位，中间的分尺寸的尺寸界线可稍短，但其长度应相等。

本案例中，图样的最外轮廓为散水，并且不规则。为达到美观的效果，可统一以散水的最外侧为

尺寸界线起点，因此需作如图 9-43 所示的辅助线（可先将图层切换到“标注”）。

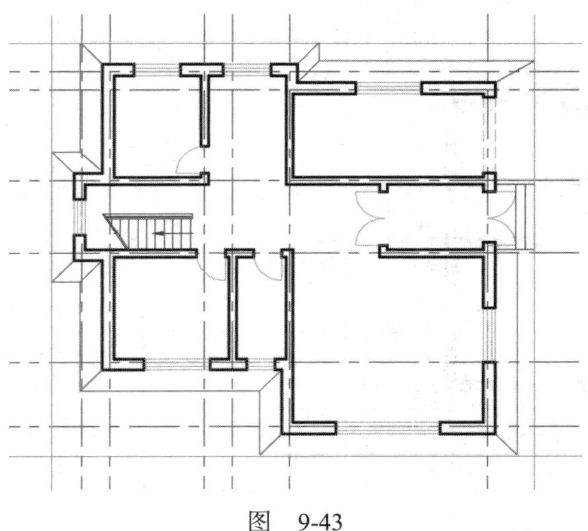

图 9-43

温馨提示：

1. 此处的辅助线可采用【构造线】命令（快捷键 <XL>）来绘制，便于删除。

2. 一般情况下，尺寸标注包含三道：第一道（离图形最近）为门窗等细部构造尺寸，第二道（中间）为轴线间距，第三道（最外侧）为总长或总宽，如图 9-44 所示。

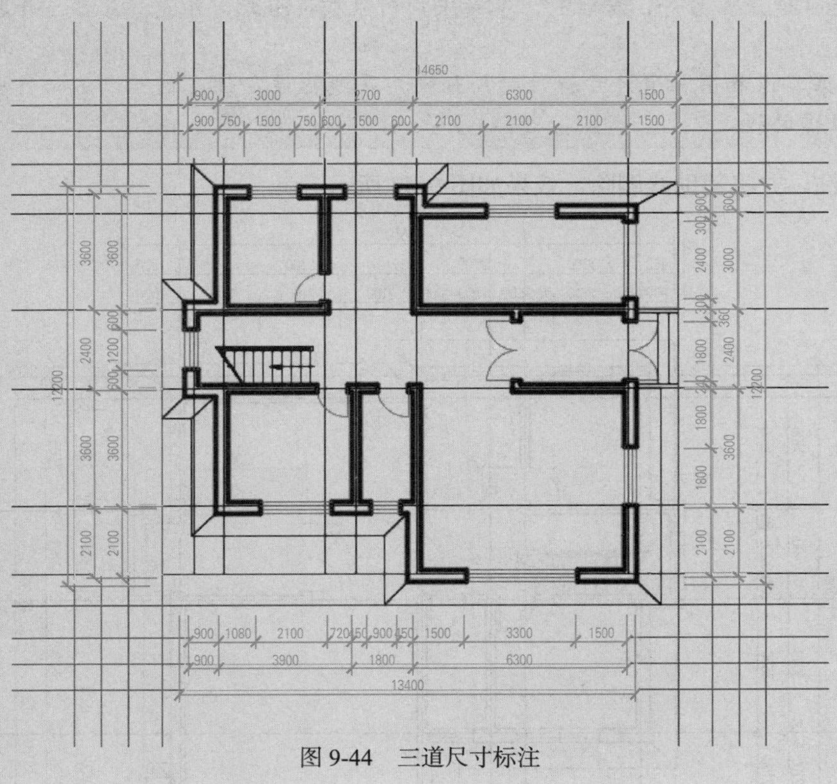

图 9-44 三道尺寸标注

进行尺寸标注之前，可先将辅助线依次向外偏移 1200、2000、2800，作为尺寸线的定位线，如图 9-45 所示。

在对三道尺寸线进行标注的过程中，可能会遇到尺寸数字不在想要的位置上的情况（图 9-46），这时可采用夹点编辑进行调整。操作：将光标移到尺寸数字的夹点上，使之成为热夹点，系统将自动弹出如图 9-47 所示的快捷菜单，可选择【仅移动文字】将尺寸数字移到相应的位置上。

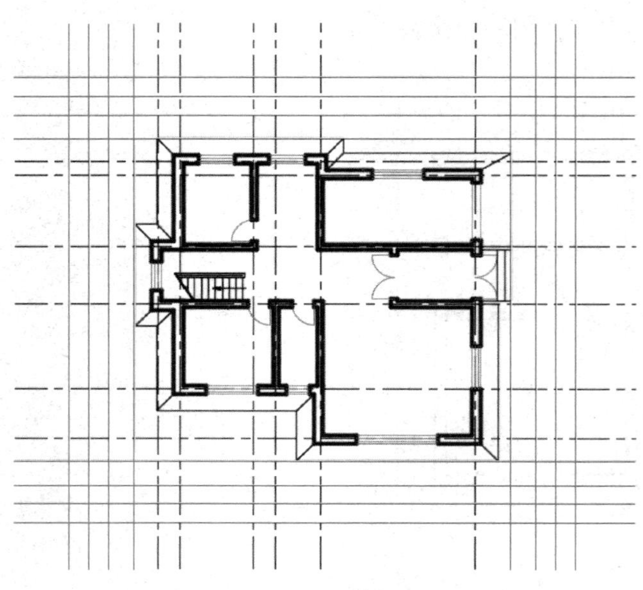

图 9-45 尺寸线定位线

300

图 9-46

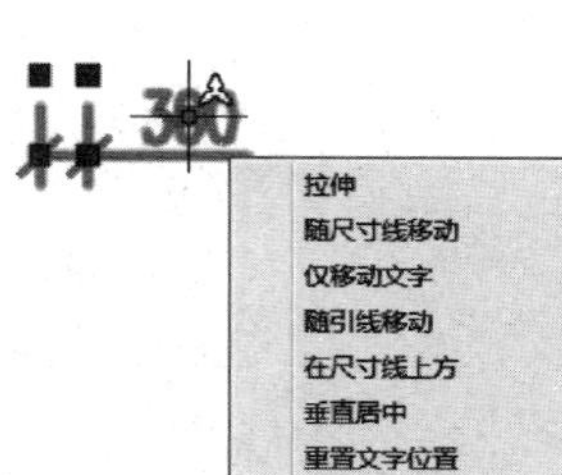

图 9-47

温馨提示：

1．由于注释比例都是按出图的尺寸大小设置的，所以注释比例＝图形比例，本例中为 1∶100。

2．在进行尺寸标注时，将线性标注（快捷键<DAL>）和连续标注（快捷键<DCO>）结合起来，能够大大提高标注速度。另外，标注时，尽量采用对象捕捉追踪，但是为了减少干扰，需将最近点捕捉关闭。

3．在标注第二道和第三道尺寸标注时，如采用基线标注定位，则可以不必作出第二道和第三道尺寸线的定位辅助线。

进行零星标注，并将辅助线删除，效果如图 9-48 所示。

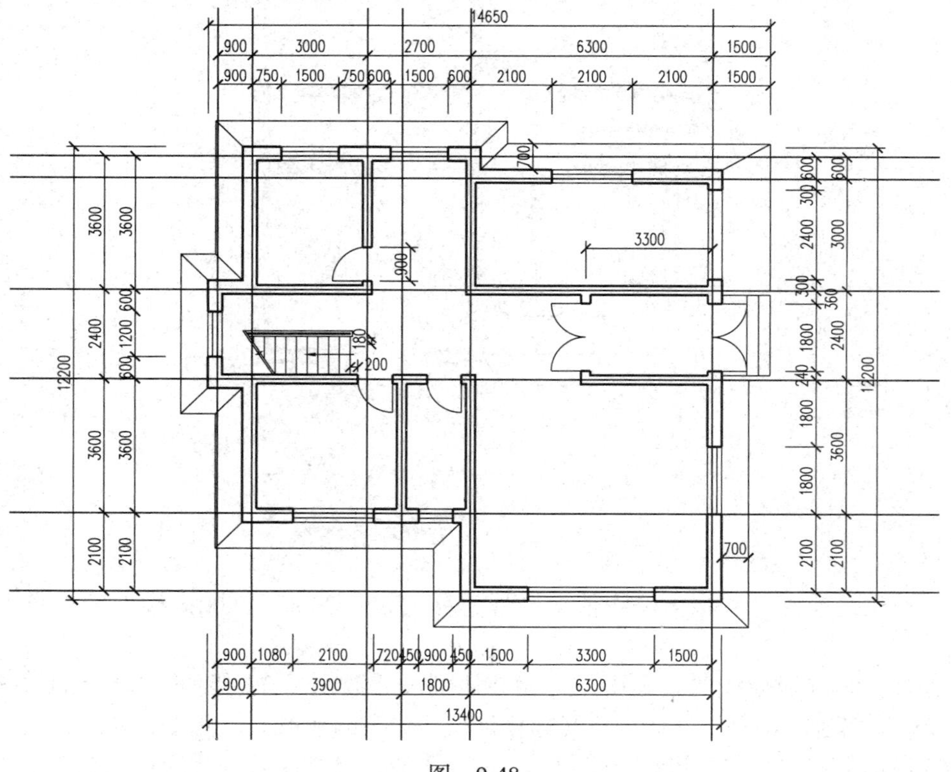

图 9-48

（2）**轴线编号** 我国《房屋建筑制图统一标准》(GB/T 50001—2017）中规定：

1）定位轴线应编号，编号应注写在轴线端部的圆内。圆应用 0.25b 线宽的实线绘制，直径宜为 8 ～ 10mm。定位轴线圆的圆心应在定位轴线的延长线上，或延长线的折线上。

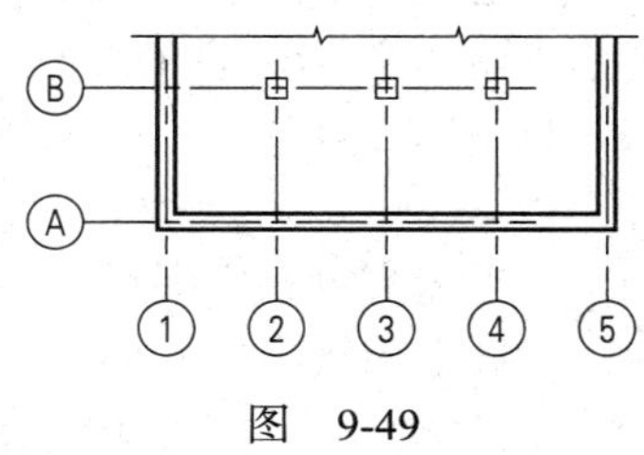

图 9-49

2）除较复杂需采用分区编号或圆形、折线形外，平面图上定位轴线的编号，宜标注在图样的下方或左侧，或在图样的四面标注。横向编号应用阿拉伯数字，从左至右顺序编写；竖向编号应用大写英文字母，从下至上顺序编写，如图 9-49 所示。

3）英文字母作为轴线号时，应全部采用大写字母，不应用同一个字母的大小写来区分轴线号。英文字母的 I、O、Z 不得用作轴线编号。当字母数量不够使用时，可增用双字母或单字母加数字注脚。

对于轴线编号，可先在图形旁边绘制一个，然后进行复制，再局部修改来实现。编号文字可参照如图 9-50 所示的方式（效果如图 9-51 所示）。

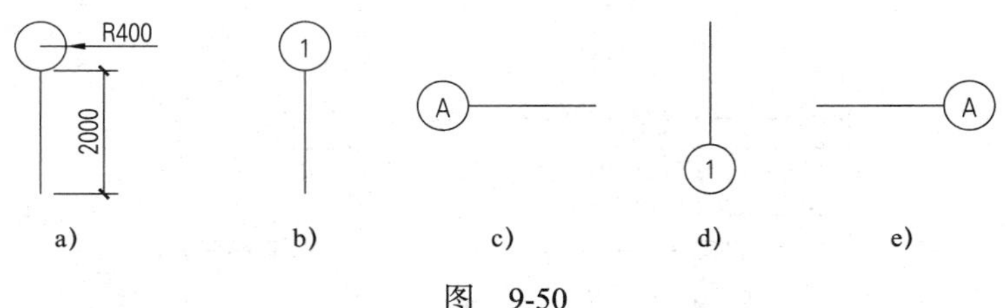

图 9-50

a）轴线编号尺寸 b）上侧编号 c）左侧编号 d）下侧编号 e）右侧编号

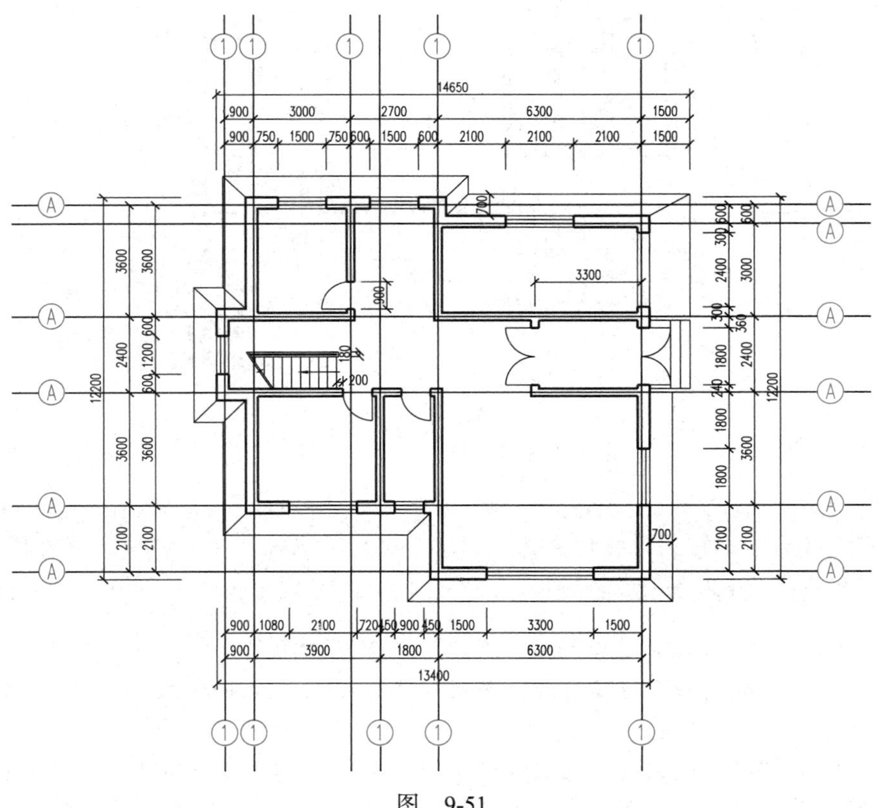

图 9-51

轴线编号的绘制方法如下。

```
命令 : DT
TEXT 当前文字样式 :“ XT ” 文字高度 : 250.0000 注释性 : 是 对正 : 左
```

指定文字的起点 或 [对正 (J)/ 样式 (S)]: j　　选择对正方式

输入选项 [左 (L)/ 居中 (C)/ 右 (R)/ 对齐 (A)/ 中间 (M)/ 布满 (F)/ 左上 (TL)/ 中上 (TC)/ 右上 (TR)/ 左中 (ML)/ 正中 (MC)/ 右中 (MR)/ 左下 (BL)/ 中下 (BC)/ 右下 (BR)]: mc

设置对正方式为正中

指定文字的中间点 :　　单击圆心作为文字中间点

指定图纸高度 <2.5000>: 5　　指定图纸高度为 5

指定文字的旋转角度 <0>:　　空格键默认文字不旋转，然后输入想要的文字

横向轴线编号可通过自动编号进行修改，纵向编号可通过【文字编辑】命令（快捷键 <ED>）进行修改。

（3）**文字注释**　根据任务要求，文字注释字高为 5，建议采用单行文字（快捷键 <DT>) 进行注写，当然也可用多行文字（快捷键 <T>)，文字样式为 HZ，效果如图 9-52 所示。

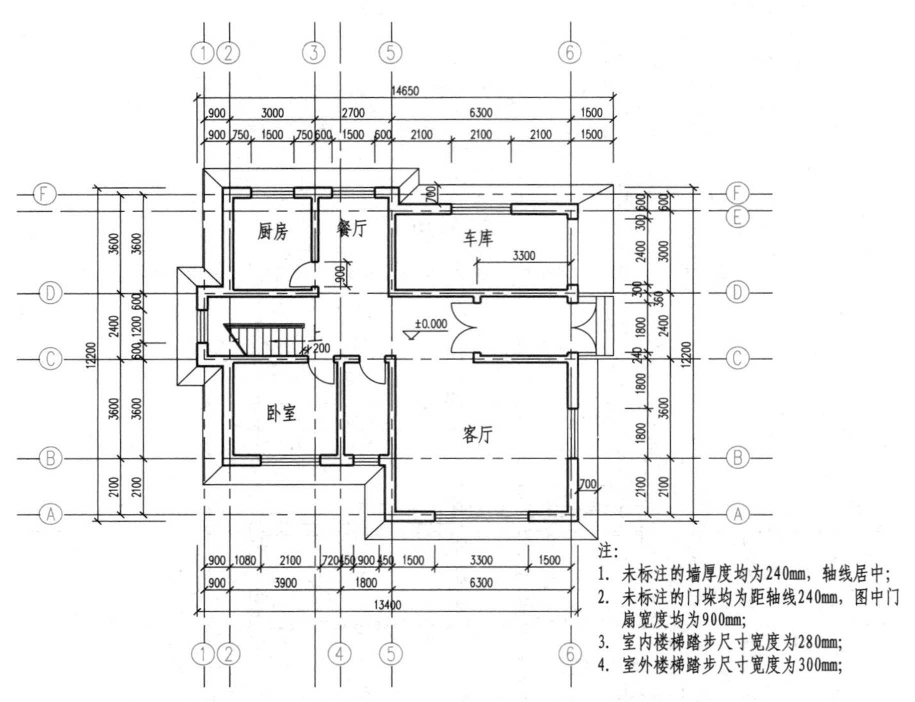
厨房
餐厅
车库
卧室
客厅
±0.000
上
14650
13400
12200
注:
1. 未标注的墙厚度均为240mm，轴线居中;
2. 未标注的门垛均为距轴线240mm，图中门扇宽度均为900mm;
3. 室内楼梯踏步尺寸宽度为280mm;
4. 室外楼梯踏步尺寸宽度为300mm;

图　9-52

温馨提示：

由于在进行尺寸标注时修改注释比例为 1 : 100，轴线的点画线不再显示。若想显示，可再次调整其线型比例，缩小至 1/100 即可。

6．其他：标高符号、图名、剖切符号、指北针等

（1）**标高符号**　标高符号可采用创建并插入属性块的方式绘制，便于在立面图和剖面图中使用。

平面图　1:100

⑥　1:20

图　9-53

（2）**图名**　我国《房屋建筑制图统一标准》（GB/T 50001—2017）中规定，比例宜注写在图名的右侧，字的基准线应取平；比例的字高宜比图名的字高小一号或二号，如图 9-53 所示。

图名注写时注意:【平面图】字体样式为 HZ，字高 7，【1 : 100】字体样式为 XT，字高为 5。图名下面的横线可采用直线，也可采用二维多段线绘制，线宽 0.5mm。

（3）**剖切符号**　我国《房屋建筑制图统一标准》(GB/T 50001—2017）中规定：

1）剖切位置线的长度宜为 6 ～ 10mm；剖视方向线应垂直于剖切位置线，长度应短于剖切位置线，宜为 4 ～ 6mm，剖视剖切符号不应与其他图线相接触。

2）需要转折的剖切位置线，应在转角的外侧加注与该符号相同的编号。

3）建（构）筑物剖面图的剖切符号应注在 ±0.000 标高的平面图或首层平面图上；采用常用方法表示时，剖切符号以粗实线绘制。

（4）**指北针** 我国《房屋建筑制图统一标准》(GB/T 50001—2017）中规定，指北针的形状如图 9-54 所示，其圆的直径宜为 24mm，用细实线绘制；指针尾部的宽度宜为 3mm，指针头部应注【北】或【N】字。需用较大直径绘制指北针时，指针尾部的宽度宜为直径的 1/8。

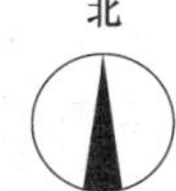

图 9-54

指北针的绘制可采用【圆】命令和【二维多段线】命令完成。在整张平面图绘制完成后，关闭【轴线】图层，使其不显示。

7. PDF 虚拟打印

单击状态栏上的【PDF-A3】切换到布局空间，然后进行以下操作。

命令 : MV	激活【创建视口】命令
MVIEW 指定视口的角点或 [开 (ON)/ 关 (OFF)/ 布满 (F)/ 着色打印 (S)/ 锁定 (L)/ 对象 (O)/ 多边形 (P)/ 恢复 (R)/ 图层 (LA)/2/3/4] < 布满 >: p	选择以多边形的方式创建视口

打开对象捕捉，依次单击图 9-55 中的 4 点，退出命令后效果如图 9-56 所示。

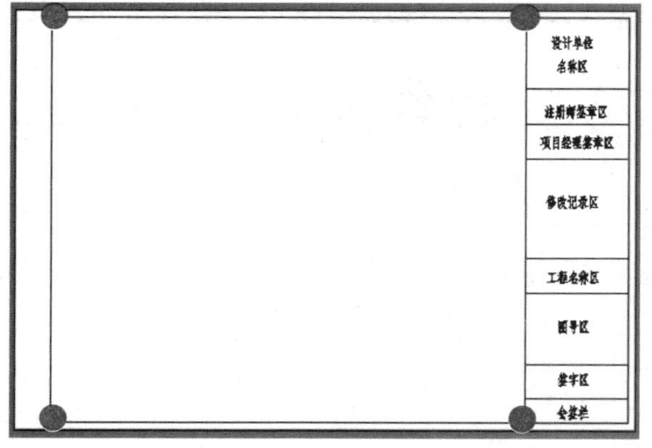

图 9-55

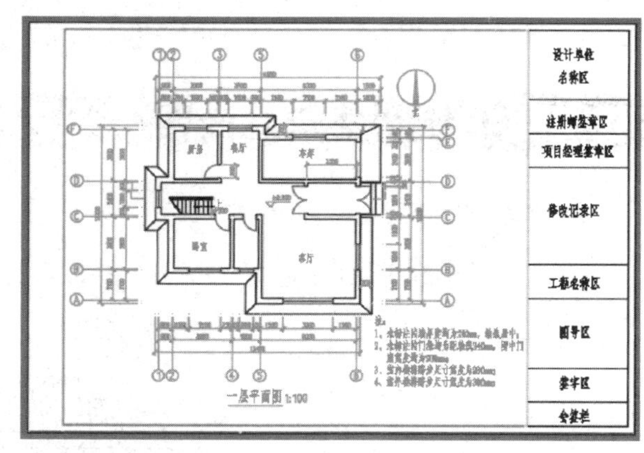

图 9-56

设置完成后，单击快速访问工具栏上的【打印】图标，将弹出【打印 -PDF-A3】选项卡。单击 确定 按钮，选择文件的保存路径，并输入保存文件的名称，单击 保存(S) 按钮完成 PDF 的虚拟打印（图 9-57）。

图 9-57

项目九任务二视频

建筑平面图评分表见表 9-2。

表 9-2　建筑平面图评分表

采分点	正确设置	分值分配	得分
各图层是否对应	根据规范选择适当的图层	5	
字体、字高、字宽设置	汉字采用长仿宋体或黑体；拉丁字母、阿拉伯数字与罗马数字宜采用单线简体或 ROMAN 字体；高度参考规范；仿宋宽度因子≈ 0.7	3	
标注样式设置起点偏移量，箭头大小，与外轮廓距离	≥ 2mm，2 ～ 3mm，≥ 10mm	5	
平行排列的尺寸线的间距	7 ～ 10mm，并保持一致	3	
标高符号，字高	参考规范	3	
轴网编号半径，字高	4 ～ 5mm	3	
剖切符号是否正确	剖切位置线 6 ～ 10mm；剖视方向线 4 ～ 6mm	5	
指北针半径，尾部宽度，字高	12mm，3mm，5mm	5	
房间功能文字字高	参考规范	3	
图名、比例的注写	比例宜注写在图名的右侧，字的基准线应取平；比例的字高宜比图名的字高小一号或二号	3	
线型比例是否合理	显示图中的虚线和点画线等	5	
图纸整体完成程度	根据整体完成度主观判断，按绘制比例计算	42	
图形的美观程度	根据主观判断	10	
保存位置与名称	根据要求	5	
合计		100	

任务三　绘制建筑立面图

任务要求

抄绘如图 9-58 所示的建筑立面图，并保存为【F—A 立面图】。

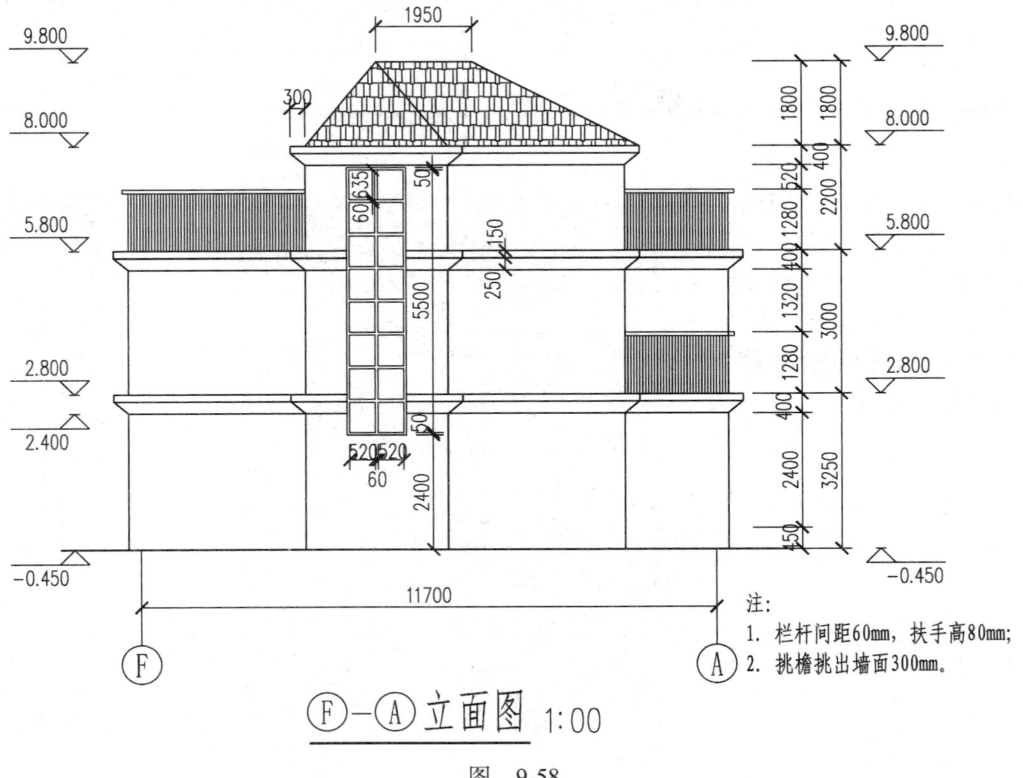

图　9-58

绘图要求

同本项目任务二。

绘图步骤

1. 调用模板

由于一层平面图引用的是任务一的模板（没有修改），并且绘制立面图时，在确定某些尺寸方面，直接利用平面图有很大优势，所以在调用模板这步，打开【一层平面图】，然后将其另存为【F-A 立面图】即可（图 9-59）。

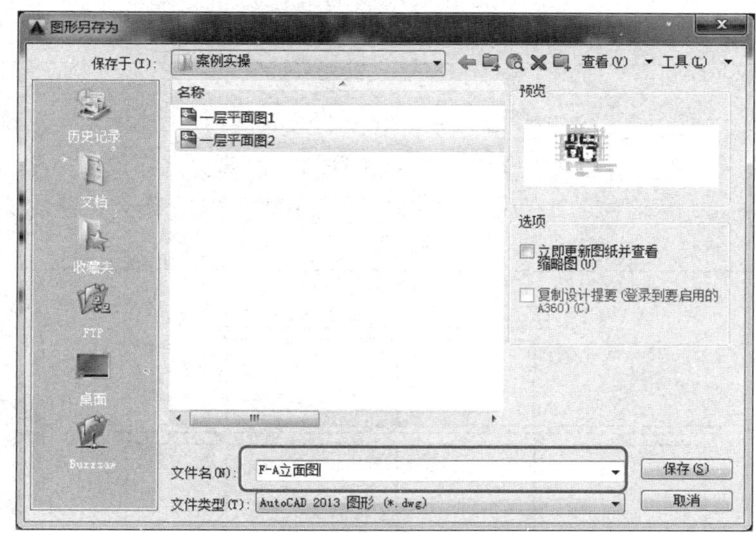

图 9-59

2. 绘制立面图轮廓线

首先将图 9-22 旋转 90°，使其轴线的排列方式与立面图相同。将图层切换到【轮廓】，作出竖向辅助线（即在墙体转折处作出竖向构造线），然后在平面图下面适当位置用【构造线】命令（快捷键 <XL>）作出地平线的辅助线，并向上偏移（快捷键 <O>）3250，作出二层楼面辅助线（图 9-60）。如图 9-61 所示绘制一层轮廓线，并进行修剪（快捷键 <TR>），删除不必要的辅助线，效果如图 9-62 所示。

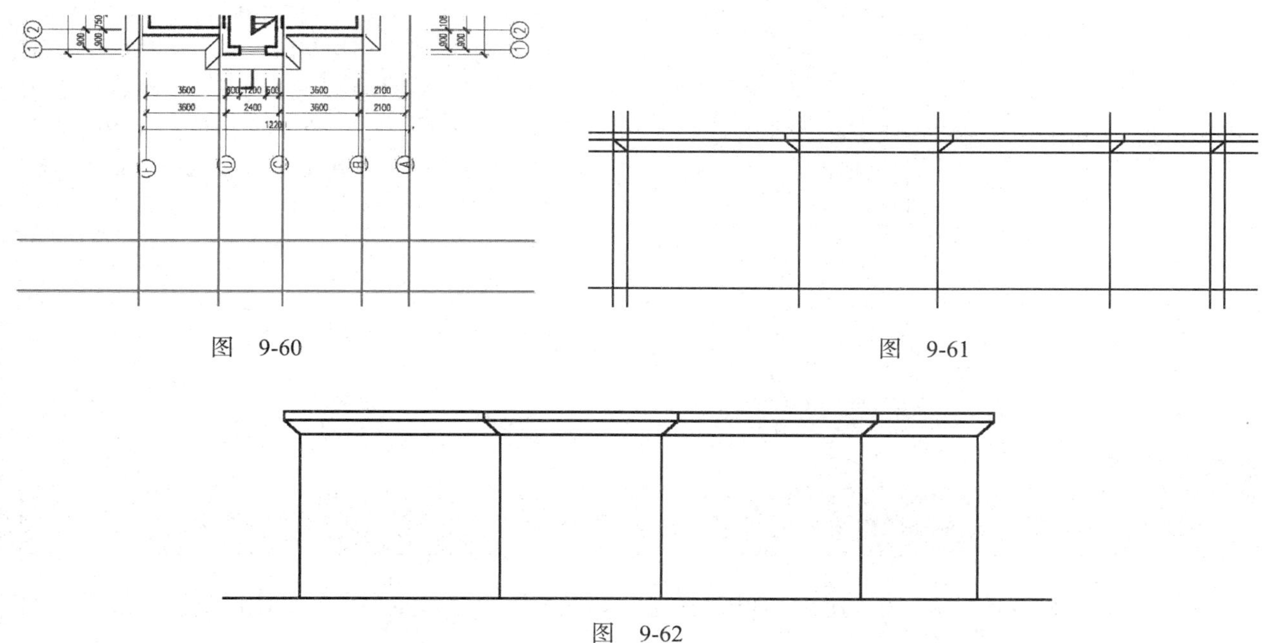

图 9-60

图 9-61

图 9-62

温馨提示：

1．挑檐挑出墙面的尺寸由文字注释部分确定。

2．本例中，在进行修剪时，只选择需要的边界线，而不是将所有的线作为边界，会更快地修剪出想要的图形。

对于以上楼层的轮廓线，可通过复制（快捷键 <CO>）得到。例如，二层轮廓线可按如下方法复制：

命令 : CO	选中一层轮廓线后，激活【复制】命令
COPY 当前设置 : 复制模式 = 多个	
指定基点或 [位移 (D)/ 模式 (O)] < 位移 >: < 正交 开 >	在任意位置单击一点作为基点
指定第二个点或 [阵列 (A)] < 使用第一个点作为位移 >: 3000	光标移到上侧，输入复制距离【3000】

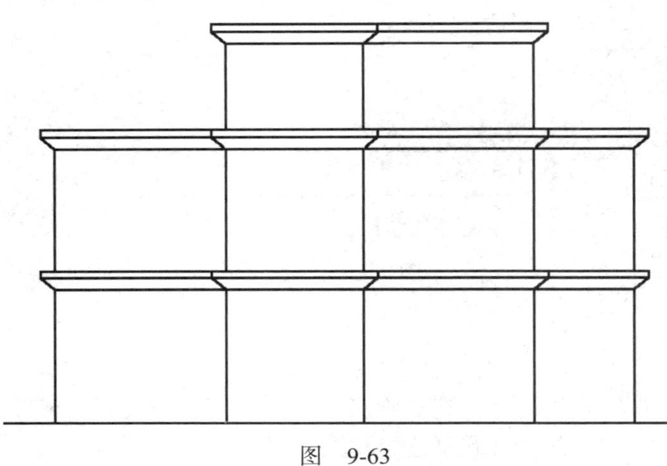

图 9-63

对复制的结果进行处理，如图 9-63 所示。

温馨提示：

在复制的过程中，如发现预留位置不够用，可竖直向下（开启正交）移动图形，因为后面可能还会利用平面图中的尺寸辅助绘图。

3．绘制细部构造

（1）**绘制屋顶** 经观察发现，三角形屋顶为轴对称图形。先将直线 *AC* 向上偏移 1800 作为辅助线，然后用直线连接 *A*、*B* 两点（图 9-64）。【直线】命令捕捉到 *AB* 的中点 *D*，作出辅助线 *DE*。从点 *A* 水平向右绘制长为 300 的直线作为辅助线，连接相应点，再对直线 *EF* 进行镜像操作，三角形屋顶绘制完成。然后从点 *E* 水平向右绘制长为 1950 的直线 *EG*，连接 *G*、*C* 两点，绘制完成，删除不必要的辅助线。

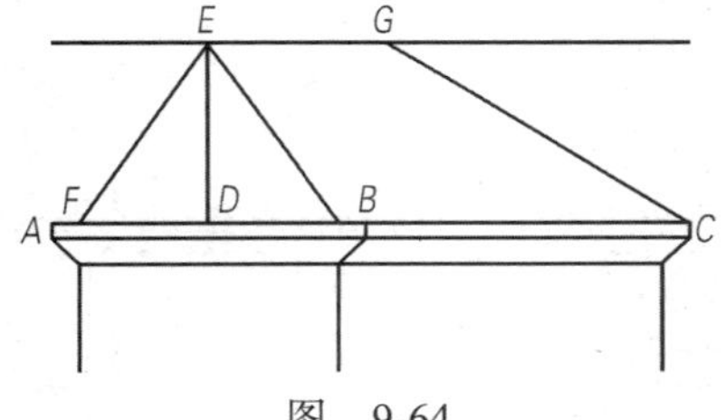

图 9-64

温馨提示：

由于三角形屋顶为轴对称图形，因此可采用【镜像】命令（快捷键 <MI>）绘制。

将图层切换到【填充】，按快捷键 <H> 激活【图案填充】命令，在弹出的功能区选项面板中找到

【图案】，选择【AR-RSHKE】这个图案样例，如图 9-65 所示。

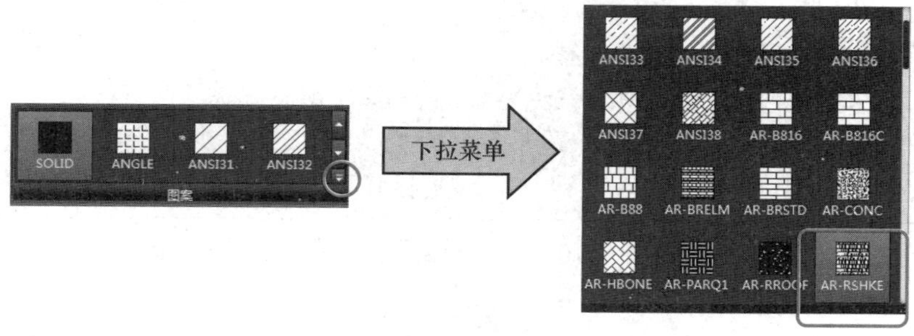

图 9-65

观察命令提示行，如果提示【拾取内部点】，则在屋顶内部单击鼠标即可；如果提示【选择对象】，这时要先输入【K】，然后再拾取内部点。

温馨提示：

在进行图案填充时，可不勾选【注释性】。如勾选，则比例需缩小至 1/100。

（2）**绘制窗** 将图层切换到【门窗】，然后用构造线在平面图上相应的窗的位置上作出两条辅助线，如图 9-66 所示。之后将地平线分别向上偏移 2400 和 8000，以确定窗的位置。用【矩形】命令（快捷键 <REC>）绘出窗的外边线后删除辅助线。

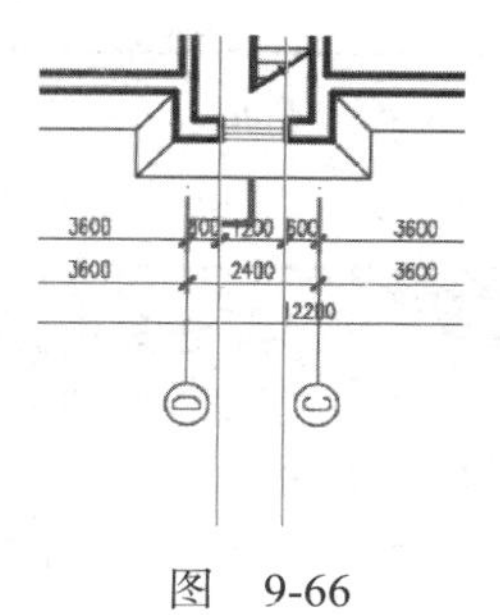

图 9-66

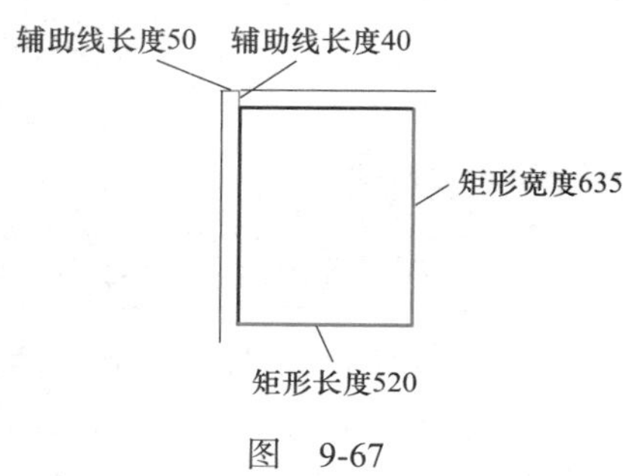

图 9-67

修剪窗外边线内的墙面装饰线，并绘制出单个窗格线，如图 9-67 所示。然后进行矩形阵列（快捷键 <AR>），设置如图 9-68 所示。

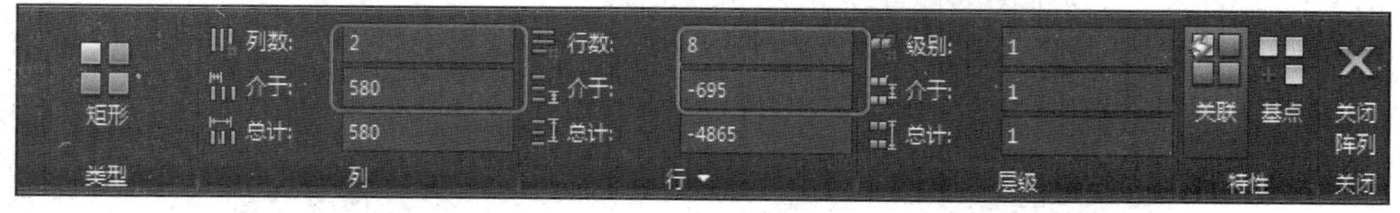

图 9-68

（3）**绘制栏杆** 由于没有“栏杆”图层，因此可以把该部分图形放在“门窗”图层中，不需切换图层。先绘制出栏杆和扶手的轮廓线，如图 9-69 所示。然后对栏杆进行复制，操作如下。

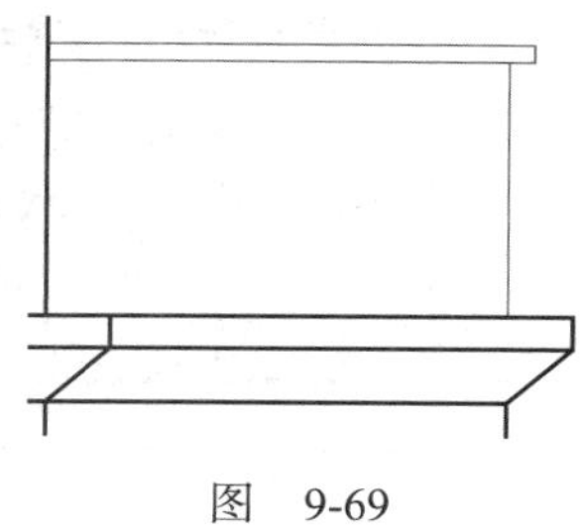

图 9-69

```
命令 : CO                                                          激活【复制】命令
COPY 选择对象 :                                                        选中栏杆线
当前设置 : 复制模式 = 多个
指定基点或 [ 位移 (D)/ 模式 (O)] < 位移 >:                          任意指定一点作为基点
指定第二个点或 [ 阵列 (A)] < 使用第一个点作为位移 >: a                          选择阵列
输入要进行阵列的项目数 : 50                     大概估计为 50，少了就再次复制，多了就删掉
指定第二个点或 [ 布满 (F)]: 60                 光标移到左侧，输入相邻栏杆之间的距离【60】
```

进行复制、镜像等操作，效果如图 9-70 所示，最后将左侧栏杆补足即可。

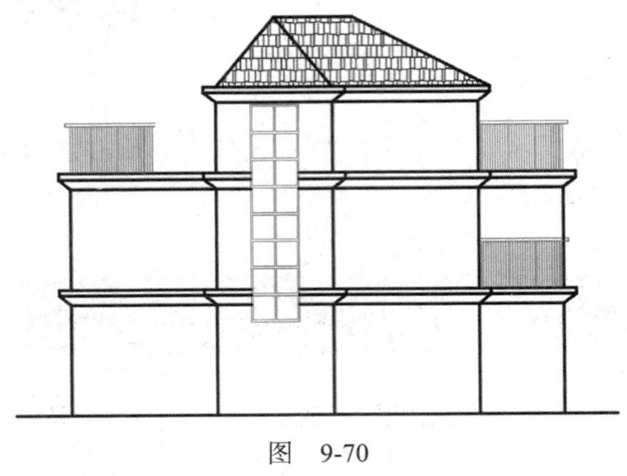

图　9-70

温馨提示：

在复制时根据需要开启或关闭正交，运用临时捕捉模式等才能达到想要的效果。

4．添加轴线编号、尺寸标注、标高及文字注释

（1）**轴线编号**　将图层切换到“标注”，打开“轴线”图层，删除不必要的轴线，从平面图上复制轴线编号并进行修改即可。操作完成后，删除平面图，关闭“轴线”图层。

（2）**尺寸标注**　我国《房屋建筑制图统一标准》(GB/T 50001—2017）中规定：

1）图样上的尺寸应以尺寸数字为准，不得从图上直接量取。

2）图样上的尺寸单位，除标高及总平面以 m 为单位外，其他必须以 mm 为单位。

进行尺寸标注之前需作出尺寸线定位辅助线。横线可直接偏移地平线，竖线可采用构造线并偏移(左右最外侧的辅助线用来定标高的位置)，如图 9-71 所示。

尺寸标注的方法同平面图，效果如图 9-72 所示。

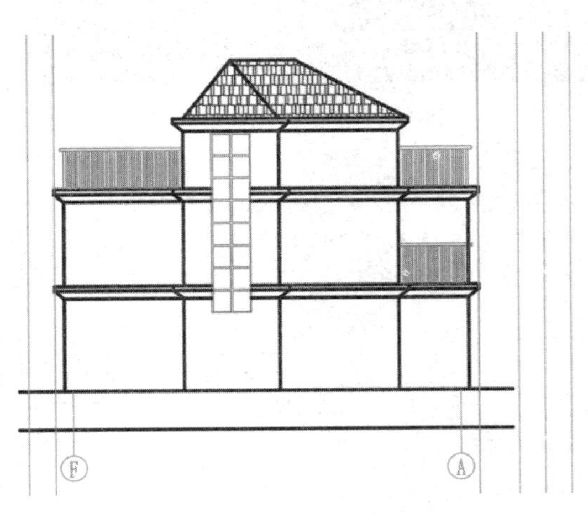

图　9-71

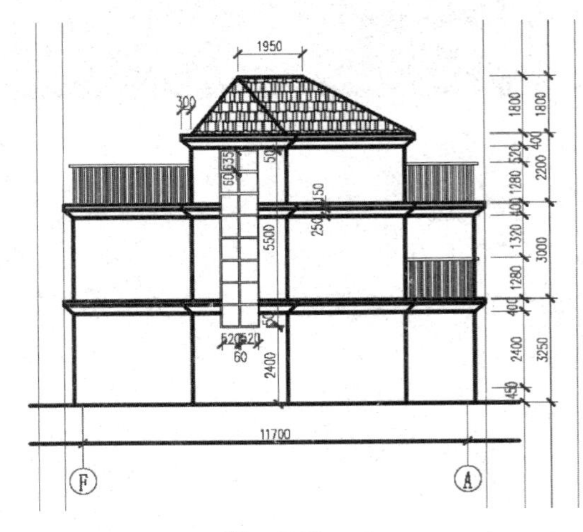

图　9-72

（3）**标高**　由于在平面图中已经创建过标高的属性块，所以可通过插入属性块的方式，在对应的位置上插入标高，效果如图 9-73 所示。

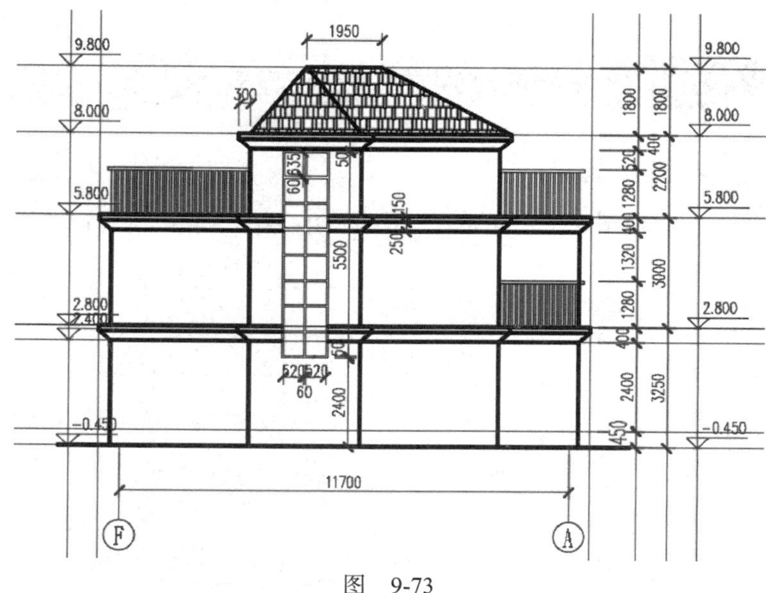

图　9-73

对不满足条件的标高符号进行镜像（快捷键 <MI>）处理。镜像之前需先在命令提示行输入【MIRRTEXT】，将其值设置为 0。

温馨提示：

1. 插入标高时，可只插入一个，其他的位置进行复制，然后用【编辑文字】命令（快捷键 <ED>），在弹出的选项卡中修改属性值。
2. 运用【镜像】命令时，在最后一步选择“删除源对象”时即输入 <Y>，删除源对象。

（4）**文字注释**　文字注释部分操作方法同平面图，不赘述。

5. 其他：图名、比例等

图名、比例操作方法同平面图，不赘述。最后删除辅助线即可。

建筑立面图评分表见表 9-3。

表 9-3　建筑立面图评分表

采分点	正确设置	分值分配	得分
各图层是否对应	根据规范选择适当的图层	5	
字体、字高、字宽设置	汉字采用长仿宋体或黑体；拉丁字母、阿拉伯数字与罗马数字宜采用单线简体或 ROMAN 字体；高度参考规范；仿宋宽度因子≈ 0.7	3	
标注样式设置起点偏移量，箭头大小，与外轮廓距离	≥ 2mm，2 ～ 3mm，≥ 10mm	5	
平行排列的尺寸线的间距	7 ～ 10mm，并保持一致	3	
标高符号，字高	参考规范	3	
轴网编号半径，字高	4 ～ 5mm	3	
图名、比例的注写	比例宜注写在图名的右侧，字的基准线应取平；比例的字高宜比图名的字高小一号或二号	8	
线型比例是否合理	显示图中的虚线和点画线等	5	
门窗尺寸是否正确	与给定尺寸相同	15	
图纸整体完成程度	根据整体完成度主观判断，按绘制比例计算	35	
图纸美观程度	根据主观判断	10	
保存位置与名称	根据要求	5	
合计		100	

项目九任务三视频

任务四 绘制建筑剖面图

任务要求

抄绘如图 9-74 所示的建筑剖面图，并保存成“1—1 剖面图”。

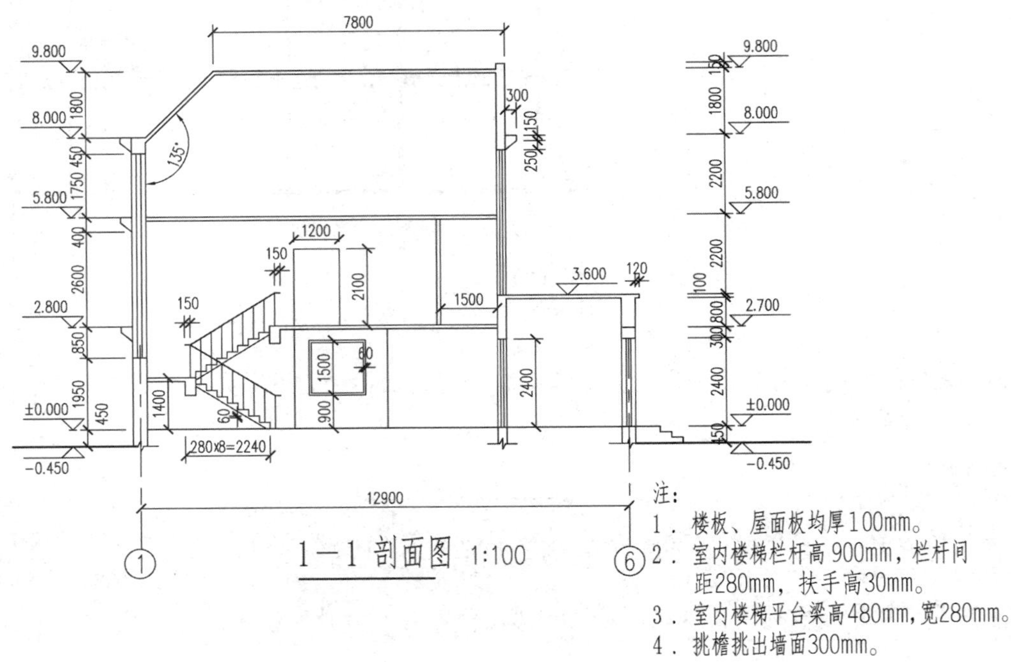

图 9-74

绘图要求

同本项目任务二。此外，线宽可根据剖面图的相关要求自行确定。

绘图步骤

1. 调用模板

对于复杂的剖面图，首先应在平面图上找到剖切符号的方向，然后将平面图和立面图按三面投影关系摆放在合适的位置上，再利用三面投影关系（长对正、高平齐、宽相等）来进行绘制。如果这个方向恰好是立面图的方向，也可将立面图复制并进行修改。本例中由于没有合适的立面图，所以可借助平面图进行绘制。打开【一层平面图】，然后将其另存为【1—1 剖面图】即可。

2. 绘制剖面图轮廓线

我国《房屋建筑制图统一标准》（GB/T 50001—2017）中规定，剖面图除应画出剖切面切到部分的图形外，还应画出沿投射方向看到的部分。被剖切面切到部分的轮廓线用中粗实线绘制，剖切面没有切到，但沿投射方向可以看到的部分，用中实线绘制。

将图层切换到【轮廓】，然后在剖面图轮廓线的位置利用【射线】命令（【RAY】，无快捷键）作出相应的辅助线，如图 9-75 所示。

运用【构造线】和【偏移】(或【复制】）命令作出楼板辅助线，如图 9-76 所示（图中尺寸仅作参考，不需标注）。

利用【修剪】【夹点编辑】【直线】等命令作出轮廓线（包括楼板），如图 9-77 所示。

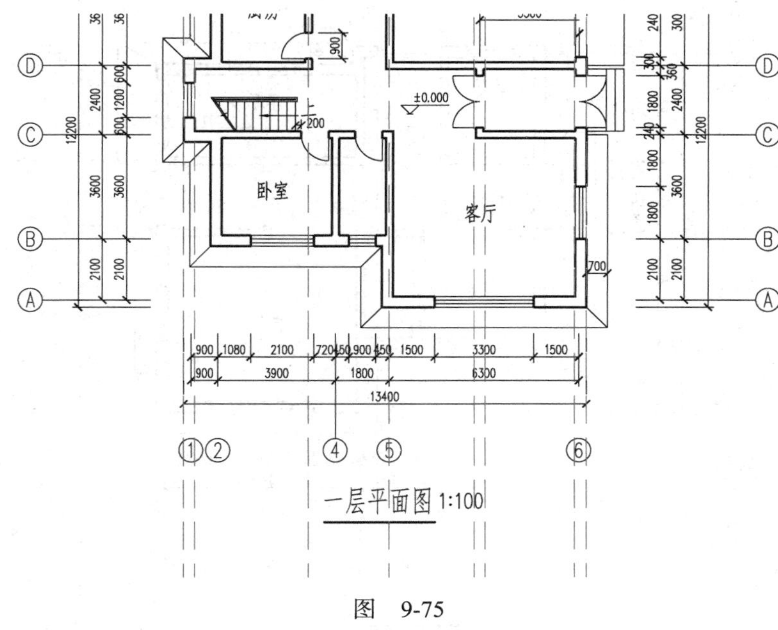

图 9-75

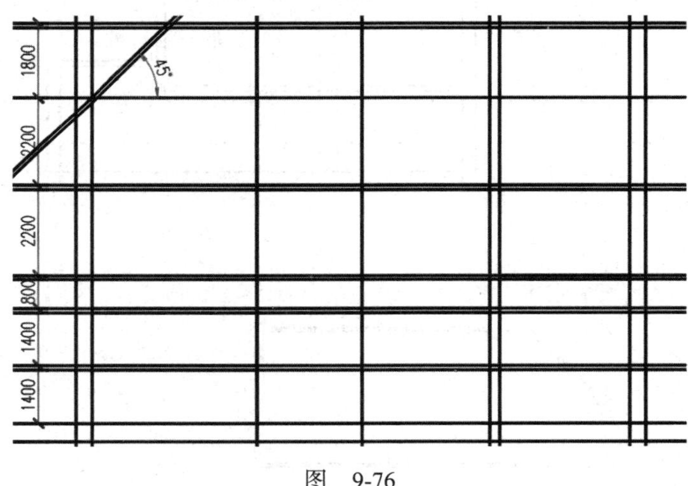

图 9-76

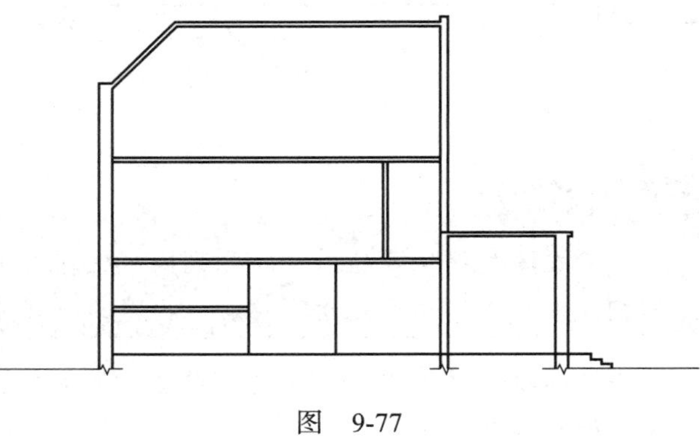

图 9-77

温馨提示：

1. 修剪的过程中，根据实际情况可能还会作其他辅助线。

2. 45° 的斜线用构造线绘制较方便。

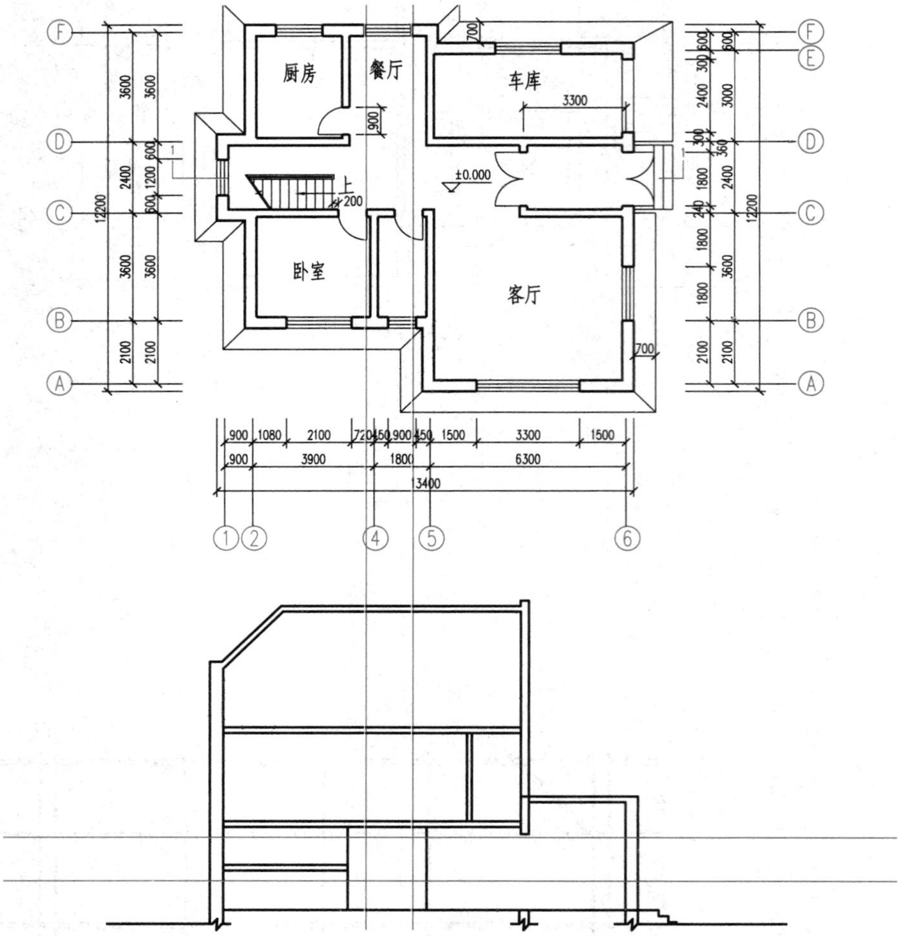

3. 绘制内部构造

（1）**门窗** 将图层切换到【门窗】，并用构造线画出如图 9-78 所示的 4 条辅助线，以确定窗的位置。

图 9-78

用【矩形】命令指定角点，绘出窗的外轮廓，再向内侧偏移 60，删除辅助线。其余门窗的绘制同平面图，效果如图 9-79 所示。

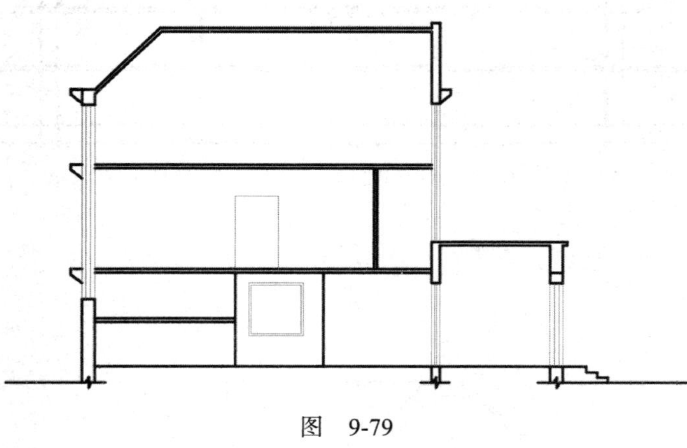

图 9-79

温馨提示：

1. 在绘制楼梯旁的门时，如采用对象捕捉追踪，则需关闭最近点和中点捕捉。
2. 由于挑檐属于被切到的房屋构造的一部分，所以应放在“轮廓”图层。

（2）**楼梯** 将图层切换到【楼梯】，然后用【构造线】命令绘制辅助线，以确定剖面图上楼梯的位置，如图 9-80 所示。

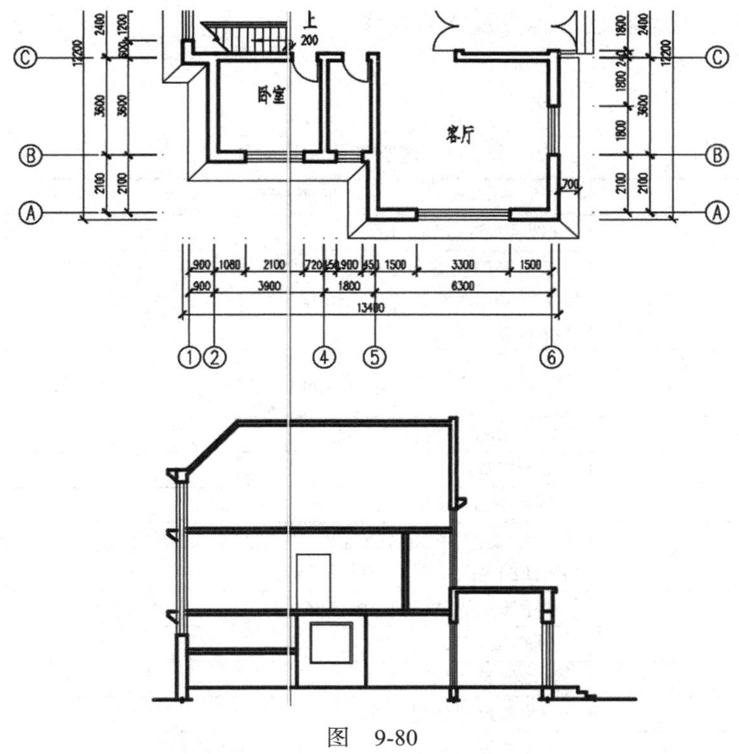

图 9-80

绘制楼梯单元，进行复制得到楼梯踏步及栏杆（图 9-81）。

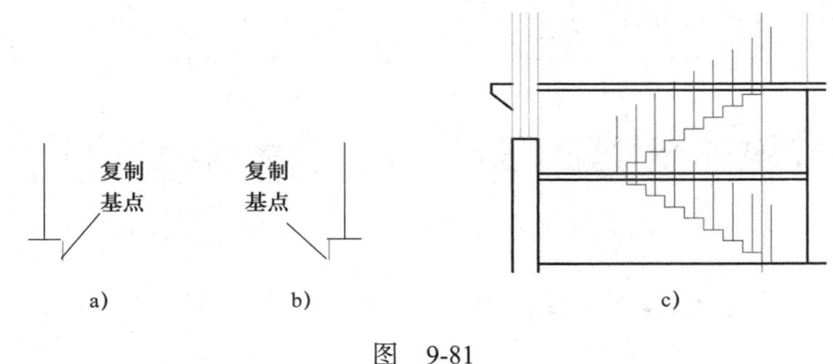

a) b) c)

图 9-81

a）楼梯单元 1 b）楼梯单元 2 c）复制效果

为了绘制楼梯底板，需绘制出如图 9-82a 所示的 4 条辅助线（图中蓝色部分），长度为 60。楼梯扶手采用二维多段线绘制，线宽设置为 30。另外，室内楼梯的平台梁是剖面图中被切到的结构部分，应放在【轮廓】图层。

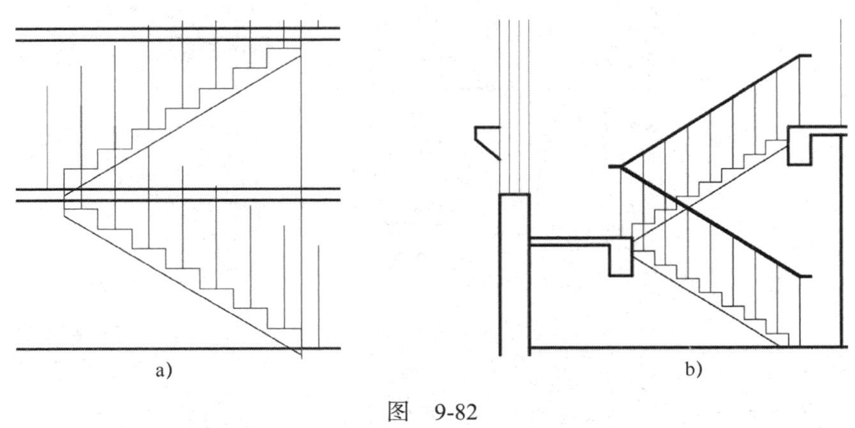

a) b)

图 9-82

a）楼梯底板辅助线 b）楼梯最终效果

4．添加轴线编号、尺寸标注、标高及文字注释

同立面图，不赘述。

建筑剖面图评分表见表 9-4。

表 9-4　建筑剖面图评分表

采分点	正确设置	分值分配	得分
各图层是否对应	根据规范选择适当的图层	5	
字体、字高、字宽设置	汉字采用长仿宋体或黑体；拉丁字母、阿拉伯数字与罗马数字宜采用单线简体或 ROMAN 字体；高度参考规范；仿宋宽度因子≈ 0.7	3	
标注样式设置起点偏移量，箭头大小，与外轮廓距离	≥ 2mm，2 ～ 3mm，≥ 10mm	5	
平行排列的尺寸线的间距	7 ～ 10mm，并保持一致	3	
标高符号，字高	参考规范	3	
轴网编号半径，字高	4 ～ 5mm	3	
图名、比例的注写	比例宜注写在图名的右侧，字的基准线应取平；比例的字高宜比图名的字高小一号或二号	3	
线型比例是否合理	显示图中的虚线和点画线等	5	
剖面结构是否合理	剖面结构正确	5	
楼梯尺寸是否正确	与给定尺寸相同	5	
门窗位置是否正确	与给定尺寸相同	10	
图纸整体完成程度	根据整体完成度主观判断，按绘制比例计算	35	
图形美观程度	根据主观判断	10	
保存位置与名称	根据要求	5	
合计		100	

项目九任务四视频

任务五　绘制建筑详图

任务要求

抄绘如图 9-83 所示的基础详图，并保存成“详图”。

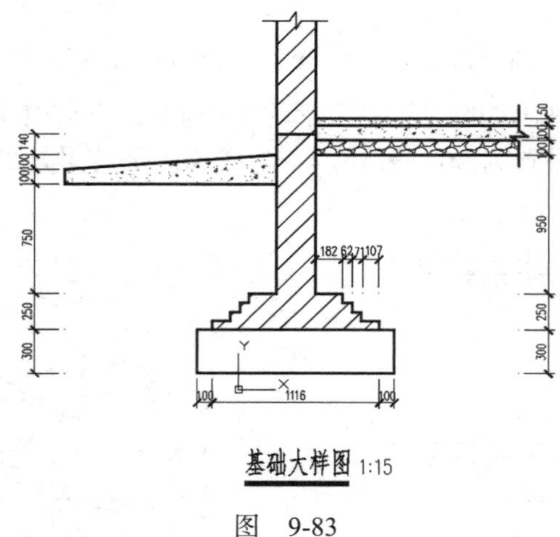

图　9-83

绘图要求

（1）调用模板文件。

（2）图名文字高度为 7，比例文字高度为 5，下画线为线宽 0.5 的粗实线。

（3）线型比例自行调整。

其他未提到的设置均需符合我国《房屋建筑制图统一标准》(GB/T 50001—2017)的规定。

绘图步骤

1．调用任务一模板

调用方法同前几个任务。

2．绘制基础详图

因为基础详图的比例为 1∶15，并且在模板中的所有设置均勾选了【注释性】，所以要先将状态栏右侧的【注释比例】修改为【1∶15】。另外，仔细观察基础大样图可发现，除了室内外地面外，其余均为轴对称图形，可先绘制一半，然后进行镜像。将图层切换到【轴线】，绘制基础墙的轴线，即镜像线。然后将图层切换到【轮廓】，开始绘制镜像源对象，如图 9-84 所示。

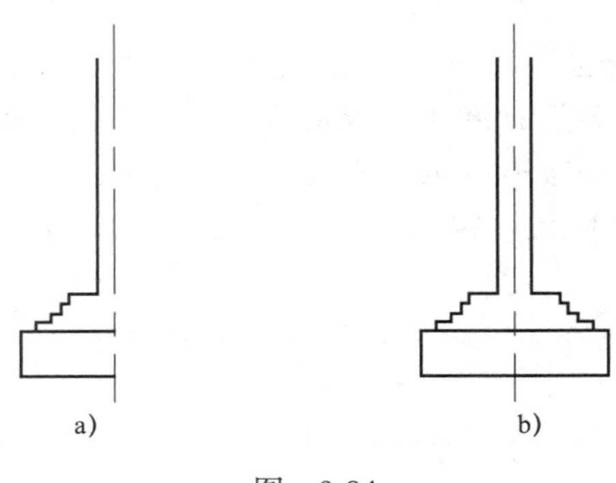

图 9-84

a) 镜像源对象 b) 镜像结果

绘制轮廓线，即折断线以及室内外地面分层线等，完成后将图层切换到【填充】进行图案填充，如图 9-85 所示。

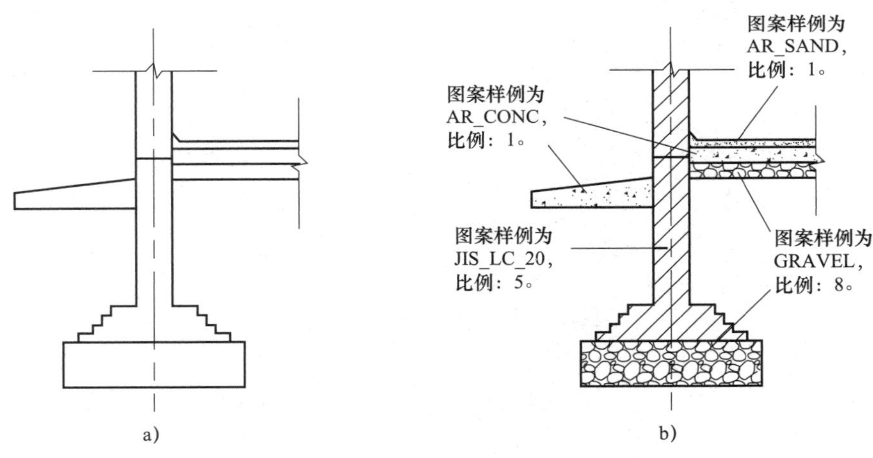

图 9-85

a) 绘制轮廓线 b) 填充效果

尺寸标注以及保存等不赘述。

项目九任务五视频

温馨提示：

当整套图纸绘制完成后，可重新打开各图纸文件，用【清理】命令(【PURGE】，无快捷键)对文件中未用到的相关项目进行全部清理，以减少文件大小。

工匠人物

陈君辉和李俊鸿——匠心磨砺，从平凡到非凡

陈君辉和李俊鸿——第45届世界技能大赛混凝土建筑项目冠军。

陈君辉从小就对建筑结构感兴趣，高中毕业后他选择了在广州城建技工学校学习建筑施工专业，一心想着有一天能亲手建设一栋大楼或一座桥梁。入学后，陈君辉展现了极大的学习热情和努力，他开始阅读与建筑相关的书籍，主动参与训练，甚至牺牲休息时间来学习和训练。这种努力和自律使他在学习中取得了突出的成绩。

李俊鸿来自广东省的一个贫困农村家庭，他曾跟随父母在工地打零工来赚取生活费用。为了改变自己的未来，他选择了在广州城建技工学校学习建筑施工专业。他非常珍惜这个学习机会，上课从不迟到，每节课都坐在第一排，积极向老师和同学请教。这种积极的学习态度激发了他对建筑施工的兴趣，让他体验到了学习专业技能的乐趣。

2018年3月，陈君辉和李俊鸿一同参加了第45届世界技能大赛混凝土建筑项目的选拔赛，并获得了金牌。在备战世界技能大赛的过程中，他们面对高强度的训练和压力，始终坚持不懈，从未放弃。在比赛中，他们互相学习、互相帮助，形成了默契的团队合作意识，同时他们也非常注重细节，他们对混凝土建筑作品的高标准、高精度、高颜值的要求，展示出他们精湛的技艺和对细节的关注。

他们的故事提醒我们，只要有坚定的决心和坚持不懈的努力、注重细节、勤奋刻苦和持续改进，就能实现梦想。

参考文献

[1] 邱玲，张振华，于淑丽. 建筑 CAD 基础教程 [M]. 北京：中国建材工业出版社，2013.

[2] 夏玲涛. 建筑 CAD 技能实训 [M]. 北京：中国建筑工业出版社，2012.

[3] 马贻. 建筑 CAD 工程绘图实训指导书 [M]. 2 版. 南京：东南大学出版社，2013.

[4] 陈晓东，张军. AutoCAD 2014 建筑设计从入门到精通 [M]. 北京：电子工业出版社，2013.